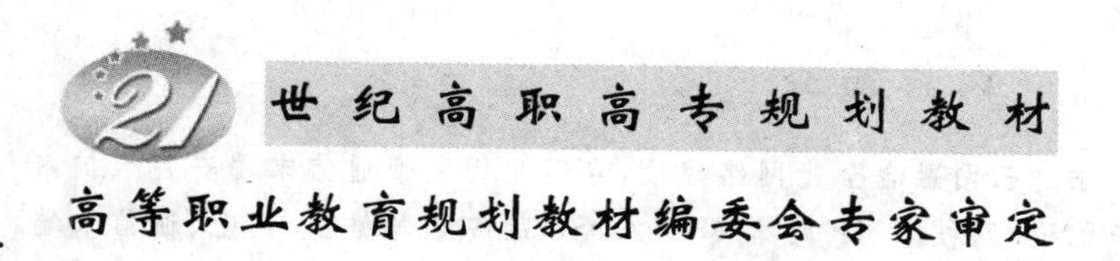

高等职业教育规划教材编委会专家审定

宽带通信末端装维教程

李立高　主编

北京邮电大学出版社
www.buptpress.com

内容简介

本书是紧靠国家产业政策——大力推进三网融合全光网络建设，专门介绍宽带通信末端安装维护内容的书籍。主要介绍了计算机基础知识、以太网技术、IP网络技术、ADSL的安装与维护、网吧、通信末端线路维护及三网融合末端网络的安装与维护等，其中以三网融合末端网络的安装与维护为重点。

本书的诸多案例分析、安装维护流程、操作技术要领及测试指标等均来自生产一线，是针对高等职业技术学院通信专业学生及从事宽带通信末端装维的各类技术人员而编写的。

图书在版编目(CIP)数据

宽带通信末端装维教程/李立高主编. --北京：北京邮电大学出版社，2012.8

ISBN 978-7-5635-3117-2

Ⅰ.①宽… Ⅱ.①李… Ⅲ.①宽带通信系统—安装—教材②宽带通信系统—维修—教材
Ⅳ.①TN914.4

中国版本图书馆CIP数据核字(2012)第141193号

书　　名：宽带通信末端装维教程
主　　编：李立高
责任编辑：彭　楠
出版发行：北京邮电大学出版社
社　　址：北京市海淀区西土城路10号(邮编：100876)
发 行 部：电话：010-62282185　传真：010-62283578
E-mail：publish@bupt.edu.cn
经　　销：各地新华书店
印　　刷：北京联兴华印刷厂
开　　本：787 mm×1 092 mm　1/16
印　　张：19.5
字　　数：484千字
版　　次：2012年8月第1版　2012年8月第1次印刷

ISBN 978-7-5635-3117-2　　定　价：39.80元

编者的话

宽带通信末端是通信网络的重要组成部分，同时也是最靠近用户、分布最广、维护难度最大的部分。所谓宽带通信末端装维是指：随着宽带数据业务的不断普及和应用，传统的本地网维护人员不仅要负责外线线路维护，而且更要懂得宽带业务的开通、维护与测试，同时还要掌握一定的营销技巧等，这里不仅有光纤线路问题，还有用户设备、用户终端问题，其技能要逐步转变为综合技能，而不是过去的单一技能。

紧靠职业岗位技能要求，培养高技能的应用型人才是高等职业技术教育的目标，在本书的编写过程中始终基于这样一种考虑，贯穿这样一条主线，力求使读者学了就能用。书中介绍的计算机基础知识、以太网技术、IP网络技术、ADSL的安装与维护、网吧、通信末端线路维护及三网融合末端网络的安装与维护等都是维护人员必备的、与通信企业完全同步的内容，所有编写资料均来自于通信生产企业第一线，是完全与通信企业目前的生产实际相符的。

要学好本书的内容，必须具备光纤通信技术、信息电子技术、信号传输、计算机应用基础等基础知识。

本书完全按照教材的标准结构来组织编写，每章后均有大量的习题和实训内容设计，所以它既可以作为全日制高等职业技术学院通信专业的教材，又可作为新员工上岗培训或各类技术人员的重要参考书籍。

本书是在作者《通信末端综合化维护教程》(2008年4月出版)的基础上进行修订后完成的，其与第1版的主要不同表现在：删去了计算机常见病毒与防治、无线LAN两章的内容，将原第9章“通信末端服务规范”改为“三网融合末端网络的安装与维护”，以符合通信技术的发展现状及通信企业的实际需要。

全书共分7章。第1章介绍了计算机基础知识；第2章讲述以太网技术；第3章介绍了IP网络技术；第4章结合工作实际详细介绍了ADSL技术的基本原理、影响因素、测试参数、开通流程、维护测试流程及实际排障案例分析等；第5章主要讲解网吧的基本知识；第6章介绍了通信末端线路的构成、各种传输介质性能、常用测试仪表等；第7章是全书的重点，主要讲述了三网融合网络基础知识、常用网络设备功能、特性及施工安装要领、FTTH入户线路施工、安装与业务开通及常见故障处理等。全书以实用为原则，力求达到“学了就能用”的目的。

本书由长沙通信职业技术学院李立高副教授担任主编并完成全书统稿，具体负责第4章及第7章中7.1、7.2和7.3节的编写；第1、2、3、5章分别由湖南省通信建设有限公司第二工程公司经理沈迎飞（企业专家），长沙通信职业技术学院胡庆旦、张敏、张喜云、陈红、张炯编写；第6章由企业专家——中国电信湖南分公司高级专家王志农和长沙通信职业技术学院张炯合编；7.4、7.5和7.6节由长沙通信职业技术学院左利钦和李淑媛编写。此外，在本书的编写和出版过程中得到了湖南邮电规划设计院、深圳中通信息培训中心、深圳职业技术学院、广东邮电职业技术学院、浙江邮电职业技术学院、安徽邮电职业技术学院、四川邮电职业技术学院以及其他兄弟职业技术学院的老师，长沙通信职业技术学院教务处、通信工程系领导，以及北京邮电大学出版社的大力支持与帮助，在此表示最诚挚的谢意！

由于编者水平有限，书中难免存在疏漏、欠妥之处，恳请广大读者批评指正。

编 者

目 录

第1章 计算机基础知识

1.1 计算机硬件知识

1.1.1 计算机的硬件组成

计算机的硬件由运算器、控制器、存储器、输入设备和输出设备5部分组成。微型机的运算器、控制器和内存储器是构成主机的核心部件，它们都置于主机箱中。主机以外的其他部件常被统称为计算机的外围设备。

1. 主机

计算机主机的组成及实物分别如图1-1、图1-2所示。

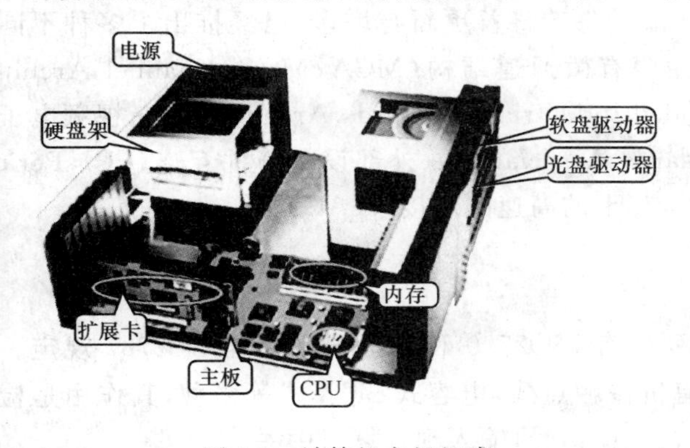

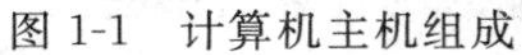

图1-1 计算机主机组成

图1-2 计算机主机箱实物组成

(1) 中央处理器

中央处理器(CPU，Central Processing Unit)主要由控制器和运算器组成。对微型机来说，中央处理器做在一个芯片上，称为微处理器，它是计算机的核心。通常CPU的型号决定了整机的型号和基本性能。例如，CPU是80386的计算机称为386微机，CPU是80486的计算机称为486微机。

目前使用的大部分微型机是PC系列机，表1-1是近年来CPU的主要技术指标。

表1-1 CPU的主要技术指标

CPU型号	主频率/MHz	位数/位
80386	16/33/40	32
80486	20/66/100	32
奔腾Ⅰ、奔腾Ⅱ、奔腾Ⅲ、奔腾Ⅳ…	60/90/100/450/1.7G/4.3G…	64

表 1-1 中的主频率(Master Frequency)指的是中央处理器时钟的频率,也称计算机主频率(Computer Master Frequency)。主频率通常以兆赫兹(MHz)为单位,是衡量计算机速度的重要指标。

(2) 内存储器

内存储器(Memory/Storage Unit)也叫主存储器,简称内存,安装在计算机的主板上。内存储器用来存放计算机当前工作所需的程序和数据。内存的容量直接影响计算机的性能,PC 系列机的内存容量已由早期的 640 KB,发展到 16 MB、32 MB、64 MB、128 MB、256 MB,有的甚至超过 1 GB。

内存储器分为随机存储器(RAM)和只读存储器(ROM)。随机存储器中存储的信息可以由用户进行更改,关闭计算机电源,随机存储器中存储的信息将全部消失。只读存储器中存储的信息是由计算机厂家确定的,用户只能读出不能更改,断电后信息不会丢失。

(3) 总线

总线(Bus)是信息传送的公共通路或通道,是连接计算机有关部件的一束公共信号线。总线可以用来传送数据、地址和控制信号,相应地被称为数据总线、地址总线和控制总线,在微型机中它们常被统称为系统总线。

计算机中采用总线结构可以减少信息传送线的条数,提高 CPU 与外部设备之间的数据传输率。

随着 CPU 的不断升级和计算机外部设备的日益更新与增多,已经推出了多种不同标准的总线。目前,PC 上使用的总线主要有微通道结构(MCA,Micro Channel Architecture)、扩展工业标准结构(EISA,Extended Industrial Standards Architecture)、视频电子标准协会(VESA,Video Electronic Standards Association)、外部设备部件互连(PCI,Peripheral Component Interconnect)、主要用于显卡的高速图形接口(AGP)等。

2. 计算机常用的输入输出设备

(1) 键盘

计算机键盘(Keyboard)上键的排列已有 ISO2530 和我国国家标准 GB2787 规定。键盘上的每个键有一个键开关。键开关有机械触点式、电容式、薄膜式等多种,其作用是检测出使用者的击键动作,把机械的位移转换成电信号,输入到计算机中去。

(2) 鼠标器

鼠标器(Mouse)是一种控制显示器屏幕上光标位置的输入设备。在 Windows 软件中,使用鼠标器使操作计算机变得非常简单。在桌面上或专用的平板上移动鼠标器,使光标在屏幕上移动,选中屏幕上提示的某项命令或功能,并单击一下鼠标器上的按钮,就完成了所要进行的操作。鼠标器上有一个、两个或三个按钮,每个按钮的功能在不同的应用环境中有不同的作用。

鼠标器依照所采用的传感技术可分为机械式、光电式和机械光电式 3 种。

机械式鼠标器底部有一个圆球,通过圆球的滚动带动内部两个圆盘运动,通过编码器将运动的方向和距离信号输入计算机。

光电式鼠标器采用光电传感器,底部不设圆球,而是一个光电元件和光源组成的部件。当它在专用的有明暗相间的小方格的平板上运动时,光电传感器接收到反射的信号,测出移动的方向和距离。

机械光电式鼠标器是上述两种结构的结合。它底部有圆球,但圆球带动的不是机械编码盘而是光学编码盘,从而避免了机械磨损,也不需要专用的平板。

(3) 显示器

显示器(Display)是由监视器(Monitor)和显示适配器(Display Adapter)及有关电路和软件组成的用以显示数据、图形、图像的计算机输出设备。显示器的类型和性能由组成它的监视器、显示适配器和相关软件共同决定。

常见的液晶显示器(LCD,Liquid Crystal Display)按物理结构分为以下 4 种。

① 扭曲向列型(TN,Twisted Nematic),主要应用在游戏机液晶屏等领域。

② 超扭曲向列型(STN,Super TN),目前多被手机液晶屏所采用。

③ 双层超扭曲向列型(DSTN,Dual Scan Tortuosity Nomograph),早期笔记本计算机和目前手机等数码设备上皆有采用。

④ 薄膜晶体管型(TFT,Thin Film Transistor),是目前应用的主流。

TN 液晶显示屏是各种液晶屏的鼻祖,其技术原理是以后液晶显示屏发展的基石。TN 液晶显示屏包括两层由玻璃基板、ITO 膜、配向膜、偏光板等制成的夹板,上下夹层中是液晶分子,接近上部夹层的液晶分子按照上部沟槽的方向来排列,而下部夹层的液晶分子按照下部沟槽的方向排列,整体看起来,液晶分子的排列像扭转螺旋形。

一旦通过电极给液晶分子加电,TN 液晶将变成竖立的状态,而液晶显示器的夹层贴附了两块偏光板,这两块偏光板的排列和透光角度与上下夹层的沟槽排列相同,在正常情况下,光线从上向下照射时,通常只有一个角度的光线能够穿透下来。

光线通过上偏光板导入上部夹层的沟槽中,再通过液晶分子扭转排列的通路从下偏光板穿出,形成一个完整的光线穿透途径。当液晶分子竖立时光线就无法通过,结果在显示屏上出现黑色。这样会形成透光时为白、不透光时为黑,画面就可以显示在屏幕上。

目前主流的 TFT 液晶显示屏组成更复杂一些,它主要是由荧光管、导光板、偏光板、滤光板、玻璃基板、配向膜、液晶材料、薄膜式晶体管等构成。TFT 液晶显示屏具备背光源荧光管,其光源会先经过一个偏光板然后再经过液晶,这时液晶分子的排列方式就会改变穿透液晶的光线角度,然后这些光线还必须经过前方的彩色的滤光膜与另一块偏光板。而只要改变加在液晶上的电压值就可以控制最后出现的光线强度与色彩,这样就能在液晶面板上变化出不同色调的颜色组合。

(4) 打印机(Printer)

打印机是计算机系统中的一个重要输出设备,它可以把计算机处理的结果在纸上打印出来。

针式打印机(Wire Printer)用一组细针在电路的驱动下击打色带,在纸上留下墨迹。由打印机针头的数量不同可分为 9 针打印机和 24 针打印机。一个西文字符可以由 8×9 点阵组成,用 9 针打印机一次可以打印一行。一个汉字则需要由 16×16、24×24 或更多的点阵组成。对于一个 24×24 点阵组成的汉字,用 9 针打印机需要反复击打 3 次才能完成,而使用 24 针打印机则可以一次打印完毕。点阵式打印机由于采用了击打方式,所以打印中噪声较大。它可以使用多种打印纸,如有孔的宽型纸、窄型纸、复印纸或其他的单页纸等。可以用复写打印纸一次打印多份,还可以打印蜡纸用于印刷。打印的质量与色带的新旧程度有关。

喷墨式打印机(Ink-jet Printer)是将墨水通过细小的喷嘴喷到纸上,打印质量较点阵式打印机好，噪声也较小。但是，它只能使用质量较好的单页纸，有的更限制为一种规格（一般是 A4）的复印纸。喷墨打印机的消耗材料的价格比点阵式打印机的色带价格要高。另外，它不能同时打印多份，也不能打印蜡纸。

激光打印机（Laser Printer）的打印质量最好，速度快、噪声低，但价格比前两种高。激光打印机的工作原理是：由激光器发出的激光束经声光调制偏转器按字符点阵的信息调制。在高频超声信号的作用下，声光偏转器衍射出形成字符的调制光束。当频率变化时，激光束的衍射角度随之变化，形成纵向的扇出光束。此扇出光束经高速旋转的多面镜反射，在预先荷电的转印鼓面上扫描曝光。鼓面被激光束照射部位的电荷消失，形成静电潜象。当鼓面经过带相反电荷的色粉时，由于静电作用吸附上色粉，进行显影。在电场的作用下，色粉由鼓面被转印到纸上。经热挤滚压定影之后，字符便永久性地印在纸上。

此外，还有一些特殊用途的打印机，如票据打印机、条码打印机等。

3. 外存储器

目前，微型机的外存储器主要有光盘、移动硬盘和 U 盘。

光盘（Disc）的存储量很大，一般在 600 MB 以上，大的可到几十字节。光盘存取速度快，没有磨损，存储的信息不会丢失，可以用来存储需要永久保留的信息。目前，光盘已成为微型电子计算机常用的外存介质。

U 盘是闪存的一种，也叫闪盘、优盘，最大的特点是小巧、存储容量大、价格便宜，是移动存储设备之一。一般的 U 盘容量有 64 M、128 M、256 M、512 M 等。它携带方便，属移动存储设备，人们可以把它挂在胸前、吊在钥匙串上，甚至放进钱包里。

外存储器是一种既可用于输入，也可用于输出的外部设备。

4. 其他外部设备

(1) 声卡

声卡（Sound Card）是专门处理音频信号的接口电路板卡，它提供了与话筒、喇叭、电子合成器的接口。它的主要功能是将模拟声音信号进行数字化采样存储，并可将数字化音频转为模拟信号播放。

(2) 视频卡

视频卡（Video Card）是专门处理视频信号的接口电路板卡，它提供了与电视机、摄像机、录像机等视频设备的接口。它的主要功能是将输入的视频信号送进计算机，记录下来，也可以把 CD-ROM 或其他媒体上的视频信号在显示器上播放出来。

(3) 网络卡

网络卡（Network Card）也叫网络接口卡（NIC，Network Interface Card）或网络适配器。当单台计算机要与网络实现通信时，每台计算机的扩展槽中都要安装一块网络卡，以实现计算机与网络之间的匹配。

(4) 调制解调器

调制解调器（Modem）是可将数字信号转换成模拟信号以适于在模拟信道中传输，又可将被转换的模拟信号还原为数字信号的设备。它将计算机与模拟信道（如现有的电话线路）相连接，以便异地的计算机之间进行数据交换。

目前调制解调器多为内置式，传输速率有 28.8 kbit/s、33.6 kbit/s、56 kbit/s 等。

(5) 扫描仪

扫描仪(Scanner)是一种输入设备,它能将各种图文资料扫描输入到计算机中,并转换成数字化图像数据,以便保存和处理。扫描仪分为手持式扫描仪、平板扫描仪和大幅面工程图纸扫描仪 3 类,主要用于图文排版、图文传真、汉字扫描录入、图文档案管理等方面。

(6) 光笔

光笔(Light Pen)是一种与显示器配合使用的输入设备。它的外形像钢笔,上有按钮,以电缆与主机相连(也有采用无线的)。使用者把光笔指向屏幕,就可以在屏幕上作图、改图或进行图形放大、移位等操作。

(7) 触摸屏

触摸屏(Touch Screen)是一种附加在显示器上的辅助输入设备。借助这种设备,用手指直接触摸屏幕上显示的某个按钮或某个区域,即可达到相应的选择目的。它为人机交互提供了更简单、更直观的输入方式。触摸屏主要有红外式、电阻式和电容式 3 种。红外式分辨率低;电阻式分辨率高,透光性稍差;电容式分辨率高,透光性好。

(8) 绘图机

绘图机(Plotter)是一种图形输出设备,与打印机类似。绘图机分笔式和点阵式两类,常用于各类工程绘图。

此外,一些科技新产品,例如数码相机、数码摄像机等,也已经列入计算机的外部设备。

1.1.2　计算机的硬件组装

1. 安装计算机的一般步骤(工序)

(1) 准备好机箱和电源,在主机箱上装好电源。

(2) 在主板上装插 CPU 处理器。

(3) 在主板上安装内存条。

(4) 在机箱中固定已插好 CUP、内存条的主板。

(5) 连接主板上的电源。

(6) 连接机箱面板上开关、指示灯和主板上跳线。

(7) 安装显示卡。

(8) 安装显示器。

(9) 加电测试基本系统的好坏。

(10) 机箱面板上主频数码显示的安装调试(可省略)。

(11) 安装硬盘驱动器。

(12) 安装软盘驱动器。

(13) 安装其他附加卡,如声卡、MPEG 卡、Modem 卡、SCSI 接口卡等。

(14) 安装键盘、鼠标、打印机等。

(15) 连接各部件的电源插头。

(16) 开机前的最后检查。

(17) 开机检查、测试。

(18) 运行 BIOS 设置程序,设置系统 CMOS 参数。

(19) 保存新的配置并重新启动系统。

以上步骤不是一成不变的，可根据具体情况调整，以安装方便、可靠为安装顺序的总准则。这里只介绍电源、CPU、内存、主板、硬盘的安装，其他设备的安装相对较简单，请读者自行了解和掌握。

2. 工具准备

常言道“工欲善其事，必先利其器”，没有顺手的工具，装机也会变得麻烦起来，那么哪些工具是装机之前需要准备的呢？如图 1-3 所示，从左至右依次为尖嘴钳、散热膏、十字螺丝刀、平口螺丝刀。

3. 材料准备

准备好装机所用的配件：CPU、主板、内存、显卡、硬盘、软驱、光驱、机箱电源、键盘、鼠标、显示器、各种数据线/电源线等，如图 1-4 所示。

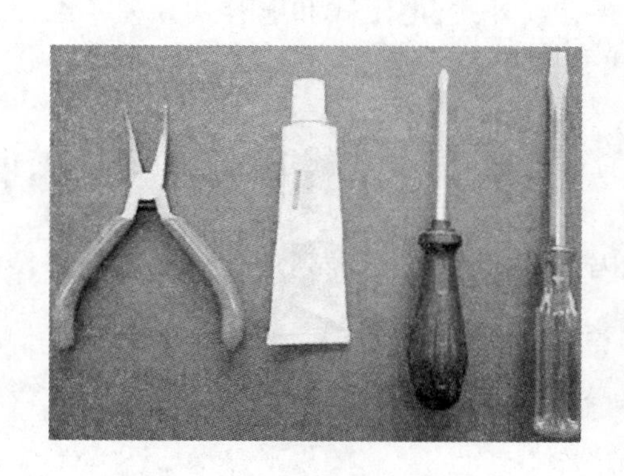

图 1-3 计算机硬件安装的必备工具

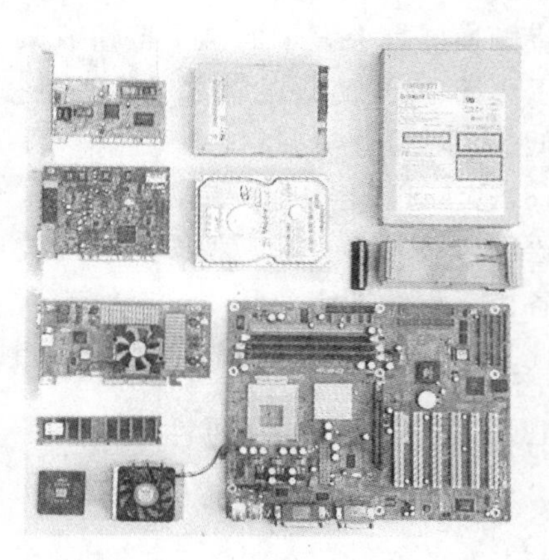

图 1-4 装机的材料准备

4. 安装电源

一般情况下，在购买机箱时可以买已装好电源的。不过，有时机箱自带的电源品质太差，或者不能满足特定要求，则需要更换电源。由于计算机中的各个配件基本上都已模块化，因此更换起来很容易，电源也不例外，下面就来看看如何安装电源。

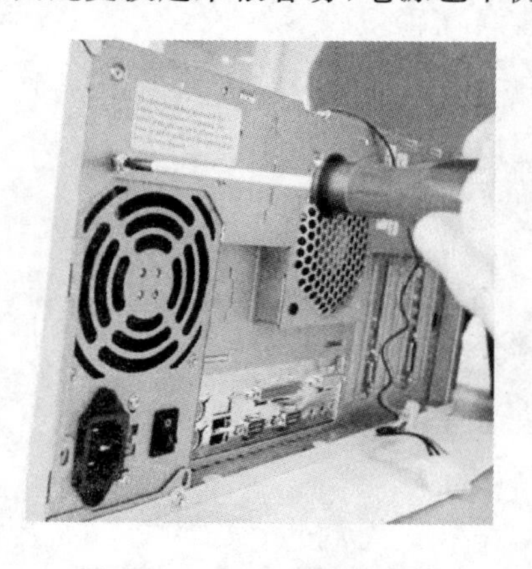

图 1-5 电源及风扇的安装

安装电源很简单，先将电源放进机箱上的电源位，并将电源上的螺丝固定孔与机箱上的固定孔对正。然后先拧上一颗螺钉，固定住电源即可，然后将后 3 颗螺钉孔对准位置并拧上剩下的螺钉即可。

需要注意的是，在安装电源时，首先要做的是将电源放入机箱内，这个过程中要注意电源放入的方向，有些电源有两个风扇，或者有一个排风口，则其中一个风扇或排风口应对着主板，放入后稍稍调整，让电源上的 4 个螺钉和机箱上的固定孔分别对齐，如图 1-5 所示。

这里简单介绍一下电源插头。ATX 电源提供多组插头，其中主要是 20 芯的主板插头、4 芯的驱动器插头和 4 芯的小驱动器专用插头。20 芯的主板插头只有一个且具有方向性，可以有效地防止误插，插头上还带有固定装置可以钩住主板上的插座，不至于让接头松动导致主板在工作状态下突然断电。4 芯的驱动器电源插头用处最广泛，所有的 CD-ROM、DVD-ROM、CD-RW、硬盘甚至部分风扇都要动用它。4 芯插头提供了＋12 V 和＋5 V 两组电压，一般黄色电线代表＋12 V 电源，红色电线代表＋5 V 电源，黑色电线代表 0 V 地线。这种 4 芯插头电源提供的数量是最多的，如果用户觉得还不够用，可以使用一转二的转接线。4 芯小驱动器专用插头原理和普通 4 芯插头是一样的，只是接口形式不同，是专为传统的小区供电设计的，如图 1-6 所示。

(a) P9电源插头

(b) P4专用4脚插头

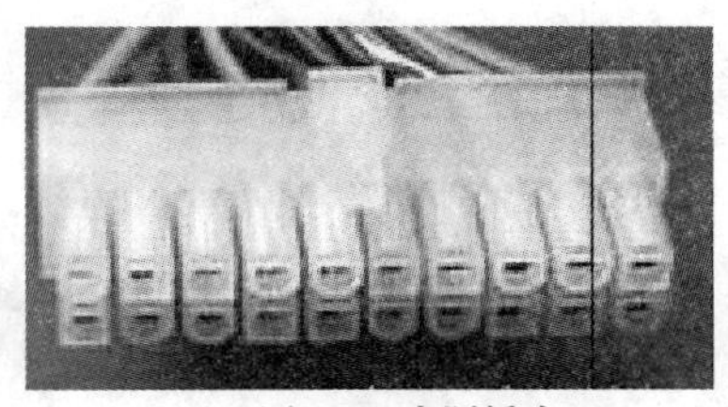

(c) ATX电源插头

图 1-6　ATX 电源插头

5. CPU 的安装

在将主板装进机箱前最好先将 CPU 和内存安装好，以免将主板安装好后机箱内狭窄的空间影响 CPU 等的顺利安装，如图 1-7 所示。其安装步骤如下。

CPU安装过程

1. 将拉杆从插槽上拉起，与插槽呈90°角。

打开拉杆

滑动托架

2. 寻找CPU上的圆点/切边。此圆点/切边应指向拉杆的旋轴，只有方向正确，CPU才能插入。

圆点/切边

3. 将CPU插入稳固后，压下拉杆完成安装。

关闭拉杆

图 1-7　CPU 的安装

第一步，稍向外/向上用力拉开 CPU 插座上的拉杆与插座呈 90°角，以便让 CPU 能够插入处理器插座。

第二步，将 CPU 上针脚有缺针的部位对准插座上的缺口。

第三步,CPU 只能够在方向正确时才能够被插入插座中,然后按下拉杆,如图1-8 所示。

第四步,在 CPU 的核心上均匀涂上足够的散热膏(硅脂)。但要注意不要涂得太多,只要均匀地涂上薄薄一层即可。

6. 安装内存条

现在常用的内存条有 168 线的 SDRAM 内存条和 184 线的 DDR SDRAM 内存条两种,其主要外观区别在于 SDRAM 内存条的金手指上有两个缺口,而 DDR SDRAM 内存条的金手指上只有一个缺口,如图 1-9 所示。

图 1-8 按下拉杆后的 CPU

(a) SDRAM内存条

(b) DDR SDRAM内存条

图 1-9 内存条结构

下面以 184 线的 DDR SDRAM 内存条为例进行安装讲解。

第一步,将内存插槽两端的白色卡子向两边扳动,将其打开,这样才能将内存插入。然后再插入内存条,内存条的 1 个凹槽必须直线对准内存插槽上的 1 个凸点(隔断)。

第二步,按入内存条,在按的时候需要稍稍用力。

第三步,以使紧压内存的两个白色固定杆确保内存条被固定住,即完成内存的安装。

需要说明的是,SDRAM 内存的安装和 DDR 内存的安装基本一样。差别在于 SDRAM 内存及其插槽上有两个对应缺口。内存的两端各有一个缺口,正好和内存插槽两端的白色卡子对应,如果内存插到位,该卡子会卡在内存的缺口中。如果内存插到底,两端的卡子还是不能自动合拢,可用手将其扳到位。

7. 主板的安装

在主板上装好 CPU 和内存后,即可将主板装入机箱中。

主板上的组件及构成如图 1-10 所示。

机箱的整个机架由金属组成。其 5 寸固定架,可以安装几个设备,比如光驱等;3 寸固定架,用来固定小软驱、3 寸硬盘等;电源固定架,用来固定电源。而机箱下部那块大的铁板用来固定主板,称之为底板,上面的很多固定孔用来上铜柱或塑料钉以固定主板。现在的机箱在出厂时一般就已经将固定柱安装好。而机箱背部的槽口是用来固定板卡及打印口和鼠标口的,在机箱的四面还有 4 个塑料脚垫。不同的机箱固定主板的方法不一样,像我们下面为大家介绍的这种，它全部采用螺钉固定，稳固程度很高，但要求各个螺钉的位置必须精确。主板上一般有5～7个固定孔，要选择合适的孔与主板匹配，选好以后，把固定螺钉旋紧在底板上（现在大多数机箱已经安装了固定柱，而且位置都是正确的，不用再单独安装了）。然后把主板小心地放在上面，注意将主板上的键盘口、鼠标口、串并口等和机箱背面挡片的孔对齐，使所有螺钉对准主板的固定孔，依次把每个螺丝安装好。总之，要求主板与底板平行，绝不能碰在一起，否则容易造成短路，如图1-11所示。

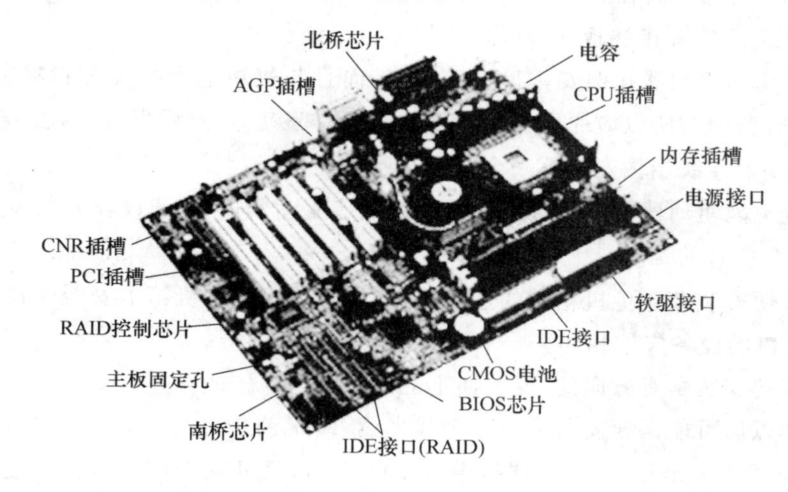

图1-10　主板上的组件

第一步，将机箱或主板附带的固定主板用的螺丝柱和塑料钉旋入主板和机箱的对应位置。

第二步，将机箱上的I/O接口的密封片撬掉。提示：可根据主板接口情况，将机箱后相应位置的挡板去掉。这些挡板与机箱是直接连接在一起的，需要先用螺丝刀将其顶开，然后用尖嘴钳将其扳下。外加插卡位置的挡板可根据需要决定，而不要将所有的挡板都取下。

第三步，将主板对准I/O接口放入机箱。安装好的主板如图1-12所示。

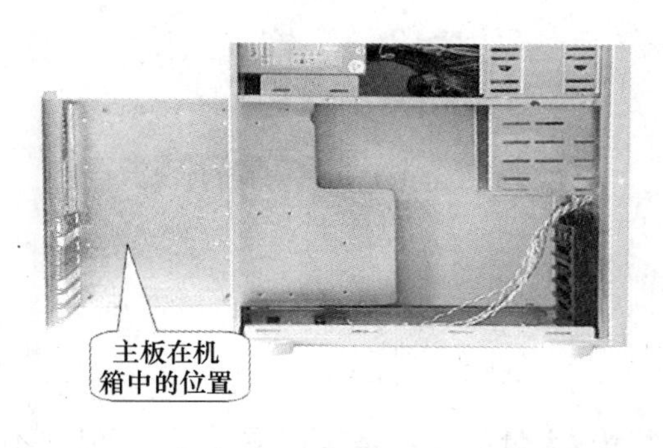

图1-11　主板在主机箱中的位置

图1-12　安装好的主板

8．安装外部存储设备

外部存储设备包含硬盘、光驱（CD-ROM、DVD-ROM、CD-RW）等，图1-13是硬盘的基本结构。

安装外部存储设备时必须了解以下基本常识。

① 每个 IDE 口都可以有且最多只能有一个“Master”盘，即主盘，用于引导系统。

② 当两个 IDE 口上都连接有设置为“Master”的盘时，老式主板通常总是尝试从第一个 IDE 口上的“主”盘启动。而现在的主板，一般都可以通过 CMOS 的设置，指定哪一个 IDE 口上的硬盘是启动盘。

③ ATX 电源在关机状态时仍保持 5 V 电压，所以在进行零配件安装、拆卸及外部电缆线插、拔时必须关闭电源接线板开关或拔下机箱电源线。

④ 有些机箱的驱动器托架安排得过于紧凑，而且与机箱电源的位置非常靠近，安装多个驱动器时比较费劲。所以应先在机箱中安装好所有驱动器，然后再进行线路连接工作，以免先安装的驱动器连线挡住安装下一个驱动器所需的空间。

⑤ 为了避免因驱动器的震动造成的存取失败或驱动器损坏，建议在安装驱动器时在托架上安装并固定所有的螺丝。

⑥ 为了方便安装及避免机箱内的连接线过于杂乱无章，在机箱上安装硬盘、光驱时，连接与同一 IDE 口的设备应该相邻。

⑦ 电源线的安装是有方向的，反了插不上。

⑧ 考虑到以后可能需要安装多个硬盘或光驱，装机前最好准备两条 IDE 设备信号线，俗称排线，每条线带 3 个接口，一个连接主板 IDE 端口，另外两个用来连接硬盘或光驱。为了避免机箱内的连接线过于杂乱无章，排线上用于连接硬盘/光驱的接口应尽量靠近，一般 3 个接口之间的排线长度应为 2∶1，如图 1-14 所示。

图 1-13　硬盘的基本结构

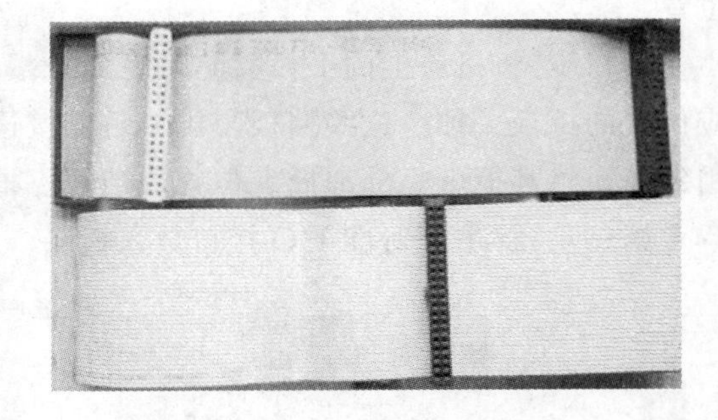

图 1-14　IDE 设备信号线(排线)

1.1.3　计算机的外部通信

1. RS-232 接口

RS-232 接口又称为串口、异步口等。在计算机中，大量的接口是串口或异步口，但并不一定符合 RS-232 标准，但也通常认为它是 RS-232 口。严格地讲，RS-232 接口是数据终端设备(DTE)和数据通信设备(DCE)之间的一个接口。DTE 包括计算机、终端、串口打印机等设备。DCE 通常只有调制解调器(Modem)和某些交换机 COM 口。DTE、DCE 引脚定义相同，见表 1-2 和图 1-15。

表 1-2 RS-232 接口引脚定义

25芯	9芯	信号方向来自	缩写	描述名
2	3	PC	TXD	发送数据
3	2	调制解调器	RXD	接收数据
4	7	PC	RTS	请求发送
5	8	调制解调器	CTS	允许发送
6	6	调制解调器	DSR	通信设备准备好
7	5		GND	信号地
8	1	调制解调器	CD	载波检测
20	4	PC	DTR	数据终端准备好
22	9	调制解调器	RI	响铃指示器

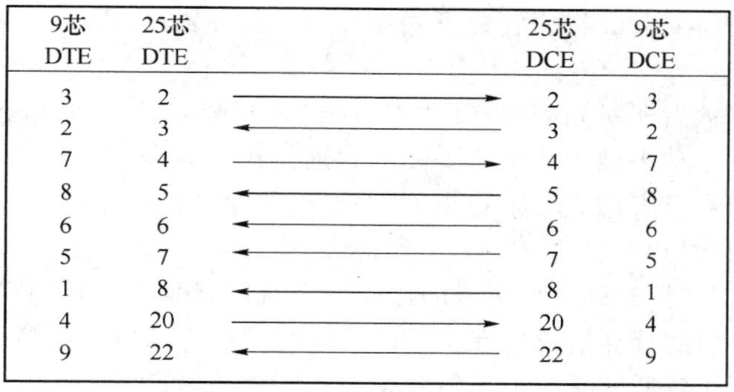

9芯 DTE	25芯 DTE		25芯 DCE	9芯 DCE
3	2	→	2	3
2	3	←	3	2
7	4	→	4	7
8	5	←	5	8
6	6	←	6	6
5	7	←	7	5
1	8	←	8	1
4	20	→	20	4
9	22	←	22	9

图 1-15 DTE、DCE 设备信号线传输方向示意图

2. 计算机串口、并口连接

在计算机的使用中往往会遇到各种各样的连接线。这些连接线外观上好像都差不多，但内部结构完全不同并且不能混用。如果在使用中这些连接线坏了，往往很多使用者都不知道应该怎么办，下面就给出这些常见连接线的连线方法，以便于修理或查找故障。在介绍之前先解释一些市场常用名词。

现在所有的接头都可以分为公头和母头两大类。

- 公头：泛指所有针式接头。
- 母头：泛指所有插槽式接头。

所有接头的针脚有统一规定，在接头上都已印好，连接时要注意查看。在接线时没有提及的针脚都悬空。

3. 网卡通信

网卡的主要作用是读入由其他网络设备（Router、Switch、Hub 或其他 NIC）传输过来的数据包，经过拆包，将其变成客户机或服务器可以识别的数据，通过主板上的总线将数据传输到所需设备（CPU、RAM 或 Hard Driver）中；将 PC 设备（CPU、RAM 或 Hard Driver）发送的数据打包后输送至其他网络设备中。普通用户日常接触较多的网卡大都是以太网网卡。

网卡可以看成数据链路层设备，世界上每一块网卡都有一个唯一的编码，叫做媒介存取控制地址，即 MAC 地址或物理地址，它是网络上用于识别一个网络硬件设备的标识符。IEEE 802.3 标准规定 MAC 地址的长度一般为 48 位(6 个字节)，其中前 24 位称为机构唯一标识符(OUI)，用以标识设备生产厂商，如 3Com 公司生产的网卡的 MAC 地址的前 3 个字节是 02608C。地址字段中的后 3 个字节称为扩展标识符(EI)，用以标识生产出来的每个网卡。扩展标识符由厂家自行指派，只要保证不重复即可。由于厂家在生产时通常已将 MAC 地址固化在网卡内，网卡一旦生产出来，其 MAC 地址一般不会改变。

外置式以太网网卡的硬件安装很简单，把 PCI 网卡插到 PCI 扩展槽并拧紧相关螺钉即可。

4. Modem 通信

调制解调器是通过电话线拨号上网不可缺少的设备。

(1) 调制解调器的作用

Modem 是 Modulator(调制器)与 Demodulator(解调器)的简称，称为调制解调器，由于它发音的第一音节与汉语“猫”读音相近，所以它又被广大计算机爱好者称为“猫”。

(2) 调制解调器的分类

计算机上常用的 Modem 按照安装形式和外形分为外置式 Modem 和内置式 Modem。

① 外置式 Modem

外置式 Modem 放置于机箱外，外置式 Modem 根据与主机的接口，分为串口 Modem 和 USB 接口 Modem。目前多数为串口 Modem，它通过串行通信口 COM 与主机连接。外置 Modem 方便灵巧、易于安装，闪烁的指示灯便于监视 Modem 的工作状况。但外置式 Modem需要使用额外的电源与电缆。

软“猫”与硬“猫”并没有谁比谁更好的比较。之所以有时觉得硬“猫”的效果比软“猫”要好，大多是和用户使用的计算机配置有关。由于软“猫”对计算机的主频、内存有比较高的要求，所以在一些主频比较低的系统下运行效果不佳，如 56 KHCF(半软“猫”)最低要求要有 Pentium133 级别的 CPU。

② PCMCIA 插卡式 Modem

插卡式 Modem 主要用于笔记本计算机，大小如名片。配合移动电话，可方便地实现移动办公。

③ 机架式 Modem

机架式 Modem 相当于把一组 Modem 集中于一个箱体或外壳里，并由统一的电源进行供电。机架式 Modem 主要用于 Internet/Intranet、电信局、校园网、金融机构等网络的中心机房。

除上面常见的 Modem 外，还有 ISDN 调制解调器、ADSL 调制解调器和 Cable Modem 的调制解调器。其中 Cable Modem 利用有线电视的电缆进行信号传送。

(3) Modem 的传输速率

Modem 的传输速率指的是 Modem 每秒钟传送的数据量的位数。平常说的 14.4 KB/s、28.8 KB/s、33.6 KB/s、56 KB/s 指的就是 Modem 的传输速率。连接速率通常指下行速率，即服务器到 Modem 的数据传输速率，它标志着从 Internet 上获得数据速度的快慢。另外还有上行速度和数据吞吐量两个概念，它们分别指 Modem 到服务器和 Modem 与用户计算机之间的数据传输速率，平时所说的 33.6 KB/s、56 KB/s 就是下行速率。

(4) 调制解调器的选购和软硬件安装

① 调制解调器的选购

在选购时应注意以下几点。

- 采用何种芯片。采用不同芯片的 Modem,其使用效率也是不同的。
- 采用何种协议。目前 Modem 协议有两种,一是 V. 90,二是由国际电信联盟发布的 V. 92 标准,这种标准作为 V. 90 的升级版本具有更高的连接速度和上传速度,支持连接互联网和接听、拨打电话等多项新功能。
- 是否具有升级功能。如今,各大厂商都在自己的产品发布后,不断地通过驱动程序或软件去提升产品性能。

② 调制解调器的硬件安装

- 外置式 Modem 的安装

第一步,连接电话线。把电话线的 RJ11 插头插入 Modem 的 Line 接口,再用电话线把 Modem 的 Phone 接口与电话机连接。

第二步,关闭计算机电源,将 Modem 所配的电缆的一端(25 针阳头端)与 Modem 连接,另一端(9 针或者 25 针插头)与主机上的 COM 口连接。

第三步,将电源变压器与 Modem 的 Power 或 AC 接口连接。接通电源后,Modem 的 MR 指示灯应长亮。如果 MR 灯不亮或不停闪烁,则表示未正确安装或 Modem 自身故障。对于带语音功能的 Modem,还应把 Modem 的 SPK 接口与声卡上的 Line In 接口连接,当然也可直接与耳机等输出设备连接。另外,Modem 的 MIC 接口用于连接驻极体麦克风,但最好还是把麦克风连接到声卡上。

- 内置式 Modem 的安装

第一步,关闭计算机电源并打开机箱,将 Modem 卡插入主板上任一空置的扩展槽。

第二步,连接电话线。把电话线的 RJ11 插头插入 Modem 卡上的 Line 接口,再用电话线把 Modem 卡上的 Phone 接口与电话机连接。此时拿起电话机测试,应能正常拨打电话。

5. USB 接口通信

(1) USB 简介

"USB"的英文全称为"Universal Serial Bus",中文名通常称之为"通用串行总线"接口。它是一种串行总线系统,带有 5 V 电压,支持即插即用功能,支持热插拔功能,最多能同时连入 127 个 USB 设备,由各个设备均分带宽。

总体来说,就目前的 USB 2.0 而言,技术性能已经十分完善,而且 USB 标准已经得到了普及,现在的普通 PC 都带有 2~6 个 USB 接口,已成了 PC 及其他周边设备必备或者首选的接口。

(2) USB 的主要特点

① 速度快

速度快是 USB 最突出的特点之一,现在的 USB 2.0 标准最高传输速率会达到480 Mbit/s,也就是 60 MB/s。这也是 USB 在这么短时间内得以迅速普及的根本原因,如现在的Modem、ADSL、Cable Modem、打印机、扫描仪、数码相机等无不纷纷提供对 USB 接口的支持,推出其 USB 接口产品。

② 成本低,应用广

这是 USB 标准最大的一个特点,也是目前它与 IEEE 1394 标准相比具有明显优势的一面。USB 接口技术相比 IEEE 1394 技术来说比较简单,通常不需要单独芯片支持,而是可在主板芯片中附加,这样就节省了设备的固定成本,具有了应用的先天基础。目前,USB 除了应用于常见的 PC 及外围设备中，还广泛地应用于多媒体设备，支持 USB 的声卡和音箱可以更好地减少噪声。

③ 方便使用

USB 的热插拔特性使得在使用 USB 接口时可以非常方便地带电插拔各种硬件，而不用担心硬件是否有损坏。它还支持多个不同设备串联，一个 USB 接口最多可以连接 127 个 USB 设备。USB 设备也不会有 IRQ 冲突的问题，因为它会单独使用自己的保留中断，所以不会使用计算机有限的资源，实现真正的"即插即用"，这也是 USB 产品比起原来的串口、并口产品具有明显优越性的一面。

④ 自供电

USB 设备不再需要用单独的供电系统，而使用串口等其他的设备时均需要独立电源。USB 接口内置了电源线路，可以向低压设备提供 5 V 的电，这是相比原来的串口、并口设备优越性的一面，但这仅适用于小功率的设备，如鼠标、键盘、Modem 等。

1.2 计算机软件知识

1.2.1 PC 操作系统的安装

1. 安装前要了解的内容

(1) 磁盘的文件格式。

安装操作系统前首先要对磁盘进行磁盘分区，然后根据所要安装的操作系统的文件格式进行磁盘格式化，之后就可以安装操作系统。其实安装操作系统很简单，因为从 Windows 3x 开始，安装操作系统都有图形化的安装向导，只需根据其向导的要求正确填写即可。

首先要了解什么操作系统支持什么样的磁盘文件格式，如表 1-3 所示。根据表中要求进行磁盘格式化。

表 1-3 磁盘文件格式

NTFS 文件格式	FAT32 文件格式	FAT16 文件格式
支持单个分区大于 2 G	支持单个分区大于 2 G	单个分区小于 2 G
支持磁盘配额	不支持磁盘配额	不支持磁盘配额
支持文件压缩(系统)	不支持文件压缩(系统)	不支持文件压缩(系统)
支持 EFS 文件加密系统	不支持 EFS 文件加密系统	不支持 EFS 文件加密系统
产生的磁盘碎片较少	产生的磁盘碎片适中	产生的磁盘碎片较多
适合于大磁盘分区	适合于中小磁盘分区	适合于小于 2 G 的磁盘分区
Windows 2000/XP 系统支持； Windows 9x 系统不支持	Windows NT 4.0 不支持； Windows 2000/XP/98/Me 都支持	Windows NT/9x 系统都支持

(2) 系统安装的前后顺序和双系统问题。

自 DOS 系统之后，Microsoft 公司先后又出了 Windows 3x、Windows 9x、Windows NT、Windows 98、Windows Me、Windows 2000、Windows XP 等操作系统。有的可以在原

操作系统上直接升级，有的可以在同一磁盘上安装另外的操作系统，在启动后可以选择进入不同的操作系统。

(3) Windows 2000 专业版可以直接升级为 Windows XP 个人版吗？

不行。但 Windows 98/98SE/Me 可以。

(4) Windows 2000 专业版可以直接升级为 Windows XP 专业版吗？

可以。此外，Windows 98/98SE/Me/NT 4.0 工作站和 Windows XP 个人版也可以。

(5) Windows 2000 专业版是否可以直接升级为 Windows XP 高级服务器版？

不行。只有 Windows NT 4.0 服务器版/终端服务版/企业版、Windows 2000 服务器版/高级服务器版才可以。

(6) 在 Windows XP 下可以运行 Windows 95/98 或 Windows NT 4.0 的应用软件吗？

可以。在 Windows XP 中，用户可以切换到 Windows 95/98 或者 Windows NT 4.0 的兼容模式，这样就可以使旧的应用软件在新的操作系统下正常运行。

运行 Windows XP，硬盘至少得有 650 MB 的剩余空间。

Windows XP 是 Windows 操作系统中最可靠的操作系统，在安全性和隐私方面做得比较好，其高安全性使用户拥有安全可靠的私人计算机体验。Windows XP 有两个版本，家庭版针对家庭应用，专业版则针对各种规模的公司。Windows XP 家庭版的安全特点让用户能更加安全地在网上购物、浏览网页，并且其内建的 Internet 连接防火墙可以提供强有力的防御，当用户连接到 Internet 尤其是使用如 Cable Modem 和 ADSL 的在线连接时。

对于赛扬 400 左右或相同频率的 CPU，如果打算经常同时运行如 Photoshop 等多个大程序做东西，建议不要安装 Windows XP。如果只是普通的上网、写文档、玩游戏、运行单个大程序，可以安装。另外对于内存低于 128 M 的计算机，建议不要安装。

还有一个问题就是硬盘空间的问题，对于安装 Windows XP 所在分区的空间，建议最小为 2 G。这个最小值包括以后的软件安装所需的系统盘的空间，当然这个最小值需要优化 Windows XP 占用的硬盘空间。Windows XP 一般在安装之后占用 1.4 G 左右(128 M 内存)，当然这个和内存也有关，因为系统刚刚安装好后默认会在系统所在分区建立一个虚拟内存的文件 pagefile.sys，以及默认启用的休眠功能使用的硬盘空间大小都和物理内存大小有关。

总的说来，虽然有不少网友说 600 MHz 以上的 CPU 才是安装 Windows XP 的理想平台，但对于普通用户，CPU 400 MHz 左右、内存 128 M 也可以安装，运行基本流畅。

2. 安装过程

第一步，在 CMOS 中设置光盘启动。

进入安装前的准备工作就是将部分硬件加载，如 SCSI 卡、RAID 卡的驱动等，因此在安装界面下会提示：

```
Press F6 if you need to install a third party SCSI or RAID drive
```

按下 F6 键后将进入另一个界面：

```
To specify additional SCSI adapters,CD-ROM drivers,or special disk controllers
for use with Windows, including those for which you have a device support disk from a
mass storage device in an factures,press S
```

即按下 S 键后开始安装驱动。安装完以后计算机重启，进入 Windows XP 的安装画面。

第二步,欢迎使用安装程序。

这部分的安装程序就是准备在用户的计算机上运行 Microsoft ® Windows XP。

- 要现在安装 Windows XP,请按 ENTER
- 要使用"恢复控制台"修复 Windows XP 请按 R
- 要退出安装程序,不安装 Windows XP,请按 F3

ENTER = 继续　R = 修复　F3 = 退出

按回车键后可以看见 Windows XP 的许可协议及版本,如无异议,按 F8 键。

检测早期版本的 Windows

- 要修复所选的 Windows XP 安装,请按 R
- 要继续全新安装 Windows XP,请按 ESC

按ESC 全新安装到下一步。

下面是磁盘分区,这和安装 Windows 2000 基本是一样的。下面是安装时的选项。

- 要在所选项目上安装 Windows XP,请按 ENTER
- 要在尚未划分的空间中创建磁盘分区,请按 C
- 删除所选磁盘分区,请按 D

57200MB　DISK 0 AT Id 0 ON bus 0 on atapi [MBR]

C:分区 1 [NTFS]	100001MB {7954MB 可用}
D:分区 2 [FAT32]	…
E:分区 3(新加卷)[FAT32]	…
未划分的空间	…

当按 C 选择创建磁盘分区时,会让输入分区的磁盘大小,最小新磁盘分区为 8 MB,最大新磁盘分区为 10 001 MB。

用户可以选择已分好的区,如上所示的 C:区,按 Enter 键。它会提示如下:

如果您想为 Windows XP 选择不同的磁盘分区,请按 ESC

- 用 NTFS 文件系统格式化磁盘分区(快)
- 用 FAT 文件系统格式化磁盘分区(快)
- 用 NTFS 文件系统格式化磁盘分区
- 用 FAT 文件系统格式化磁盘分区

ENTER = 继续　ESC = 取消

如果选择 FAT 文件系统格式化磁盘分区,当分区小于 2 048 MB 时,它就直接格式化。当分区大于 2 048 MB 时,它会提示安装程序会用 FAT32 文件系统将其格式化。格式化完后复制安装文件,然后重新启动。这时可将光驱启动改为硬盘启动。

接下来安装程序大约在 39 min 内完成,开始提示正在安装设备,其中会有几次刷屏。然后是区域和语言选项,单击"下一步"按钮即可。

第三步,输入姓名和公司单位名称。

第四步,输入产品密匙,即 Windows XP 的序列号。

第五步,输入计算机名和系统管理员密码(可以不输)。然后是日期和时间的设置。

接下来是安装网络,可以选择典型安装,也可以选择自定义安装网卡驱动。然后确定计算机所属的是组成员还是域成员。

剩下就是复制文件，安装"开始"菜单项，注册组件，保存设置，删除临时文件后重启。

重启之后，系统将完成最后的设置。

① 显示设置。如果没问题单击"确定"按钮。

② 网络设置。设置上网是选用 ADSL 或电缆调制解调器还是局域网(LAN)。选择局域网则需要输入 IP 地址、DNS、网关。可以跳过以后设置。

③ 进行 Microsoft 注册。

④ 输入 5 个用户和密码，也可以只输一个，单击"下一步"按钮继续。

⑤ 产品激活。单击"确定"按钮。

之后就可以漫游 Windows XP。

1.2.2　安装 XP 后的问题

1. 关闭系统还原功能

虽然 Windows XP 的系统还原是其卖点之一，但建议还是关闭这个设置。系统还原要求有巨大的硬盘空间，默认的设置是在每个分区都有还原点，记录每个分区的软件安装和使用状态，如果迫不及待地按默认的设置来使用计算机的话，用不了一周，硬盘就会塞满数以 G 计的、这种还原功能产生的巨大文件；而且系统还原要进行大量的数据读写硬盘，CPU 的占用率也是很大的，目前多数人的计算机还是停留在 G 级别以下的 CPU 里，速度可能会受影响。所以，除非硬件是很顶级的配置，且需要经常安装测试新软件或变更系统的设置，对 Windows XP 的系统还原功能真的是用得着，否则建议还是关闭它，用软件本身的卸载功能。如果想体会一下这种新功能，折中的办法是，可以把其他分区的还原功能关闭，留下安装 Windows XP 的分区，这样可以对 Windows 的状态进行记录和有选择地恢复，安装游戏和存放图片、MP3 的分区完全没必要用系统还原功能。

2. 任务栏中的"分组相似任务栏按钮"设置

这要视最常用的应用而定。"分组相似任务栏按钮"设置虽然可以让任务栏少开窗口，保持干净，但是如果经常用 QQ 这样的通信软件和人在线聊天，如果有两个以上的好友同时和你交谈，你马上会感到 Windows XP 这种默认设置造成的不便。每次你想切换交谈对象的时候，要先单击组，然后再在弹出的菜单里选要交谈的好友，而且每个好友在组里显示的都是一样的图标，谈话对象多的时候，可能要逐个单击来看到底刚才是谁回复了你，在等着你反应，而且如果选错了一个，又得从组开始选，很麻烦。显然这样不如原来的开出几个窗口、在任务栏里的各个小窗口单击一次就可进行聊天的方式简便。

Windows XP 的这种默认设置是为了方便用户浏览网页而设计的，所以建议要根据自己的实际应用来更改这种设置。经常上网浏览的话，其实用一个名为 MYIE 的 IE 内核浏览器，既可以不影响 QQ 的使用，又不占用多个任务栏位置，一举两得。更改的办法是：选择"开始"→"控制面板"→"外观和主题"→"任务栏和开始"菜单，取消勾选"分组相似任务栏按钮"复选框。

3. 文本文件和邮件的最大化技巧

从 Windows 2000 开始，当单击存放在硬盘里的后缀名为 EML 的邮件的时候，默认的状态总不是最大化的，而是一个讨厌的小窗口，而且不具备记忆状态的能力。当最大化这个窗口后，下次打开邮件又是一个小窗口，文本文件也有类似的情况。可以用拖动窗口大小的办法来让 Windows 记忆最大化的状态：打开一个 EML 邮件后，千万不要单击最大化按钮，而是要移动指针到小窗口的边缘，按住鼠标左键把窗口上下左右都拉到屏幕的最大状态，然后单击“关闭”按钮。以后凡是打开这种文件，Windows 都自动地最大化了。文本文件 TXT 也是如此。

4. 关闭自动更新、目录共享和远程协助支持

这些和 Windows 2000 一样，都是些专门为网络应用设计的功能。对于国内的多数人而言，微软的 Windows 自动更新和远程协助都是没什么用的。如果设置了目录共享，像 FUNLOVE 这样专门在局域网里肆虐的病毒就很难清除，所以没什么特殊应用的话，建议关闭为好。可以在系统选项和服务管理中关闭这些功能。

如果计算机硬件配置不高，Windows XP 的视觉特效如动画窗口、淡入淡出也请关闭，以免影响速度。

5. 休眠键的设置

Windows XP 安装后，默认的设置是用户按键盘上的休眠键，计算机不作任何操作。因为 Windows XP 的休眠是一种挂起硬盘的功能，即使完全切断电源，Windows XP 在下次开机的时候，也能从硬盘里储存的数据读出上次开机的状态，迅速地恢复加快用户的开机时间。这样的功能和 Windows 9x 里的休眠不能切断电源是有区别的，唤醒的时间也比 Windows 9x 长，但重新开机后进入 Windows 速度就快很多。Windows XP 考虑到用户使用习惯和 XP 与某些老电源的兼容性问题，就设置为无效。可以在“控制面板”里的“电源管理”中，重新把休眠键设置为有效，建议设置为弹出菜单，这样可以选择休眠、关机或是注销。

因为 Windows XP 的休眠先要从内存中读取系统的当前状态，所以要求占用和物理内存容量相等的硬盘空间，默认是在 C 盘的，所以用户要根据自己硬件的实际能力来设置。设置了休眠键后，要重新启动 Windows XP 才有效，设置后马上按 SLEEP 来试验是没有反应的。值得注意的是，如果主板电池掉电导致日期不正确，而 Windows XP 又没激活的话，休眠后可能会因为日期问题被 Windows XP 检测到要求激活，否则就锁定系统。

6. 如何提高 Windows XP 的运行速度

Windows XP 虽然提供了一个非常好的界面外观，但是不可否认这样的设置也在极大程度上影响了系统的运行速度。如果计算机运行起来速度不是很快，建议将所有的附加桌面设置取消，也就是将 Windows XP 的桌面恢复到 Windows 2000 样式。设置的方法非常简单，在“我的电脑”上单击鼠标右键，选择“属性”，在“高级”选项卡中单击“性能”项中的“设置”按钮，在关联界面中勾选“调整为最佳性能”复选框即可。此外，一个对 Windows XP 影响重大的硬件就是内存。使用 256 MB 内存运行 Windows XP 会比较流畅，512 MB 的内存可以让系统运行得很好。

电源管理不能被 Windows XP 支持。一般用 AWARD 的 BIOS 主板的计算机没有这个问题，到目前为止，遇到 AMI 的 BIOS 主板有这个问题，如技嘉的主板。解决的办法是升级主板的 BIOS，即刷新 BIOS，这是个比较危险的操作，最好请经验丰富的人来操作。

1.2.3 BIOS 介绍

AWARD BIOS 在发展过程中，不断推出各种新的版本，增加各种功能，以适应各类不同主板CMOS参数的设置要求。不同主板采用的AWARD BIOS设置程序可能不完全相同,但具有相同性能特点的其他类型主板的AWARD BIOS设置程序大同小异,因此理解了AWARD BIOS设置程序中各设置项的功能和具体设置方法就能够做到举一反三。

1. AWARD BIOS设置程序主菜单

AWARD BIOS设置程序通常提供了以下几种功能设置和两种退出方式。

(1) STANDARD CMOS SETUP:标准CMOS设置。

(2) BIOS FEATURES SETUP:BIOS特性设置。

(3) CHIPSET FEATURES SETUP:芯片组特性设置。

(4) POWER MANAGEMENT SETUP:电源管理设置。

(5) PNP/PCI CONFIGURATION SETUP:即插即用和PCI设置。

(6) LOAD BIOS DEFAULTS:装载BIOS默认值。

(7) LOAD SETUP DEFAULTS:装载设置默认值。

(8) INTEGRATED PERIPHERALS:外部设备设定。

(9) SUPERVISOR PASSWORD:管理口令设置。

(10) USER PASSWORD:用户口令设置。

(11) IDE HDD AUTO DETECITION:IDE硬盘自动检测。

(12) SAVE & EXIT SETUP:保存设置并退出。

(13) EXIT WITHOUT SAVING:不保存设置并退出。

2. AWARD BIOS各设置项的功能和设置方法

(1) STANDARD CMOS SETUP(标准CMOS设置)

该菜单项用于设置基本的CMOS参数:日期、时间、硬盘参数、软盘参数、显示器类型、出错停机选择等。

[Date]:显示当前的日期,一般按月/日/年显示。可以用PageUp键或PageDown键来选择正确的日期,也可直接输入切换。

[Time]:显示当前的时间,修改方法同上面的Date。

[HDD Disks]:此项设置用来确定计算机的硬盘及其他驱动器情况。对此选项一般将Type(硬盘类型)和Mode(模式)都设置为Auto(自动检测),让BIOS自动检测硬盘。也可以用主菜单中的“IDE HDD Auto Detection”选项来让系统自已侦测硬盘各项参数。如果确切地知道硬盘的各项参数,可将Type(硬盘类型)定为User,将Mode(模式)定为LBA(硬盘大于540 M的情况下),然后再输入硬盘的各项参数(CYLN:柱面数、HEAD磁头数、SECTOR扇区数;PRECOM:写预补偿;LANDZ:磁头着陆区)。建议采用“IDE HDD Auto Detection”选项来让系统自已侦测硬盘。

[Drive A]:设定软盘驱动器类型,现在一般为1.44 MB、3.5英寸。

[Drive B]:设定软盘驱动器类型为None/720 K/ J.2 M/1.44 M/2.88 M,一般设为NONE。

[Floppy 3 Mode Support]:此项仅对日本计算机系统使用的3.5英寸软驱起作用,通常设置为DISABLED。

[Video]:显示类型。一般选择EGA/VGA(EGA、VGA、SEGA、SVGA、PGA显示适配卡选用)。CGA40为CGA显示卡,40列方式、CGA80为CGA显示卡,80列方式、MONO

为单色显示方式，包括高分辨中单显卡(CGA、MONO早已淘汰，不必理会)。

[Hall On]：出错时暂停。All Errors表示BIOS检测到任何错误系统启动均暂停并且给出错误提示；No Errors表示BIOS检测到任何错误都不使系统启动暂停；All But Keyboard表示BIOS检测到除了键盘之外的错误后使系统启动暂停；All But Disk/Key表示BIOS检测到除键盘和磁盘之外的错误后使系统启动暂停；All But Diskette表示BIOS检测到除磁盘之外的错误后使系统启动暂停。

(2) BIOS FEATURES SETUP(BIOS功能设置)

[Virus Warning](病毒警告)：这项功能在外部数据写入硬盘引导区或分配表的时候，会提出警告。为了避免系统冲突，一般将此功能关闭，置为Disabled(关闭)。

[CPU Internal Cache](CPU Level 1 catch)：默认为Enabled(开启)，它允许系统使用CPU内部的第一级Cache。486以上档次的CPU内部一般都带有Cache，除非当该项设为开启时系统工作不正常，此项一般不要轻易改动。该项若置为Disabled，将会严重影响系统的性能。

[External Cache](CPU Level 1 catch)：默认设为Enabled，它用来控制主板上的第二级(L2)Cache。根据主板上是否带有Cache，选择该项的设置。

[BIOS Update]：开启此功能则允许BIOS升级，如关闭则无法写入BIOS。

[Quick Power On Self Test]：默认设置为Enabled，该项主要功能为加速系统上电自测过程，它将跳过一些自测试，使引导过程加快。

[Hard Disk Boot From](HDD Sequence SCSI/IDE First)：选择由主盘、从盘或SCSI硬盘启动。

[Boot Sequence]：选择机器开机时的启动顺序。有些BIOS将SCSI硬盘也列在其中，此外比较新的主板还提供了LS 120和ZIP等设备的启动支持，一般BIOS都有以下几种启动顺序：C，A(系统将按硬盘，软驱顺序寻找启动盘)；A，C，D(系统将按软驱，硬盘顺序寻找启动盘)；CD-ROM，C；A(系统按CD-ROM，硬盘，软驱顺序寻找启动盘)；C，CD-ROM，A(系统按硬盘，CD-ROM，软驱顺序寻找启动盘)。其中，D指物理D盘，而不是逻辑硬盘。

[Swap Floppy Drive](交换软盘驱动器)：默认设定为Disabled。当它为Disable时，BIOS把软驱连线对接端子所接的软盘驱动器当做第一驱动器。当它开启(Enabled)时，BIOS将把软驱连线对接端子所接的软盘驱动器当做第一驱动器，即在DOS下A盘当做B盘用，B盘当做A盘用。

[Boot Up Floppy Seek]：默认设定为Disabled。当为Enabled时，计算机启动时BIOS将对软驱进行寻道操作。

[Floppy Disk Access Control]：默认设定为R/W。当该项选在R/W状态时，软驱可以读和写，其他状态下只能读(Read Only)。

[Boot Up Numlock Status]：该选项用来设置小键盘的默认状态。当设置为ON时，系统启动后，小键盘的默认为数字状态；设为OFF时，系统启动后，小键盘的状态为箭头状态。

[Boot Up System Speed]：该选项用来确定系统启动时的速度是HIGH还是LOW，默认状态为HIGH(高速)。

[Typematic Rate Setting]：默认设定为Enabled。该项可选Enabled和Disabled。当设置为Enablde时，如果按下键盘上的某个键不放，计算机按用户重复按下该键对待；当设

置为 Disabled 时，如果按下键盘上的某个键不放，计算机按键入该键一次对待。

[Typematic Rate]：如果 Typematic Rate Setting 选项设置为 Enabled，那么可以用此选项设定当用户按下键盘上的某个键一秒钟，那么相当于按该键 6 次。该项可选 6、8、10、12、15、20、24、30。

[Typematic Delay]：如果 Typematic Rate Setting 选项设置为 Enabled，那么可以用此选项设定按下某一个键时，延迟多长时间后开始视为重复键入该键。该项可选 250、500、750、1000，单位为毫秒。

[Security Option]：选择 System 时，每次开机启动时都会提示用户输入密码，选择 Setup 时，仅在进入 BIOS 设置时会提示用户输入密码。此功能仅在设置了密码后有效。

[PS/2 Mouse Function Control]：当该项设为 Enabled 时，计算机提供对于 PS/2 类型鼠标的支持，AUTO 可以在系统启动时自动侦测 PS/2 Mouse，分配 IRQ(中断号)。

[Assign PCI IRQ For VGA]：选 Enabled 时，计算机将自动设定 PCI 显示卡的 IRQ 到系统的 DRAM 中，以提高显示速度和改善系统的性能。

[PCI/VGA Palett Snoop]：该项用来设置 PCI/VGA 卡能否与 MPEG ISA/VESA VGA 卡(解压卡)一起用。当 PCI/VGA 卡与 MPEG ISA/VESA VGA 卡一起用或使用其他非标准 VGA 时，该项应设为 Enabled。

[OS Select For DRAM＞64MB]：如果使用 OS/2 操作系统，使用 64 MB 以上的内存，该项选为 OS2。默认设定为 None-OS2。

[System BIOS Shadow]：该选项的默认设置默认为 Enabled，当它开启时，系统 BIOS 将复制到系统 Dram 中，以提高系统的运行速度和改善系统的性能。

[Video BIOS Shadow]：默认设定为开启(Enabled)，当它开启时，显示卡的 BIOS 将复制到系统 DRAM 中，以提高显示速度和改善系统的性能。

[C8000-CBFFF Shadow/DFFFF Shadow]：这些内存区域用来作为其他扩充卡的 ROM 映射区，一般都设定为禁止(Disabled)。如果有某一扩充卡 ROM 需要映射，则用户应确认该 ROM 将映射地址和范围，可以将上述的几个内存区域都置为 Enabled；但这样将造成内存空间的浪费。因为映射区的地址空间将占用系统的 640～1 024 K 之间的某一段内存。

[Report No FDD For WIN 95]：即使计算机上不存在软驱，Windows 95 也当做存在。要是在 Windows 95 中设置为没有软驱，则 Yes。

(3) CHIPSET FEATURES SETUP(芯片组特性设置)

[ISA Bus Clock Frequency]：默认值为 PCICLK/4，ISA 传输速率设定。设定值有 PCICLK/3 和 PCICLK/4。

[Auto Configuration]：默认值为 Enabled，自动状态设定。当设定为 Enabled 时 BIOS 依最佳状况状态设定，此时 BIOS 会自动设定 DRAM Timing，所以会无法修改 DRAM 的细项时序，强烈建议选用 Enabled，因为任意改变 DRAM 的时序可能造成系统不稳或不开机。

[Aggressive Mode]：高级模式设定，默认值为 Disabled。若想获得较好的效能，在系统非常稳定状态下，可以尝试 Enabled 此项功能以增加系统效能，不过必须使用速度较快的 DRAM(60 ns 以下)。

[Reset Case Open Status]和[Case Opened]：用于设置计算机机箱(开启)状态监测和

报警，一般设为 No。

[Slow Down CPU Duty Cycle]：用于选择 CPU 降速运行比例，可分别选择“Normal”或“79%”及其他百分比。

[Shut Down Temp(°C/°F)]：用于设置系统温度过高时自动关机初始值，同时用摄氏温度和华氏温度表示。

[** Temp Select(°C/°F) **]：该项为选择保护启动温度初始值，同样使用摄氏温度和华氏温度表示，此处仅对 CPU 进行设置。

[** Temperature Alarm **]：用于设置 CPU 过温报警，应该设为“Yes”；然后就是系统对硬件监测所采集的数据，其中有“CPU”风扇、“Power/电源”和“Panel/板”风扇的运行状态，如果是使用非原装风扇，由于没有测速功能，系统将会认为 CPU 风扇故障而报警，所以此时应该将其设为“No”，其他风扇报警功能也应该予以设为“No”，对于系统监测显示的 CPU 电压和温度等状态参数用户只能看不能修改，但对于具备超频设置功能的 BIOS 中将包括对 CPU 的内核工作电压和 I/O 电压的微调，这部分内容需根据具体主板 BIOS 内容进行设置。

[SDRAM CAS Latency Time]：默认值为 3，设为“Auto”是使系统启动时自动检测内存，然后根据内存“SPD”中的参数进行设置，这样系统工作时不会因人为设置内存运行速度过高而出错。也可以按具体值分别设为“2”或 “3”等，视内存质量而定，数值越小内存运行速度越快。

[DRAM Data Integrity Mode]：用于设置内存校验，由于目前多数用户使用的都是不具备 ECC 校验功能的 SDRAM，所以这项自动设为“No-ECC”。

[System BIOS Cacheable]和[Video BIOS Cacheable]：允许将主板 BIOS 和 VGA BIOS 映射在高速缓存或内存中，理论上是可以提高运行速度，但部分计算机使用时可能有问题，所以应根据试验后设置为 Enabled，否则设为 Disabled，使 BIOS 仅映射在内存中较为妥当。

[16 Bit I/O Recovery Time]：默认值是 1，是指输入/输出 16 位数据的器件传输复位速度，一般可分别设为“1～4”等，通常数值小、速度快。

[Memory Hole At15M-16M]：为 ISA 设备保留 15～16 M 之间的内存而设的，一般设为 Disabled。如果 Windows 启动后少了 1 MB 内存(通过控制板中系统属性查看)，那么可以检查一下是不是这项设成了 Enabled。

[Delayed Transaction]：是为解决 PCI2.1 总线的兼容问题而设，理论上设为 Enabled 可使用 PCI2.1 标准卡，但如设为 Enabled 可能会出现 PCI2.1 设备与普通 PCI 和 ISA 设备之间的兼容问题，所以一般推荐设成 Disabled。

[Clock Spread Spectrum]：该项是为了抑制时钟频率辐射干扰，但需要硬件(主板)支持，所以可根据实际情况设为 Enabled 或 Disabled。

(4) POWER MANAGEMENT SETUP(节电功能设定)

该项为电源管理设定，用来控制主板上的“绿色”功能。该功能定时关闭视频显示和硬盘驱动器以实现节能的效果。

实现节电的模式有以下 4 种：

① Doze 模式，当设定时间一到，CPU 时钟变慢，其他设备照常运行；

② Standby 模式，当设定时间一到，硬盘和显示将停止工作，其他设备照常运行；

③ Suspend 模式，当设定时间一到，除 CPU 以外的所有设备都将停止工作；

④ HDD Power Down 模式，当设定时间一到，硬盘停止工作，其他设备照常运行。

本菜单项下可供选择的内容如下。

[ACPI Function]：支持 ACPI 电源管理，默认值为 Enabled。

[PM Control by APM]：省电功能是否配合 APM(Advanced Power Management，高级电源管理)使用，默认值为 Yes。

[Power Management]：节电模式的主控项，有以下 4 种设定。

[MAX Saving](最大节电)：在一个较短的系统不活动的周期(Doze、Standby、Suspend、HDD Power Down 四种模式的默认值均为 1 min)以后，系统进入节电模式，这种模式节电最大；

[MIN Saving](最小节电)：在一段较长的系统不活动的周期(Doze、Standby、Suspend 三种模式的默认值均为 1 h，HDD Power Down 模式的默认值为 15 min)后，系统进入节电模式；

[Disabled]：关闭节电功能，是默认设置；

[User Defined](用户定义)：允许用户根据自己的需要设定节电的模式。

[Video Off Method](视频关闭)：该选项有 V/H Sync＋Blank、DPMS、Blank Screen 3 种。

[Suspend Mode]：是休眠时间设置，可将时间设在 1 min～1 h 之间，意思是超过所设时间后系统自动进入休眠状态。如果计算机中装有 CD-R/W 刻录机，进行刻盘时最好将设为 Disabled，以关闭休眠功能提高刻盘成功率。

[V/H Sync＋Blank]：将关闭显示卡水平与垂直同步信号的输出端口，向视频缓冲区写入空白信号。

[DPMS](显示电源管理系统)：设定允许 BIOS 在显示卡有节电功能时，对显示卡进行节能信息的初始化，只有显示卡支持绿色功能时，用户才能使用这些设定；如果没有绿色功能，则应将该行设定为 Blank Screen(关掉屏幕)。

[Blank Screen](关掉屏幕)：当管理关掉显示器屏幕时，默认设定能通过关闭显示器的垂直和水平扫描以节约更多的电能。没有绿色功能的显示器，默认设定只能关掉屏幕而不能终止 CRT 的扫描。

[PM Timers](电源管理计时器)：下面的几项分别表示对电源管理超时设置的控制。Doze、Stand By 和 Suspend Mode 项设置分别为该种模式激活前的计算机闲置时间，在 MAX Saving 模式，它每次在 1 min 后激活。在 MIN Saving 模式，它在 1 h 后激活。

[HDD Power Down]：该项设置硬盘自动停转时间，可设置在 1～15 min 之间，或设为 Disabled 关闭硬盘自动停转。

[VGA Active Monitor]：该项用于设置显示器亮度激活方式，可设为 Disabled 和 Enabled两种。

[Power Down]和[Resume Events](进入节电模式和从节电状态中唤醒的事件)：该项下面所列述的事件可以将硬盘设在最低耗电模式，工作、等待和悬挂系统等非活动模式中若有事件发生，如按任何键或 IRQ 唤醒、鼠标动作、Modem 振铃时，系统自动从电源节电模式

下恢复过来。

[Soft-Off by PWR-BTTN]：确定关机模式，设为“Instant-Off”，关机时用户按下电源开关，则立刻切断电源；设为“Delay 4 Secs”时，则在按下电源开关 4 秒后才切断电源，如果按下开关时间不足 4 秒，则自动进入休眠模式，所以一般按习惯设为“Instant-Off”。

[Power LED In Suspend]：该项设置机箱电源指示灯在系统休眠时的状态，可设为“闪动/Blanking”、“亮/On”和“Off/Dual”等，通常按习惯设为“Blanking”使计算机在休眠时电源灯闪烁提醒用户注意。

[System After AC Back]：该项设置计算机在交流电断电后又恢复时的状态，可设为“断电/Soft-Off”、“开机/Full On”、“Memory By S/W”和“Memory By H/W”3 项，按国内使用情况一般都设为停电后再恢复供电时计算机不自动开机，即设为“断电/Soft-Off”。

[CPUFAN Off In Suspend]：该项是设置 CPU 风扇在系统休眠时自动停转，可根据自己的风扇（只对原配或带测速功能的风扇有效）设为 Disabled 或 Enabled。

[PME Event WakeUp]：该项功能不详，先按默认设置为 Disabled。

[ModemRingOn/WakeOnlan]：用于通过网络或 Modem 实现远程叫醒开机的设置，只要不使用这些功能，就都可设为 Disabled，如果需要再设为 Enabled。

[Resume By Alarm]：该项用于定时开机，设置的时间可定在每月某日（00～31）某时某分某秒（00～23：00～59：00～59），但需要主板和其他硬件支持。

（5）PNP/PCI CONFIGURATION SETUP（即插即用和 PCI 设置）

该菜单项用来设置即插即用设备和 PCI 设备的有关属性。

[PNP OS Installed]：如果软件系统支持 Plug&Play，如 Windows 95，可以设置为 Yes。

[Resources Controlled By]：AWARD BIOS 支持“即插即用”功能，可以检测到全部支持“即插即用”的设备，这种功能是为类似于 Windows 95 操作系统所设计的，可以设置 Auto（自动）或 Manual（手动）。

[Resources Configuration Data]：默认值是 Disabled，如果选择 Enabled，每次开机时，Extend System Configuration Data（扩展系统设置数据）都会重新设置。

[IRQ3/4/5/7/9/10/11/12/14/15]：在默认状态下，除了 IRQ3/4 外，所有的资源都设计为被 PCI 设备占用，如果某些 ISA 卡要占用某资源可以手动设置。

（6）LOAD BIOS DEFAULTS（装载 BIOS 默认值）

主机板的 CMOS 中有一个出厂时设定的值。若 CMOS 内容被破坏，则要使用该项进行恢复。由于 BIOS 默认设定值可能关掉了所有用来提高系统性能的参数，因此使用它容易找到主机板的安全值和除去主板的错误。该项设定只影响 BIOS 和 Chipset 特性的选定项，不会影响标准的 CMOS 设定。移动光标到屏幕的该项然后按下 Y 键或 Enter 键，屏幕显示是否要装入 BIOS 默认设定值，键入 Y 即装入，键入 N 即不装入。选择完后，返回主菜单。

（7）LOAD SETUP DEFAULTS（装载设置默认值）

如果安装 Setup 默认值，系统将会调用默认的最佳状态参数，方法同上。

（8）INTEGRATED PERIPHERALS（外部设备设定）

[IDE HDD Block Mode]：默认值是 Enabled，数据在传送时不是以字节（Byte）为单位，而最低是以 Block 为单位移动的。这个选项就是用于在 IDE 硬盘中构成大容量的 Block 传

输数据的。利用这个办法可以减少数据传输损失，提高数据传输速度。但是这也需要主板和硬盘的支持，528 MB以上的硬盘都支持这个功能。

[IDE Primary (Secondary) Master (Slave) PIO]：这个选项用于选择硬盘的PIO模式的自动与否。PIO模式根据硬盘的种类和性能区分数据传输速度，分为5个阶段。但现在的硬盘大部分是UDMA方式的，可选此项为Auto。

[IDE Primary (Secondary) Master (Slave) UDMA]：默认值是Auto，在系统中使用UDMA (Ultra DMA)方式的硬盘时用于激活主板的UDMA功能。虽然最新的硬盘是UDMA的，但也有PIO的，难以区分，所以最好将此项设置为Auto，让主板判断。

[On-Chip Primary (Secondary) PCI IDE]：用于激活主板的Primary (Secondary) IDE接口。如果设置为Disabled，主板的Primary (Secondary) IDE接口无法使用，与其相连的硬盘和外设也无法使用。

[USB Keyboard Support]：在DOS或其他不是Windows的操作系统中，使用USB方式的键盘时选用此项。在Windows中因为支持USB，要设置此项为Disabled。

[Onboard FDD Controller]：默认为Enabled，用于激活主板上的软盘驱动器控制器。

[Onboard Serial Port1(2)]：默认值为Auto，在主板上设定从外部提供的串行口地址和IRQ。其中，这个选项只是设定与外部连接的两个硬件端口，而接口与Windows等操作系统提供的内部串行口无关。如果不是高级用户，这一项最好设置为默认值。

[UART Mode Select]：指定主板提供的IrDA(红外线接收)模式。如果主板没有IrDA端口可忽略。其中有Normal、HPSIR(115 KB/s)、AKSIR(19.2 KB/s)3个选项，一般用户可以选择Normal。

[Onboard Parallel Port]：用于设置Print Port地址和IRQ，如果不是高级用户，最好不要改动，设置为Disabled时不能进行打印。

[Parallel Port Mode]：用于设置Print Port模式，有Normal、EPP、ECP 3种模式。最近的打印机与PC实现双向数据传输，因此最好设置为EPP模式，EPP分为EPP1.7和EPP1.9两种模式，当然选择为好。ECP模式虽然是最先进的模式，但需要设定DMA，而且现在支持ECP模式的外设几乎没有，因此没有必要消耗DMA的ECP模式。

[Power On Function]：最近的主板支持键盘开机，这个选项就是用于实现这个功能的，根据主板不同有两三种不同的模式。但这需要主板支持且要有键盘支持才行。

(9) SUPERVISOR PASSWORD(管理口令设置)

用于设置系统管理员口令。

(10) USER PASSWORD(用户口令设置)

用于设置一般用户口令。如果要设定此密码，首先应输入当前密码，确定密码后按Y键，屏幕自动回到主画面。输入USER PASSWORD可以使用系统，但不能修改CMOS的内容。输入SUPERVISOR PASSWORD可以输入、修改CMOS BIOS的值，SUPERVISOR PASSWORD是为了防止他人擅自修改CMOS的内容而设置的。

(11) IDE HDD AUTO DETECITION(IDE硬盘自动检测)

如果使用IDE硬盘驱动器，该项功能可以自动读出硬盘参数，并将它们自动记入标准CMOS设定中，它最多可以读出4个IDE硬盘的参数。

(12) SAVE & EXIT SETUP(保存设置并退出)

(13) EXIT WITHOUT SAVING(不保存设置并退出)

1.3 计算机常见故障分析实例

(1) 计算机在 Windows 系统启动时出现“ *. Vxd 或其他文件未找到,按任意键继续”。

此类故障一般是由于用户在卸载软件时未删除彻底或安装硬件时驱动程序安装不正确造成的。对此,用户可以进入注册表管理程序,利用其查找功能,将提示未找到的文件,从注册表中删除即可。

(2) 拨号成功后不能打开网页。

出现此类故障后有以下几种现象。

① 提示无法打开搜索页。此类故障一般是由于网络配置有问题造成的。选择“控制面板”→“网络”菜单命令,将拨号适配器以外的各项全部删除,重新启动计算机后再添加 Microsoft 的“TCP/IP 协议”,重新启动计算机即可。

② 一些能够进去的站点不能进去且长时间查找站点。如果用户没有为其 Modem 指定当地的 IP 地址就会出现此类故障,进入 Modem 设置项为其指定当地的 IP 地址即可。还有一种可能是由于用户用“快猫加鞭”等软件优化过,对此也可按上面介绍的方法重新安装网络选项或恢复注册表看能否解决问题,如果不行,就只有重新安装系统了。

③ 在 Windows 的 IE 浏览器中,为了限制对某些 Internet 站点的访问,可以在“控制面板”的“Internet”设置的“内容”页中启用“分级审查”,用户可以对不同的内容级别进行限制,但是当用户浏览含有 ActiveX 的页面时,总会出现口令对话框要求输入口令,如果口令不对,就会无法看到此页面。这个口令被遗忘后,用户便无法正常浏览。解决的办法就是通过修改注册表,删除这个口令。方法是:

打开注册表编辑器,找到 HKEY_LOCAL_MACHINE\Software\Microsoft\Windows\Current Version\Policies\Ratings。在这个子键下面存放的就是加密后的口令,将 Ratings 子键删除,IE 的口令就被解除了。

(3) C:Drive Failure(硬盘 C 驱动失败)、RUN SETUP UTTLITY(运行设置功能)、Press to Resume(按键重新开始)。

这种故障一般是因为硬盘的类型设置参数与格式化时所用的参数不符。由于 IDE 硬盘的设置参数是逻辑参数,所以这种情况多数由软盘启动后,C 盘也能够正常读写,只是不能启动。

(4) Error Loading Operation System(调进操作系统错误)。

这类故障是在读取分区引导区(BOOT 区)出错时提示的。其原因如下。

① 分区表指示的分区起始物理地址不正确。比如由于误操作而把分区表项的起始扇区号(在第三字节)由 1 改为 0,因而 INT 13H 读盘失败后,即报此错误;

② 分区引导扇区所在磁道的磁道标志和扇区 ID 损坏,找不到指定扇区;

③ 驱动器读电路故障。

(5) 硬盘不能引导系统,如有软驱,则由 A 驱引导,显示:

```
DRIVE NOT READY ERROR          //设备未准备好
```

Insert Boot Diskette in A: //插入引导盘到 A 驱
Press any key when ready //准备好后按任意键

这是由于由硬盘引导系统，就要通过 BIOS 中 INT 19H 固定读取硬盘 0 面 0 道 1 扇区，寻找主引导程序和分区表。INT 19H 读取主引导扇区的失败原因有：

第一，硬盘读电路故障，使读操作失败，属硬件故障；

第二，0 面 0 道磁道格式和扇区 ID 逻辑或物理损坏，找不到指定的扇区；

第三，读盘没有出错，但读出的 MBR 尾标不为"55AA"，系统认为 MBR 不正确，这是软故障。

(6) HDC Controller Fail(硬盘控制器控制失败)。

这类故障是硬件故障，POST 程序向控制器发出复位命令后，在规定的时间内没有得到控制器的中断响应，可能是控制器损坏或电缆没接好。另外，控制器控制失败与硬盘参数设置是否正确也有关。

(7) 显示"Starting Windows…"后死机。

一般来说，这是由于 CONFIG. SYS 和 AUTOEXC. BAT 中的可执行文件本身已经损坏，使得系统在执行到此文件时死机。这个故障非常简单，但因为没有故障信息，一般人很容易出现误判。当出现这种现象，并且确信系统文件是完好的，就可以去掉这两个文件，或者在屏幕上出现以上信息时，快速按下 F8 键，然后选择单步执行，找出已经损坏的文件。

(8) 系统不认硬盘。

系统从硬盘无法启动，从 A 盘启动也无法进入 C 盘，使用 CMOS 中的自动监测功能也无法发现硬盘的存在。这种故障大多出现在连接电缆或 IDE 端口上，硬盘本身故障的可能性不大，可通过重新插接硬盘电缆或者改换 IDE 口及电缆等进行替换试验，就会很快发现故障的所在。如果新接上的硬盘也不被接受，一个常见的原因就是硬盘上的主从跳线，如果一条 IDE 硬盘线上接两个硬盘设备，就要分清楚主从关系。

(9) CMOS 引起的故障。

CMOS 中的硬盘类型正确与否直接影响硬盘的正常使用。现在的计算机都支持"IDE Auto Detect"功能，可自动检测硬盘的类型。当硬盘类型错误时，有时干脆无法启动系统，有时能够启动，但会发生读写错误。比如 CMOS 中的硬盘类型小于实际的硬盘容量，则硬盘后面的扇区将无法读写，如果是多分区状态则个别分区将丢失。还有一个重要的故障原因，由于目前的 IDE 都支持逻辑参数类型，硬盘可采用 Normal、LBA、Large 等，如果在一般的模式下安装了数据，而又在 CMOS 中改为其他的模式，则会发生硬盘的读写错误故障，因为其映射关系已经改变，将无法读取原来正确的硬盘位置。

(10) 声卡无声。

① 取消勾选"静音"复选框。

② 调整系统资源。

③ 正确安装驱动程序。

(11) 开机无显示。

① BIOS 的问题，BIOS 感染病毒。

② CPU 的设置问题，可通过 CMOS 重设恢复。

③ CMOS 电池电压过低。

④ CPU 的安装接触不良,重新安装测试。

⑤ 显卡损坏或接触不良,换显卡或重新安装测试。

⑥ 主板的安装上有短路现象,重新安装测试。

⑦ 电源供电,检测电压。

⑧ 内存损坏或接触不良,换内存或重新安装测试。

(12) 内存故障。

① 开机无显示:一般与内存和主板插槽接触不良、内存损坏、主板内存插槽有问题有关。

② 系统运行不稳定:有时与软件有关,但多次重装系统后系统运行仍有问题,可尝试更换内存,有可能是内存的质量问题。

③ Windows 系统注册表经常无故损坏,提示要求恢复。

④ Windows 经常自动进入安全模式:主板与内存不兼容或内存质量有问题。

⑤ 随机性死机。

(13) 显示颜色不正常。

此类故障一般有以下原因:

① 显卡与显示器信号线接触不良。

② 显示器自身故障。

③ 在某些软件里运行时颜色不正常,一般常见于老式计算机,在 BIOS 里有一项校验颜色的选项,将其开启即可。

④ 显卡损坏。

⑤ 显示器被磁化,此类现象一般是由于与有磁性的物体过分接近所致,磁化后还可能会引起显示画面出现偏转的现象。

(14) 显示花屏,看不清字迹。

此类故障一般是由于显示器或显卡不支持高分辨率造成的。花屏时可切换启动模式到安全模式,然后再在 Windows 98 下进入显示设置,在 16 色状态下单击"应用"、"确定"按钮。重新启动,在 Windows 98 系统正常模式下删掉显卡驱动程序,重新启动计算机即可。也可不进入安全模式,在纯 DOS 环境下,编辑 System. ini 文件,将"display. drv=pnpdrver"改为"display. drv=vga. drv"后,存盘退出,再在 Windows 里更新驱动程序。

(15) 机械鼠标故障,找不到鼠标。

① 鼠标彻底损坏。

② 与主机的连接接触不良或主板上的鼠标接口损坏。

③ 鼠标显示,但无法移动,原因可能是定位滚动轴上有污垢导致传动失灵。

④ 鼠标按键失灵,原因可能是按键与电路板上的微动开关距离太远或单击开关的反弹力下降,可能与控制面板中的鼠标设置有关。

(16) 开机启动到一半就黑屏,再次启动计算机就没反应了。

此类故障是显示器黑屏,硬盘灯不亮,打开机箱查看,按下 POWER 键后,CPU 风扇转了几圈就不转了,用替换法查出主机电源是否损坏。

这是由于主板或 CPU 风扇出了问题。由于计算机工作时 CPU 的温度比较高,为了避免烧坏 CPU 等元件,很多主板都具有智能监控能力,能监测主板电压(12 V、5 V 以及 CPU

Vcore等电压)、主板温度、风扇转速等。当侦测到CPU风扇有故障或电压有问题时,主板电源保护电路启动,停止了输出±12 V、±5 V及CPU电压,所以CPU风扇停止转动,计算机无法启动。可先把该CPU风扇换到其他计算机上试试,如果风扇没有问题,那么很可能是主板的电源系统出了问题,最好送到专业维修店处理。

(17) 开机时根本不能自检,显示BIOS版本后,出现"ROM BIOS Checksum Error"提示,然后提示插入System Disk,可是插入Windows 98启动盘后软驱灯长亮,更没有任何反应。

这是一些主板对BIOS被误刷或被破坏时采取的一项保护功能,即出现所说的提示,是此主板BIOS中特有的Boot Block在起作用。正确的操作方法应该是将存有所用主板BIOS文件的软盘插入软驱然后按回车键,计算机会自动读取并完成刷新,然后计算机就可以正常自检了。

小 结

1. 计算机的硬件由运算器、控制器、存储器、输入设备和输出设备五部分组成。了解各部分的结构与特性是进行宽带维护的必备常识,所以要求大家要认真掌握。

2. PC的安装一般均按照"电源→CPU→内存→主板→外部存储设备"的顺序进行,要求熟练掌握这个安装程序和技术要求。

3. Windows XP操作系统是目前主流的操作系统,要熟练掌握其安装方法及安装时的注意事项。

4. 认真了解各种参数的含义和设置方法是进行微机日常维护和排除障碍的前提,本书中的常见故障分析实例为大家提供了一些参考方法,请大家认真领会。

习题与思考题

一、单选题

1. 就资源管理和用户接口而言,操作系统的主要功能包括:处理器管理、存储管理、设备管理和( )。

   A. 时间管理　B. 文件管理　C. 事务管理　D. 数据库管理

2. 信息的最小单位是( )。

   A. 帧　B. 块　C. 像素　D. 字

3. 以下说法正确的是( )。

   A. 奔腾芯片是16位的,安腾芯片是32位的

   B. 奔腾芯片是32位的,安腾芯片是32位的

   C. 奔腾芯片是16位的,安腾芯片是64位的

   D. 奔腾芯片是32位的,安腾芯片是64位的

4. 在下列软件中,不是系统软件的是( )。

   A. DBMS　B. Windows 2000　C. Photoshop　D. 编译软件

5. 微型计算机的运算器、控制器及内存储器的总称是( )。

A. CPU B. ALU C. MPU D. 主机

6. 在微型计算机中,微处理器的主要功能是进行( )。

A. 算术逻辑运算及全机的控制 B. 逻辑运算

C. 算术逻辑运算 D. 算术运算

7. DRAM 存储器的中文含义是( )。

A. 静态随机存储器 B. 动态只读存储器

C. 静态只读存储器 D. 动态随机存储器

8. 在微机中,bit 的中文含义是( )。

A. 二进制位 B. 字节 C. 字 D. 双字

9. 操作系统是( )。

A. 软件与硬件的接口 B. 主机与外设的接口

C. 计算机与用户的接口 D. 高级语言与机器语言的接口

10. 在微机系统中,SVGA 指的是( )。

A. 微机型号 B. 主机序列号 C. 显示标准 D. 显示器型号

11. 32 位的微机是指该计算机所用的 CPU( )。

A. 具有 32 位的寄存器 B. 有 32 个寄存器

C. 能同时处理 32 位的二进制数 D. 能处理 32 个字节

12. 中央处理器每执行( ),就可以完成一次基本运算或判断。

A. 一次语言 B. 一条指令 C. 一个程序 D. 一个软件

13. 计算机开机自检时,最先检查的部件为( )。

A. 显卡 B. CPU C. 内存 D. 主板

14. 若装机后开机,平面无显示并可听见不断长响的报警声,则故障在( )。

A. CPU B. 显卡 C. 内存 D. 主板

15. 如果按字长来划分,微机可以分为 8 位机、16 位机、32 位机和 64 位机。所谓 32 位机是指该计算机所用的 CPU( )。

A. 同时能处理 32 位二进制数 B. 具有 32 位寄存器

C. 只能处理 32 位二进制定点数 D. 有 32 个寄存器

16. 在下列 PC 总线中,传输速度最快的是( )。

A. ISA 总线 B. EISA 总线 C. PCI 总线 D. CPU 局部总线

17. 我们通常所使用的一块硬盘最多能有( )个主分区。

A. 1 B. 2 C. 4 D. 任意

18. Modem 是( )。

A. 模/数转换器 B. 显示适配器 C. 调制解调器 D. 网络适配器

19. 下面关于主存储器(也称为内存)的叙述中,错误的是( )。

A. 当前正在执行的指令必须预先存放在主存储器内

B. 主存由半导体器件(超大规模集成电路)构成

C. 字节是主存储器中信息的基本编址单位，一个存储单元存放一个字节
D. 存储器执行一次读、写操作只读出或写入一个字节

20. 下列选项属于主存的是(　　)。
A. 硬盘　　B. 软盘　　C. 光盘　　D. 内存

21. 以下关于打印机的说法中错误的是(　　)。
A. 点阵打印机分为9针和24针两种
B. 点阵打印机的打印速度慢，但耗材便宜
C. 喷墨打印机的打印质量要高于激光打印机
D. 激光打印机的优点是打印速度快，噪声小

22. 外接鼠标一般分为(　　)种类型。
A. 1　　B. 2　　C. 3　　D. 4

23. 下面关于LCD显示器和CRT显示器的说法正确的是(　　)。
A. LCD显示器不必关心刷新率
B. CRT显示器的刷新率最低为75 Hz
C. CRT显示器的响应时间一般都为2～3 ms
D. 目前，LCD显示器的点距要小于CRT显示器的点距

24. 以下不属于LCD显示器的特点是(　　)。
A. LCD显示器的工作原理决定了它根本不存在任何辐射
B. LCD的工作电压一般为6～15 V
C. LCD显示器的平面度是物理纯平
D. LCD显示器的响应时间一般为1 ms左右

25. 键盘按动作分为3种，(　　)不属于其中的一种。
A. 无条件肯定式　　B. 有条件辅助式　　C. 机械式　　D. 触发式

26. 在Windows 98默认状态下，鼠标指针的含义是(　　)。
A. 忙　　B. 连接选择　　C. 正常选择　　D. 后台运行

27. 开机前，Windows操作系统存放在(　　)。
A. 高速缓存中　　B. 外存储器中　　C. RAM　　D. ROM

28. 微型计算机存储系统中，PROM是(　　)。
A. 可读写存储器　　B. 动态随机存取存储器
C. 只读存储器　　D. 可编程只读存储器

29. CPU性能大致上反映出了它所配置的微机的性能，因此CPU的性能指标十分重要。以下所列不是CPU主要性能指标的是(　　)。
A. 主频　　B. 制造工艺
C. 单位面积电子管数　　D. 内存总线速度

30. 主频，也就是CPU的时钟频率，简单地说，也就是CPU的工作频率，用公式表示CPU工作频率就是(　　)。
A. 主频＝外频－倍频　　B. 外频＝主频－倍频
C. 主频＝外频÷倍频　　D. 主频＝外频×倍频

31. BIOS芯片是主板上一块长方形或正方形芯片,实际是一块(   )芯片。
A. RAM　　B. EPRAM　　C. ROM　　D. 以上答案均不对

32. 主板是PC的核心部件,在自己组装PC时可以单独选购。下面关于目前PC主板的叙述中,错误的是(   )。
A. 主板上通常包含微处理器插座(或插槽)和芯片组
B. 主板上通常包含存储器(内存条)插座和ROM BIOS
C. 主板上通常包含PCI和AGP插槽
D. 主板上通常包含IDE插座及与之相连的光驱

33. CMOS实际上是采用互补金属氧化物半导体制作的一块(   )芯片。
A. RAM　　B. ROM　　C. EPROM　　D. EEPROM

34. 以下关于BIOS的描述不正确的是(   )。
A. BIOS具有自检及初始化程序的功能
B. BIOS具有硬件中断处理的功能
C. BIOS具有程序服务请求的功能
D. BIOS是只读的

35. (   )指内存的数据传输速度,是衡量内存的重要指标。
A. 数据带宽　　B. 时钟周期
C. CAS延时时间　　D. 存取时间

36. (   )代表SDRAM所能运行的最大频率,该数字越小,SDRAM所能运行的频率就越高。
A. 数据带宽　　B. 时钟周期
C. CAS延时时间　　D. 存取时间

37. 与普通SDRAM相比,在同一时钟周期内,DDR SDRAM能传输(   )数据,而普通SDRAM只能传输一次。
A. 两次　　B. 四次　　C. 三次　　D. 八次

38. 喷墨打印机在正确接受打印任务时打印不出字符,但是打印车在动,可能的原因是(   )。
A. 打印机卡纸　　B. 打印头喷嘴堵塞
C. 打印任务加载失败　　D. 打印机电源故障

39. 设置屏幕保护程序的目的是(   )。
A. 使计算机更加个性化、更加生动　　B. 节约用电
C. 防止屏幕上的荧光粉老化　　D. 防止辐射

40. 拨号网络适配器通常是指(   )。
A. 驱动程序　　B. 调制解调器
C. 拨号软件　　D. 配合拨号的计算机

二、多选题

1. 以下关于CMOS与BIOS的描述正确的有(   )。
A. 系统在加电引导机器时,先读取CMOS信息
B. BIOS中系统设置程序时完成系统参数设置的手段

C. CMOS 存储芯片可以由主板的电池供电

D. BIOS 芯片一般是一块 32 针的双列直插式的集成电路

E. BIOS 芯片中的内容不能被更改

2. 从光驱的整体结构来看,激光头是最精密的部分,主要负责数据的读取工作。激光头由(　　)部分构成。

A. 激光发生器　B. 半反光棱镜　C. 物镜　D. 透镜　E. 光电二极管

3. 从打印机原理上来说,市面上较常见的打印机大致分为(　　)等几种类型。

A. 黑白打印机　B. 喷墨打印机　C. 针式打印机　D. 激光打印机　E. 光感打印机

4. 下列软件卸载的方法,正确的是(　　)。

A. 打开"开始"→"程序",右键单击想要删除的应用程序,选择"删除"命令即可

B. 打开"开始"→"程序",运行应用程序相应的卸载删除程序即可

C. 打开"开始"→"设置"→"控制面板",选择"添加/删除程序"卸载相应的应用程序

D. 将应用软件所在的文件夹删除

5. 下面对于硬盘坏道的叙述正确的是(　　)。

A. 硬盘坏道分为逻辑坏道和物理坏道两种

B. 逻辑坏道是对软件的使用不当造成的

C. 物理坏道是指磁道上产生了物理损伤

D. 逻辑坏道和物理坏道均可通过软件修复

6. 微机的总线结构主要有(　　)。

A. VESA　B. PCI　C. VGA　D. CGA

7. 下面有关调制解调器(Modem) 的说法正确的是(　　)。

A. 它可以将计算机输出的模拟信号转化为数字信号在电话线上传播

B. 它可以将计算机输出的数字信号转化为模拟信号在电话线上传播

C. 它分为内置和外置两类

D. 它是微机必须具备的硬件设备之一

8. 下面关于 PC 的 CPU 的叙述中,正确的是(　　)。

A. 为了暂存中间结果,CPU 中包含几十个甚至上百个寄存器,用来临时存放数据

B. CPU 是 PC 中不可缺少的组成部分,它担负着运行系统软件和应用软件的任务

C. 所有 PC 的 CPU 都具有相同的机器指令

D. CPU 至少包含 1 个处理器,为了提高计算速度,CPU 也可以由 2 个、4 个、8 个甚至更多个处理器组成

9. PC 硬件在逻辑上主要由(　　)与总线等主要部件组成。

A. CPU　B. 主存储器　C. 辅助存储器　D. 输入/输出设备

10. 关于 Internet,下列说法正确的是(　　)。

A. Internet 是全球性的国际网络

B. Internet 的用户来自同一个国家

C. 通过 Internet 可以实现资源共享

D. Internet 存在网络安全问题

实 训 内 容

一、PC 组装

1. 实训目的

认识 PC 的基本结构和组件，了解各组件的作用及它们之间的连接关系，掌握 PC 组装的流程与技巧。

2. 实训器材

完整的 PC 构件若干套，安装工具若干。

3. 实训内容

按照本教材 1.1.2 节所述组装流程完成 PC 组装并通电测试。

二、Windows XP 操作系统安装

1. 实训目的

掌握 Windows XP 操作系统的安装方法和技巧。

2. 实训器材

(1) 自行组装的 PC；

(2) Windows XP 操作系统安装光盘。

3. 实训内容和步骤

按照本教材 1.2.1 节所述安装流程完成 Windows XP 操作系统的安装并试用。

第2章 以太网技术

2.1 计算机网络概述

计算机网络是计算机技术和通信技术紧密结合的产物，它涉及通信与计算机两个领域。它的诞生使计算机体系结构发生了巨大变化，网络技术的发展也给整个现代社会带来了重大的变革，在当今社会经济中起着非常重要的作用，它对人类社会的进步作出了巨大贡献。

2.1.1 计算机网络系统的组成

计算机网络是通过通信设备和传输介质将地理上分散且具有独立功能的多台计算机相互连接起来，按照网络协议进行数据通信以实现资源共享和信息交换的系统。

计算机网络系统是由通信子网和资源子网组成的，如图 2-1 所示。网络软件系统和网络硬件系统是网络系统赖以存在的基础。在网络系统中，硬件对网络的选择起着决定性作用，而网络软件则是挖掘网络潜力的工具。

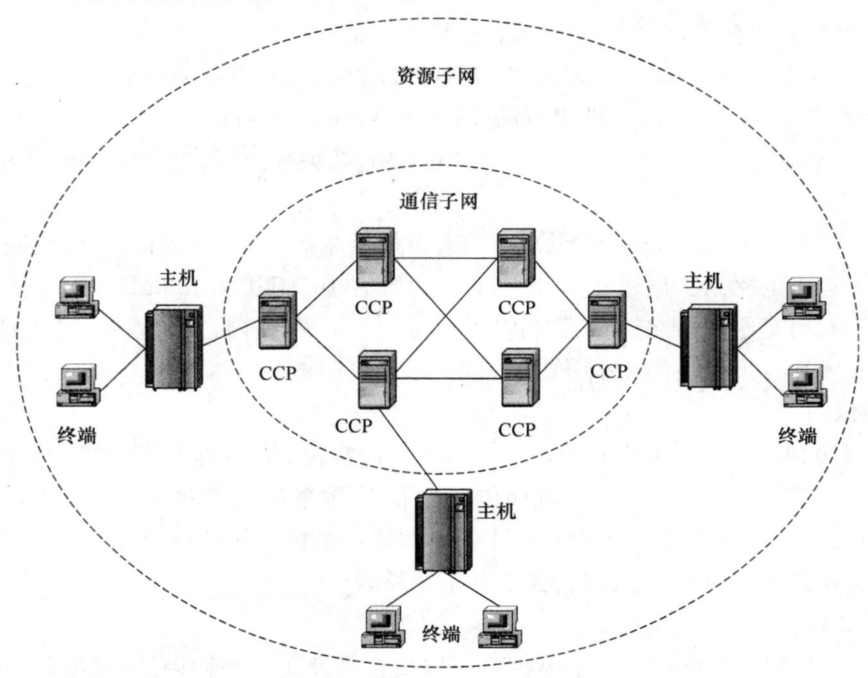

图 2-1 计算机网络结构示意图

1. 通信子网

通信子网实现网络通信功能，包括数据的加工、传输和交换等通信处理工作，即将一台主计算机的信息传送给另一台主计算机。

通信子网按功能可以分为数据交换和数据传输两个部分。从硬件角度看，通信子网由通信控制处理机（节点）、通信线路和其他通信设备组成。通信子网提供网络通信功能，完成全网的通信流量控制、交换、差错控制和路由选择等工作。

2. 资源子网

资源子网实现资源共享功能，包括主机、终端、终端控制器、通信子网的接口设备、软件资源、硬件共享资源等。它负责全网的数据处理业务，并向网络客户提供各种网络资源和网络服务。

在计算机网络中的主机可以是大型机、中型机、小型机、工作站或微型机，主机是资源子网的主要组成单元，它通过高速线路与通信子网的通信控制处理机相连接。

终端是用户访问网络的界面装置，硬件共享资源一般指计算机的外部设备，如高速网络打印机、扫描仪等。

2.1.2 计算机网络的分类

计算机网络可按不同的标准进行分类。

- 按网络覆盖范围的大小分类，可分为局域网、城域网和广域网。
- 按网络的拓扑结构分类，可分为环型网、星型网、总线型网、树型网和网状型网。
- 按交换方式分类，可分为线路交换网、报文交换网和分组交换网。
- 按传输介质分类，可分为有线网和无线网。
- 按通信方式分类，可分为点对点传输网和广播式传输网。
- 按服务方式分类，可分为客户机/服务器（C/S，Client/Server）模式、浏览器/服务器（B/S，Browser/Server）模式、对等网模式（Peer to Peer）；
- 按网络使用的目的分类，可分为共享资源网、数据处理网、数据传输网。

1. 局域网

局域网（LAN，Local Area Network）一般指规模相对较小、数据传输速度快、距离一般在十几千米以内的网络。局域网具有速率高（通常有 10 Mbit/s、100 Mbit/s、1 000 Mbit/s、10 GMbit/s）、时延小、成本低、应用广、组网方便和使用灵活等特点。因此，局域网是目前计算机网络技术中发展最快的一个分支。

2. 城域网

城域网（MAN，Metropolitan Area Network）通常覆盖一个地区或城市，地域范围从几十千米至几百千米。宽带城域网是现代传输技术、数据通信技术和接入网技术相融合的产物，与现有的电信网体系结构有着密不可分的联系。在目前的城域网建设中，主要是以 IP 技术和 ATM 技术为骨干，以光纤为主要传输介质。

3. 广域网

广域网（WAN，Wide Area Network）一般是指将分布在不同国家、地域甚至全球范围内的各种局域网、城域网、计算机、终端等互连而成的大型计算机通信网络。例如，Internet

就是一个连接180多个国家与地区、信息资源非常丰富、发展极为迅速的全球性网络。

网络的分类方式经常因人而异。如城域网的规模介于局域网与广域网之间，彼此的分界并不是很明确，所以有些人在区分网络类型时，只分成局域网与广域网两类，而略过城域网。

2.1.3 计算机网络的拓扑结构

在计算机网络设计中，将通信子网中的通信控制处理机和其他通信设备抽象为与大小和形状无关的点，并将连接节点的通信线路抽象为线，而将这种点、线连接而成的几何图形称为网络拓扑结构。网络拓扑结构通常可以反映出网络中各实体之间的结构关系。

常见的网络拓扑结构有总线型、环型、星型、树型和网状型等。

1. 总线型

总线结构使用单根传输线路（总线）作为传输介质，所有网络节点都通过接口挂接在总线上，如图2-2所示。总线上的所有节点都可以通过总线传输介质发送或接收数据，但一段时间内只允许一个节点利用总线发送数据，并且能被网络上的其他任何一个节点接收到。其成本低廉、布线简单，但任何一段线路故障都将导致整个网络瘫痪。

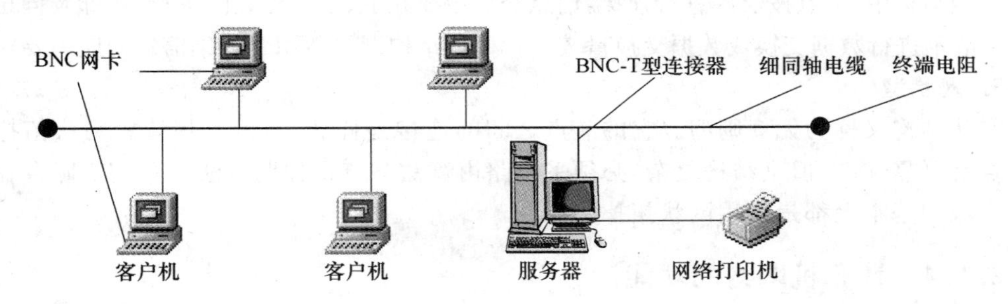

图2-2　总线型网络结构

2. 环型

环型结构是将计算机连成一个环，如图2-3所示。一般使用电缆或光纤连接环路上的各节点，网络上所有的节点通过环路接口卡分别连接到它相邻的两个节点上，最终构成闭合的环型。环中的数据沿着一个方向绕环逐站传输。

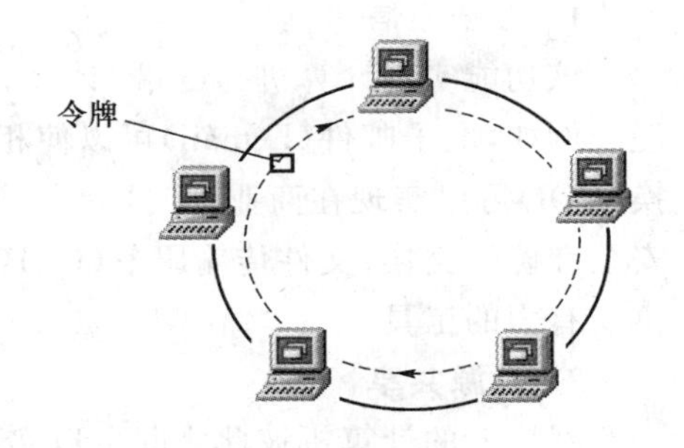

图2-3　环型网络结构

环型网络所使用的网络硬件有令牌环网卡、专用的网卡连接电缆、多站访问部件（MAU）、网络连接电缆。

环型网络的缺点是软硬件设备成本较高。另外，若任一线路或节点有故障，则整个环型网络便会瘫痪。

3. 星型

星型网络的结构如图2-4所示，所有的计算机或其他网络设备，通过一条条独立的传输介质连接在中心节点上，任何两个节点之间的通信都要通过中心节点（如交换机）转接。

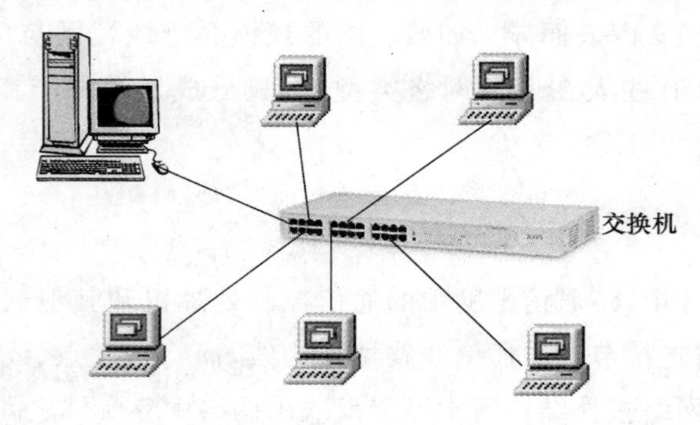

图 2-4　星型网络结构

星型网络结构的优点是：局部线路故障只会影响局部区域，不会导致整个网络瘫痪；易于检查故障；新增或减少计算机时，不会造成网络中断。缺点是：当交换机出故障时，会导致整个网络瘫痪；当负载过重时，系统响应和性能下降较快。目前，随着交换机质量的上升和价格的下降，星型网络已成为网络市场的主流。

4. 树型

树型结构中，节点按层次进行连接，信息交换主要在上、下节点之间进行，相邻及同层节点之间一般不进行数据交换或数据交换量较小。树型结构网络适用于汇集信息的应用要求。

5. 网状型

网状结构又称为无规则型。它的节点之间的连接是任意的，没有规律。网状拓扑的主要优点是可靠性高，但是结构复杂，必须采用路由算法与流量控制方法。目前实际存在和使用的广域网基本上都是采用网状拓扑结构。

2.1.4　计算机网络的功能

计算机网络既然是以资源共享为主要目标，那么它应具备下述几个方面的功能。

1. 数据通信

该功能实现计算机与终端、计算机与计算机间的数据传输，这是计算机网络的基本功能。例如，电子邮件（E-mail）可以使相隔万里的异地用户快速准确地相互通信；电子数据交换（EDI）可以实现在商业部门（如海关、银行等）或公司间进行订单、发票、单据等商业文件安全准确的交换；文件传输服务（FTP）可以实现文件的实时传递，为用户复制和查找文件提供了有力的工具。

2. 资源共享

网络上的计算机彼此之间可以实现资源共享，包括硬件、软件和数据。信息时代的到来使资源共享具有重大的意义。

首先，从投资考虑，网络用户可以共享使用网上的打印机、扫描仪等，这样就节省了资金。

其次，现代的信息量越来越大，单一的计算机已经不能将其储存，只有分布在不同的计算机上，网络用户可以共享这些信息资源。

最后，现在计算机软件层出不穷，在这些浩如烟海的软件中，不少是免费共享的，这是网络上的宝贵财富。任何连入网络的人，都有权利使用它们。资源共享为用户使用网络提供了方便。

3. 远程传输

计算机应用已经从科学计算发展到数据处理，从单机发展到网络。分布在各地的用户可以互相传输数据信息，互相交流，协同工作。

4. 集中管理

计算机网络技术的发展和应用，已使得现代的办公手段、经营管理等发生了变化。目前，已经有了许多系统，通过这些系统可以实现日常工作的集中管理，提高工作效率，增加经济效益。

5. 实现分布式处理

网络技术的发展，使得分布式计算成为可能。对于大型的课题，可以分为许许多多的小题目，由不同的计算机分别完成，然后再集中起来，解决问题。

6. 负荷均衡

负荷均衡是指工作被均匀分配给网络上的各个计算机系统。网络控制中心负责分配和检测，当某台计算机负荷过重时，系统会自动转移负荷到较轻的计算机系统去处理。由此可见，计算机网络可以大大扩展计算机系统的功能，扩大其应用范围，提高可靠性，为用户提供方便，同时也减少了费用，提高了性能价格比。

综上所述，计算机网络首先是计算机的一个群体，是由多台计算机组成的，每台计算机的工作是独立的；其次，这些计算机是通过一定的通信媒体互连在一起，计算机间的互连是指它们彼此间能够交换信息。网络上的设备包括微机、小型机、大型机、终端、打印机，以及绘图仪、光驱等。用户可以通过网络共享设备资源和信息资源。网络处理的电子信息除一般文字信息外，还可以包括声音和视频信息等。

2.2　计算机网络体系结构

计算机网络是以资源共享、信息交换为根本目的，通过传输介质将物理上广为分散的独立实体互联而成的网络系统。在计算机网络系统中，网络服务请求者与服务提供者之间的通信是非常复杂的，使用计算机的用户无法直接感觉和控制数据的传输过程，要靠系统完成。如传输介质是怎样物理地连接起来的；在介质上如何传输数据；网络如何知道什么时间要传输数据，有多少数据需要传输；网络中各种实体如何建立相互联系；使用不同语言的网络实体，怎样才能相互通信，网络实体怎样才能保证数据被正确接收。计算机网络体系结构正是解决这些问题的钥匙。因此，网络体系结构是对构成计算机网络的各个组成部分以及计算机网络本身所必须实现的功能的一组精确定义。

为了研究方便，人们把网络通信的复杂过程抽象成一种层次结构模型，层次结构的特点是每一层都建立在前一层基础之上，低层为高层提供服务。具体如下。

(1) 层之间是独立的，第 n 层中的实体在实现自身定义的功能时，只直接使用第 $n-1$ 层提供的服务。

(2) 第 n 层将以下各层的功能再加上自己的功能，为第 $n+1$ 层提供更完善的服务，同时屏蔽具体实现这些功能的细节。

(3) 最低层只提供服务，不使用其他层所提供的服务。

(4) 最高层是应用层，只使用相邻下层提供的服务，而不提供新的服务。

层次结构设计方法的关键在于合理地划分层次，并确定每个层次的特定功能以及不同相邻层次间的接口。

2.2.1　网络协议和接口

在网络环境中，入网实体必须彼此合作，为网络用户提供全范围的资源共享和信息交换服务。它们只能通过传输介质彼此传递信息，在通信前后和通信过程中，考虑到异构环境及通信介质的不可靠性，双方必须密切配合才能完成共同的任务。通信前，双方要取得联络、同步，确认对方，并协商通信参数、方式等；通信过程中，要控制流量和差错检测与恢复，保证所传信息不变形、不增加、不减少；通信后，要释放有关资源。因此，一般要对网络中同层通信实体间交换的报文的格式、如何交换以及必要的差错控制设施做出全网一致的约定，这些约定(规则)统称为网络协议。

由于体系结构是分层的，因而协议也是分层的，并且对模型中的每一层 n，要根据该层的功能制定出相应的 n 层协议以及它与第 $n+1$ 层、第 $n-1$ 层间的接口。

每层协议通常由语法、语义和定时机制组成。

协议的语法规定了同层实体间所交换的信息的格式和相应的逻辑含义，这些信息在开放式系统互联参考模型(OSI)中统称为协议数据单元或服务数据单元。协议数据单元在不同层往往具有不同的名字，如在物理层中称为位流，数据链路层中称为帧，网络层中称为分组或包，传输层中称为数据报或报文段，应用层中称为报文等。

协议的语义规定了通信双方如何交换信息以及如何保证正确交换信息的一整套规则，往往称为协议规程，协议的语义是协议规程的集合。

定时机制定义了何时进行通信，先讲什么，后讲什么，讲话的速度等。

1. 接口和服务

接口和服务是分层体系结构中十分重要的概念。事实上，正是通过接口和服务将各层的协议连接为整体，完成网络通信的全部功能。

对于一个层次化的网络体系结构，每一层中活动的元素被称为实体。实体可以是软件，如一个进程；也可以是硬件，如芯片等。不同系统的同一层实体称为对等实体，同一系统中的下层实体向上层实体提供服务。

服务是通过接口完成的。接口就是上层实体和下层实体交换数据的地方，通常称为服务访问点(SAP，Service Access Point)。例如，n 层实体和 $n-1$ 层实体之间的接口就是 n 层实体和 $n-1$ 层实体之间交换数据的 SAP。为了找到这个 SAP，每一个 SAP 都有一个唯一的标识，称为端口(Port)。

协议和服务是两个不同的概念。协议是不同系统对等层实体之间的通信规则，即协议是“水平”的。服务是同一系统中下层实体向上层实体通过层间的接口提供的，即服务是“垂直”的。协议是实现不同系统对等层之间的逻辑连接，而服务则是通过接口实现同一个系统中不同层之间的物理连接，并最终通过物理介质实现不同系统之间的物理传输过程。

2. 数据单元

上、下层实体之间交换的数据传输单元称为数据单元，在各个层次(除第一层外)中，都由通信双方协议来规定数据单元格式。数据单元有以下几种类型:协议数据单元、接口数据单元和服务数据单元。

协议数据单元(PDU,Protocol Data Unit)是在不同系统的对等层实体之间根据协议所交换的数据单位,*n* 层的 PDU 通常表示为(*n*)PDU,包括该层用户数据和该层的协议控制信息(PCI,Protocol Control Information)。为了将(*n*)PDU 从 *n* 层实体传送到其他系统的对等层实体,必须将(*n*)PDU 通过(*n*－1)SAP 传送给(*n*－1)层实体。这时(*n*－1)层实体就把整个(*n*)PDU 当做第(*n*－1)层的用户数据,然后再加上(*n*－1)层的 PCI,组成(*n*－1)PDU。

接口数据单元(IDU,Interface Data Unit)是在同一系统的相邻两层实体通过接口所交换的数据单元。IDU 由两部分组成:一部分是经过层间接口的 PDU 本身,另一部分是接口控制信息(ICI,Interface Control Information)。ICI 是对 PDU 怎样通过接口的说明,仅 PDU 通过接口时有用,而对构成下一层的 PDU 没有直接的用处。所以当 IDU 通过接口以后,便立即将加上的 ICI 去掉。

服务数据单元(SDU,Service Data Unit)是为实现(*n*＋1)实体所请求的功能,(*n*)实体服务所需设置的数据单元。一个 SDU 就是一个服务所要传送的逻辑数据单位。在实际应用中,不同层的数据单元有不同的单位和名称以示区别。

2.2.2　OSI 参考模型

国际标准化组织(ISO)对所存在的各种计算机体系结构进行了深入的研究,于 1977 年提出开放式系统互联参考模型(OSI/RM)。“开放”一词的准确含义是指任何两个遵守该模型和有关协商标准的计算机系统均能实现网络互联。

OSI 包括了体系结构、服务定义和协议规范 3 个部分。OSI 的体系结构定义了一个七层模型,用以进行进程间的通信,并作为一个框架来协调各层标准的制定;OSI 的服务定义描述了各层所提供的服务,以及层与层之间的抽象接口和交互用的服务原语;OSI 各层的协议规范,精确地定义了应当发送何种控制信息及何种过程来解释该控制信息。

OSI 七层模型如图 2-5 所示。

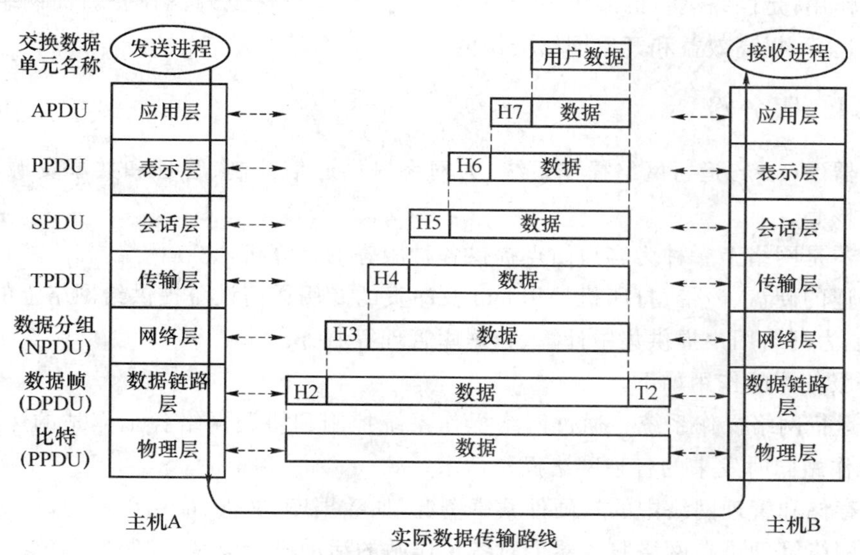

图 2-5　OSI 七层参考模型及数据传送过程

OSI/RM 采用七层模型的体系结构。从下至上依次为物理层(Physical Layer)、数据链路层(Data Link Layer)、网络层(Network Layer)、传输层(Transport Layer)、会话层(Session Layer)、表示层(Presentation Layer)、应用层(Application Layer)。

层次结构模型中的数据实际传送过程如图 2-5 所示。发送进程将数据传送到接收进程的过程,实际上是经过发送方各层从上至下传递到物理介质,通过物理介质传输到接收方后,再经过从下到上各层的传递,最后到达接收进程。

在发送方数据从上到下逐层传递的过程中,每层都要加上该层适当的控制信息,统称为报头。报头的内容和格式就是该层协议的表达、功能及控制方式的表述。这个过程称为报头封装过程。

从图 2-5 中可以看出,发送方的应用进程将用户数据先送到应用层,在应用层上加上若干比特的协议控制信息(PCI)后,作为应用层的协议数据单元(PDU)传到表示层,表示层收到这个数据单元后成为表示层的服务数据单元(SDU),再加上本层的协议控制信息(PCI),成为表示层的协议数据单元(PDU),再交给会话层成为会话层的服务数据单元(SDU),以此类推。不过到达数据链路层后,将控制信息分为两部分,分别加到本层服务数据单元的首部和尾部。成为第 2 层的协议数据单元(PDU)即帧,再传到物理层。数据到物理层成为由"0"和"1"组成的数据比特流,然后再转换成电信号或光信号等形式在物理介质上传输至接收方。接收方在向上传递时过程正好相反,要逐层剥去发送方相应层加上的控制信息,称为报头剥离过程,恢复成原对等层数据的格式。

2.3　计算机网络中的硬件设备

计算机网络系统是由许多计算机软硬件和通信设备组成的。网络硬件对网络的性能起着决定性作用,是网络运行的载体,主要包括服务器、工作站及外围设备。而网络软件则是支持网络运行、提高效益和开发网络资源的工具。

2.3.1　服务器

服务器(Server)运行网络操作系统,为网络提供通信控制、管理和共享资源,是整个网络系统的核心。

服务器是网络上一种为客户站点提供各种服务的计算机,它在网络操作系统的控制下,将与其相连的硬盘、磁带、打印机、Modem 及昂贵的专用通信设备提供给网络上的客户站点共享,也能为网络用户提供集中计算、数据库管理等服务。

网络服务器的作用如下。

(1) 运行网络操作系统。通过网络操作系统控制和协调网络各工作站的运行,处理和响应各工作站同时发来的各种网络操作请求。

(2) 存储和管理网络中的软硬件共享资源,如数据库、文件、应用程序、打印机等资源。

(3) 网络管理员在网络服务器上对各工作站的活动进行监视、控制及调整。

按照不同的分类标准,服务器分为多种。

1. 按网络规模划分

按网络规模划分，服务器分为工作组级服务器、部门级服务器、企业级服务器。工作组级服务器用于联网计算机规模在几十台左右或者对处理速度和系统可靠性要求不高的小型网络，其硬件配置相对比较低，可靠性不是很高。部门级服务器用于联网计算机规模在百台左右、对处理速度和系统可靠性要求中等的中型网络，其硬件配置相对较高。企业级服务器用于联网计算机规模在数百台以上、对处理速度和数据安全要求最高的大型网络，硬件配置最高，系统可靠性要求最高。

2. 按架构划分

按架构划分，可以分为复杂指令集计算(CISC，Complex Instruction Set Computing)架构的服务器和精简指令集计算(RISC，Reduced Instruction Set Computing)架构的服务器。CISC 架构主要指的是采用英特尔架构技术的服务器，即常说的"PC 服务器"；RISC 架构的服务器指采用非英特尔架构技术的服务器，如采用 Power PC、Alpha、PA-RISC、Sparc 等 RISC CPU 的服务器。RISC 架构服务器的性能和价格比 CISC 架构的服务器高得多。近年来，随着 PC 技术的迅速发展，IA(Intel Architecture)架构服务器与 RISC 架构的服务器之间的技术差距已经大大缩小，用户基本上倾向于选择 IA 架构服务器，但是 RISC 架构服务器在大型、关键的应用领域中仍然居于非常重要的地位。

3. 按用途划分

按用途划分，服务器又可以分为通用型服务器和专用型服务器。

通用型服务器是没有为某种特殊服务专门设计的、可以提供各种服务功能的服务器。通用型服务器的配置是根据网络的规模来确定的，如果是只有二三十台计算机构成的小型网络，应采用工作组级服务器；如果是几十台计算机规模的网络，应采用部门级服务器；如果是上百台甚至上千台计算机的大型网络，应采用企业级服务器。

专用型服务器是专门为某一种或某几种功能专门设计的服务器，如文件服务器、E-mail 服务器、Web 服务器、VPN 服务器、网络加速服务器等。随着 Internet 的迅猛发展，用户更希望服务器可以直接满足对某种功能的需要，并可以实现即插即用，而不再关心其操作系统、数据库、硬件等问题。

4. 按外观划分

按外观划分，可以分为台式服务器和机架式服务器。台式服务器有的采用大小与立式 PC 大致相当的机箱，有的采用大容量的机箱，像一个硕大的柜子。机架式服务器的外形看起来不像计算机，而像交换机，有 1 U(1 U=1.75 英寸)、2 U、4 U 等规格。机架式服务器安装在标准的 19 英寸机柜里面，图 2-6 列出了一些服务器的实物图片。

在高速发展的网络时代，服务器起着举足轻重的作用，未来的企业都希望把更高的技术浓缩在更小的空间中。

2.3.2 网络工作站

网络工作站是指连接到计算机网络中并通过应用程序来执行任务的个人计算机。用户主要通过工作站使用网络资源并完成自己的任务。网络操作系统通过在个人计算机中增加网络功能，使之成为网络工作站。

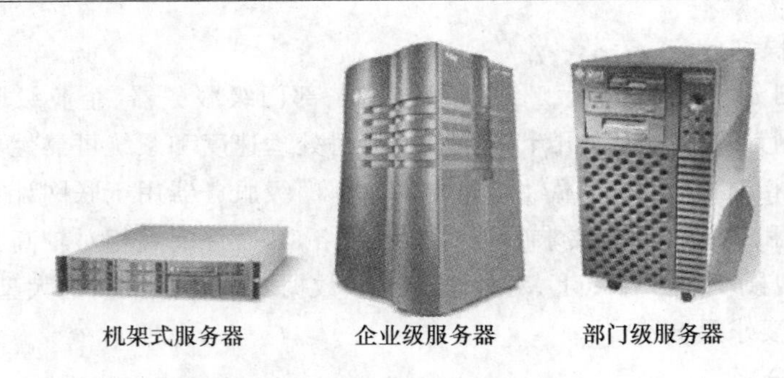

图 2-6　各种类型的服务器实物图

因为网络工作站是在一定的硬件和软件支持下可连接到网络系统并与网络进行数据交换的普通计算机，所以也可以像其他微机一样分类，但从网络的整体结构和应用环境特点来分，网络工作站可分为有盘工作站和无盘工作站、事务处理工作站与图形处理工作站、本地工作站与远程工作站等。

2.3.3　网络适配器

网络适配器又称为网卡，是连接计算机与网络的硬件设备。网卡插在计算机或服务器主板的扩展槽中，通过网线与网络交换数据、共享资源。计算机主要通过网卡来连接网络，网卡一方面负责接收网络上传过来的数据包，解包后将数据通过主板上的总线传输给本地计算机；另一方面将本地计算机上的数据打包后送入网络。

1. 网卡的分类

(1) 按带宽分

根据网卡的带宽划分，主要有 10 M 网卡、100 M 以太网卡、10/100 M 自适应网卡、1 000 M以太网卡等。

(2) 按网络接口分

为了与不同传输介质进行连接，网卡有 AUI 接口、BNC 接口和 RJ45 接口、FDDI 接口、ATM 接口。其中，FDDI 接口的网卡应用于 FDDI 网络中，这种网络具有 100 Mbit/s 的带宽，但它所使用的传输介质是光纤。ATM 接口的网卡应用于 ATM 光纤网络中，它能提供物理的数据传输速率达 155 Mbit/s。

(3) 按总线类型分

主要分为 ISA 总线网卡、PCI 总线网卡、PCI-X 总线型网卡、PCMCIA 接口网卡和 USB 接口网卡。其中 PCI-X 总线型网卡是一种已经在服务器上开始得到应用的网卡，PCMCIA 接口网卡是用在笔记本计算机上的。图 2-7 所示是各种类型网卡的实物外形图。

ISA 总线网卡 I/O 速度较慢，且随着 PCI 总线技术的出现很快被淘汰了。PCI 总线网卡的总线宽度为 32 位，它的主频极限公认为 133 MHz，目前普通的 PCI 网卡主频为 66 MHz。PCI-X 总线网卡的宽度为 32 位或 64 位，PCI-X 2.0 版的主频可达 266 MHz。USB (Universal Serial Bus)接口网卡的数据传输速率远远大于传统的并行口和串行口，设备安装简单并且支持热插拔。

2. 网卡的基本参数

中断号(IRQ)：中断级的设置是网卡硬件的重要参数之一。

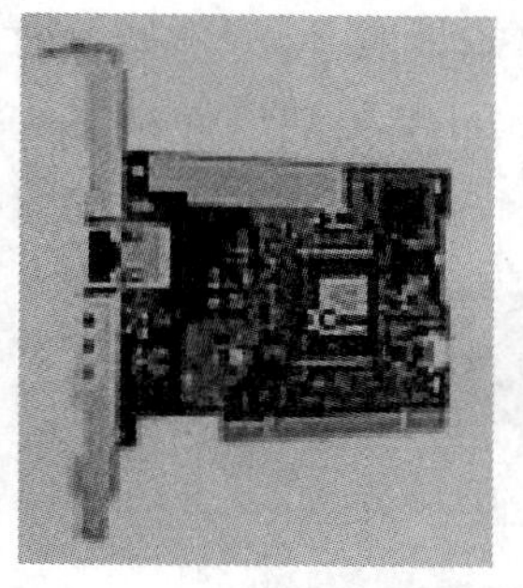

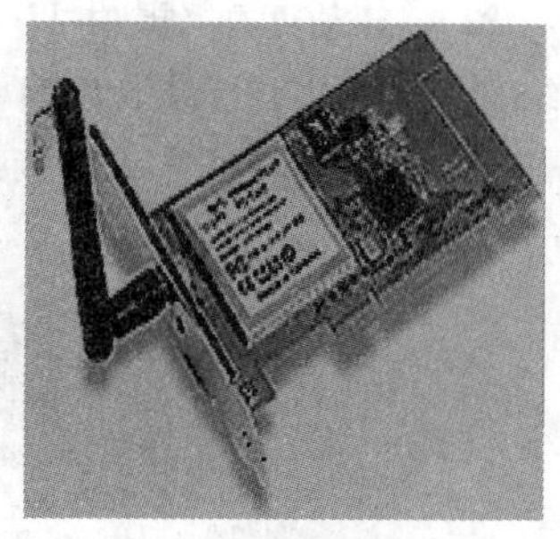

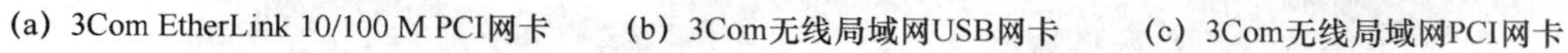

(a) 3Com EtherLink 10/100 M PCI网卡　(b) 3Com无线局域网USB网卡　(c) 3Com无线局域网PCI网卡

(d) RJ45接口网卡

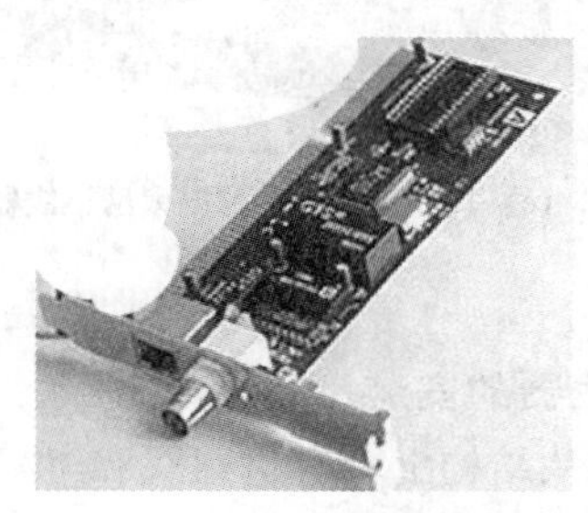

(e) BNC接口网卡

图 2-7　各种类型的网卡实物外形图

基本输入/输出地址(I/O):网站或服务器上的每块网卡都使用一个指定的 I/O 块和一个存储缓冲区,用于网卡与操作系统之间的信息传送。

DMA 通道:DMA 是直接存储器访问方式,允许网卡、网站与存储器直接进行数据传送,而不需要通过 CPU。

2.3.4　集线器

集线器(Hub)是局域网中的基础设备,实际上它是中继器的一种,其区别仅在于 Hub 能够提供更多的端口服务。Hub 主要是以优化网络布线结构、简化网络管理为目标而设计的。

最简单的 Hub 通过把逻辑 Ethernet 网络连接成物理上的星型拓扑结构而增加了网络的连通性;复杂一点的 Hub 作为网桥和路由器的替代品来减少网络拥塞;最高级的 Hub 为 FDDI、帧中继及 ATM 网络提供了非常高速的连通性。

1. 集线器的分类

按端口数量分有 8 口、16 口和 24 口的集线器。端口的含义就是所连节点的数量,如果连接的是工作站,那它就是指能连接工作站的数量。需要注意的是,如果集线器需要使用 Uplink端口,所连接的工作站数量是“$N-1$”个(N 指端口数);如果集线器不使用 Uplink 端口,则最多可连接 N 个工作站。图 2-8 分别为不同品牌、不同端口的主流集线器产品外形。

Hub 按端口划分不是一个很规范的划分标准,因为端口的多少并不能代表集线器的技术含量,而且端口的多少也不能决定集线器档次的高低。

图 2-8(b)所示为 TP-Link 双速 24 口 10/100 M 以太网集线器,采用工程机架型结构设计,适用于中小型办公网络。兼容 100Base-TX 和 10Base-T 两种网络环境,端口速度

10/100 M自动匹配，提供 Uplink 级联口。LED 面板灯动态显示电源、网络通断、端口速率、网络碰撞情况。出错端口自动隔离，以保证网络的正常运行。可堆叠端口提供芯片级的连接，节省端口资源，提高连接效率。

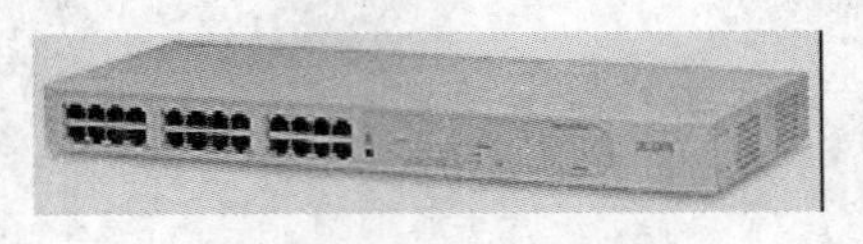

(a) 3Com24口Hub

(b) TP-Link双速24口10/100 M以太网集线器

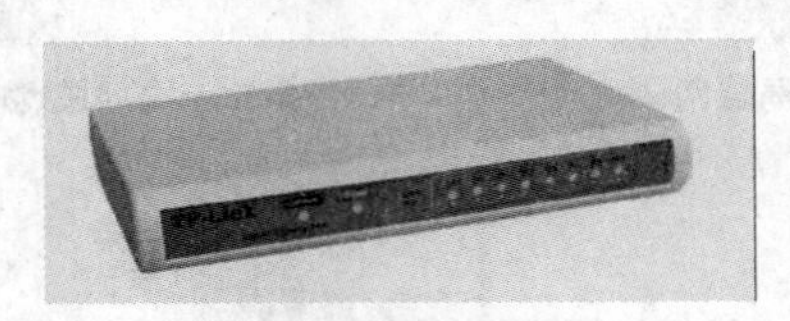

(c) TP-Link8口10 M以太网集线器

(d) TP-Link双速8口10/100 M以太网集线器

图 2-8 各种类型的集线器外形

2. 集线器的安装

集线器从结构上分有机架式和桌机式两种，目前多数使用机架式。机架式的集线器与其他设备一起安装在机柜中，机柜的高度通常以“U”(Unit)作为单位。机柜的安装步骤如下。

(1) 固定安装支架。

(2) 固定设备。把安装好支架的集线器设备放入机柜相应位置，并且固定在机柜中，也就是固定几个螺钉。

(3) 固定导线器。将集线器安装至机柜后，要进行网线连接。一般需要对网线进行捆绑安装和整理，这时要为网线安装导线器(又叫理线器)，从而使成束的网线更加整齐、美观，且易于管理。

3. 集线器间的连接

在较大型网络中都采用集线器的堆叠或级联方式，以满足大型网络对端口的数量要求。

(1) 堆叠

堆叠方式是指将若干集线器的电缆通过堆栈端口连接起来，以实现单台集线器端口数的扩充。注意，只有可堆叠集线器才具备这种端口，一个可堆叠集线器中同时具有“UP”和“DOWN”堆叠端口。集线器堆栈是通过一条厂家提供的连接电缆从一台的“UP”堆栈端口直接连接到“DOWN”堆栈端口，堆栈中的所有集线器可视为一个整体的集线器来进行管理。

(2) 级联

级联是在网络中增加用户数的另一种方法，它指使用集线器普通或特定的端口来进行集线器间的连接。特殊端口是指 Uplink 端口，普通端口是指集线器的某一个常用端口。一般来说，所有的集线器都能够进行级联。通常有以下两种级联方式。

① 使用 Uplink 端口级联

图 2-9 所示的是一组带有 Uplink 端口的集线器级联示意图。通常可利用直通的双绞线将该端口连接至其他集线器的除 Uplink 端口外的任意端口。

② 使用普通端口级联

使用普通端口级联时，连接两个集线器的双绞线必须使用交叉线。

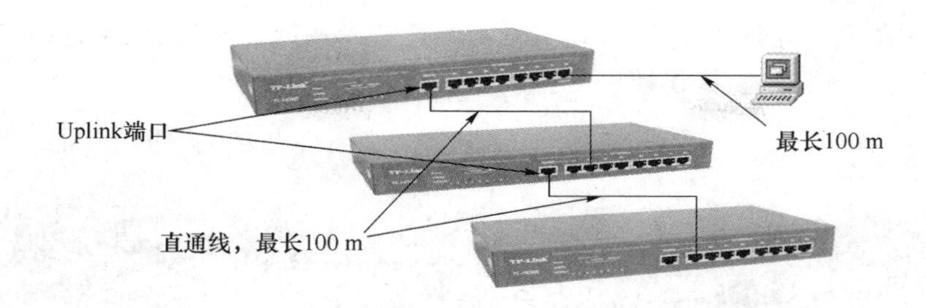

图 2-9　使用 Uplink 端口进行级联

集线器间的级联除了能够增加集线器的端口外，还有一个重要作用就是延扩局域网络的范围。

集线器的级联可以使用 Uplink 端口也可以使用普通端口，但如果主要是从网络连接距离来考虑，则最好选用 Uplink 端口方式，因为这种连接方式可以最大限度地保证下一个集线器的带宽和信号强度，而采用普通口进行扩展则信号衰减严重，且带宽受网络影响较大。

2.3.5　交换机

交换机在同一时刻可进行多个端口对之间的数据传输。交换机每一个端口都可视为独立的网段，连接在其上的网络设备独自享有全部的带宽，无须同其他设备竞争使用，避免了冲突。

交换机(Switch)拥有一条带宽很高的背部总线和内部交换矩阵。交换机的所有端口都挂接在这条背部总线上，控制电路收到数据包后，处理端口会查找内存中的地址对照表以确定目的 MAC 的网卡挂接在哪个端口上。通过内部交换矩阵直接将数据包迅速传送到目的节点，而不是所有节点，目的 MAC 若不存在才广播到所有的端口。使用交换机可以保证数据传输的安全性，因为它不是对所有节点同时发送数据包，发送数据时非目的节点的其他节点很难侦听到所发送的信息。例如，一个 24 端口的交换机可支持 12 对用户同时通信，这实际上达到了增加网络带宽的目的。

交换机的主要功能包括物理编址、网络拓扑结构、错误校验、帧序列以及流量控制。目前交换机还具备了一些新的功能，如对虚拟局域网(VLAN)的支持、对链路汇聚的支持，有的还具有防火墙的功能。

交换机是一种基于 MAC 地址识别，能完成封装转发数据包功能的网络设备。交换机对于因第一次发送到目的地址不成功的数据包会再次对所有节点同时发送，企图找到这个目的 MAC 地址，找到后就会把它重新加入到自己的 MAC 地址列表中，下次再发送到这个节点时就不会发错。交换机的这种功能被称为 MAC 地址学习功能。

1. 交换机的分类

从广义上来看，交换机可分为广域网交换机和局域网交换机。广域网交换机主要应用于电信领域，提供通信用的基础平台。局域网交换机主要应用于局域网中，用于连接终端设备。它的主要作用是进行局域网内部数据交换。图 2-10 所示是两种交换机的外形。

根据采用技术的不同，交换机又可分为直通交换、存储转发和碎片隔离方式 3 类。

(1) 采用直通交换(Cut-through)方式的以太网交换机，在输入端口检测到一个数据帧时，并不需要把整个帧全部接收下来，而只需接收一个帧中最前面的目的地址部分即可开始执行过滤转发操作。直通方式具有两个优点：一是转发速度非常快，二是延时一致性很好。缺点是无法进行错误校验，错误帧仍然会被转发出去。

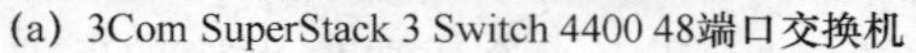

(a) 3Com SuperStack 3 Switch 4400 48端口交换机

(b) 3Com Switch 4007/ 4007R企业级交换机

图 2-10　两种交换机的外形

(2) 采用存储转发(Store and Forward)方式的以太网交换机，其控制器先将输入端口到来的数据帧全部读入到内部缓冲区中，并对信息帧进行错误校验，无错后才执行帧过滤转发操作，因此出错的帧不会被转发。利用存储转发机制，网络管理员可以定义一些过滤算法来控制通过该交换机的通信流量。另外，因为具有帧缓冲能力，因此存储转发方式允许在不同速率的端口之间进行转发操作。存储转发方式的缺点在于其传输延迟较大。

(3) 碎片隔离式(Fragment Free)是介于直通式和存储转发式之间的一种解决方案。它在转发前先检查数据包的长度是否够 64 B，如果小于 64 B，说明是假包，则丢弃该包；如果大于 64 B，则发送该包。该方式的数据处理速度比存储转发方式快，但比直通式慢。

2. 交换机与集线器的区别

(1) 交换机与集线器都是通过多端口连接以太网设备的，都可以将多个用户通过网络以星型结构连接起来，共享资源或交流数据，这是它们唯一的相同点。

(2) 交换机与集线器在 OSI/RM 中对应的层次不同，集线器在第一层即物理层，而交换机至少工作在第二层即数据链路层，现在也出现了工作在第三层和第四层的交换机。

(3) 交换机与集线器最根本的区别是工作机理不一样，集线器使用的是广播方式，无论是从哪个端口接收什么类型的数据包，都会以广播的形式将数据包发送给其余的所有节点，由连接在这些节点的网卡判断处理这些信息，符合的留下处理，否则丢弃掉，当网络较大时网络性能会受到很大的影响。交换机(如第二层交换机)是基于 MAC 地址进行交换的，它通过分析以太数据包的包头信息，取得目标 MAC 地址后，查找交换机中存储的地址对照表，确认具有此 MAC 地址的网卡连接在哪个节点上，然后仅将数据包送到对应节点，有目的地地发送。

(4) 集线器是所有端口共享集线器的总带宽，而交换机的每个端口都具有自己的带宽，因此，交换机的数据传输速率比集线器要快很多。

(5) 集线器采用半双工方式进行传输，而交换机是采用全双工方式来传输数据的。

3. 三层交换技术

三层交换技术(多层交换技术或 IP 交换技术)是相对于传统交换概念而提出的。传统的交换技术是在 OSI 网络标准模型中的第二层进行操作的，而三层交换技术是在网络模型中的第三层实现了数据帧的高速转发。简单地说，三层交换技术就是：二层交换技术＋三层转发技术。三层交换将第二层交换机和第三层路由器的优势结合成一个灵活的解决方案，解决了局域网中网段划分之后网段中子网必须依赖路由器进行管理的局面,解决了传统路由器低速、复杂所造成的网络瓶颈问题。

一个具有三层交换功能的设备,是一个带有第三层路由功能的第二层交换机,但它是二者的有机结合,并不是简单地把路由器设备的硬件及软件叠加在局域网交换机上,其原理是:假设两个使用IP协议的站点A、B通过第三层交换机进行通信,发送站点A在开始发送时,把自己的IP地址与B站的IP地址比较,判断B是否与自己在同一子网内。若目的站B与发送站A在同一子网内,则进行二层的转发。若两个站点不在同一子网内,如发送站A要与目的站B通信,发送站A要向“默认网关”发出ARP(地址解析)封包,而“默认网关”的IP地址其实是三层交换机的三层交换模块。当发送站A对“默认网关”的IP地址广播出一个ARP请求时,如果三层交换模块在以前的通信过程中已经知道B站的MAC地址,则向发送站A回复B的MAC地址,否则三层交换模块根据路由信息向B站广播一个ARP请求,B站得到此ARP请求后向三层交换机模块回复其MAC地址,三层交换模块保存此地址并回复给发送站A,同时将B站的MAC地址发送到二层交换引擎的MAC地址表中。此后,A向B发送的数据帧便全部交给二层交换处理,信息得以高速交换。由于仅仅在路由过程中才需要三层处理,绝大部分数据都通过二层交换转发,因此,三层交换机的速度很快,接近二层交换机的速度。

三层交换机的主要用途是代替传统路由器作为网络的核心。因此,凡是没有广域网连接需求,同时需要路由器的地方,都可以用三层交换机代替。

在企业网和教学网中,一般会将三层交换机用在网络的核心层,用三层交换机上的千兆端口或百兆端口连接不同的子网或VLAN。因为其网络结构相对简单,节点数相对较少。在目前的宽带网络建设中,三层交换机一般被放置在小区的中心和多个小区的汇聚层,核心层一般采用高速路由器。

2.3.6 路由器

路由器(Router)是网络互联的主要节点设备,是不同网络之间互相连接的枢纽。

1. 路由器的功能

路由器工作在OSI网络模型的网络层,它的功能如下。

(1) 网络分段。即可根据实际需求将整个网络分割成不同的子网。换句话说,路由器可以将不同的LAN进行互联,并划分成不同的子网。

(2) 提供不同类型网络的互联。在局域网通过广域网与局域网互联或不同类型的局域网网间互联时,大量采用路由器组网,其性能比远程网桥好。

(3) 隔离广播风暴。所谓广播,是指一些局域网允许任一个站点给局域网中的所有其他站点发送信息包的能力。对于通过网桥或交换机连接多个局域网段而构成的大规模局域网而言,其本质上仍是一个网,多网段上的广播通信量会产生广播风暴。路由器能够阻止一个子网到另一个子网的广播,因而减少了整个网间的广播流量,避免了广播风暴的形成。路由器还有能力抑制广播报文造成低速广域网线路的现象。

(4) 支持子网间的信息传输。路由器的一个基本功能是路由选择,路由选择是路由器可以为跨越不同LAN的流量选择网络中最适宜的路径。另外,为了达到网络负载均衡的目的,它还允许流量在源站点和目的站点之间的冗余链路上传送,并能动态选择路径,绕过失效的网段进行连接,以及在局域网和广域网之间进行协议转换。

(5) 提供安全访问的机制。路由器能监视来自每个用户的数据流,并利用动态过滤功能保证网络的安全性。

路由器是如何进行路由选择的呢?其关键是在路由器中有一个保存路由信息的数据库即路由表,它包含了互联网络中各个子网的地址、到达各子网所经过的路径以及与路径相联系的传输开销等内容。一个路由器有多个网络接口,分别可以连接一个网络或另一个路由器。当路由器在某个接口上收到一个分组时,它就找出该分组中的目的网络地址,并到路由表中查找这个地址。路由表中的每个网络地址都对应一个转发接口,所以查到了地址,路由器知道该分组应该从哪个接口转发出去。这种根据分组的目的网络地址查找路由表,最终决定分组转发路径的过程称为路由选择。

互联网中各个网络和它们之间相互连接的情况经常会发生变化,因此路由表中的信息需要及时更新,建立和更新路由表的算法称为路由算法。网络中的每个路由器都会根据路由算法定时地或在网络发生变化时来更新其路由表。路由表的维护需要通过路由器之间交换路由信息来完成。

除了在运行过程中由路由器来动态建立和更新外(动态路由),路由表还可以由网络管理员预先设置好(静态路由)。静态路由不会随网络拓扑结构的变化而改变(除非重新设置),其适应性不好但网络开销小;而动态路由则能够根据网络拓扑的变化而变化,适应性好,但网络开销大。在动态路由中,自动学习、记忆网络的变化并根据路由算法重新计算路由的协议称为路由选择协议,路由选择协议是动态路由的基础。

2. 路由器的组成

(1) 路由器的主要部件

① CPU:中央处理单元,和计算机一样,它是路由器的控制和运算部件。

② RAM/DRAM:内存,用于存储临时的运算结果,如路由表、ARP 表、快速交换缓存、缓冲数据包、数据队列、当前配置文件。

③ Flash Memory:可擦除、可编程的 ROM,用于存放路由器的操作系统 IOS。

④ NVRAM:非易失性 RAM,用于存放路由器的配置文件,路由器断电后,NVRAM 中的内容仍然存在。

⑤ ROM:只读存储器,存储了路由器的开机诊断程序、引导程序和特殊版本的 IOS 软件(用于诊断等有限用途)。

⑥ 接口:用于网络连接,路由器就是通过这些接口和不同的网络进行连接的。

路由器像计算机一样需要操作系统,Cisco 路由器的操作系统称为网络互联操作系统(IOS,Internetwork Operating System)。这个操作系统根据管理员设置好的配置文件来运行,控制数据包的流向,利用路由协议和路由表为数据包选择最佳路由。

(2) 路由器系统的初始化过程

① 从 ROM 中执行上电自检程序,检测所有模板,并进行最基本的 CPU、内存和接口环路测试。

② 引导程序将操作系统镜像文件装入主存。

③ 如何引导系统由配置寄存器决定，Boot System 命令可以设定装载路径。

④ 操作系统从低端地址装入内存，一旦装载成功，系统将检测系统硬、软件并在主控台上列出部件清单。

⑤ 存储在 NVRAM 中的配置文件被装入主存并逐行执行，配置文件启动路由进程，提供接口地址、设置用户、访问控制表、介质属性等。如果 NVRAM 中没有合法的配置文件，则操作系统将执行安装对话过程。

⑥ 在安装对话过程中，系统提示配置信息，提示网络管理员进行路由器的配置，默认配置出现在问题的方括号内。

⑦ 在安装过程结束后，系统提示是否保存配置信息，选 YES 保存，选 NO 则退出。

⑧ 系统立即装载配置信息到主存。

3. 路由器的路由选择过程

互联网是由多个路由器连接在一起的物理网络所组成，源主机发送的数据分组可能被直接传递到同一网络中的目的主机(直接路由选择)，也可能要间接地经过多个路由器，穿越多个网络才能到达目的主机(间接路由选择)。间接路由选择中，目的主机与源主机不在同一个网络中，所以源主机必须指示要通过哪个路由器进行转发，然后由该路由器根据分组中的地址信息将分组转发到下一个路由器，这样使分组逐渐向目的主机逼近，直到最后能直接递送为止。

可以看出，作为中间节点的路由器为了选择分组的转发路径，必须了解网络的拓扑连接情况，最理想的方法是将互联网络的路径信息和各主机的信息全部收集起来，保存在路由表中。但是路由器上不可能有如此大的存储空间来保存这些信息，因此，一个分组在中间路由器作路径选择时，只要知道分组的目的网络就行了，只有到达目的网络进行直接传递时才会用到主机地址。

下面以 IP 数据报为例说明路由器根据路由表进行路由选择的操作过程。

当一个 IP 数据报被路由器接收到时，路由器先从该 IP 数据报中取出目的主机的 IP 地址，再根据 IP 地址计算出目的主机所在网络的网络地址，然后用网络地址来查找路由表以决定通过哪一个接口转发该 IP 数据报。

图 2-11 所示是由 5 个网络和 3 个路由器组成的一个互联网络。假设主机 A 发送一个 IP 数据报到主机 B，当路由器 R_2 从它的接口 138.213.1.5 收到该数据报时，它就取出数据报的网络地址 202.50.2.0，然后查找路由表。R_2 的路由表中记录了到达 202.50.2.0 网络的路径为 IP 地址 140.10.2.0 的接口，这时，路由器就把 140.10.2.0 转换为对应的 MAC 地址，并将 IP 数据报封装在帧中，MAC 地址放在 MAC 帧的首部，将帧从 IP 地址为 140.10.2.0 的接口发送出去。IP 数据报穿越网络 4 后到达路由器 R_3，R_3 会发现 IP 数据报的目的地网络就是与自己的 IP 地址为 202.50.2.8 的接口相连接的网络，这意味着 IP 数据报可以直接传送到目的主机，于是 R_3 把 IP 数据报装帧后从接口 202.50.2.8 直接发送到网络 5 上，最终 IP 数据报被主机 B 所接收。

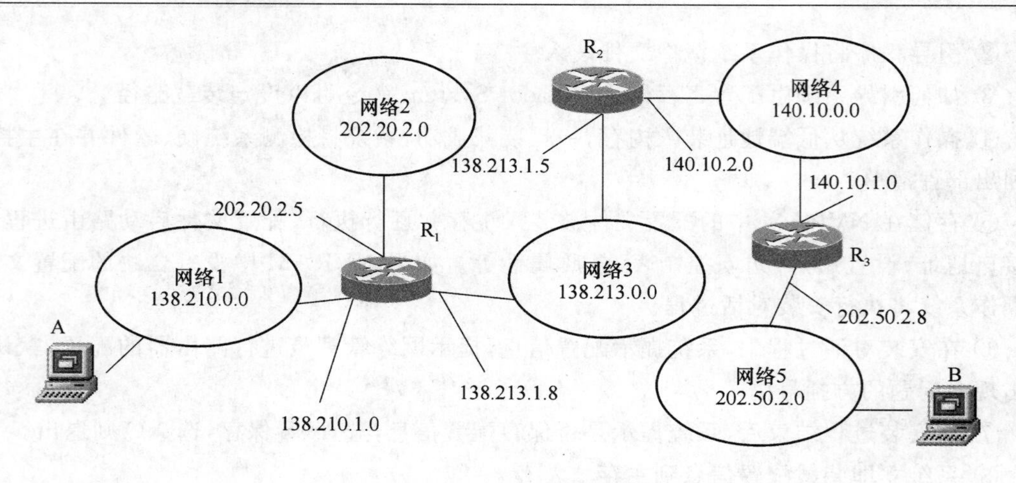

图 2-11　互联网络示例

2.3.7　网关

网关(Gateway)工作在网络层以上的高层协议，它是网络层以上的互联设备的总称。网关通常由运行在一台计算机上的专用软件来实现。网关常见的有两种：协议网关和安全网关。

协议网关通常用于实现不同体系结构网络之间的互联或在两个使用不同协议的网络之间做协议转换，又称为协议转换器。对于网络体系结构差异比较大的两个子网，从原理上来讲，在网络层以上实现它们的互联是比较方便的。网络互联的层次越高，就能互联差别越大的异构网，但是互联的代价就会越大，效率也会越低。目前国内外一些著名的大学校园网的典型结构通常是由一主干网和若干段子网组成。主干网和子网之间通常选用路由器或第三层交换机进行连接。校园网和其他网络，如 X. 25 公用交换网等，一般都采用网关进行互联。安全网关通常又称为防火墙，主要用于网络的安全防护。

2.4　局域网技术

2.4.1　局域网基础知识

局域网(LAN，Local Area Network)，是一种在有限的地理范围内将大量 PC 及各种网络设备互联，从而实现数据传输和资源共享的计算机网络。人们对信息资源的广泛需求及计算机技术的广泛普及，促进了局域网技术的迅猛发展。在当今的计算机网络技术中，局域网技术已经占据了十分重要的地位。

能反映局域网特征的基本技术有网络拓扑结构、数据传输介质和介质访问控制方法 3 个方面。这些技术基本上可确定网络性能(网络的响应时间、吞吐量和利用率)、数据传输类型和网络应用等，其中介质访问控制方法对网络特性有着重要的影响。

1. 局域网的特点和分类

(1) 局域网的特点

一般来说,局域网具有以下特点。

① 地理分布范围较小,一般为数百米至数千米。可覆盖一幢大楼、一所校园或一个企业。

② 数据传输速率高,一般为0.1~100 Mbit/s,目前已出现速率高达1 000 Mbit/s的局域网。可交换各类数字和非数字(如语音、图像、视频等)信息。

③ 误码率低,一般在10^{-10}~10^{-8}。这是因为局域网通常采用短距离基带传输,可以使用高质量的传输媒体,从而提高了数据传输质量。

④ 以PC为主体,包括终端及各种外设,网中一般不设中央主机系统。

⑤ 一般包含OSI参考模型中的低三层功能,即涉及通信子网的内容。

⑥ 协议简单、结构灵活、建网成本低、周期短、便于管理和扩充。

(2) 局域网的分类

局域网可以按多种方法分类,常用的方法如下。

① 按网络的拓扑结构划分,可分为星型网络、总线型网络、环型网络等。

② 按线路中传输的信号划分,可分为基带网络和宽带网络。基带网络传输数字信号,信号占用整个频带,传输距离较短;基带网络可以传输模拟信号,传输距离较远,达几千米以上。

③ 按网络的传输介质划分,可分为双绞线网络、同轴电缆网络、光纤网络和无线局域网等。

④ 按网络的介质访问方式划分,可分为以太网(Ethernet)、令牌环(Token Ring)网和令牌总线(Token Bus)网等。

除此之外,还有一种较为模糊的划分方法,即将局域网分为3类:第一类是传统的局域网LAN;第二类是采用电路交换技术的局域网,称为计算机交换网(CBX,Computer Branch eXchange)或(PBX,Private Branch eXchange);第三类是新发展的高速局域网(HSLN,High Speed Local Network)。

2. 局域网的参考模型与协议标准

局域网的标准化工作,能使不同生产厂家的局域网产品之间有更好的兼容性,以适应各种不同型号计算机的组网需求,并有利于产品成本的降低。

(1) 局域网的参考模型

局域网是一个通信网,只涉及相当于OSI/RM通信子网的功能。由于内部大多采用共享信道的技术,所以局域网通常不单独设立网络层。局域网的高层功能由具体的局域网操作系统来实现。

IEEE 802标准的局域网参考模型与OSI/RM的对应关系如图2-12所示,该模型包括了OSI/RM最低两层(物理层和数据链路层)的功能,也包括网间互联的高层功能和管理功能。从图中可见,OSI/RM的数据链路层功能,在局域网参考模型中被分成介质访问控制(MAC,Media Access Control)子层和逻辑链路控制(LLC,Logical Link Control)子层。

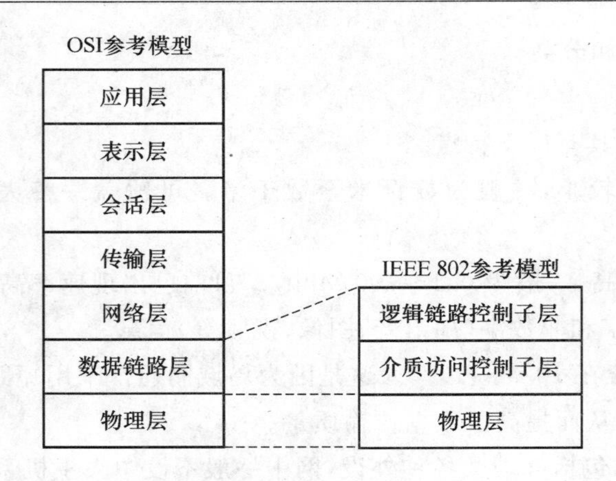

图 2-12 IEEE 802 局域网参考模型

在 OSI/RM 中，物理层、数据链路层和网络层使计算机网络具有报文分组转接的功能。对于局域网来说，物理层是必须的，它负责体现机械、电气和过程方面的特性，以建立、维持和拆除物理链路；数据链路层也是必须的，它负责把不可靠的传输信道转换成可靠的传输信道，传送带有校验的数据帧，采用差错控制和帧确认技术。

局域网中的多个设备一般共享公共传输媒体，在设备之间传输数据时，首先要解决由哪些设备占有媒体的问题，所以局域网的数据链路层必须设置介质访问控制功能。由于局域网采用的媒体有多种，对应的介质访问控制方法也有多种，为了使数据帧的传送独立于所采用的物理媒体和介质访问控制方法，IEEE 802 标准特意把 LLC 独立出来形成一个单独子层，LLC 子层与介质无关，仅 MAC 子层依赖于物理媒体和介质访问控制方法。

由于穿越局域网的链路只有一条，不需要设立路由器选择和流量控制功能，如网络层中的分级寻址、排序、流量控制、差错控制功能都可以放在数据链路层中实现。因此，局域网中可以不单独设置网络层。当局限于一个局域网时，物理层和链路层就能完成报文分组转接的功能。但当涉及网络互联时，报文分组就必须经过多条链路才能到达目的地，此时就必须专门设置一个层次来完成网络层的功能，在 IEEE 802 标准中将这一层称为网际层。

LLC 子层中规定了无确认无连接、有确认无连接和面向连接 3 种类型的链路服务。无确认无连接服务是一组数据报服务，信息帧在 LLC 实体间交换时，无须在同等层实体间事先建立逻辑链路；而有确认无连接服务除了对这种 LLC 帧进行确认外，其他类似于无确认无连接服务；面向连接服务提供访问点之间的虚电路服务，在任何帧交换前，一对 LLC 实体之间必须建立逻辑链路，在数据传送过程中，信息帧依次发送，并提供差错恢复和流量控制功能。

MAC 子层在支持 LLC 子层完成介质访问控制功能时，可以提供多个可供选择的介质访问控制方式。使用 MSAP 支持 LLC 子层，MAC 子层实现帧的寻址和识别。MAC 到 MAC 的操作通过同等层协议来进行，MAC 还产生帧检验序列和完成帧检验等功能。

(2) IEEE 802 标准系列

IEEE(Institute of Electrical and Electronics Engineers)在 1980 年 2 月成立了局域网标准化委员会，简称 IEEE 802 委员会，专门从事局域网的协议制定，形成了一系列的标准，称为 IEEE 802 标准。该标准已被国际标准化组织采纳，作为局域网的国际标准系列，称为 ISO 8802 标准。IEEE 802 标准包括以下内容。

- IEEE 802.1:LAN 和 MAN 的系统结构与网际互联。

- IEEE 802.2:逻辑链路控制(LLC)协议。
- IEEE 802.3:CSMA/CD 总线访问方法与物理层技术规范。
- IEEE 802.4:令牌总线(Token Bus)访问方法与物理层技术规范。
- IEEE 802.5:令牌环(Token Ring)访问方法与物理层技术规范。
- IEEE 802.6:城域网 MAN 访问方法与物理层技术规范。
- IEEE 802.7:宽带局域网访问方法与物理层技术规范。
- IEEE 802.8:FDDI 访问方法与物理层技术规范。
- IEEE 802.9:ISDN 局域网标准。
- IEEE 802.10:网络的安全,可互操作的 LAN 的安全机制。
- IEEE 802.11:无线局域网访问方法与物理层技术规范。
- IEEE 802.12:100VG-Any LAN 访问方法与物理层技术规范。

在这些标准中,IEEE 802.3 标准最为常用。下面列出了该标准的一些组成部分。

- 10Base-5:使用粗同轴电缆,最大网段长度为 500 m,基带传输方法。
- 10Base-2:使用细同轴电缆,最大网段长度为 185 m,基带传输方法。
- 10Base-T:使用双绞线电缆,最大网段长度为 100 m,基带传输方法。
- 10BROAD-36:使用同轴电缆(RG-59/ CATV),最大网段长度为 3 600 m,宽带传输方法。
- 10Base-F:使用光纤,基带传输,传输率为 10 Mbit/s。

在 10Base-5 网络中,第一个数字 10 表示传输速度,单位为 Mbit/s,最后一个数字 5 表示网段长度,单位为百米,Base 表示基带;如果是 BROAD,则表示宽带。

2.4.2 介质访问控制

在计算机局域网中,工作站与服务器、工作站与工作站之间信息的传输必然会产生冲突,如何有效地避免这种冲突,使网络达到最好的工作状态以及最高的可靠性,是网络研究人员要解决的首要课题。

传输访问的控制方式与局域网的拓扑结构、工作过程有密切关系。IEEE 802 标准规定了局域网络中最常用的几种介质访问控制方式,下面主要介绍载波监听多点接入/冲突检测(CSMA/CD,Carrier Sense Multiple Access with Collision Detection)介质访问控制方法。

在广播型信道中,信道(或介质)是各站点的共享资源,所有站点都可以访问这个共享资源。但为了防止多个站点同时访问造成的冲突或信道被其一站点长期占用,必须有一种所有站点都要遵守的规则(访问控制方法),以便使它们安全、公平地使用信道。

IEEE 802.3 定义了 CSMA/CD 介质访问控制协议,它是一种在局域网中使用最广泛的介质访问控制方法。CSMA/CD 主要解决两个问题:一是各站点如何访问共享介质,二是如何解决同时访问造成的冲突。

1. 载波监听多点接入(CSMA)

基本的 CSMA 介质访问控制方法的算法如下。

(1) 一个站要发送数据时,首先需监听总线,以确定介质上是否有其他站点发送的数据。

(2) 如果信道(总线)空闲,则可以发送。

(3) 如果信道(总线)忙,其他站点正在发送,则等待一定时间后再监听。

根据信道忙时,对如何监听采取的处理方法不同,又可将 CSMA 分为:不坚持 CSMA、1

坚持 CSMA 和 p 坚持 CSMA 3 种不同的协议。

(1) 不坚持 CSMA 协议的指导思想是:一旦监听到信道忙,就不再坚持监听,而是根据协议的算法延迟一个随机的时间后再重新监听。

(2) 1 坚持 CSMA 协议的指导思想是:监听到信道忙,坚持监听,直到信道空闲立即将数据帧发送出去。但若有两个或更多的站同时在监听信道,则一旦信道空闲,都会同时发送引起冲突。

(3) p 坚持 CSMA 协议的指导思想是:当听到信道空闲时,就以概率 $p(0<p<1)$ 发送数据帧,而以概率 $(1-p)$ 延迟一段时间,重新监听信道。

基本的 CSMA 介质访问控制方法有一个最大的缺点,即它不能处理这种情况:若要发送信息的多个站点同时发现介质空闲,它们就会同时发送信息,发生冲突。这个问题产生的原因在于各站点检测到介质空闲后的发送过程中不会再检测有无冲突产生。为解决这个问题,提出了带有冲突检测的载波监听多路访问方法。

2. 带有冲突检测的载波监听多路访问方法(CSMA/CD)

CSMA/CD 协议的规则如下。

(1) 如果介质是空闲的,则发送。

(2) 如果介质是忙的,则继续监听,一旦发现介质空闲,就立即发送。

(3) 站点在发送帧的同时需要继续监听是否发送冲突,若在帧发送期间检测到冲突,就立即停止发送,并向介质发送一串阻塞信号以强化冲突。发阻塞信号的目的是保证让总线上的其他站点都知道已发生了冲突。

(4) 发送了阻塞信号后,等待一段随机时间,返回步骤(1)重试。

首先可以确认,冲突只有在发送信息包以后的一段短时间内才可能发生,因为超过这段时间后,总线上各站点都可能侦听到是否有载波信号在占用信道,这一小段时间称为冲突窗口或冲突时间间隔。如果线路上最远两个站点间信息包传送延迟时间为 d,冲突窗口时间一般取 $2d$。CSMA/CD 的发送流程可简单地概括成 4 点:先听后发,边发边听,冲突停止,随机延迟后重发。其流程见图 2-13。

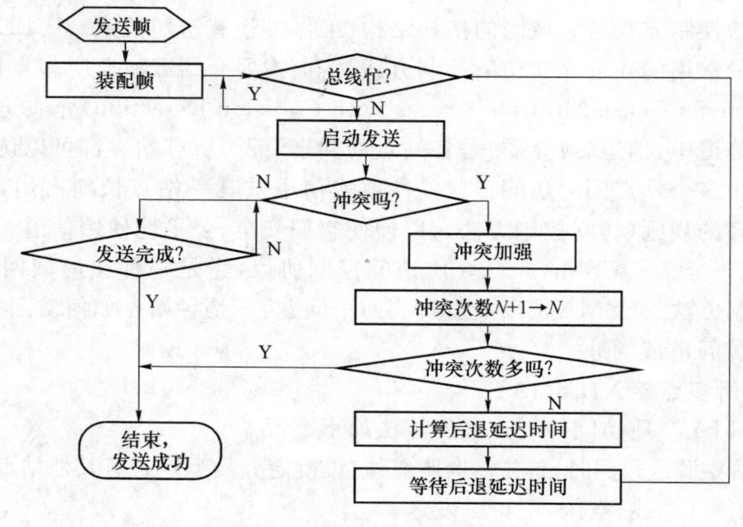

图 2-13 CSMA/CD 工作流程

在采用CSMA/CD介质访问控制方法的总线型局域网中，每一个节点在利用总线发送数据时，首先要侦听总线的忙、闲状态。如总线上已经有数据信号传输，则为总线忙；如总线上没有数据信号传输，则为总线空闲。由于Ethernet的数据信号是按差分曼彻斯特方法编码，因此如果总线上存在电平跳变，则判断为总线忙；否则判断为总线空闲。如果一个节点准备好发送的数据帧，并且此时总线空闲，它就可以启动发送。同时也存在着这种可能，那就是在几乎相同的时刻，有两个或两个以上节点发送了数据帧，那么就会产生冲突，所以节点在发送数据的同时应该进行冲突检测。

冲突检测的方法有两种：比较法和编码违例判决法。

(1) 比较法是发送节点在发送数据的同时，将其发送信号波形与从总线上接收到的信号波形进行比较，如果总线上同时出现两个或两个以上的发送信号，它们叠加后的信号波形不等于任何节点发送的信号波形。当发送节点发现自己发送的信号波形与从总线上接收到的信号波形不一致时，表示总线上有多个节点同时发送数据，冲突已经产生。

(2) 编码违例判决法，只检测从总线上接收的信号波形。如果总线只有一个节点发送数据，则从总线上接收到的信号波形一定符合差分曼彻斯特编码规律。因此，判断总线上接收信号电平跳变规律同样也可以检测是否出现了冲突。

如果在发送数据帧过程中没有检测出冲突，在数据帧发送结束后，进入结束状态。

如果在发送数据帧过程中检测出冲突，在CSMA/CD介质访问方法中，首先进入发送"冲突加强信号(Jamming Signal)"阶段。CSMA/CD采用冲突加强措施的目的是确保有足够的冲突持续时间，以使网中所有节点都能检测出冲突存在，废弃冲突帧，减少因冲突浪费的时间，提高信道利用率。冲突加强中发送的阻塞(JAM)信号一般为4 B的任意数据。

完成"冲突加强"过程后，节点停止当前帧发送，进入重发状态。进入重发状态的第一步是计算重发次数。Ethernet协议规定一个帧最大重发次数为16次。如果重发次数超过16次，则认为线路故障，系统进入"冲突过多"结束状态。如重发次数$N \leqslant 16$，则允许节点随机延迟后再重发。

在计算后退延迟时间，并且等待后退延迟时间到之后，节点将重新判断总线忙闲状态，重复发送流程。

从以上说明中可以看出，任何一个节点发送数据都要通过CSMA/CD方法去争取总线使用权，从它准备发送到成功发送的发送等待延迟时间是不确定的。因此人们将Ethernet所使用的CSMA/CD方法定义为一种随机争用型介质访问控制方法。

3. 介质访问控制MAC子层的帧格式

IEEE 802.3协议规定的介质访问控制MAC子层的帧格式如图2-14所示，它包括以下字段。

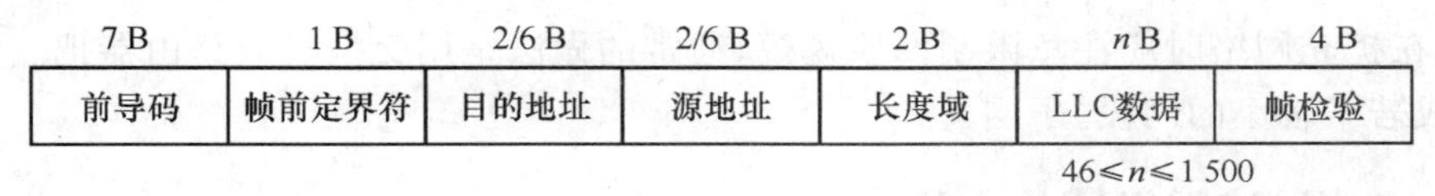

图2-14 MAC子层的帧结构

(1) 前导码：前导码由7个8位的字节组成，用于接收端的接收比特同步。前导码的56位比特序列是101010…10。

(2) 帧前定界符：帧前定界符SFD由一个8位的字节组成，其比特序列为10101011。

前导码与帧前定界符构成 62 位 101010…10 比特序列和最后两位的 11 比特序列。设计时规定前 62 位 1 和 0 交替是使收、发双方进入稳定的比特同步状态。接收端在收到后两比特 1 时，标志在它之后应是目的地址段。

(3) 目的地址：目的地址 DA 为发送帧的接收站地址。目的地址可以是由 6 个 8 位的字节(长度为 48 bit)组成，也可以表示组地址与广播地址。

(4) 源地址：源地址 SA 为帧的发送节点地址，其长度必须与目的地址相同。

(5) 长度域：长度字段为两个 8 位的字节组成，用来指示 LLC 数据字段的长度。

(6) LLC 数据：LLC 数据字段用于传送介质访问控制 MAC 子层的高层逻辑链路控制子层 LLC 的数据。802.3 协议规定 LLC 数据的长度在 46～1 500 B 之间。如果 LLC 数据的长度少于 46 B，需要加填充字节(填充的内容可任意)，填充到 46 B。

(7) 帧校验：帧校验字段 FCS 采用 32 位的 CRC 校验。校验的范围是目的地址、源地址、长度、LLC 数据等字段。

4. CSMA/CD 接收流程

在 Ethernet 结构中，节点的发送是需要通过竞争获得总线的使用权，而其他节点都应处于接收状态。当一个节点完成一组数据的接收后，首先要判断接收帧的长度。因为802.3 协议对帧的最小长度做了规定。凡接收帧长度小于规定帧的最小长度必然是冲突后的废弃帧。因此，如果帧太短，则表明冲突发生，接收节点丢弃已接收数据，并重新进入待接收状态。如果没有发生冲突，接收节点检查帧目的地址。如果目的地址为单一节点的物理地址，并且是本节点地址，则接收该帧。如目的地址是组地址，而接收节点属于该组，则接收该帧。如目的地址是广播地址，也应接收该帧。否则丢弃该接收帧。

如果接收节点进行地址匹配后，确认应接收该帧，则下一步应进行 CRC 校验。如果 CRC 校验正确，进一步应检查 LLC 数据长度是否正确。如 LLC 数据长度正确，则 MAC 子层将帧中 LLC 数据送 LLC 子层，进入“成功接收”的结束状态。如果 LLC 数据长度不对，则进入“帧长度错”的结束状态。如果帧校验中发现错误，首先应判断接收帧是不是 8 bit 的整数倍。如果帧是 8 bit 的整数倍，表示传输过程中没有发现比特丢失或对位错，此时应进入“帧校验错”结束状态；如果帧长度不是 8 bit 的整数倍，则进入“帧比特错”结束状态。

CSMA/CD 方式的主要特点是：原理比较简单，技术上较易实现，网络中各工作站处于同等地位，不要集中控制，但这种方式不能提供优先级控制，各节点争用总线，不能满足远程控制所需要的确定延时和绝对可靠性的要求。在正常情况下，以太网的网络利用率在 30%～40%的范围内是正常的。当网络利用率提高到约 80%时，冲突的数量就会导致网络运行速度明显下降，在极端的情况下，网络上的信息会拥挤到使网络几乎处于无休止的争用状态之中，最后的结果就是网络崩溃。网络上传输的信息量很大时会造成网络运行速度下降，所以在扩充网络时应注意限制网段规模，通常的做法是用交换机或路由器把一个大的网络分割成若干较小的网段(子网)。

2.4.3　局域网组网的方法

1. 最简单的网络——双机互联组网方法

在一个办公室或普通家庭中，如果拥有两台计算机，就可以将它们连接起来实现资源共享。目前，经常需要在两台计算机之间互相传输比较大的文件。因此，可以采取简单的方法使两台计算机连接起来，组成一个最简单的网络，使之可以共享资源、传输文件、共同浏览网页，也可以开展家庭网上游戏。

两台计算机连接，应选择一个合适的操作系统，如 Windows 2000/XP 操作平台。下面介绍双机互联的方法。

(1) 双绞线连接

两台计算机连接时一般都使用双绞线。此方法价格低廉、性能良好、连接可靠、维护简单。它所需的配件为两块 10/100 Mbit/s 自适应网卡、两个 RJ45 水晶头、一段网线(最好是非屏蔽 5 类双绞线)。连接速率最高可达 100 Mbit/s。

双机直连所用双绞线称之为“交叉线”，即两端分别采用 T568B 和 T568A 标准布线。制作好网线后，将 RJ45 水晶头分别插入两台计算机的网卡中，硬件连接就完成了。

网络连接成功后，分别对两台计算机 TCP/IP 协议中的 IP 地址进行设置，保证其有相同的子网掩码、网关，不同的 IP 地址，但两个 IP 地址属于同一网段内。如图 2-15 所示。

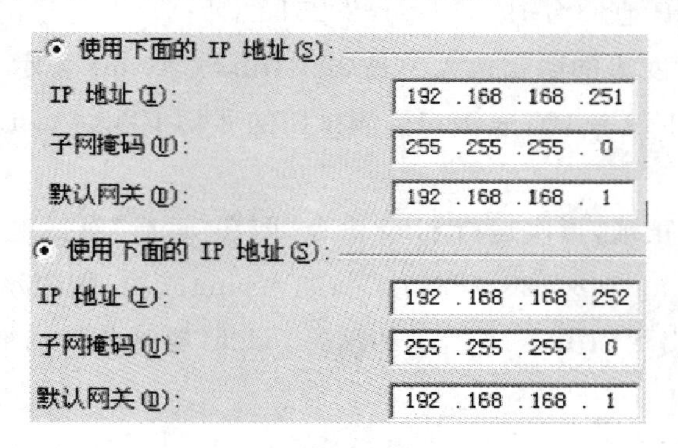

图 2-15　两台计算机 IP 地址设置情况

接下来检测是否连通。当前的 Windows 操作系统内置了多种网络测试工具，如 ping 和 ipconfig 等(命令格式及参数请参见本书的 6.5.3 节)。

例如，启动两台计算机，使用 ping 命令测试网络的连通性。

① 单击“开始”→“运行”，在打开的“运行”对话框中输入 ping 命令，例如，输入“ping 192.168.168.251”(本机的 IP 地址)，然后单击“确定”按钮。如图 2-16 所示。如果返回如图 2-17 所示的成功信息，则表明本地计算机 IP 地址配置无误；否则，要检查网络中是否重复使用该 IP 地址，网线是否连接好，网卡配置是否正确。

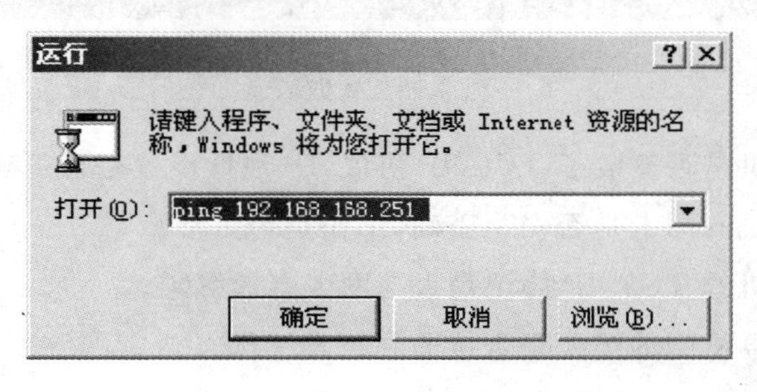

图 2-16　“运行”对话框

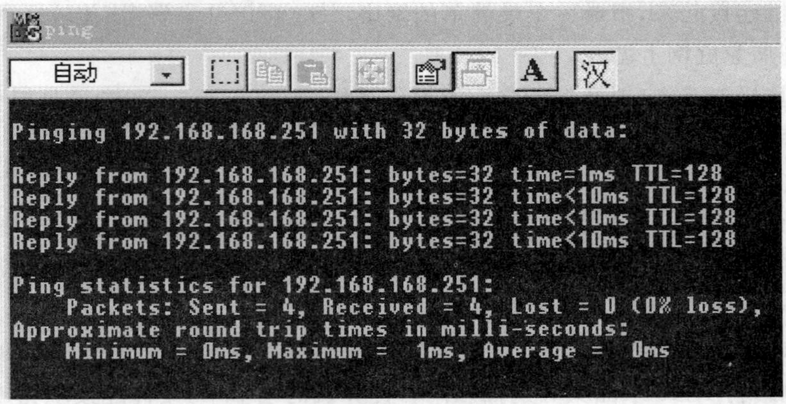

```
ping
自动
Pinging 192.168.168.251 with 32 bytes of data:

Reply from 192.168.168.251: bytes=32 time=1ms TTL=128
Reply from 192.168.168.251: bytes=32 time<10ms TTL=128
Reply from 192.168.168.251: bytes=32 time<10ms TTL=128
Reply from 192.168.168.251: bytes=32 time<10ms TTL=128

Ping statistics for 192.168.168.251:
    Packets: Sent = 4, Received = 4, Lost = 0 (0% loss),
Approximate round trip times in milli-seconds:
    Minimum = 0ms, Maximum =  1ms, Average =  0ms
```

图 2-17　TCP/IP 协议正常显示的信息

在图 2-17 中，从 IP 地址为 192.168.168.251 的计算机上传送的 4 个测试数据包，其中 bytes＝32 表示测试中发出的数据包大小是 32 B，time＜10 ms 表示与对方主机往返一次所用的时间小于 10 ms，TTL＝128 表示当前测试用的 TTL(Time to Live)值为 128(系统默认值)。

② 如果网络配置正确，再次运行 ping 命令，即在“运行”对话框中输入另一台计算机的 IP 地址，例如，输入“ping 192.168.168.100”，如果ping成功，则表示两台计算机连接正常。如果 ping 不成功，会出现如图 2-18 所示的信息。此时应该分析网络故障出现的原因，一般可通过以下步骤检查。

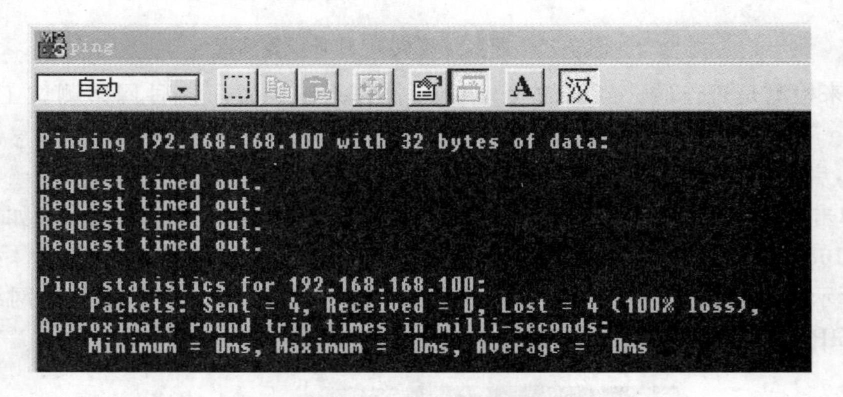

图 2-18　失败信息

- 被测试计算机是否安装了 TCP/IP 协议，IP 地址设置是否正确。
- 被测试计算机的网卡是否安装正确，工作是否正常。
- 被测试计算机的 TCP/IP 协议是否与网卡有效绑定。
- 连接每台计算机间的连线是否接通并正常工作。

确认两台计算机连通正常后，就可以实现通信和资源共享了。

(2) 通过 USB 接口连接

USB 连接器是专门为具有 USB 接口的计算机进行文件传输而开发的，它能够使具有 USB 接口的计算机之间进行快速的文件传输。USB 连接线如图 2-19 所示。

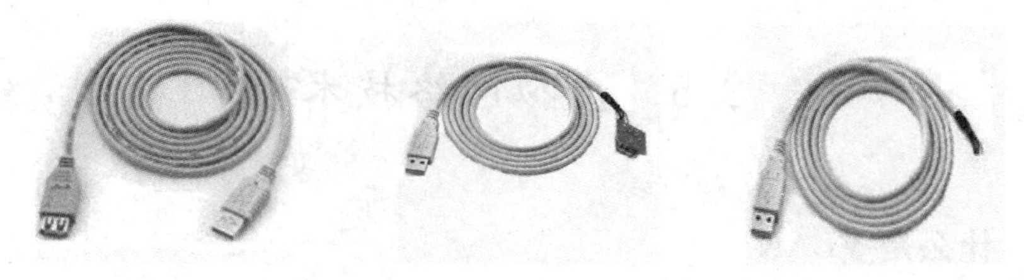

图 2-19　各种类型的 USB 连接线

USB 连接器两端使用两个相同的扁形插头，用来插入计算机的 USB 接口。在使用时，把 USB 连接器两端分别插入 USB 接口即可，不需要关闭计算机的电源。

要想使用 USB 连接器进行文件传输，还需要在每一台计算机上安装相应的驱动程序，这样两台计算机才能进行通信。

用 USB 连接器连接两台计算机，其传输速度快、使用方便，但成本高，距离受到限制。一般的 USB 连接线只有两三米左右，只能进行文件传输。

2. 双绞线组网方法

(1) 所需的硬件设备

在使用非屏蔽双绞线组建符合 10Base-T 标准以太网时，需要使用以下基本硬件设备。

① 带有 RJ45 接口的以太网卡。

② 集线器(Hub)。

③ 5 类非屏蔽双绞线。

④ RJ45 水晶头。

(2) 双绞线组网方法

按照使用集线器的方式，双绞线组网方法如下。

① 单一集线器结构

单一集线器的以太网结构中所有节点通过非屏蔽双绞线与集线器连接，构成物理上的星型拓扑。从节点到集线器的非屏蔽双绞线最大长度为 100 m。单一集线器结构适宜于小型工作组规模的局域网。

② 多集线器级联结构

如果需要连网的节点数超过单一集线器的端口数时，通常需要采用多集线器的级联结构。普通的集线器一般都提供两类端口：一类是用于连接节点的 RJ45 端口；另一类是向上连接端口，包括连接粗缆的 AUI 端口、连接细缆的 BNC 端口或光纤连接端口。利用集线器向上连接端口级联可以扩大局域网覆盖范围。

在采用多集线器的级联结构时，通常采用以下两种方法。

- 使用双绞线，通过集线器的 RJ45 端口(Uplink 口)实现级联。
- 使用同轴电缆或光纤，通过集线器提供的向上连接端口实现级联。

③ 堆叠式集线器结构

堆叠式集线器(Stackable Hub)适用于中小型企业网络环境。堆叠式集线器由一个基础集线器与多个扩展集线器组成。基础集线器是一种具有网络管理功能的独立集线器。通过在基础集线器上堆叠多个扩展集线器，一方面可以增加 Ethernet 的节点数，另一方面可以实现对网中节点的网络管理功能。在实际应用中,人们常常将堆叠式集线器结构与多集线器结构结合起来,以适应不同网络结构的要求。

2.5　虚拟网络技术

2.5.1　什么是 VLAN

虚拟局域网(VLAN,Virtual Local Area Network)是指在交换局域网的基础上,采用网络管理软件构建的可跨越不同网段、不同网络的端到端的逻辑网络。一个 VLAN 组成一个逻辑子网,即一个逻辑广播域,它可以覆盖多个网络设备,允许处于不同地理位置的网络用户加入到一个逻辑子网中。

2.5.2　组建 VLAN 的条件

VLAN 是建立在物理网络基础上的一种逻辑子网,因此建立 VLAN 需要相应的支持 VLAN 技术的网络设备。当网络中的不同 VLAN 间进行相互通信时,需要路由设备的支持,这时就需要增加路由设备。要实现路由功能,既可采用路由器,也可采用路由交换机即三层交换机来完成。

2.5.3　VLAN 的划分

1. 根据端口定义划分

这种划分是把一个或多个交换机上的几个端口划分成一个逻辑组,这是最简单、最有效的划分方法。该方法只需网络管理员对网络设备的交换端口进行重新分配即可,不用考虑该端口所连接的设备。

2. 根据 MAC 地址定义划分

MAC 地址其实就是指网卡的标识符,每一块网卡的 MAC 地址都是唯一且固化在网卡上的。网络管理员可按 MAC 地址把一些站点划分为一个逻辑子网。

3. 基于路由的 VLAN 划分

路由协议工作在网络层,相应的工作设备有路由器和路由交换机。该方式允许一个 VLAN 跨越多个交换机,或一个端口位于多个 VLAN 中。

4. 根据 IP 广播组划分

任何属于同一 IP 广播组的计算机属于同一虚拟网。

2.5.4　VLAN 的优点

1. 控制广播风暴

一个 VLAN 就是一个逻辑广播域,通过对 VLAN 的创建,隔离了广播,缩小了广播范围,可以控制广播风暴的产生。

2. 提高网络整体安全性

通过路由访问列表和 MAC 地址分配等 VLAN 划分原则,可以控制用户访问权限和逻辑网段大小,将不同用户群划分在不同的 VLAN,从而提高交换式网络的整体性能和安全性。

3. 网络管理简单、直观

对于交换式以太网，如果对某些用户重新进行网段分配，需要网络管理员对网络系统的物理结构重新进行调整，甚至需要追加网络设备，增大网络管理的工作量。而对于采用VLAN技术的网络来说，一个VLAN可以根据部门职能、对象组或者应用将不同地理位置的网络用户划分为一个逻辑网段。在不改动网络物理连接的情况下可以任意地将工作站在工作组或子网之间移动。利用虚拟网络技术，大大减轻了网络管理和维护工作的负担，降低了网络维护费用。在一个交换网络中，VLAN提供了网段和机构的弹性组合机制。

2.5.5　VLAN的标准

虚拟网的定义方式以及交换机的通信方式是多种多样的。每个厂家都有自己独特的虚拟网解决方案，目前已普遍公用的两种VLAN标准是802.10VLAN标准和802.1Q标准。

2.6　PPPoE技术

2.6.1　什么是PPPoE

PPPoE(PPP over Ethernet)就是基于以太网的点对点协议。

2.6.2　PPPoE链路建立过程

建立一个PPPoE会话包括两个阶段。

(1) 发现阶段

在发现(Discovery)过程中，用户主机以广播方式寻找可以连接的所有网络服务器，并获得其以太网的MAC地址，然后选择需要连接的主机并确认所建立的PPP会话识别标号。一个典型的发现可以分为4个步骤。

① 主机发出PPPoE有效发现启动包(PADI)，向接入服务器提出所需服务。

② 接入服务器收到服务范围内的PADI后，发送PPPoE有效发现提供包(PADO)以响应请求。

③ 主机在可能收到的多个PADO中选择一个合适的PADO，然后向所选择的接入服务器发送PPPoE有效发现请求包(PADR)。

④ 接入服务器收到PADR后准备开始PPP对话，它发送一个PPPoE有效发现绘画确认包(PADS)。当主机收到PADS后，双方就进入PPP会话阶段。

(2) 会话阶段

用户主机域接入服务器根据在发现阶段所适应的PPP会话连接参数进行PPP会话。

2.7　网络故障的分析处理

运营维护是网络运营商为用户提供服务的保障，同时也关系到电信企业服务质量和企业形象。网管的建设不仅是网络管理的重要组成部分,也是网络维护、经营分析不可缺少的支撑。以太网接入起源于计算机网络,所以可管理、可维护的能力较差,这也是其到目前为止发展缓慢的重要原因。

随着宽带业务的不断发展及其技术的特殊性,网络管理系统的层次也在逐步减少。但是目前数据产品普遍存在可管理性差的问题,尤其是交换机,设备分散、数量大、型号多,更加成为网络管理的瓶颈。SNMP 协议比较简单,很难实现设备的统一配置管理。

以太网接入网络层次复杂,而且大部分设备靠近用户,设备环境较差,电源、接地都不能与机房相比,设备故障率比较高。网络层次多导致故障点增加,故障点比较难判断,同时设备也不支持相应的检测故障功能。整个维护流程需要一套全新的模式,与传统的维护流程相比,以太网接入流程更复杂,对设备的要求更高。

2.7.1　网络故障定位的一般原则

当出现 IP 城域网网络故障时,维护人员应按照以下步骤进行处理:

(1) 在测量台分清是外线故障还是局内设备故障;

(2) 对故障区的交换机参数进行仔细检查,查清参数是否被人改动;

(3) 对故障区交换机端口进行统计分析,排除参数不匹配导致的故障;

(4) 在排除本地问题之后,故障仍未恢复,向上一级网管汇报。

2.7.2　以太网故障处理

1. 一般的以太网故障处理

FTTB+LAN 方式的以太网用户,出现故障较少,而且定位明确。一般分为网络故障、5 类线故障和用户端故障。在楼道交换机上不能上网,判断为楼道交换机故障或网络故障;如果能正常上网,维护人员带便携式计算机到用户家上网,如果不能上网,应为线路故障,需要更换线路;如果能上网,则需检查用户的网络设置和网卡等。

2. 交换机端口参数配置问题

一般情况下,各厂家的交换机端口都是自动侦听对端端口,但由于不同厂商的设备兼容问题,需要将端口的自动侦听功能关闭,采取手工设置方法设置端口速率和工作模式。在交换机端口不匹配的情况下,可以通过检查交换机端口统计参数发现问题,比如存在大量的 CRC 等错误标示。交换机端口之间不匹配,还会导致用户上网速度不稳定和掉线。

2.7.3　典型案例分析

1. S2403F(V120)断电重启后无法管理的问题

(1) 现象描述

某局采用 S2403F 与 C 公司 4006 组建宽带网,在工程实施过程中发现,其中有两台 S2403F 数据配置之后一切正常,但在断电重启之后就管理不到它们,上网还是正常。换一台同一批的 S2403F 进行配置后发现上网和管理都正常,重启之后也是正常的。

(2) 告警信息

无。

(3) 原因分析

由上述现象及告警可知,相同配置下其他的 S2403F 正常,说明 C 公司 4006 和 S2403F

上路由、网关配置正确；而这两台 S2403F 在重启之后上网正常，管理不到，说明这两台 S2403F 在重启之后，管理方面出了问题。

(4) 处理过程

① 先在这两台 S2403F 上进行数据配置，断电重启，会出现管理不到的现象，恢复默认配置之后再进行相同的数据配置，问题依旧；

② 换一台别的 S2403F 进行相同的数据配置，发现断电后一切正常；

③ 进入到管理不到的 S2403F 中去，发现里面的数据与先前做的配置数据不同，主要是有关管理 VLAN 的数据变了，又查看 SYSTEM 菜单中的启动方式，发现采用的是 HGMP；

④ 查看正常的 S2403F 的启动方式均设为 LOCAL，把有问题的那两台 S2403F 的启动方式改为 LOCAL，问题解决。

2. 由于网线存在问题导致 PPPoE 用户上网速度变慢

(1) 现象描述

某局采用 MA5200＋2403F 的组网方式，由于上行光路资源较少，故在小区采用 2403F 级联的方式，级联采用 5 类双绞线，用户采用 PPPoE 的方式上网。在开通后，部分二级交换机用户反映上网速度较慢。

(2) 告警信息

在 2403F 的上行端口有较多的 CRC 校验错误。

(3) 原因分析

由于网线存在问题，导致端口虽然适应到 100 M 全双工，但是实际上却无法在 100 M 全双工下正常使用，只能在 10 M 半双工下正常使用。

(4) 处理过程

① 在二级楼道交换机上进行测试，发现确实存在问题，打开本地网站速度很慢。在计算机上进行 ping 包，发现 ping 公网的时长超过 100 ms 且有大量的丢包。由于 ping 公网出现丢包不能反映实际问题，于是 ping MA5200 的虚模板地址进行测试，发现也存在同样的问题。至此可以定位从用户侧到 MA5200 下行端口侧存在问题。

② 检查二级交换机的上行端口状态，端口状态为自适应，适应出的状态为 100 M 全双工。在上行端口上有较多的 CRC 校验错误。由于存在 CRC 校验错误，故可以定位故障与物理层相关。

③ 由于一级交换机和 MA5200 上不存在这样的问题，所有可以定位在一级和二级之间的网线上，由于该段网线距离较长，大约为 100 m，而且现场无法更换，故考虑可以降低端口的适应速率以降低对网线的要求，尝试对端口进行强制 10 M 全双工的设置，设置后 ping 包正常，但是在进行下载时 ping 包又出现丢包。

④ 将端口模式降为 10 M 半双工，此时下载速度正常、ping 包正常，至此定位问题为一级到二级交换机之间的网线存在问题，虽然可以适应到 100 M 全双工，但是实际上线路无法支持 100 M 全双工。

(5) 建议与总结

在配置业务时一定要进行 ping 大包和大业务量的下载测试，排除物理层的故障。

3. TFTP 升级 2403F 系统软件 APP 时的故障

(1) 现象描述

2403F 下挂多个网吧用户，使用 TFTP 升级系统软件 APP，在 debug:＞模式下输入下载

APP 文件的命令后,系统提示"Can not get file"。交换机和 PC 配置正确无误,VLAN Index 与 Management VLAN Index 设置没有问题,并且能够从 PC ping 通 2403F 的 IP 地址。

(2) 告警信息

无。

(3) 原因分析

TFTP 是基于 UDP 的应用程序,而 UDP 提供无连接、低可靠性的服务。2403F 交换机下挂的是网吧用户,上网用户比较多,交换机上数据量比较大。如果此时使用 TFTP 进行升级,由于 TFTP 连接的不可靠性,就不能保证系统软件 APP 正常从 TFTP SERVER 上成功下载。因此使用 TFTP 进行升级,要选择在交换机业务流量比较小的情况下进行。

(4) 处理过程

在允许的情况下将交换机业务断开,再使用 TFTP 升级 APP 文件,升级成功。

(5) 建议与总结

2403F 升级时由于 APP 文件比较大,使用 XModem 升级时间太长,通常都采用 TFTP 升级。需要注意的是,如果在带业务的情况下升级,尽量选择交换机业务流量较小的时候进行升级。

4. 光电转换器问题引起收费网站的网页不能浏览

(1) 现象描述

宽带反映能正常上网,只是进入某些收费网站时无法打开网页(如淘宝、湖南信息港的商品驿站等),但这些网站在其他地方又可以打开。

(2) 告警信息

无。

(3) 处理过程

① 营维人员上门后发现,用户反映的情况基本属实。

② 用笔记本计算机在楼道交换机测试现象依旧。

③ 用笔记本计算机在园区测试,发现一切都是正常的,可以打开各种网页。

④ 替换掉用户楼道交换机的光电转换器,进入用户家中再测试,一切都正常。

(4) 原因分析

产生本案例的原因很复杂,多数是由于光电转换器使用时间长,其器件性能老化,导致转换效率降低或误码。

(5) 建议与总结

在查修城域网障碍时,要根据障碍现象,进行分段判断。

5. 光电转换器问题导致 LAN 业务中断

(1) 现象描述

某局通过 LAN 板开用户接口,局间与用户终端间:光电转换器(拨码为 MRP)→光纤→光电转换器(拨码为 DTE);发现用户终端 ping 不通网关,查该 LAN 口,发现 LAN 口状态正常,但发现无明显流量变化;将便携机直接接在该 LAN 口,发现能正常上网。其中光电转换器为 RUBY 公司的产品。

(2) 原因分析

在此情况下,端口状态为自适应模式;LAN 端口通过光电-电光转换与对端 PC 的网卡在适应中失败后,用户侧的光电转换器被吊死,无法复位,造成通信中断。

(3) 处理经过

① 通过观察到的现象,可排除 MA5100 本身的问题;

② 查 LAN 口到用户终端直接的传输线路,两端都接上终端(光电转换器拨码开关均为 DTE),两台机器能够相互 ping 通;

③ 后将用户端的光电转换器掉电重启后,发现问题解决,上网正常。

(4) 建议与总结

建议在 LAN 端口未接终端前,将端口模式设成非自适应。

6. 在 MA5100 LAN 接入上网业务中,因端口配合问题而出现丢包

(1) 现象描述

在某地 MA5100 LANC 测试中,LANC 板端口直接连接 PC,ping 8750 PIPE 接口 IP 和 8750 上端路由器(Cisco6509)接口 IP,均出现较严重的丢包(5%)。其中 MA5100 MMX 版本 12B06P0200,LANC 版本 12B06P0300,R8750 版本 1016SP5。

(2) 原因分析

① MA5100 LANC 端口和 PC 网卡配合出现问题;

② MA5100 LANC 端口自适应能力较差。当 LANC 端口设置为"自适应"时,PC 网卡的线路速度设置为 10 Mbit/s 或 100 Mbit/s,PC 网卡的线路模式设置为全双工或半双工;或者当 LANC 端口设置为 10 Mbit/s 或 100 Mbit/s 时,PC 网卡的线路速率和线路模式设置为"自适应"。总之两端端口设置不一致时,均有丢包。

(3) 处理过程

把 MA5100 LANC 端口和 PC 网卡的线路速率和线路模式设为一致,要么都是"自适应",要么都是 10 Mbit/s 或 100 Mbit/s,全双工或半双工后再无丢包现象,业务恢复正常。

小 结

1. 计算机网络是通过通信设备和传输介质将地理上分散且具有独立功能的多台计算机相互连接起来,按照网络协议进行数据通信以实现资源共享和信息交换的系统。计算机网络系统由通信子网和资源子网组成。

2. 计算机网络一般分为 LAN、MAN 和 WAN,学习的重点是 LAN,它所采用的拓扑结构一般有总线型、环型、星型和树型等,其中使用最多的是星型。

3. 计算机网络中的硬件设备主要有服务器、工作站、网卡、Hub、Switch、Router 等,要求掌握每种设备的性能、特点,尤其是它们在网络中所起的作用,同时要掌握它们之间的连接关系与方法。

4. LAN 的标准就是通常所讲的 802 系列,重点是 802.3。熟悉其基本内容,重点是 CSMA/CD 的工作机理和流程。

5. LAN 的组网方法介绍了双机互联及双绞线组网两种方法,同时也介绍了 ping 和 ipconfig 两个命令的使用方法,要求通过学习和实训后掌握该内容。

6. VLAN 技术现已被广泛使用,要熟悉其基本概念、组建条件及特点等。

7. LAN 故障排除典型案例分析提供给读者作为参考。

习题与思考题

一、单选题

1. 下列设备中，不属于手持设备的是(　　)。

A. 笔记本计算机　　B. 掌上计算机　　C. PDA　　D. 第3代手机

2. 下列说法中，正确的是(　　)。

A. 服务器只能用大型主机、小型机构成

B. 服务器只能用装配有安腾处理器的计算机构成

C. 服务器不能用个人计算机构成

D. 服务器可以用装配有奔腾、安腾处理器的计算机构成

3. 网卡实现的主要功能是(　　)。

A. 物理层与网络层的功能　　B. 网络层与应用层的功能

C. 物理层与数据链路层的功能　　D. 网络层与表示层的功能

4. 计算机网络的基本分类方法主要有两种：一种是根据网络所使用的传输技术；另一种是根据(　　)。

A. 网络协议　　B. 网络操作系统类型

C. 覆盖范围与规模　　D. 网络服务器类型与规模

5. 在采用点-点通信线路的网络中，由于连接多台计算机之间的线路结构复杂，因此确定分组从源节点通过通信子网到达目的节点的适当传输路径需要使用(　　)。

A. 差错控制算法　　B. 路由选择算法　　C. 拥塞控制算法　　D. 协议变换算法

6. 建立计算机网络的主要目的是实现计算机资源的共享。计算机资源主要指计算机的(　　)。

Ⅰ. 硬件、软件　Ⅱ. Web服务器、数据库服务器　Ⅲ. 数据　Ⅳ. 网络操作系统

A. Ⅰ和Ⅱ　　B. Ⅱ和Ⅳ　　C. Ⅰ、Ⅱ和Ⅳ　　D. Ⅰ和Ⅲ

7. 一个功能完备的计算机网络需要制定一套复杂的协议集。对于复杂的计算机网络协议来说，最好的组织方式是(　　)。

A. 连续地址编码模型　　B. 层次结构模型

C. 分布式进程通信模型　　D. 混合结构模型

8. TCP/IP参考模型中的主机-网络层对应于OSI参考模型的(　　)。

Ⅰ. 物理层　Ⅱ. 数据链路层　Ⅲ. 网络层

A. Ⅰ和Ⅱ　　B. Ⅲ　　C. Ⅰ　　D. Ⅰ、Ⅱ和Ⅲ

9. 不同类型的数据对网络传输服务质量有不同的要求，下面(　　)是传输服务质量中的关键参数。

A. 传输延迟　　B. 峰值速率　　C. 突发报文数　　D. 报文长度

10. 目前各种城域网建设方案的共同点是在结构上采用三层模式，这三层是：核心交换层、业务汇聚层与(　　)。

A. 数据链路层　　B. 物理层　　C. 接入层　　D. 网络层

11. 计算机网络拓扑是通过网络中节点与通信线路之间的几何关系表示网络中各实体间的(　　)。

A. 联机关系　　B. 结构关系　　C. 主次关系　　D. 层次关系

12. 在ISO/OSI参考模型中,网络层的主要功能是(　　)。

A. 提供可靠的端-端服务,透明地传送报文

B. 路由选择、拥塞控制与网络互连

C. 在通信实体之间传送以帧为单位的数据

D. 数据格式变换、数据加密与解密、数据压缩与恢复

13. 从介质访问控制方法的角度,局域网可分为两类,即共享局域网与(　　)。

A. 交换局域网　　B. 高速局域网　　C. ATM网　　D. 虚拟局域网

14. 目前应用最为广泛的一类局域网是Ethernet。Ethernet的核心技术是它的随机争用型介质访问控制方法,即(　　)。

A. Token Ring　　B. Token Bus　　C. CSMA/CD　　D. FDDI

15. 交换机端口可以分为半双工与全双工两类。对于100 Mbit/s的全双工端口,端口带宽为(　　)。

A. 100 Mbit/s　　B. 200 Mbit/s　　C. 400 Mbit/s　　D. 800 Mbit/s

16. 典型的局域网可以看成由以下三部分组成:网络服务器、工作站与(　　)。

A. IP地址　　B. 通信设备　　C. TCP/IP协议　　D. 网卡

17. 在设计一个由路由器互联的多个局域网的结构中,要求每个局域网的网络层及以上高层协议相同,并且(　　)。

A. 物理层协议可以不同,而数据链路层协议必须相同

B. 物理层、数据链路层协议必须相同

C. 物理层协议必须相同,而数据链路层协议可以不同

D. 数据链路层与物理层协议都可以不同

18. 下面(　　)对电话拨号上网用户访问Internet的速度没有直接影响。

A. 用户调制解调器的速率　　B. ISP的出口带宽

C. 被访问服务器的性能　　D. ISP的位置

19. 如果网络的传输速度为28.8 kbit/s,要传输2 MB的数据大约需要的时间是(　　)。

A. 10 min　　B. 1 min　　C. 70 min　　D. 30 min

20. 对于下列说法,(　　)是错误的。

A. TCP协议可以提供可靠的数据流传输服务

B. TCP协议可以提供面向连接的数据流传输服务

C. TCP协议可以提供全双工的数据流传输服务

D. TCP协议可以提供面向非连接的数据流传输服务

二、名词解释(英译汉)

1. TCP/IP　2. LAN　3. ARP　4. RARP　5. FTP　6. HTML

三、简答题

1. 简述计算机网络的主要特点,以及计算机网络的组成结构。

2. 简述TCP/IP网络模型从下至上由哪五层组成，分别说明各层的主要功能。

3. 局域网基本技术中有哪几种拓扑结构、传输媒体和媒体访问控制方法？

4. 计算机网络安全技术包括哪两个方面？每个方面主要包括哪些内容？

实训内容

一、观察学校校园网的连接

1. 实训目的

(1) 理解网络传输技术。

(2) 理解网络物理拓扑结构和逻辑拓扑结构。

(3) 掌握校园网使用的主要网络设备型号性能。

(4) 掌握网络系统设计考虑要点。

2. 实训内容

(1) 考察校园网使用的网络传输技术。

(2) 考察校园网的网络布线及物理拓扑结构。

(3) 考察校园网的逻辑拓扑结构。

(4) 考察校园网使用的主要网络设备名称。

(5) 记录校园网的IP地址设置。

3. 实训步骤

(1) 考察校园网使用网络传输技术，回顾这些技术的原理、优点及缺点。

(2) 考察校园网网络布线及物理拓扑结构。

(3) 考察校园网逻辑拓扑结构。

(4) 记录校园网使用的主要网络设备名称、型号、性能参数和用途(如核心交换机、二级交换机、路由器、防火墙等)。

(5) 记录校园网使用的主要网络连接介质类型、型号、性能参数。

(6) 记录校园网的IP地址分配。

(7) 考察校园网信息点分布情况。

(8) 考察校园网使用的主要网络测试工具。

(9) 考察校园网网管站位置、主要设备。

(10) 考察校园网使用的网络管理软件名称、使用的协议，以及该软件具有的优缺点。

(11) 考察路由器设置(路由表、访问控制列表)。

(12) 考察交换机设置，VLAN划分(如果有的话)。

(13) 画出校园网网络拓扑结构图。

(14) 考察校园网的服务器(Web、DNS、WINS)硬件系统平台和软件系统平台。

(15) 考察校园网到因特网的网络出口带宽及类型。

4. 实训思考题

(1) 在网络中划分VLAN有什么好处？

(2) 考察市场上常见的路由器和交换机产品。

5. 实训报告要求

实训目的、实训环境、操作步骤、实训中的问题和解决方法、回答实训思考题、实训心得与体会、建议与意见。

二、网卡的安装和配置以及星型以太网的连接

1. 实训目的

(1) 掌握网卡的物理安装。

(2) 掌握网卡主要参数及其意义。

(3) 掌握即插即用网卡和非即插即用网卡的安装和配置。

(4) 掌握星型以太网的连接。

2. 实训内容

(1) 网卡的物理安装。

(2) 网卡的参数配置。

(3) 星型以太网的连接。

3. 实训步骤

(1) 确认实训硬件设备以实训及数据准备无误。

(2) 网卡安装和配置:

① 网卡的物理安装;

② 网卡驱动程序的安装;

③ 网卡安装成功的确认与配置;

④ TCP/IP 参数的配置。

(3) 10Base-T 星型以太网的组建:

① 物理安装

安装网卡(即步骤(2)),放置集线器到安全地方。

② 网络接线

利用两根直通双绞线把两台计算机连接到集线器的两个普通接口上。每根双绞线一头一台接计算机上网卡,另一头接集线器上一个接口。把两台计算机都接好。打开计算机和集线器电源,考察集线器和网卡指示灯变化情况。

③ 测试网络情况

测试网络连通情况时,通常使用 ping 命令。

4. 实训思考题

(1) 以太网有哪些不同的标准?

(2) 安装网卡时,应该配置哪些参数?

(3) 考察 10Base-T 网络的组成特点及所需要的网络组件。

(4) 在 10Base-T 网络中,使用什么样的介质和接头? 10、Base、T 分别表示什么意思?

5. 实训报告要求

实训目的、实训环境、操作步骤、实训中的问题和解决方法、回答实训思考题、心得与体会、建议与意见。

第3章 IP网络技术

互联网宽带用户的高速发展带动了数据业务的迅速普及和通信业务收入的快速增长。随着网络的分组化,IP 业务已具备替代话音通信的技术基础。宽带接入成为 IP 业务发展的核心拉动力,IP 业务运营模式逐步或已经成熟。

本章将主要讲述 Internet、IP 地址的基本概念,TCP/IP 协议以及运营商正在使用的几种类型的楼道交换机配置手册和方法。

3.1 Internet 基本概念

3.1.1 什么是因特网

因特网(Internet)又称国际计算机互联网,是目前世界上影响最大的国际性计算机网络。其准确的描述是:因特网是一个网络的网络(A Network of Network)。它以 TCP/IP 网络协议将各种不同类型、不同规模、位于不同地理位置的物理网络连接成一个整体。它也是一个国际性的通信网络集合体,融合了现代通信技术和现代计算机技术,集各个部门、领域的各种信息资源为一体,从而构成网上用户共享的信息资源网。它的出现是世界由工业化走向信息化的必然和象征。

因特网最早起源于 1969 年美国国防部高级研究计划局(DARPA,Defense Advanced Research Projects Agency)的前身 ARPA 建立的 ARPAnet。最初的 ARPAnet 主要用于军事研究。1972 年,ARPAnet 首次与公众见面,由此成为现代计算机网络诞生的标志。ARPAnet 在技术上的另一个重大贡献是 TCP/IP 协议簇的开发和使用。ARPAnet 奠定了因特网存在和发展的基础,较好地解决了异种计算机网络之间互联的一系列理论和技术问题。

同时,局域网和其他广域网的产生和发展对因特网的进一步发展起了重要作用。其中,最有影响的就是美国国家科学基金会(NSF,National Science Foundation)建立的美国国家科学基金网(NSFnet)。它于 1990 年 6 月彻底取代了 ARPAnet 而成为因特网的主干网,但 NSFnet 对因特网的最大贡献是使因特网向全社会开放。随着网上通信量的迅猛增长,1990 年 9 月,由 Merit、IBM 和 MCI 公司联合建立了先进网络与科学公司(ANS,Advanced Network & Science. Inc),其目的是建立一个全美范围的 T3 级主干网,能以 45 Mbit/s 的速率传送数据,相当于每秒传送 1 400 页文本信息,到 1991 年年底,NSFnet 的全部主干网都已同 ANS 提供的 T3 级主干网相通。

近十多年来,随着社会、科技、文化和经济的发展,特别是计算机网络技术和通信技术的大力发展,人们对开发和使用信息资源越来越重视,进一步促进了因特网的发展。在因特网上按从事的业务分类,包括了广告公司、航空公司、农业生产公司、艺术、导航设备、书店、化工、通信、计算机、咨询、娱乐、财经、各类商店、旅馆等100多类,覆盖了社会生活的方方面面,构成了一个信息社会的缩影。

3.1.2 因特网的主要组成部分

与其他的互联网络一样,因特网的组成也可以归纳为通信线路、路由器、服务器与客户机、信息资源4部分。

(1) 通信线路

通信线路是因特网的基础设施,各种各样的通信线路将因特网中的路由器、计算机等连接起来。因特网中的通信线路既可以是有线线路(如光缆、电缆、双绞线等),也可以是无线线路(如卫星、无线电等);既可以由公用数据网提供,也可以由单位自己建设。通常可以使用带宽和速率来描述通信线路的传输能力。带宽越宽,传输速率越高,通信线路的传输能力也就越强。

(2) 路由器

网络可以在不同的层次上进行互联,而因特网的互联主要是通过路由器来进行。路由器是因特网中最为重要的设备,它是网络与网络之间连接的桥梁。

(3) 服务器与客户机

计算机是因特网中不可缺少的成员,它是信息资源和服务的载体。接入因特网的主机按其在因特网中扮演的角色不同,可分成两类:一类是服务器,另一类是客户机。服务器借助于服务器软件向用户提供服务并管理信息资源,用户通过客户机访问因特网上的服务和资源。因特网上的计算机统称为主机,而且服务器和客户机也不以计算机硬件性能的高低作为分类的标准。但是,作为服务器的主机通常要求具有较高的性能和较大的存储容量,而作为客户机的主机可以是任意一台普通计算机。

(4) 信息资源

信息资源是用户最为关注的问题之一,但由于信息资源不像通信线路、路由器和主机那样看得见、摸得着,因此很容易被忽略。如何组织好因特网的信息资源使用户方便、快捷地获取,一直是因特网努力的方向。目前,因特网上信息资源的种类极为丰富,主要包括文本、图像、声音或视频等多种信息类型,涉及科学教育、商业经济、医疗卫生、文化娱乐等社会的方方面面。

3.1.3 IP地址

IP地址即网络地址,用来标识网络中的设备。在Internet中,常用的网络地址有数据链路层地址、介质访问控制(MAC)地址和网络层IP地址。

1. 数据链路层地址

数据链路层地址用来标识网络设备的每个物理网络连接,通常末端系统只有一个物理连接,即一个数据链路层地址,但路由器等网络互联设备可能有多个物理网络连接,因此,具有多个数据链路层地址。

2. MAC地址

数据链路层包括逻辑链路控制(LLC)子层和介质访问控制(MAC)子层,MAC地址由数据链路层地址的子集组成。

MAC 地址用于标识 IEEE 局域网数据链路层 MAC 子层的地址，对于某个局域网接口来说，MAC 地址是唯一的。

3. IP 地址

在任何一个物理网络中，各站点都有一个机器可识别的物理地址，虽然物理地址能够唯一识别网络中的某一台主机，但它存在两个问题：一是不含任何位置信息，因此路由选择非常困难；二是不同物理网络中的主机有不同的物理网络地址，地址长度和格式都有差异，需要统一和屏蔽这些差异。Internet 针对物理网络地址的问题，采用网络层 IP 地址的编址方案提供一种全网统一的地址格式，在统一管理下进行地址分配，保证一个地址对应一台主机(包括路由器和网关)，这样，物理地址的差异就被 IP 层所屏蔽。

4. IP 地址结构

在 IPv4 中，IP 地址是分配给一台主机(或其他网络设备)并用于该主机所有通信的 32 位二进制数，它由 4 个字节组成，被表示成用"."隔开的 4 组十进制数，每个数最大为 255。这种表示方法被称为点分十进制表示法，即将每个字节值用十进制数表示。例如，IP 地址 11001000.01100100.00110010.00000001 的点分十进制表示为 200.100.50.1。

IP 地址被分成两部分，按层次结构组成：第一部分是网络号，第二部分是主机号。IP 数据信息从一个路由器传到另一个路由器就是一跳(Hop)，它就是这样经过若干跳，最后到达目的网络，再到目的主机，其要点归纳如下。

(1) IP 地址为 32 位长(二进制)。

(2) 每个 IP 地址被分成 4 组，每组 8 位。

(3) 各组数字之间用"."分隔开。

(4) 每组数字的大小范围为 0～255，并且用十进制数表示二进制地址。

(5) 每个地址包含两部分：网络号和主机号。对于同一网络上所有节点而言，网络号都是相同的，而每个设备的主机号则各不相同。例如，同一网络上的两个设备也许会有如下 IP 地址：208.134.78.11 和 208.134.78.17。

5. IP 地址分类

IP 地址的编码是分类的。在分类编址方式中，有 5 类地址，分别是 A 类地址、B 类地址、C 类地址、D 类地址、E 类地址，A 类地址用 8 位数来表示网络号，网络号的开头 1 位是 0，后面是 24 位主机地址。因此一个 A 类地址的网络可以有 $2^{24}-2$ 台主机，之所以要减 2 是因为：主机地址部分为 0 时，代表了该主机所在子网的网络号，主机地址部分全都是 1 时，代表广播地址。这两个值都不能代表单个主机地址，因此，要在总主机台数上减去 2。B 类地址有 16 位网络号，网络号的开始两位是 10，后面是 16 位主机号，因此一个 B 类网络可有 $2^{16}-2$ 台主机。C 类地址有 24 位网络号，网络号的开始 3 位是 110，后面是 8 位主机号，因此一个 C 类网络可有 256－2＝254 台主机。D 类地址的开始 4 位是 1110，这是组播地址。E 类地址以 1111 开头，这类地址保留为以后用。各类地址空间如下。

A 类地址空间：0.0.0.0～127.255.255.255

B 类地址空间：128.0.0.0～191.255.255.255

C 类地址空间：192.0.0.0～223.255.255.255

D 类地址：用于组播

E 类地址：保留

图3-1给出A、B、C 3类地址分类示意图。下面介绍具有特殊意义的IP地址形式。

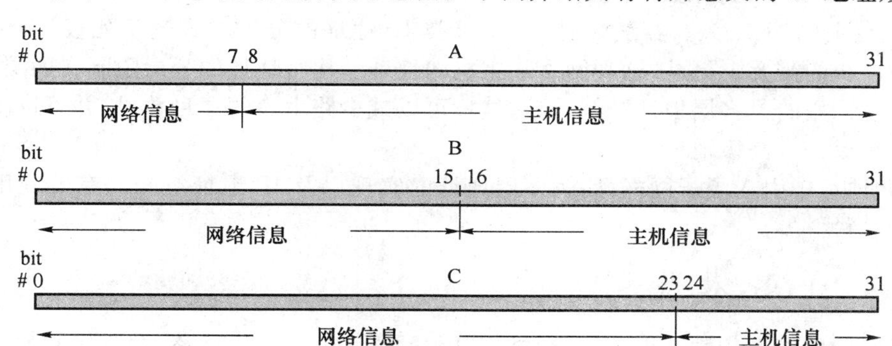

图3-1 A、B、C 3类地址分类示意图

(1) 广播地址

TCP/IP规定,主机号全为1(注意不是网络号全为1)的IP地址用于广播之用,称为广播地址。所谓广播,指同时向网上所有主机发送报文。例如,192.168.1.255是一个C类网络的广播地址。

(2) 有限广播

前面提到的广播地址包含一个有效的网络号和主机号,技术上称为直接广播地址。在网上的任何一点均可向其他任何网络进行直接广播,但直接广播有一个缺点,就是要知道目的地网络的网络号,有时需要在本网络内部广播,但又不知道本网络的网络号。TCP/IP规定,32位全为1的网络地址用于本网广播,该地址称为有限广播地址。

(3) 网络地址

TCP/IP协议规定,主机位全为0的IP地址为网络号,网络号被解释成本地网络。例如,173.18.0.0表示173.18这个B类网络的网络地址。

(4) 回送地址

A类网络地址127是一个保留地址,用于网络软件测试以及本地机进程间通信,叫做回送地址(Loopback Address)。无论什么程序,一旦使用回送地址发送数据,协议软件立即返回,不进行任何网络传输。TCP/IP协议规定:含网络号127的分组不能出现在任何网络上;主机和网关不能为该地址广播任何寻径信息。

由以上规定可以看出,主机号全为0或全为1的地址在TCP/IP协议中有特殊含义,不能用做一台主机的有效地址。

A类地址主要用于主机数量很多的大规模网络。每个A类网络地址都具有一个8位的网络前缀,一般被称为"/8",它最多可定义126(2^7-2)个网络。值得注意的是,此处为何是2的7次方,而不是8次方?因为其第一位固定为0。A类网络中每个网络最多有16 777 214($2^{24}-2$)台主机。

B类地址主要用于中等规模的网络。B类网络一般被称为"/16",/16网络最多可以有16 382($2^{14}-2$)个,其中每个网络最多有65 534($2^{16}-2$)台主机。

C类网络称为"/24",/24网络最多有2 097 150($2^{21}-2$)个,每个/24网络有254台主机。随着因特网用户数量的急剧增加,可分配的IP地址空间也随之减少。

A、B、C类地址的字节边界很容易实现,但是它们不利于有效地分配有限的地址空间。

例如,对于一个有一定规模的公司来说,/24 网络只能支持 254 台主机,太小;而/16 可以支持 65 534 台主机,又太大。实践证明,A、B、C 类 IP 地址的分类方式过于死板,无法满足因特网不断增长的需要。另外,这种网络加主机的地址结构将地址的分层限制在两层以内,而人们更希望采用的是多层地址结构,因为这样可以减少路由表的项目数量,并可以将多个低层地址汇集成一个高级地址。

在 IP 地址中引入了子网概念,为多层地址的实现以及 IP 地址空间的有效利用开辟了一条新的途径。

3.1.4 子网技术

为了在因特网上传输数据,一个网络视其他网络为一个单一网络,并且对它的内部结构没有任何详细的了解。然而在网络内部,为了向网络管理员提供额外的灵活性,通常将网络分割成多个小的子网,并使用路由器将它们连接起来。子网划分技术能够使单个网络地址横跨几个物理网络。划分子网的原因主要是可以充分使用地址,提高网络性能。

子网地址通常由网络管理员来分配,像其他的 IP 地址一样,每个子网地址也是唯一的。子网地址包含一个网络号、一个在本网络内的子网号,以及在本子网内的主机号。为了创建一个子网地址,网络管理员从主机号"借"位并把它们指定为子网号,如图 3-2 所示。

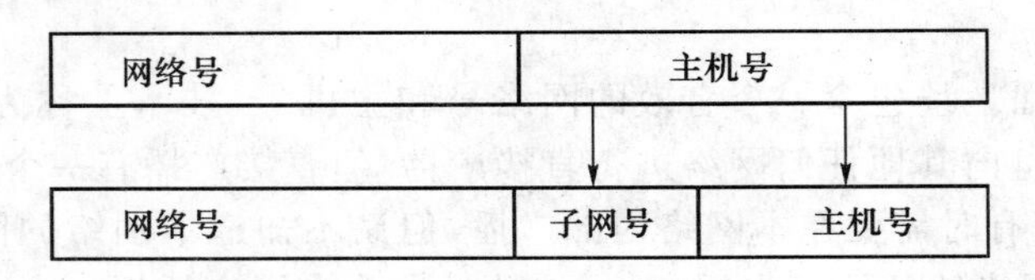

图 3-2 子网的划分

例如,网络管理员决定为 191.22.0.0 网络配置 64(2^6)个子网,每个子网最多支持 1 022 ($2^{10}-2$)台主机时,可以从主机域中"借"出 6 位作为子网号,如图 3-3 所示。

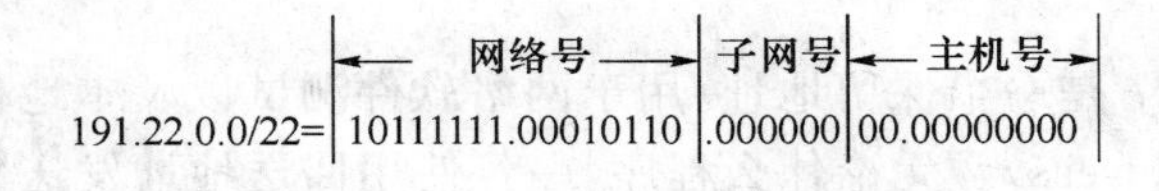

图 3-3 从主机号中借位创建子网

IP 地址的网络号和子网号信息一起组成其扩展前缀。通过解释 IP 地址的扩展网络前缀,设备可以决定某地址所隶属的子网。但是该设备如何首先知道某地址是某子网的一部分呢? IP 地址的第 3 个 8 位字节既可以是 B 类子网号,也可以是 C 类地址中网络信息的一部分。例如,某设备怎样才能识别 IP 地址 166.144.40.33 属于某 B 类子网化网络,还是属于未子网化的 B 类网络呢? 为得到正确答案,该设备应解释子网掩码。

3.1.5 子网掩码

子网掩码是一个特殊的 32 位数字,当子网掩码与设备的 IP 地址结合时,子网掩码可以说明该设备所属网络类的其他网络信息。子网掩码的指定方式与 IP 地址的指定方式是一样的,或者在设备的 TCP/IP 配置中手工配置,或者通过诸如 DHCP 的服务自动指定。像 IP 地址一样,子网掩码由 4 个十进制数组成,并且可以用二进制或者点分十进制方法表示。

子网掩码中全为 1 的二进制数,代表使用该子网掩码的子网化 IP 地址的部分作为扩展网络前缀。子网掩码中全为 0 的二进制数,代表使用该子网掩码的子网化 IP 地址对应部分表示主机信息。因而,对于子网化 IP 地址 166.144.40.33,子网掩码用二进制方法表示为 11111111 11111111 11111100 00000000,用点分十进制方法表示为 255.255.252.0,表示其对应的 IP 地址的前 22 位二进制数组成扩展网络前缀,这个前缀用来标识网络号。如果没有借用主机部分的位来表示子网,B 类网络的子网掩码是 255.255.0.0,C 类网络的子网掩码是 255.255.255.0。

假设一个 C 类网络,它的网络地址是 192.168.10.0,在这个网络内部划分了一些子网,假设另一个 IP 地址为 197.16.23.2 的网络中有一台计算机想将数据发送给该网络中 IP 地址为 192.168.10.2 的计算机。数据在因特网上传输,直到到达该 C 类网的路由器,路由器的工作是确定将数据发送给 C 类网络的哪个子网。首先,路由器从收到的数据包中提取目的 IP 地址,确定其中哪部分是网络域,哪部分是子网域,设该 C 类子网掩码为 255.255.255.192,将其与 IP 地址 192.168.10.2 进行以下逻辑与(AND)操作:

$$
\begin{array}{r}
11111111\quad 11111111\quad 11111111\quad 11000000\\
\wedge\ 11000000\quad 10101000\quad 00001010\quad 00000010\\
\hline
11000000\quad 10101000\quad 00001010\quad 00000000
\end{array}
$$

这两个数进行与操作后,得到子网的网络地址为 192.168.10.0,路由器将把数据发送给该子网。

将子网掩码取反再与 IP 地址进行逻辑与后得到的结果即为主机号 0.0.0.2。

$$
\begin{array}{r}
00000000\quad 00000000\quad 00000000\quad 00111111\\
\wedge\ 11000000\quad 10101000\quad 00001010\quad 00000010\\
\hline
00000000\quad 00000000\quad 00000000\quad 00000010
\end{array}
$$

设计 B 类、C 类网络时,可以参照表 3-1、表 3-2 来确定子网数、主机数和子网掩码。

表 3-1　B 类网络子网设计参考

子网位数/个	子网数/个	主机数/台	子网掩码
2	2	16 382	255.255.192.0
3	6	8 192	255.255.224.0
4	14	4 094	255.255.240.0
5	30	2 046	255.255.248.0
6	62	1 022	255.255.252.0
7	126	510	255.255.254.0
8	254	254	255.255.255.0
9	510	126	255.255.255.128
10	1 022	62	255.255.255.192
11	2 026	30	255.255.255.224
12	4 096	14	255.255.255.240
13	8 190	6	255.255.255.248
14	16 382	2	255.255.255.252

表 3-2　C 类网络子网设计参考

子网位数/个	子网数/个	主机数/台	子网掩码
2	2	62	255.255.255.192
3	6	30	255.255.255.224
4	14	14	255.255.255.240
5	30	6	255.255.255.248
6	62	2	255.255.255.252

3.1.6　网关

1. 网关的定义和作用

网关(Gateway)由硬件和软件组成,用以实现不同网段间的数据交换。在 IP 编址的环境下,网关简化了不同子网间的通信,就如同一个网络连接到另一个网络的“关口”。按照不同的分类标准,网关也有很多种。TCP/IP 协议里的网关是最常用的,在这里所讲的网关均指 TCP/IP 协议下的网关。

网关实质上是一个网络通向其他网络的 IP 地址。例如,有网络 A 和网络 B,网络 A 的 IP 地址范围为 192.168.1.1～192.168.1.254,子网掩码为 255.255.255.0;网络 B 的 IP 地址范围为 192.168.2.1～192.168.2.254,子网掩码为 255.255.255.0。在没有路由器的情况下,两个网络之间是不能进行 TCP/IP 通信的,即使是两个网络连接在同一台交换机(或集线器)上,TCP/IP 协议也会根据子网掩码 255.255.255.0 判定两个网络中的主机处在不同的网络里。而要实现这两个网络之间的通信,则必须通过网关。如果网络 A 中的主机发现数据包的目的主机不在本地网络中,就把数据包转发给它自己的网关,再由网关转发给网络 B 的网关,网络 B 的网关再转发给网络 B 的某台主机,如图 3-4 所示。网络 B 向网络 A 转发数据包的过程也是如此。

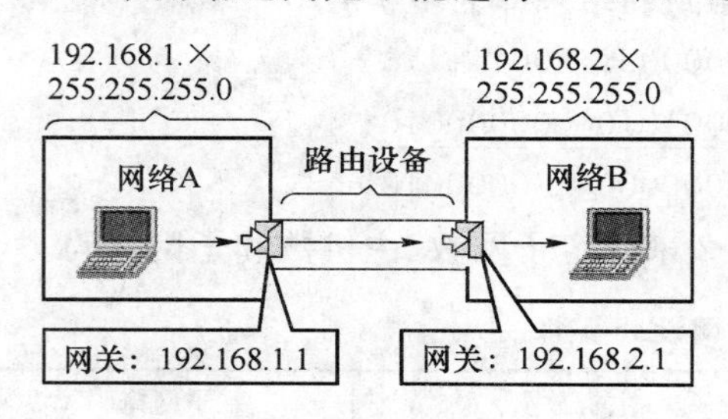

图 3-4　网关作用示意图

所以,只有设置好网关的 IP 地址,TCP/IP 协议才能实现不同网络之间的相互通信。那么这个 IP 地址是哪台机器的 IP 地址呢？网关的 IP 地址是具有路由功能的设备的 IP 地址,具有路由功能的设备有路由器、启用了路由协议的服务器(实质上相当于一台路由器)、代理服务器(也相当于一台路由器)等。

2. 默认网关及设置

如果搞清了什么是网关,默认网关也就好理解了。就好像一个房间可以有多扇门一样,一台主机可以有多个网关。默认网关的意思是一台主机如果找不到可用的网关,就把数据包发给默认指定的网关,由这个网关来处理数据包。现在主机使用的网关,一般指的是默认网关。

一台计算机的默认网关是不可以随便指定的,必须正确地指定,否则一台计算机就会将数据包发给不是网关的计算机,从而无法与其他网络的计算机通信。默认网关的设定有手动设置和自动设置两种方式。

(1) 手动设置

手动设置适用于计算机数量比较少、TCP/IP参数基本不变的情况,如只有几台到十几台计算机。因为这种方法需要在连入网络的每台计算机上设置默认网关,非常费劲,一旦因为迁移等原因导致必须修改默认网关的IP地址,就会给网管带来很大的麻烦,所以不推荐使用。

在Windows中,设置默认网关的方法是在"网上邻居"图标上右击,在弹出的菜单中选择"属性"命令,在"网络属性"对话框中选择"TCP/IP协议",单击"属性"按钮,在"默认网关"选项卡中填写新的默认网关的IP地址就可以了。

需要特别注意的是,默认网关必须是计算机所在的网段中的IP地址,而不能填写其他网段中的IP地址。

(2) 自动设置

自动设置就是利用DHCP服务器来自动给网络中的计算机分配IP地址、子网掩码和默认网关。这样做的好处是,一旦网络的默认网关发生变化,只要更改DHCP服务器中默认网关的设置,那么网络中所有的计算机均获得新的默认网关的IP地址。这种方法适用于网络规模较大、TCP/IP参数有可能变动的网络。

另外一种自动获得网关的办法是通过安装代理服务器软件(如MS Proxy)的客户端程序来自动获得,其原理和方法与DHCP有相似之处。

3.1.7 IP地址的管理

IP地址的分配与回收是统一管理的。IP地址的最高管理机构为InterNIC,它专门负责向提出IP地址申请的组织分配网络地址,然后,各组织再在本网络内部对其主机号进行本地分配。当用户需要IP地址时,可向InterNIC提出申请,但通常是向一些授权的代理机构提出申请,例如中国用户可以向CNNIC申请。

如果公司在组建一个网络且该网络要与Internet连接时,一定要向InterNIC或代理机构申请合法的IP地址。当然,如果该网络只是一个内部网而不需要与Internet连接,则可以任意使用A类、B类或C类地址。

IP地址的分配有以下方法。

(1) 静态分配

由网络管理员按网络编址统一分配,只能由网络管理员设置和修改。静态地址的优点是配置简单,缺点是IP地址的利用率低。

(2) 动态分配

IP地址可由多台设备按需动态使用,当设备连接到网络时,服务器就为设备分配一个IP地址,连接断开后地址被收回,供其他设备连接使用。动态地址的优点是IP地址利用率高,缺点是配置复杂,需要使用动态IP地址协议。

(3) 地址共享

当多个工作站共享一个IP地址时,所有这些工作站可以使用这个地址同时对IP网络进行访问(往往只有网关才能使地址共享成为可能)。运行在网关上的软件对多个IP数据流进行分离,并把它们传递给相应的工作站。可以通过端口号区分不同的工作站。端口号是一个标准的 TCP/IP 标识符。

(4) 地址公用

当一个工作站需要对 IP 网络进行访问时,集中式 IP 管理软件为它分配一个 IP 地址;当工作站完成对 IP 网络的访问后,它收回分配给用户的 IP 地址,使这个 IP 地址成为公用的 IP 地址。工作站每次对 IP 网络进行访问时申请到的 IP 地址可能不是同一个地址。

3.2 TCP/IP 网络协议

TCP/IP 是互联网中最重要的协议,任何一台连入 Internet 的主机都必须遵循 TCP/IP 协议规范。TCP/IP 协议不是单个协议,而是一组协议,常称为协议簇,其中每个子协议有专门的功能。这里主要讨论核心子协议,包括 IP、TCP、UCP、ICMP 和 ARP,以及应用层协议,比如 Telnet、FTP、SMTP 和 SNMP 等。如果要从事 Internet 的网络应用与管理工作,则有必要熟悉相关子协议。

3.2.1 TCP /IP 的体系结构及对应的子协议

传输控制协议/网际协议(TCP/IP,Transmission Control Protocol/Internet Protocol)是 Internet 上所有网络和主机之间进行交流所使用的共同"语言",是 Internet 上使用的一组完整的标准网络连接协议。通常所说的 TCP/IP 协议实际上包含了大量的协议和应用,且由多个独立定义的协议组合在一起,所以也称为 TCP/IP 协议簇。

TCP/IP 是实现网络互联性和互操作性的关键,它把成千上万的 Internet 上的各种网络相互连接起来。TCP/IP 层次结构及相关子协议与 OSI 层次结构的对照关系如图 3-5 所示。

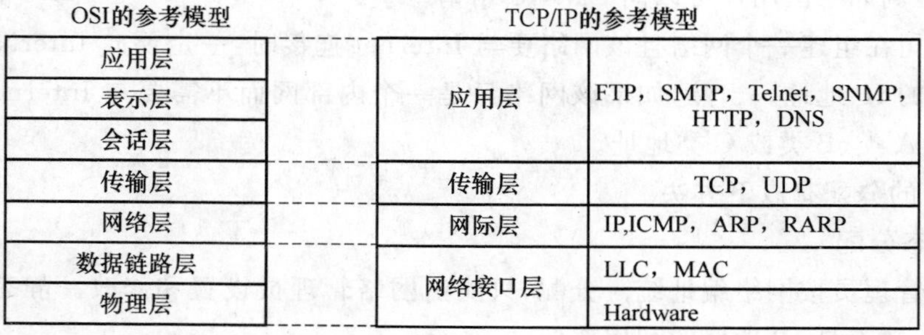

OSI的参考模型	TCP/IP的参考模型	
应用层	应用层	FTP, SMTP, Telnet, SNMP, HTTP, DNS
表示层		
会话层		
传输层	传输层	TCP, UDP
网络层	网际层	IP,ICMP, ARP, RARP
数据链路层	网络接口层	LLC, MAC
物理层		Hardware

图 3-5　TCP/IP 结构及相关子协议与 OSI 模型的对应关系

TCP/IP 采用分层体系结构,每一层完成特定的功能,各层之间相互独立,采用标准接口传送数据。数据流动可看做是从一层传递到另一层,从一个协议传递到另一个协议。数据从应用层向下传递到网络接口层,到达物理传输媒介,然后传往目的地;数据到达目的地后,将通过协议簇向上传递到目的应用程序。

1. 网络接口层

网络接口层负责数据帧的发送和接收,同时规定了硬件的基本电气特性,使这些设备都能够互相连接并兼容。它包括能使用 TCP/IP 与物理网络进行通信的协议，且对应着 OSI 的物理层和数据链路层。

2. 网际层

网际层所执行的主要功能是处理来自传输层的分组，将分组形成数据包(IP 数据包)，并为该数据包进行路径选择，最终将数据包从源主机发送到目的主机。重要的互联协议有：网间协议 IP，负责在主机和网络之间寻址和选择路由；地址解析协议 ARP，获得同一物理网络中的硬件主机地址；网间控制消息协议 ICMP，发送消息并报告有关数据包的传送错误；互联组管理协议 IGMP，IP 主机用来向本地多路广播路由器报告主机组成员。

3. 传输层

传输层完成流量控制和可靠性控制，提供计算机间通信会话的传输协议。传输层提供了传输控制协议(TCP)和用户数据报协议(UDP)两种协议。TCP 适合于一次传输大批数据的情况；UDP 面向无连接通信，不对传送的数据进行可靠的保证。

4. 应用层

应用层是应用程序进入网络的通道。它与 OSI 模型中高三层的任务相同，都是用于提供网络服务的，在应用层有许多 TCP/IP 工具和服务，如 FTP、Telnet、SNMP 和 DNS 等。

3.2.2 TCP/IP 协议簇

1. 网际层的协议

(1) 网际协议

网际协议(IP，Internet Protocol)是网际层协议，它包括地址访问信息和路由数据包的控制信息，它与传输控制协议(TCP)一起，代表了 Internet 协议的核心。IP 有两个主要功能：一是提供通过互联网络的无连接和最有效的数据报分发；二是提供数据报的分组和重组，以支持最大传输单元不同的数据链路。IP 的任务是对数据包进行相应的寻址和确定路由，并从一个网络转发到另一个网络。IP 在每个发送的数据包前加入一个控制信息，其中包含源主机的 IP 地址、目的主机的 IP 地址和其他一些信息。IP 的另一项工作是分割和重编在传输层被分割的数据包。由于数据包要从一个网络转发到另一个网络，当两个网络所支持传输的数据包的大小不相同时，IP 就要在发送端将数据包分割，然后在分割的每一段前再加入控制信息进行传输。当接收端接收到数据包后，IP 将所有的片段重新组合形成原始的数据。

IP 是一个无连接的协议。无连接是指主机之间不建立用于可靠通信的端到端的连接，源主机只是简单地将 IP 数据包发送出去，而 IP 数据包可能会丢失、重复、延迟时间大或者次序会混乱。因此，要实现数据包的可靠传输，就要依靠高层的协议或应用程序，如传输层的 TCP 协议。

(2) 网际主机组管理协议

IP 协议只是负责网络中点到点的数据包传输，而点到多点的数据包传输则要依靠网际主机组管理协议(IGMP，Internet Group Management Protocol)来完成。它主要负责报告主机组之间的关系，以便相关的设备(路由器)可支持广播发送。

(3) 网际控制报文协议

网际控制报文协议(ICMP，Internet Control Message Protocol)为 IP 协议提供差错报

告。由于 IP 是无连接的，且不进行差错检验，当网络上发生错误时它不能检测错误，向发送 IP 数据包的主机汇报错误就是 ICMP 的责任。ICMP 能够报告的一些普通错误类型有目标无法到达、阻塞、回波请求和回波应答等。

分组接收方利用 ICMP 来通知发送方某些方面所需的修改。ICMP 通常是由发现别的站发来的报文有问题的站产生的，例如，可由目的主机或中继路由器来发现问题并产生有关的 ICMP。如果一个分组不能传送，ICMP 便可以被用来警告分组源，说明有网络、主机或端口不可到达。ICMP 也可以用来报告网络阻塞。ICMP 是 IP 正式协议的一部分，ICMP 数据报通过 IP 送出，因此它在功能上属于网络第三层，但实际上它是像第四层协议一样被编码的。

(4) 地址解析协议和反向地址解析协议

计算机网络中各主机之间要进行通信时，必须要知道彼此的物理地址。因此，在 TCP/IP 的网际层有地址解析协议（ARP，Address Resolution Protocol）和反向地址解析协议（RARP，Reverse ARP）。

ARP 负责由 IP 地址到 MAC 地址的转换。如果 ARP 在缓存中找不到相应的地址映射，它将通过广播询问该地址的映射。网络中的任何一台主机都会收到此请求，如果它们之中有一个知道该地址的转换，则将转换结果发送给询问者，然后，分组就能送往目的地，同时 ARP 将得到的地址映射保存到缓存中。

RARP 的作用与 ARP 正好相反，功能是完成物理地址到 IP 地址的转换。在网络中，发送节点广播一个 RARP 请求，标识自己作为目的主机并提供自己的物理网络地址。网络上所有的机器都收到了 RARP 请求，但仅仅是那些有权提供 RARP 服务的机器才处理该请求，并发送回一个 RARP 响应。处理 RARP 请求的机器称为 RARP 服务器，网络中必须至少包括一台 RARP 服务器。服务器要响应 RARP 请求，必须要知道物理地址与 IP 地址的对应关系。为此，在 RARP 服务器中存有一张本网物理地址与 IP 地址的转换表。

2. 传输层协议

(1) 传输控制协议

传输控制协议（TCP，Transmission Control Protocol）是传输层的一种面向连接的通信协议，它主要提供高可靠传输、确认与超时重传机制、流量控制、拥塞控制等服务。TCP 提供的是面向连接的流传输，流是指一个无报文丢失、无重复和无失序的正确的数据序列。而面向连接是指在数据传输之前，发送端和接收端之间必须建立一条连接，连接建立成功后则可开始传输数据，传输完毕后要释放连接。

TCP 协议将源主机应用层的数据分成多个分段，然后将每个分段传送到网际层，网际层将数据封装为 IP 数据包，并发送到目的主机。目的主机的网际层将 IP 数据包中的分段传送给传输层，再由传输层对这些分段进行重组，还原成原始数据，并传送给应用层。

(2) 用户数据报协议

用户数据报协议（UDP，User Datagram Protocol）建立在 IP 协议之上，是一种面向无连接的传输层协议，因此，它不能提供可靠的数据传输，而且 UDP 不进行差错检验，必须由应用层的应用程序来实现可靠性机制和差错控制，以保证端到端数据传输的正确性。UDP 头包含较少的字节，并且消耗较少的网络开销，虽然 UDP 与 TCP 相比显得非常不可靠，但在一些特定的环境下还是非常有优势的，因为面向连接的通信通常只能在两个主机之间进行，若要实现多个主机之间的一对多或多对多的数据传输，即广播或多播，就需要使用UDP协议。

3. 应用层协议

在TCP/IP模型中，应用层包括了所有的高层协议，各种协议都是为网络用户或应用程序提供特定的网络服务功能的，主要有以下6种。

(1) 文件传输协议

实现主机之间的文件传送，文件传输协议(FTP)提供用于访问远程机器的协议，它使用户可以在本地机与远程机之间进行有关文件的操作。FTP工作时建立两条TCP连接，一条用于传送文件，另一条用于传送控制信息。

FTP采用客户机/服务器模式，它包含客户机FTP和服务器FTP。客户机FTP启动传送过程，而服务器对其作出应答。客户机FTP大多有一个交互式界面，使客户机可以灵活地向远地传文件或从远地取文件。

(2) 邮件传输协议

邮件传输协议(SMTP)提供电子邮件服务。互联网标准中的电子邮件是一个简单的基于文件的协议，用于可靠、有效地传输数据。SMTP作为应用层的服务，并不关心它下面采用的是何种传输服务，它可通过网络在TCP连接上传送邮件，或者简单地在同一机器的进程之间通过进程通信的通道来传送邮件。这样，邮件传输就独立于传输子系统，可在TCP/IP环境、OSI传输层或X.25协议环境中传输邮件。

邮件发送之前必须协商好发送者、接收者。SMTP服务进程同意向某个接收方发送邮件时，它将邮件直接交给接收方用户或将邮件逐个经过网络连接器，直到邮件交给接收方用户。在邮件传输过程中，所经过的路由被记录下来。这样，当邮件不能正常传输时可按原路由找到发送者。

(3) 远程终端协议

远程终端协议(Telnet)用于本地主机作为仿真终端登录到远程主机上运行应用程序。Telnet的连接是一个TCP连接，用于传送具有Telnet控制信息的数据。它提供了与终端设备或终端进程交互的标准方法，支持终端到终端的连接及进程到进程分布式通信。

(4) 域名系统

域名系统(DNS)用于实现主机名与IP地址之间的映射。DNS是一个域名服务的协议，提供域名到IP地址的转换，允许对域名资源进行分散管理。DNS最初设计的目的是使邮件发送方知道邮件接收主机及邮件发送主机的IP地址，后来发展成为服务于其他许多目标的协议。

(5) 超文本传输协议

超文件传输协议(HTTP)用于Internet中的客户机与WWW服务器之间的数据传输。超文本传输协议(HTTP，Hyper Text Transport Protocol)是一个通用的、面向对象的协议，在Internet上进行信息传输时广泛使用。通过扩展请求命令，可以用来实现许多任务。HTTP允许系统相对独立于数据的传输，包括对该服务器上指定文件的浏览、下载、运行等。HTTP不断发展，支持的媒体越来越多，使得我们可以方便地访问Internet上的各种资源。

(6) 简单网络管理协议

简单网络管理协议(SNMP)用于实现网络的安全管理。

3.2.3 Internet 域名系统

IP 地址是由一个 32 位的二进制数表示的，难以记忆。为此，TCP/IP 协议专门设计了一种字符型的主机命名机制，也就是给每台主机一个由字符串组成的名字。

Internet 对每台计算机的命名方案称为域名系统（DNS），语法上，每台计算机的域名由一系列字母和数字构成的段组成。

Internet 的域名系统是一个分布式的主机信息数据库，它管理着整个 Internet 的主机名与 IP 地址。域名系统是一个树型结构，如图 3-6 所示。顶部是根，根名为空，但在文本格式中写成“.”，树中的每一个节点代表域名系统的域，域可以进一步划分为子域。每一个域都有一个域名，用来定义它在数据库中的位置。在域名系统中，域名全称是从子域名向上直到根的所有标记组成的串，标记之间用“.”分隔开。如 www.tsinghua.edu.cn，最底层的域是 www.tsinghua.edu.cn（清华大学 WWW 服务器的域名），第三级域是 tsinghua.edu.cn（清华大学的域名），第二级域是 edu.cn（中国教育机构的域名），最高层域是 cn（中国的域名）。域名书写将本地标号放在第一位，而将最高层域放在最后。

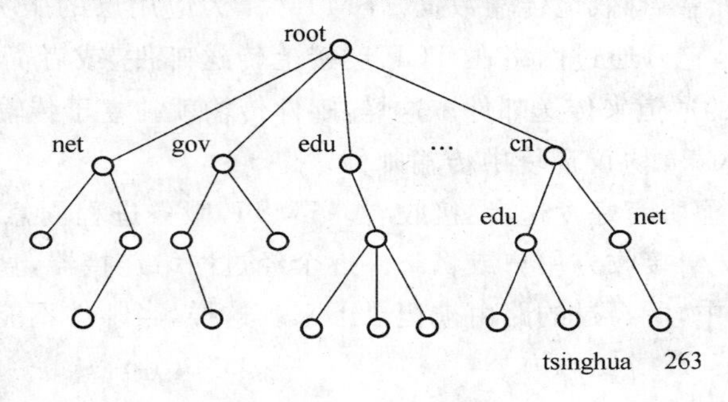

图 3-6 Internet 域名系统

域名和 IP 地址是一一对应的，域名易于记忆，用得更普遍。当用户要和 Internet 上某台计算机交换信息时，只需使用域名，网络会自动转换成 IP 地址，以便找到该台计算机。

Internet 制定了一组正式的通用标准代码作为第一级域名，如表 3-3 所示。中国的域名体系由中国网络信息中心（CNNIC）负责域名的管理和注册。顶级域名为.cn，二级域名定义如表 3-4 所示。

表 3-3 Internet 第一级域名的代码

域名代码	含义	域名代码	含义
.com	商业组织	.firm	公司、企业
.gov	政府部门	.nom	个人
.net	网络服务机构	.store	商品销售公司
.edu	教育机构	.web	与 WWW 相关的单位
.mil	军事部门	.art	文化娱乐单位
.org	非营利性组织	.info	信息服务单位
.int	国际性组织	.rec	消遣性娱乐活动单位

表 3-4　中国的二级域名

域　名	含　义
. gov	政府部门
. org	非营利性组织
. net	网络服务机构
. com	公司企业
. edu	教育机构
. ac	科研机构

1. 域名系统的组成

域名系统由解析器和域名服务器组成。

由于主机域名不能直接用于 TCP/IP 协议的路由选择之中，当用户使用主机域名进行通信时，必须首先将其映射成 IP 地址。因为 Internet 通信软件在发送和接收数据时都必须使用 IP 地址，这种将主机域名映射为 IP 地址的过程叫做域名解析。域名解析包括正向解析（从域名到 IP 地址）和反向解析（从 IP 地址到域名）。Internet 的域名系统 DNS 能够透明地完成此项工作。

在域名系统中，解析器与应用程序连接，它负责查询域名服务器，解释从域名服务器返回的应答，以及把信息传送给应用程序等。

从 Internet 域名到 IP 地址的映射是由一组既独立又协作的域名服务器来完成的。域名服务器用于保存域名信息，一部分域名信息组成一个区，域名服务器负责存储和管理一个或若干个区。为了提高系统的可靠性，每个区的域名信息至少由两台域名服务器来保存。

2. 中文域名

为了使中国的用户更好地使用 Internet，中文域名的概念被推出，中文国际域名是由中文字符后加. com、. net、. org 和. cn 构成。其中，中文. cn 由 CNNIC 进行管理，其余 3 种由美国的 ICANN 进行管理。两者的相同之处在于不论管理者是在国内还是在国外，注册的中文域名在世界范围内通用。

为了更直观和方便地使用 Internet，推出了网络实名系统，采用该系统，企业、产品和网站的名称就是实名，输入中英文、拼音及缩写均可直接访问。中文网址是网络实名系统的重要组成部分。网络实名包含中文网址、英文网址、数字网址（包含普通数字、电话号码和股票代码）及拼音网址，无须下载软件即可启用。

网络实名系统是针对中国人的语言和文化习惯设计的，同时严格遵照国际标准，遵循现有的 Internet 体系框架，完全兼容现有的域名/URL 解析体系，不改动现有 IP、域名和 URL 标准，不修改任何系统底层的网络寻址方式，具有稳定可靠的特点。

3. 域名和地址的映射

域名方案应包括一个高效、可靠、通用的分布系统，实现名字对地址的映射。系统是分布的，由分布在多个网点的一组服务器协同操作解决映射问题。

名字对地址的映射由一组名字服务器完成，名字服务器是提供名字对地址转换、域名对 IP 地址映射的服务器程序。

图 3-7 是一个树结构的域名服务器的概念布局。树的根是识别顶层域的服务器，并知

道解析每个域的服务器。给定要解析的名字后，根可为该名字选择一个正确的服务器，并逐级往下搜索，最后将结果返回。

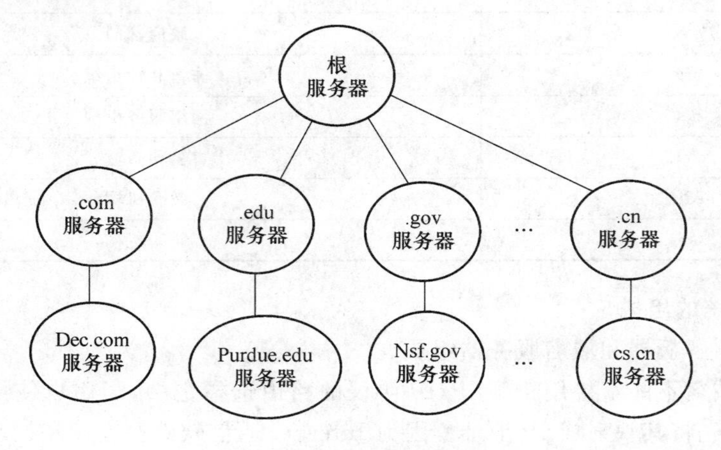

图 3-7　域名服务器的树结构

概念树中的链接并不表示物理网的连接，只是解析域名的一种逻辑连接。从概念上讲，域名转换自上而下进行，从根服务器开始，逐级处理，直到树叶上的服务器。客户机必须知道如何与名字服务器联系，而域名服务器必须知道根服务器地址。域名服务器使用众所周知的协议端口通信，以便客户机方便地与域名服务器通信。

3.3　路由与路由协议

3.3.1　路由和路由协议的定义

路由协议是用来生成路由、指导 IP 进行数据报文转发的协议，目的是保障可达性和连续性。路由动作包括两个基本内容：寻径和转发。寻径即判定到达目的地的最佳路径，由路由选择算法来实现。转发即沿寻径所确定的最佳路径传送信息分组。路由转发协议和路由选择协议是相互配合又相互独立的概念，前者使用后者维护的路由表，同时后者要利用前者提供的功能来发布路由协议数据分组。

3.3.2　静态路由的配置

通过配置静态路由，用户可以人为地指定对某一网络访问时所要经过的路径，如 Ip route prefix mask {address | interface } [distance] [tag tag] [permanent]。

- prefix：所要到达的目的网络；
- mask：目的网络子网掩码；
- address：下一个跳的 IP 地址；
- interface：本地网络接口；
- distance：管理距离（可选）；
- tag tag：值（可选）；

- permanent:指定此路由即使该端口关闭也不被转移。

3.3.3 动态路由协议

1. RIP

路由信息协议(RIP,Routing Information Protocol)是使用最广泛的距离向量协议,RIP 的度量是基于跳数的,每经过一台路由器,路径的跳数加 1。

2. OSPF

OSPF 是一种典型的链路状态路由协议。

3. BGP

BGP 在 TCP/IP 网中实现域间路由。

3.4 几种常用楼道交换机的配置手册

3.4.1 Cisco 3524 交换机

1. VLAN 配置

Cisco 3524 交换机支持两种 VLAN 协议。目前在城域网的应用中,Cisco 3524 与 3COM、ATI、华为等厂家的交换机对接时使用 801.1Q 标准,与 Cisco 1900 系列交换机对接时才使用厂家自己的 VLAN 标准。目前 Cisco 3524 支持的 VLAN 数为 250 个,并且 VLAN ID 的配置为 1~1 000。

(1) 登录交换机,进入一般用户 CLI 界面,在当前提示符下输入命令"enable",按回车键后,系统提示输入密码,输入密码并通过校验后,系统进入全局 CLI 界面,可进入配置界面对交换机的 VLAN 和端口等进行配置。

(2) 在交换机 VLAN 数据库中创建需新增的 VLAN,步骤如下。

① 在系统全局 CLI 界面下,输入如下命令。

```
dongfenju# vlan?
  database Configure VLAN database

dongfenju# vlan data
dongfenju(vlan)#vlan 602
VLAN 602 added:
    Name:VLAN0602
dongfenju(vlan)#
```

② 给创建的 VLAN 命名。

```
dongfenju(vlan)#vlan 602?
  are        Maximum number of All Route Explorer hops for this VLAN
  backupcrf  Backup CRF mode of the VLAN
  bridge     Bridging characteristics of the VLAN
  media      Media type of the VLAN
```

```
  mtu       VLAN Maximun Transmission Unit
  name      Ascii name of the VLAN
  parent    ID number of the parent VLAN of FDDI or Token Ring type VLANS
  ring      Ring number of FDDI or Token Ring type VLANS
  said      IEEE 802.10 SAID
  state     Operational state of the VLAN
  ste       Maximum number of Spanning Tree Explorer hops for this VLAN
  stp       Spanning tree characteristics of the VLAN
  tb-vlan1  ID number of the first translational VLAN for this VLAN(or zero if
none)
  tb-vlan2  ID number of the second translational VLAN for this VLAN(or zero if
none)
  <cr>

dongfenju(vlan)#vlan 602 name testvlan
VLAN 602 modified:
   Name:testvlan
donqfenju(vlan)#
```

③ 成功创建 VLAN,退出 VLAN 数据库配置模式。

```
dongfenju(vlan)#exit
APPLY completed.
Exiting…
dongfenju#sh vlan?
  brief     VTP all VLAN status in brief
  id        VTP VLAN status by VLAN id
  name      VTP VLAN status by VLAN name
  I         Output modifiers
  <cr>

dongfenju#sh vlan name 602
VLAN 602 not found in current VLAN database
dongfenju#sh vlan id 602
VLAN Name                             Status    Ports
---- -------------------------------- --------- -------------------------------
602 testvlan                          active
VLAN Type SAID       MTU   Parent RingNo BridgeNo stp BrdgMode Trans1 Trans2
---- ---- ---------- ----- ------ ------ -------- ---- -------- ------ ------
602 enet 100602 1500  -      -      -        -    -        0      0
dongfenju#sh vlan name testvlan
VLAN Name                             Status    Ports
```

```
---- -------------------------------- --------- ------------------------------
602 testvlan                          active
VLAN Type SAID       MTU   Parent RingNo BridgeNo Stp BrdgMode Trans1 Trans2
---- ---- ---------- ----- ------ ------ -------- --- -------- ------ ------
602 enet 100602      1500  -      -      -        -   -        0      0
```

(3) 进入交换机配置界面,配置交换机端口实现与 VLAN 绑定。对于连接交换机的端口必须将端口设置成"trunk"模式,对于连接用户的端口则设置成静态 VLAN 模式。示例交换机端口 21 为接入用户,端口 23 为接入交换机,端口 24 为交换机上连端口,将新增的 VLAN 602 分别绑定到上述端口,实现本交换机连接用户和下连交换机均可通过 VLAN 602 获取 IP 地址上网。

① 进入配置界面,将端口 21 配置成用户接入模式。

```
dongfenju#conf ter
Enter configuration commands,one per line. End with CNTL/Z.
dongfenju(config)#int f0/21
dongfenju(config-if)#sw?
  access      Set access mode characteristics of the interface
  mode        Set trunking mode of the interface
  multi       Set characteristics when in multi-VLAN mode
  priority    Set 802.1p priorities
  trunk       Set trunking characteristics of the interface
  voice       Voice appliance attributes

dongfenju(config-if)#sw access?
  vlan Set VLAN when interface is in access mode

dongfenju(config-if)#sw access vlan 602
dongfenju(config-if)#exit
```

② 将端口 23 配置成连接交换机的"trunk"模式,最后一个命令表示只允许 VLAN 602 通过,而下一级交换机配置的其他 VLAN 不能通过。

③ 要最终实现上网,还必须将 VLAN 602 加入上连端口。对于 Cisco 3524 交换机的任一端口如果设置成"trunk"模式,默认情况下该端口会学习在交换机 VLAN 数据库中的 VLAN,并自动加入到 trunk 允许通过的范围中。对于交换机上连端口可根据实际情况实现手工增加允许的 VLAN。命令如下。

```
dongfenju(config)#int f0/23
dongfenju(config-if)#sw mode trunk
dongfenju(config-if)#sw trunk enca?
  dot1q   Interface uses only 801.1q trunking encapsulation when trunking
  isl     Interface uses only ISL trunking encapsulation when trunking

dongfenju(config-if)#sw trunk enca dot1q
```

```
dongfenju(config-if)＃sw trunk all vlan 602
dongfenju(config-if)＃
```

④ 配置工作完成后，退出配置模式，并保存配置。

```
dongfenju＃conf ter
Enter configuration commands,one per line. End with CNTL/Z.
dongfenju(config)＃int f0/23
dongfenju(config-if)＃exit
dongfenju(config)＃exit
dongfenju＃wr
Building configuration…
```

(4) 与 Cisco 1900 系列交换机相连 VLAN 的配置，使用的 trunk 的包封装格式不同，其他配置过程均相同。下面仍以交换机 23 端口为例。

```
dongfenju＃conf ter
Enter configuration commands,one per line. End with CNTL/Z.
dongfenju(config)＃int f0/23
dongfenju(config-if)＃sw mode trunk
dongfenju(config-if)＃sw trunk enca?
  dot1q   Interface uses only 801.1q trunking encapsulation when trunking
  isl     Interface uses only ISL trunking encapsulation when trunking

dongfenju(config-if)＃sw trunk enca isl
dongfenju(config-if)＃^Z
dongfenju＃wr
```

(5) VLAN 的删除。在 Cisco 3524 交换机中删除 VLAN，如果在本交换机中含有直接连接用户的端口，则应先进入配置模式，将用户端口的配置删除，输入命令“no sw mode”，否则，在系统全局模式下直接进入 VLAN 数据库中，输入如下命令即可删除 VLAN。

```
dongfenju(vlan)＃no vlan 602
Deleting VLAN 602…
dongfenju(vlan)＃
```

以上为 Cisco 3524 交换机 VLAN 的基本配置方法。

2. 管理子网配置

Cisco 3524 和其他厂家交换机一样，默认情况都是使用 VLAN1 实现对交换机的管理，实际工作中需要对 Cisco 3524 的管理 VLAN 进行更改，下面主要介绍配置步骤。

(1) 首先必须在交换机 VLAN 数据库中增加管理 VLAN，下面新增 VLAN 106 为管理 VLAN。

```
xnmh01＃vlan data
xnmh01(vlan)＃vlan 106
VLAN 106 added:
    Name:VLAN0106
xnmh01(vlan)＃vlan 106 name swmanage
```

```
VLAN 106 modified:
    Name:swmanage
xnmh01(vlan)#exit
APPLY completed.
Exiting…
xnmh01#
```

(2) 进入系统配置界面，进行管理 VLAN 的配置。

```
xnmh01#conf ter
Enter configuration commands,one per line.End with CNTL/Z.
xnmh01(config)#int vlan106
Xnmh01(config-subif)#ip addr 10.236.253.1 255.255.255.0
xnmh01(config-subif)#exit
xnmh01(config)#ip default-gateway 10.236.253.2
```

这里表示对管理 VLAN 的 IP 地址和网关进行了配置。

(3) 交换机启用新的管理 VLAN，必须把 VLAN1 和以前配置的管理 VLAN 关闭，命令如下。

```
xnmh01(config)#int vlan1
xnmh01(config-if)#shutdown
xnmh01(config-if)#
```

(4) 删除管理 VLAN，命令如下。

```
xnmh01#conf ter
Enter configuration commands,one per line. End with CNTL/Z.
xnmh01(config)#int vlan106
xnmh01(config-subif)#no ip addr
xnmh01(config-subif)#exit
xnmh01(config)#no int vlan106
% Not all config may be removed and may reappear after reactivating the sub-inte
rface
xnmh01(config)#exit
xnmh01#wr
Building configuration…
[OK]
xnmh01#
```

(5) 删除管理 VLAN 端口后，还需进入 VLAN 数据库界面，删除管理 VLAN。

```
xnmh01#vlan data
xnmh01(vlan)#no vlan 106
Deleting VLAN 106…
xnmh01(vlan)#exit
APPLY completed.
Exiting…
```

```
xnmh01#
```

管理子网的配置工作完成。

3. 端口参数配置

在 Cisco 3524 交换机日常工作中，对端口的工作模式要求和对其他厂商的交换机端口工作模式要求一样：对连接交换机的端口关闭自动匹配模式，对连接用户的端口打开自动匹配模式。命令如下。

```
xnmh01#conf ter
Enter configuration commands,one per line.End with CNTL/Z.
xnmh01(config)#int f0/6
xnmh01(config-if)#duplex?
  auto   Enable AUTO duplex configuration
  full   Force full duplex operation
  half   Force half-duplex operation

xnmh01(config-if)#duplex full
xnmh01(config-if)#speed?
  10     Force 10 Mbit/s operation
  100    Force 100 Mbit/s operation
  auto   Enable AUTO speed configuration

xnmh01(config-if)#speed 100
xnmh01(config-if)#exit
xnmh01(config)#exit
xnmh01#wr
Building configuration…
[OK]
xnmh01#
```

4. 网络通信质量参数配置

Cisco 3524 交换机在网络质量参数上较其他交换机要多，主要有以下两项参数。

(1) 对基于端口的控制广播风暴参数设置

Cisco 3524 交换机在广播控制上对广播(Broadcast)、组播(Multicast)和点播(Unicast) 3 种方式都可进行设置高、低两个门限值。对于超过预先设定的高门限值的网络流量，可进行过滤，或端口自动关闭，同时向网络管理发出警告；当网络流量降低到预先设定的低门限值时，告警消失，同时管理的端口恢复正常。对于门限值的设定，由于其单位为包每秒(Packet per Second)，这里必须强调对于 100 M 半双工的端口其速率的最大值为 148 000 包/秒，所以在设定高低门限值时可根据该项最大值乘以一定的百分比，如对高门限值设置为 148 000×0.8＝118 400 包/秒，对低门限值设置为 148 000×0.6＝88 800 包/秒。如下所列，对于 Unicast 广播设置高门限值为 118 400，低门限值为 88 800；对于 Multicast 广播取默认设置值；对于 Broadcast 广播取默认设置值。

```
dongfenju#conf ter
```

```
Enter configuration commands,one per line.End with CNTL/Z.
dongfenju(config)#int f0/23
dongfenju(config-if)#port storm
dongfenju(config-if)#port storm-control?
  broadcast   Broadcast address storm control
  multicast   Multicast address storm control
  unicast     Unicast address storm control

dongfenju(config-if)#port storm-control unicast threshold rising 118400 falling 88800
dongfenju(config-if)#port storm-control unicast action filter
dongfenju(config-if)#port storm-control multicast threshold rising 2500 falling 1200
dongfenju(config-if)#port storm-control multicast action filter
dongfenju(config-if)#port storm-control broadcast threshold rising 500 falling 250
dongfenju(config-if)#port storm-control broadcast action filter
dongfenju(config-if)#
```

对于配置的端口，可在系统全局模式下输入如下3条命令观察。

```
#sh port storm-control unicast
#sh port storm-control multicast
#sh port storm-control broadcast
```

(2) 对基于端口的未知网络地址的屏蔽如下。

```
dongfenju(config)#int f0/23
dongfenju(config-if)#port storm-control?
  broadcast   Broadcast address storm control
  multicast   Multicast address storm control
  unicast     Unicast address storm control

dongfenju(config-if)#port?
  block          Forwarding of unknown uni/multi cast addresses
  group          Place this interface in a port group
  monitor        Monitor another interface
  network        Configure an interface to be a network port
  protected      Configure an interface to be a protected port
  security       Configure an interface to be a secure port
  storm-control  Configure storm control parameters

dongfenju(config-if)#port block?
  multicast   Block unknown multicast addresses
  unicast     Block unknown unicast addresses
```

```
dongfenju(config-if)#port block unicast?
  <cr>

dongfenju(config-if)#port block unicast
dongfenju(config-if)#port block multicast
dongfenju(config-if)#
```

对于以上网络参数的删除,在同一级配置界面下输入命令“no ”的下一级相应命令即可。

```
dongfenju(config-if)#no port block unicast
dongfenju(config-if)#no port block multicast
dongfenju(config-if)#no port storm
dongfenju(config-if)#no port storm-control unicast
no port storm-control unicast
 % Incomplete command.

dongfenju(config-if)#no port storm-control unicast?
  action       action to take for storm control
  threshold    The threshold which signals the start/end of a storm
  trap         Generate a SNMP trap on crossing the rising/falling threshold

dongfenju(config-if)#no port storm-control unicast action
no port storm-control unicast action
 % Incomplete command.

dongfenju(config-if)#no port storm-control unicast action filter
dongfenju(config-if)#
```

5. 维护注意事项

(1) 在交换机的配置过程中,对于端口和 VLAN 都应加有描述性名称。

(2) 对于基于网络流量的端口参数设置,应根据实际网络状况作调整。

(3) 对交换机的系统日志应定期检查,作好记录,发现问题及时处理。操作命令为在系统全局模式下输入“sh log”。

(4) 对交换机 MAC 地址表进行检查,命令为“sh mac int”。

(5) 对交换机的系统日志和端口记录定期清除,命令为“clear log”和“clear counter”。

3.4.2 华为 LS-2403H 交换机

Quidway S2403H 系统是利用 LAN Switch 技术研制的二层线速以太网交换机,其作为一个低成本解决方案,是 S2403F 的替代升级产品,是为要求具有高性能、高端口密度且易于安装的网络环境而设计的智能型可网管交换机。通过非屏蔽 5 类双绞线(UTP Cat5)为居民小区、宾馆、企业等提供高速 Ethernet 接入,以及为企业网络提供桌面或工作组级的多层交换服务。系统为1U高的独立的盒式设备，系统可不依赖于其他设备独立运行。

Quidway S2403H使用专用的ASIC芯片实现线速的L2层交换，并提供丰富的管理手段，通过Telnet、SNMP、集群和本地管理等多种方式对交换系统特性、功能和性能进行配置、控制和管理，并提供多种手段的网络管理。

1. 属性

(1) 接口

① 24×10/100Base-T自适应以太网端口；

② 2×10/100Base-T自适应以太网端口(1个交换端口复用为MDI和MDI-X两个外部接口)；

③ 1个可选扩展特性模块插槽，支持两种接口模块：

- 1×100Base-FX多模光接口模块(SC)：传输距离为2 km；
- 1×100Base-FX单模光接口模块(SC)：传输距离为15 km；

④ 1个RS-232D(DB-9)本地管理口。

(2) 管理接口

① 持RS-232D(DB-9)本地管理口及Telnet、SNMP代理，远程监控(RMON 1～3,9组)；

② 所有端口都支持802.3x自动协商功能；

③ 所有端口支持802.1x认证功能；

④ 8 MB Flash Memory用于软件升级；

⑤ 支持IGMP SNOOPing；

⑥ 支持MULTI VLAN Untagged Uplink；

⑦ 支持HGMP协议和全网集中网管；

⑧ 具备远程故障定位能力，便于维护。

(3) 数据传输速率

① 以太网半双工：10 Mbit/s；

② 以太网全双工：20 Mbit/s；

③ 快速以太网半双工：100 Mbit/s；

④ 快速以太网全双工：200 Mbit/s 。

(4) 最大线缆长度

① 10Base-T以太网端口：两对UTP 3/4类(100 m)，两对UTP 5类(200 m)；

② 10/100Base-T快速以太网端口：两对UTP 5类(100 m)；

③ 100Base-FX百兆单模光口：1～2对单模光纤(15 km)；

④ 100Base-FX百兆多模光口：1～2对多模光纤(2 km)。

(5) 电源要求

输入电压：100～240 V AC 50/60 Hz或 −40～−60 V DC。

(6) 环境要求

① 工作温度：0～45 ℃(无外挂机箱)，−20～55 ℃(需配合专门设计的外挂机箱)；

② 储存温度：−30～60 ℃；

③ 相对湿度：5%～95%，无凝结。

(7) 支持协议

IEEE 802.1d、IEEE 802.3、IEEE 802.3u、IEEE 802.3x、IEEE 802.3z、IEEE 802.1Q、

IEEE 802.1P、IEEE 802.1x、Telnet、SNMP、RMON 等。

2. 主要特点

(1) 交换容量 5.6 G,所有端口间全线速交换;

(2) 支持 4 K MAC 地址表;

(3) 支持 32 个全局 802.1Q VLAN;

(4) 支持华为组管理协议(HGMP),实现群组管理;

(5) 支持组播;

(6) 支持 PVLAN ;

(7) 用户侧传输距离为 200 m,方便布线。

3. VLAN 配置

(1) 登录交换机有两种方式:一种是从 aux 口本地登录,另一种是远程 Telnet(VTY)口登录。

(2) 两种登录进去后都一样,要输入密码才能登录,特权模式都是输入"system"进入,例如:

```
$ telnet 172.20.24.147
Trying 172.20.24.147…
Connected to 172.20.24.147.
Escape character is ´^]´.
*******************************************************
*           All rights reserved (1997—2004)           *
*       Without the owner´s prior written consent,    *
* no decompiling or reverse-engineering shall be allowed. *
*******************************************************
Login authentication
Password:
〈G01-H01-Y27〉super
Password:
Now user privilege is 3 level, and just commands which level is
equal to or less than this level can be used.
Privilege note: 0-VISIT, 1-MONITOR, 2-SYSTEM, 3-MANAGE
〈G01-H01-Y27〉system
Enter system view. return to user view with Ctrl + Z.
[G01-H01-Y27]
```

特权模式下登录后就可进行如下配置。

① 创建 VLAN

特权模式下创建 VLAN 时只要输入 VLAN 号就可以了,例如:

```
[G01-H01-Y27]vlan 2000                          //创建 VLAN 号为 2000 的 VLAN
[G01-H01-Y27-vlan2000]description test          //给建好的 VLAN 命名
test[G01-H01-Y27-vlan2000]display vlan          //显示交换机里面存在的 VLAN
VLAN function is Enabled.
```

```
Now, the following VLAN exist(s):1(default), 11, 1101, 2000
```

② 删除 VLAN

```
[G01-H01-Y27-vlan2000]quit                         //退回到特权模式
[G01-H01-Y27]undo vlan 2000                        //删除 VLAN 号为 2000 的 VLAN
Please wait... Done.
[G01-H01-Y27]display vlan                          //显示存在的 VLAN
VLAN function is Enabled.
Now, the following VLAN exist(s):
 1(default), 11, 1101                              //2000 的 VLAN 不存在了
```

③ VLAN 与端口的绑定

与交换机连接的端口必须设置成为 trunk 模式,与用户连接的端口必须设置成为access 模式。

假设,新增了一个 2000 的 VLAN,20 口接用户,21 口下接交换机,25 口接上行,配置如下。

```
[G01-H01-Y27]vlan 2000                             //创建 2000 的 VLAN
[G01-H01-Y27-vlan2000]description test             //给 VLAN 号为 2000 的 VLAN 取
                                                     名为 test
[G01-H01-Y27-vlan2000]quit                         //退回到特权模式
[G01-H01-Y27]int e0/20                             //进入端口 20
[G01-H01-Y27-Ethernet0/20]port link-type access    //端口模式为用户模式
[G01-H01-Y27-Ethernet0/20]port access vlan 2000    //端口 VLAN 为 2000
[G01-H01-Y27-Ethernet0/20]undo shutdown            //端口启用
[G01-H01-Y27-Ethernet0/20]qu                       //退回到特权模式
[G01-H01-Y27]int e0/21                             //进入端口 21 口
[G01-H01-Y27-Ethernet0/21]port link-type trunk     //端口模式为交换模式
[G01-H01-Y27-Ethernet0/21]port trunk permit vlan 2000
                                   //设置端口允许 VLAN 号为 2000 的通过
Please wait…Done.
[G01-H01-Y27-Ethernet0/21]undo shutdown            //端口启用
[G01-H01-Y27-Ethernet0/21]qu                       //退回到特权模式
[G01-H01-Y27]int e0/25                             //进入端口 25 口(上行口)
[G01-H01-Y27-Ethernet0/25]port trunk permit vlan 2000
                                   //设置端口允许 VLAN 号为 2000 的通过
Please wait…Done.
[G01-H01-Y27-Ethernet0/25]
[G01-H01-Y27-Ethernet0/25]quit                     //退回到特权模式
[G01-H01-Y27]display vlan 2000
                                   //查看 VLAN 号为 2000 的 VLAN 应用到的端口
VLAN ID: 2000
VLAN Type: static
```

```
Route Interface: not configured
Description: test
Tagged  Ports:
    Ethernet0/21          Ethernet0/25
Untagged Ports:
    Ethernet0/20
[G01-H01-Y27]
```

④ 交换机管理网的配置

• 创建 VLAN

跟创建普通 VLAN 一样。进入 VLAN 端口模式，添加 IP 地址、掩码，增加路由。一般接用户的端口改为自适应模式，接交换机的端口改为 100 M 全双工模式。开通 2000 子网的命令如下。

```
[G01-H01-Y27]int e0/20
[G01-H01-Y27-Ethernet0/20]speed auto                //配置为速率自适应
[G01-H01-Y27-Ethernet0/20]duplex auto               //配置为双工自适应
[G01-H01-Y27-Ethernet0/20]qu
[G01-H01-Y27]int e0/21
[G01-H01-Y27-Ethernet0/21]speed 100                 //配置速率为 100 M
[G01-H01-Y27-Ethernet0/21]duplex full               //配置双工模式为全双工
[G01-H01-Y27]display cu int e0/20                   //显示端口 20 的配置
interface Ethernet0/20
port access vlan 2000
[G01-H01-Y27]display cu int e0/21                   //显示端口 21 的配置
interface Ethernet0/21
duplex full
speed 100
port link-type trunk
port trunk permit vlan 2000
```

• 配置登录密码

```
[G01-H01-Y27]                                       //进入特权模式
[G01-H01-Y27]user-interface aux 0                   //设置串口登录用户
[G01-H01-Y27-ui-aux0]authentication-mode password
                                                    //设置为密码验证模式
[G01-H01-Y27-ui-aux0]set authentication password cipher infothlsc
                 //设置密码为infothlsc(密文密码,display current 查看为乱码)
[G01-H01-Y27-ui-aux0]quit
[G01-H01-Y27-ui-aux0]qu
[G01-H01-Y27]user
[G01-H01-Y27]user-interface vty 0 4
                                       //设置 telnet 用户为(0～4)总共 5 位
```

```
[G01-H01-Y27-ui-vty0-4]auth pass                //设置为密码验证模式
[G01-H01-Y27-ui-vty0-4]set auth pass cip infothlsc
                      //设置密码为 infothlsc(密文密码,display current 查看为乱码)
[G01-H01-Y27-ui-vty0-4]quit
[G01-H01-Y27]super pass level 3 cipher  infothlsc
                                                //设置超级用户密码为 infothlsc
```

4. 维护注意事项

(1) 在交换机的配置过程中,对于端口和 VLAN 都应加有描述性名称。

(2) 对于基于网络流量的端口参数设置,应根据实际网络状况作调整。

(3) 对交换机的系统日志应定期检查,作好记录,发现问题及时处理。操作命令为在系统全局模式下输入"display log"。

(4) 对交换机 MAC 地址表进行检查。命令"display mac int [端口号]\display mac vlan [vlan 号]"。

(5) 对交换机的系统日志和端口记录定期清除。

普通模式下面,命令"reset log"和"reset counter"。

(6) 特权模式下,清除端口上的动态 MAC 地址"undo mac int [端口号]",清除 VLAN 里的动态 MAC 地址"undo mac vlan [vlan 号]"。

(7) VLAN 一定要是"enable"的,不然普通用户端口就不能上网,命令"[G01-H01-Y27]vlan enable"。

(8) 作了所有的修改后,一定要记得保存,命令"<G01-H01-Y27>save"。

(9) 如果命令输入不全,可以按住 Tab 键,系统自动补全,例如:

```
[G01-H01-Y27]vl                                 //按下 Tab 键
[G01-H01-Y27]vlan
```

小　结

1. 因特网是一个网络的网络。它凭借 TCP/IP 网络协议将各种不同类型、不同规模、位于不同地理位置的物理网络连接成一个整体,是一个国际性的通信网络集合体,融合了现代通信技术和现代计算机技术,集各个部门、领域的各种信息资源为一体,从而构成网上用户共享的信息资源网。因特网由通信线路、路由器、服务器与客户机及信息资源等组成。

2. IP 地址的构成、作用、分类及编写方法是学习的重点。

3. TCP/IP 是互联网的灵魂,它是一个协议集合,它的组成及作用是学习的难点。

4. 域名的组成、含义、作用及我国域名系统的构成要求认真掌握。

5. Cisco 3524 和 LS-2403H 两种楼道交换机的配置方法与流程是作为例子提供给大家作参考,实际配置时要认真查看厂家给定的说明书,严格按其要求进行配置。

习题与思考题

一、判断题

1. 网络互联必须遵守有关的协议、规则或约定。（　　）
2. 局域网的安全措施首选防火墙技术。（　　）
3. 网络域名一般都通俗易懂，大多采用英文名称的缩写来命名。（　　）
4. 两台计算机利用电话线路传输数据信号时，必备的设备之一是网卡。（　　）
5. ISO 划分网络层次的基本原则是：不同节点具有相同的层次，不同节点的相同层次有相同的功能。（　　）
6. TCP/IP 协议中，TCP 提供可靠的面向连接服务，UDP 提供简单的无连接服务，应用层服务建立在该服务之上。（　　）
7. 目前使用的广域网基本都采用网状拓扑结构。（　　）
8. Telnet、FTP 和 WWW 都是 Internet 应用层协议。（　　）
9. 路由器是属于数据链路层的互联设备。（　　）
10. 基带电缆可以直接传送二进制数据。（　　）
11. 网桥必须能够接收所有连接到它的 LAN 上站点所发送的帧。（　　）
12. 传输层协议是端到端的协议。（　　）
13. 利用模拟传输系统传送数字信号必须使用 CODEC 装置。（　　）
14. 拥塞控制等同于流量控制。（　　）
15. 分布式系统就是计算机网络系统。（　　）

二、单选题和多选题（除题目特殊说明是多选题外，其他均为单选题）

1. 从网络安全的角度来看，当收到陌生电子邮件时，处理其中附件的正确态度应该是（　　）。

A. 暂时先保存它，日后打开　　B. 立即打开运行
C. 删除它　　D. 先用反病毒软件进行检测再作决定

2. Internet 的核心协议是（　　）。

A. X. 25　　B. TCP/IP
C. ICMP　　D. UDP

3. 使用 ping 命令 ping 另一台主机，就算收到正确的应答，也不能说明（　　）。

A. 目的主机可达〈br〉
B. 源主机的 ICMP 软件和 IP 软件运行正常
C. ping 报文经过的网络具有相同的 MTU
D. ping 报文经过的路由器路由选择正常

4. （多选题）计算机网络中，分层和协议的集合称为计算机网络的（　　）。其中实际应用最广的是（　　），由它组成了一整套协议。

A. 体系结构　　B. 组成结构
C. TCP/IP 参考模型　　D. ISO/OSI 网

5. 管理计算机通信的规则称为(　　)。

A. 协议　　B. 介质

C. 服务　　D. 网络操作系统

6. 以下(　　)选项按顺序包括了 OSI 模型的各个层次。

A. 物理层、数据链路层、网络层、运输层、会话层、表示层和应用层

B. 物理层、数据链路层、网络层、运输层、系统层、表示层和应用层

C. 物理层、数据链路层、网络层、转换层、会话层、表示层和应用层

D. 表示层、数据链路层、网络层、运输层、会话层、物理层和应用层

7. 在 OSI 模型中，第 N 层和其上的 $N+1$ 层的关系是(　　)。

A. N 层为 $N+1$ 层提供服务

B. $N+1$ 层将从 N 层接收的信息增了一个头

C. N 层利用 $N+1$ 层提供的服务

D. N 层对 $N+1$ 层没有任何作用

8. 对 IP 数据报分片的重组通常发生在(　　)上。

A. 源主机　　B. 目的主机

C. IP 数据报经过的路由器　　D. 目的主机或路由器

9. 在 OSI 参考模型中，保证端-端的可靠性是在(　　)上完成的。

A. 数据链路层　　B. 网络层

C. 传输层　　D. 会话层

10. MAC 地址通常存储在计算机的(　　)。

A. 内存　　B. 网卡

C. 硬盘　　D. 高速缓冲区

三、填空题

1. 根据网络的地理覆盖范围进行分类，计算机网络可以分为以下 3 大类型：________、________和________。

2. 网络的传输方式按信号传送方向和时间关系，信道可分为 3 种：________、________和________。

3. 试列举 4 种主要的网络互联设备名称：________、________、________和________。

4. E-mail 地址由________@________组成。

5. 常见的网络操作系统有：________、________和________。

6. 写出你熟悉的 3 个有关教育的网络域名地址：________、________和________。

7. 计算机网络技术是________和________技术的结合。

8. 以太网 MAC 地址的长度为________位。

9. 路由器的主要功能是________。

10. CERNET 的中文名称为________。

11. WWW 的中文名称为________。

12. 用于连接两个不同类型局域网的互联设备称为________。

13. 调制解调器 Modem 的调制功能指的是________。

14. IEEE 802 标准只覆盖 OSI 模型的________和________层。

15. 一个 3 kHz 带宽且无噪声的信道，其传输二进制信号时的最大数据传输率为________。

四、简答题

1. 什么是计算机对等网络？
2. 简要说明资源子网与通信子网的联系与区别。
3. OSI 参考模型层次结构的七层名称是什么？
4. 简述现代计算机网络的 5 个方面的应用。
5. 什么是虚拟机？
6. IP 协议主要解决的问题是什么？
7. IEEE 802 局域网参考模型有什么特点？

实训内容

1. 实训名称

对华为(任选一款)楼道交换机参数进行设置。

2. 实训目的

掌握楼道交换机参数设置的基本流程和方法。

3. 实训内容

按照本教材 3.4.2 节所述方法进行参数设置。

第4章 ADSL的安装与维护

非对称数字用户线路(ADSL,Asymmetric Digital Subscriber Line)是美国贝尔通信研究所于 1989 年为推动视频点播(VOD)业务开发出的用户线高速传输技术,后因 VOD 业务受挫而被搁置了很长一段时间。而今随着 Internet 的迅速发展,对固定连接的高速用户线需求日益高涨,基于双绞铜线的 ADSL 技术因其以低成本实现用户线高速化而大量普及,已成为主流的用户有线宽带接入方式。

4.1 宽带的基本概念及常见宽带接入方式

4.1.1 什么是宽带

通常把传输速率不低于 1 Mbit/s 的通信叫宽带通信。例如,ADSL 的理论上行速率可达 648 kbit/s,下行速率可达 8 Mbit/s 以上,所以 ADSL 属于宽带通信方式。

4.1.2 常用的宽带接入方式

目前几种常见的宽带接入方式如下。

(1) xDSL 系列:HDSL、HDSL2、ADSL、VDSL 等。

(2) 以太网接入。

(3) 无线接入。

ADSL 的网络构成形式有如下几种。

1. RFC1483B 方式

RFC1483B 方式如图 4-1 所示。

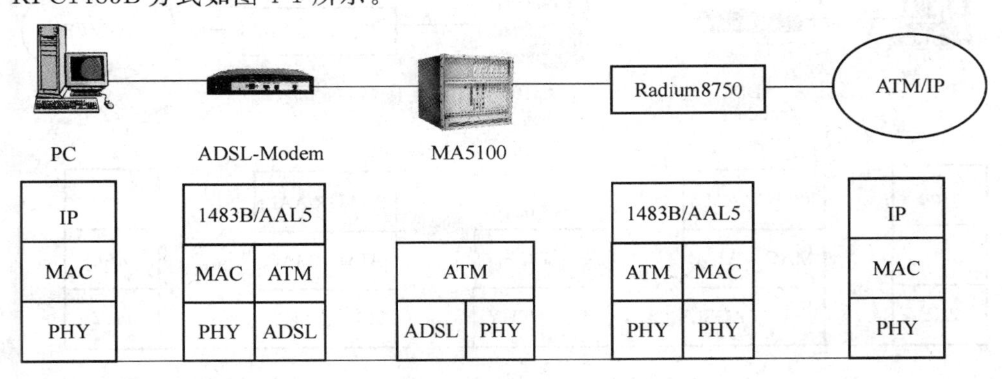

图 4-1 RFC1483B 方式

这种方式的特点如下。

(1) 网络中没有宽带接入服务器(BAS),只能够按照月租的方式收费。

(2) 网络中需要 DHCP 服务器给用户 PC 分配 IP 地址。

(3) 需要利用汇聚层设备提供防地址盗用的功能。

(4) 配置简单,只需要在 Modem 上配置 VPI/VCI,甚至采用默认配置即可。

2. PPPoE 方式

PPPoE 方式如图 4-2 所示,这是一种目前被广泛使用的接入方式,这种方式的特点如下。

(1) 网络中有宽带接入服务器 BAS,可以按照时长收费。

(2) PC 的 IP 地址由 BAS 自动分配。

(3) PC 上需安装 PPPoE 拨号软件。

(4) 配置简单,只需要在 Modem 上配置 VPI/VCI,甚至采用默认配置即可。

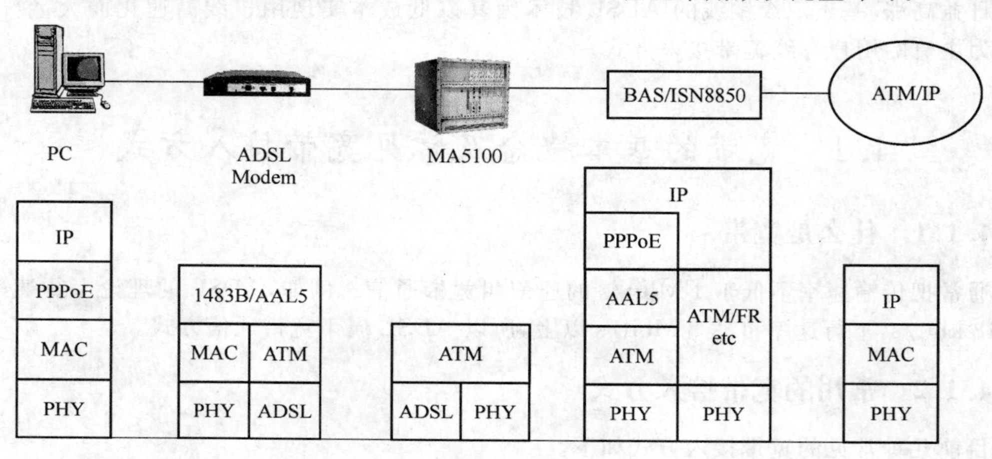

图 4-2 PPPoE 方式

3. RFC1483R 方式

RFC1483R 方式如图 4-3 所示。它与 1483B(图 4-1)的不同之处在于 ADSL-Modem 和 Radium8750 上的功能设置。

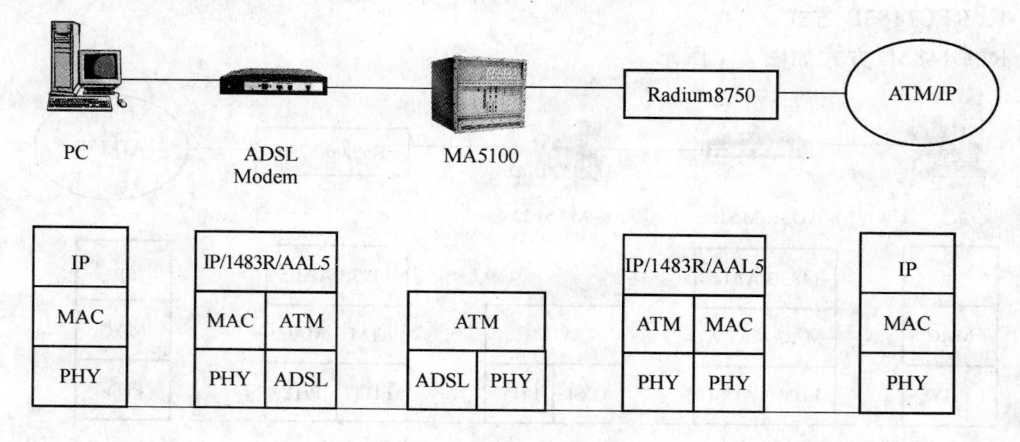

图 4-3 RFC1483R 方式

这种方式的特点如下。

(1) 网络中没有 BAS，只能够按照月租的方式收费。

(2) 在 Modem 上需要配置两个 IP 地址，其中一个为大网地址。

(3) 配置较复杂，在 Modem 上配置 VPI/VCI、对端 IP 地址、本地广域网口 IP 地址、本地局域网口 IP 地址。

4. ADSL 网吧的组网方式

(1) 桥接＋Proxy

桥接＋Proxy 方式如图 4-4 所示。

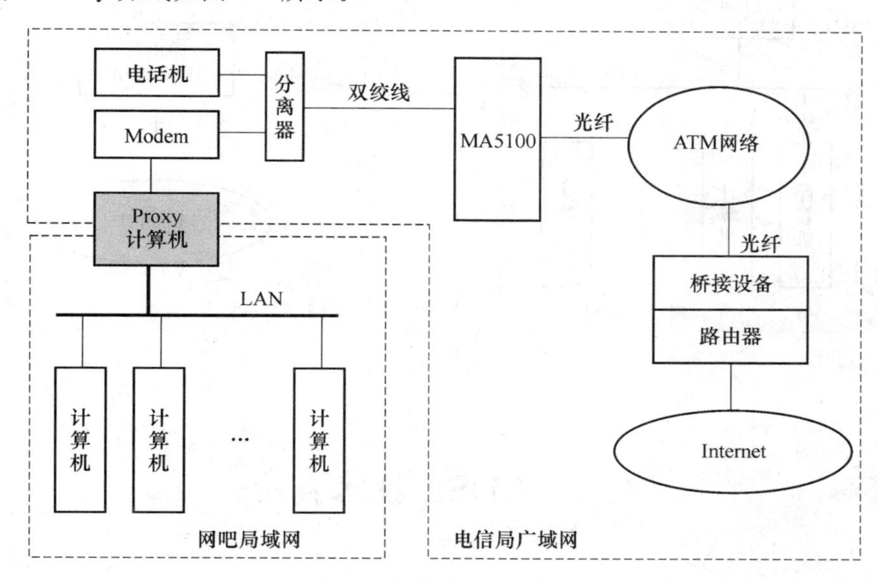

图 4-4　桥接＋Proxy 方式

(2) 桥接＋Router

桥接＋Router 方式如图 4-5 所示。

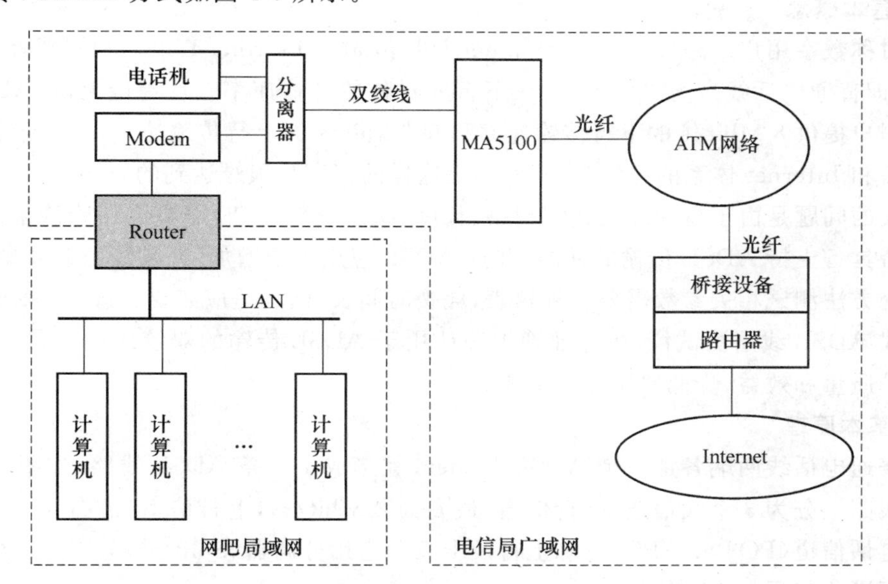

图 4-5　桥接＋Router 方式

(3) IPOA＋Hub

IPOA＋Hub 方式如图 4-6 所示。

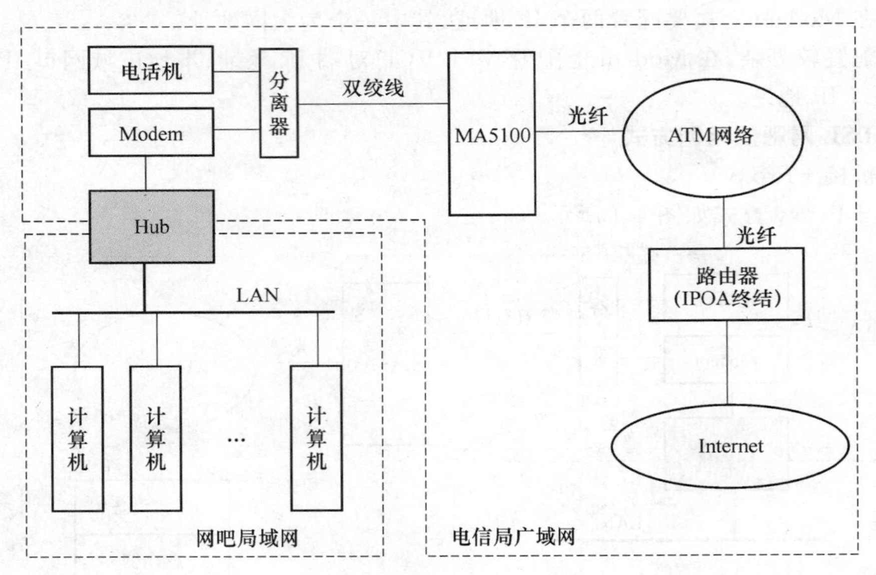

图 4-6　IPOA＋Hub 方式

4.2　ADSL 技术简介

4.2.1　ADSL 的基本概念及基本原理概述

1. 基本概念

非对称数字用户线路(ADSL，Asymmetric Digital Subscriber Line)，利用现有的一对双绞铜线(即普通电话线)，为用户提供上、下行非对称的传输速率。从理论上讲，ADSL 能够向终端用户提供 8 Mbit/s 的下行传输速率和 640 kbit/s 的上行传输速率，但由于目前受到通信网络和 Internet 体系的种种限制，实际上这样的速率是很难达到的。

最大的问题是由于目前双绞铜线规格、长度、状态比较复杂，需要迅速确认某一特定的线路是否具备支持 ADSL 传输的性能，并且 ADSL 应用不断增加，大量线路需要即时测试，利用传统方法测试相关参数需要多种仪表，耗费时间长，已不适应需要。选用一种经济实惠的手持式 ADSL 线路测试仪，快速准确地确认用于 ADSL 传输的双绞线的质量，对于提高运行维护质量和效益、降低费用非常重要。

2. 基本原理

在普通电话线两端各加一个 ADSL Modem 就形成了一条 ADSL 线路，如图 4-7 所示。在这条线路上分为 3 个大信道：下行信道(最高为 8 Mbit/s)，上行信道(最高为 640 kbit/s)和普通电话信道(POTS)。POTS 和上行及下行信道用分离器(Splitter)分隔。这样，ADSL 传输时不影响普通电话的使用。

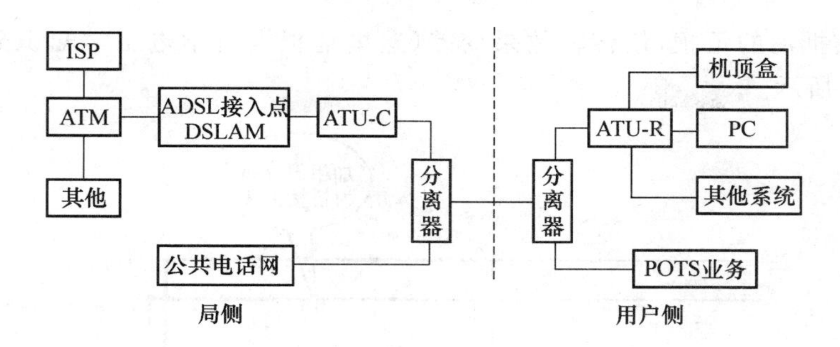

图 4-7 ADSL 网络构成模型

ADSL 采用离散多载波调制(DMT)技术,DMT 是美国国家标准,具有以下优点:

① 带宽利用率高;

② 可实现动态带宽分配;

③ 抗窄带噪声能力强;

④ 抗脉冲噪声能力强。

DMT 在铜线线路上划分了 256 个子载波信道。每个子载波信道占 4.312 5 kHz 带宽,总带宽达 256×4.312 5=1 104 kHz。Bin1(通道一)用于话音传输;Bin2～Bin6 被话音分割滤波器过渡带占用;一般从 Bin7 开始直至 Bin31 用于上行传输;上、下行信道的分割带占用 Bin32～Bin37;Bin38～Bin256 用于下行传输。如图 4-8 所示。

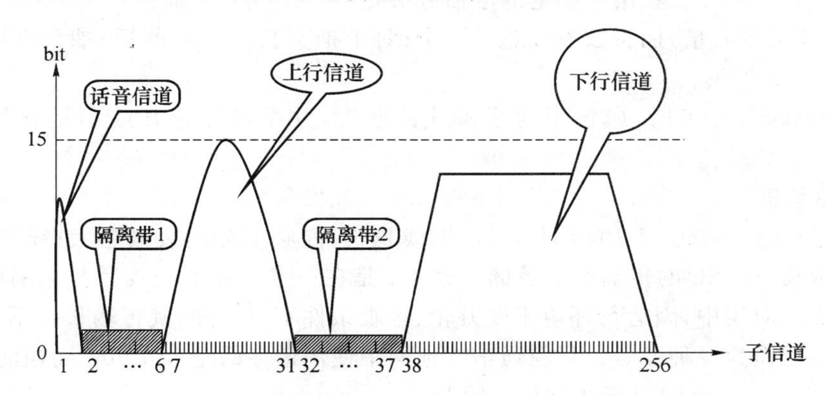

图 4-8 ADSL 中的信道分工

每个子信道采用 QAM 调制技术,每个子信道最多传输 15 bit。ADSL Modem 可根据各个频段上信噪比情况自适应地调节相对子信道上传输的比特数多少。实际上 DMT 技术相当于使用了 256 个子 Modem,它可以实时地根据线路情况关闭或开通某个子信道或调节子信道上传输的比特数。每个子载波所调制的比特数为 2～15,所调制(相当于传送)的比特数越多,要求的信噪比就越高。

4.2.2 影响 ADSL 传输的主要因素

1. 桥接抽头

所谓桥接抽头(Bridge Taps)是指跨接在双绞铜线上的未用的线路支路,靠近 ADSL Modem 附近的桥接抽头上的反射信号具有一定的能量,可能会抵消从远端传来的有用信号脉冲，加重回波抵消的负担，使传输效果变差(这里请根据所学电工学知识分析其影响机理)。如图 4-9 所示。

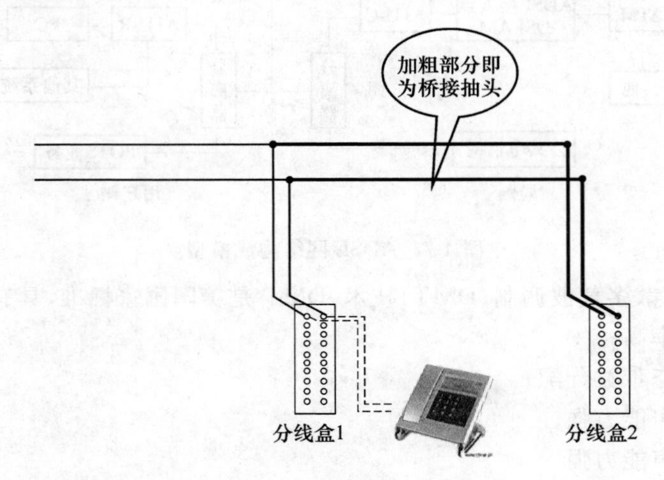

图 4-9　电话网络中的桥接抽头

在以往的本地通信线路网建设过程中，较多地使用了电缆或分线设备复接等方式，以提高电缆芯线的利用率和网络通融性，而复接就是典型的桥接抽头。

这里请思考一个问题：用户家里的电话分机是否也形成桥接抽头？

为了保证传输质量，抽头数不应超过 2 个；每个抽头长度尽可能短；抽头点至线路两端的距离要大于 400 m。

在开通 ADSL 业务时，应该事先了解线路状况，并尽可能避开或不用含桥接抽头的线对。

2. 线路长度

ADSL 传输频率高达 1 104 kHz，所以铜线越长，高频部分的衰减越大；线径越细，衰减越大；线路越长，ADSL 的传输速率越低。表 4-1 是在一定条件下由线径与速率所决定的传输长度表，实际应用中，因运行环境千变万化、客观条件不可预知，其传输长度不一定与表中相符，这里只是作为一种参考。目前通信本地网中使用最多的是 0.4 mm 线径的铜线，所以重点关注表中 0.4 mm 线径铜线的长度限制。

表 4-1　线径、速率与长度

下行速率	0.5 mm 线径	0.4 mm 线径
1.544 Mbit/s	5 400 m	4 500 m
2.048 Mbit/s	4 800 m	3 600 m
3.088 Mbit/s	待定	待定
4.096 Mbit/s	待定	待定
4.632 Mbit/s	4 200 m	3 600 m
6.312 Mbit/s	3 600 m	2 700 m
8.448 Mbit/s	2 700 m	待定

那么怎样才能确定用户线路的准确长度呢？常用的方法有以下两种。

（1）通过测试环阻来求得线路长度

将待测线路的终端短接，测得线路的实际环阻值 R_L（单位：Ω），则线路的长度（单位：km）为

$$L=R_L/R_0 \tag{4-1}$$

式中，R_0 为用户线每千米线路的环阻值。一般对应线径 0.32 mm、0.4 mm 和 0.5 mm 的铜线分别为 472 Ω、296 Ω 和 190 Ω。所以对于常用的 0.4 mm 线径芯线，其计算公式可以简单地记为

$$L=R_L/300$$

（2）通过测试电容来求得线路长度

断开待测线路同局端、用户端的任何连接，同时保持待测线对两端开路，测得线对实际电容值 C_{AB}（单位：nF），则线路的长度（单位：km）为

$$L=C_{AB}/C_0 \tag{4-2}$$

式中，C_0 为每千米线路的电容值。一般常用的市话通信电缆每公里的线间电容值为 50 nF，且与线径无关，所以对于常用的 0.4 mm 线径芯线，其计算公式可以简单地记为

$$L=C_{AB}/50$$

3. 加感线圈

过去为了开通电话业务，当线路过长时，为了保持在 4 kHz 带宽内线路频谱的平坦度，往往接上一个或多个加感线圈（Load Coils）。加感线圈与线路的分布电容构成了低通滤波器特性，改善了话音传输，但加剧了高频信号衰减，不适合 ADSL 的开通。如图 4-10 和图4-11 所示。

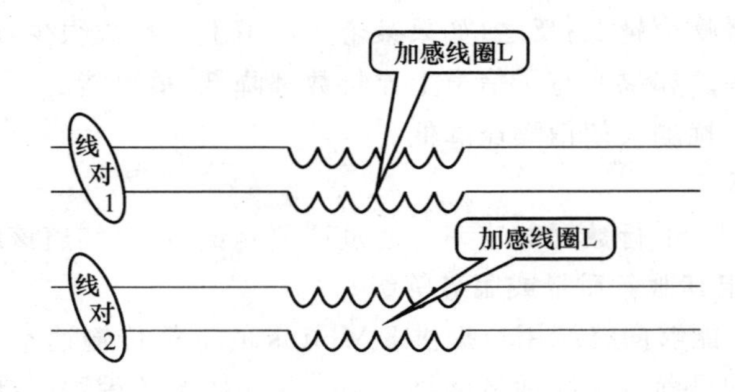

图 4-10　加感线圈

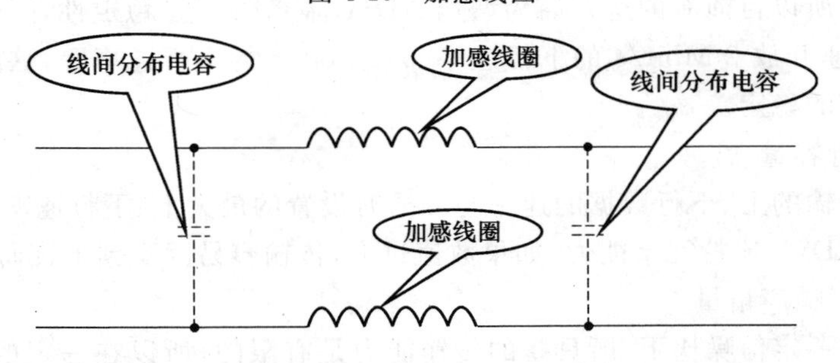

图 4-11　加感线圈与线间分布电容构成的高阻滤波器

因此在开通 ADSL 业务时，应该事先将加感线圈去除。

4. 噪声和干扰

噪声和干扰是 ADSL 传输过程中最难防范和最令人头疼的主因，因为它看不见摸不着，同时形成的原因千差万别，影响的途径不可预知，所以在 ADSL 中必须作为重点和难点来对待。

ADSL 中的干扰如下。

(1) 来自于同一线束内其他线对的串扰(Cross Talk)，如电路中摘/挂机信号和振铃信号的串扰。

(2) 来自 PCM 信号、基带 Modem 信号、SDSL/HDSL 等频带较宽的非话信号的串扰。

(3) 已开放 ADSL 线对之间的串扰，特别是近端串扰，可能由于铜线屏蔽不好、信号功率过强或线路不平衡均会影响线路上的信噪比。

(4) 来自 50 Hz 电力线的瞬间干扰。

(5) 无线电感应干扰。

这些噪声和干扰的大小与线路质量(绝缘、纵向平衡度等)、敷设方式和屏蔽程度、线对在电缆中的相对位置、电缆中非话业务的比例等诸多因素有关。

信噪比低会引起 ADSL 掉线和数据传输速率降低，即直接影响服务质量。

4.2.3 维护测试的参数分类及其含义

1. 物理层测试参数及其含义

(1) 子信道比特图

子信道比特图，也称为子载波比特图，是指每个子信道所传输的比特数，其值为 0～15。在局端不限速的情况下，每个子信道上传输的比特数越大，表明在此信道的载频频带内线路的传输性能越佳，背景噪声越低；反之，如果某个子信道上比特数很少，就表示在此频点的噪声影响大，信噪比越差。如果所有子信道上比特数都降低，最可能的原因是线路上有直流问题(如短路、接地)或干扰加大使信噪比降低。

(2) 上、下行速率

线路实际传输的上、下行数据的速率。通过这项测试，可以知道该线对能否开通所需速率的 ADSL 业务，决定其服务质量或服务等级。

理论上讲，ADSL 能够向终端用户提供 8 Mbit/s 的下行传输速率和 640 kbit/s 的上行传输速率，但由于受到目前本地网话音网络和 Internet 体系的种种限制，实际上这样的速率是很难达到的。所以目前有的运营商为增加 ADSL 业务的质量稳定性，降低设置的连接速率，只对用户限速开放 2 Mbit/s 的下行速率、512 kbit/s 的上行速率等，这实际上是以牺牲速率来换取通信的稳定。

(3) 上、下行容量

线路实际传输的上、下行数据的速率与开通时设置的最大上、下行速率之比。这个参数反映线路传输 ADSL 比特冗余能力，如果数值过大，传输容易因受到干扰而断链。

(4) 上、下行噪声裕量

通信信道在一定信噪比下，所具备的传输能力是有限的，所以在一定的信号电平下，噪声电平越大，传输的极限信息速率就越低。

噪声裕量是指实际信噪比与保证正常通信的极限信噪比之间的差值。

噪声裕量值越大，表明线路抗干扰的能力越强。

测试表明，噪声裕量应大于或等于6 dB，实际执行中取不低于10 dB更好。

(5) 上、下行输出功率

信号从局端或用户端发出时的功率。此参数的大小也表明信号能够正确传输的距离远近，且由局端设备或用户端设备性能所决定，维护人员无法进行更改。

(6) 上、下行线路衰减

信号在双绞线上传输，由于线间的电容效应和双绞线的电阻构成一个RC滤波器，将信号滤除一部分致使信号变弱，即线路所产生的衰减。

实践表明，此参数在0.4 mm线径的双绞线上3 km的传输距离时不应大于50 dB。

(7) CRC误码

循环冗余校验出的错误分组的个数，此值不断刷新，越小越好。

(8) HEC误码

ATM信元头控制字节校验出错的分组个数，此值不断刷新，越小越好。

(9) FEC误码

不需要请求重传，接收端负责纠正分组中的错误个数，此值不断刷新，越小越好。

2. 网络层测试参数及其意义

(1) 局域网内的ping测试和E网通测试

① ping测试

可向本地局域网方向直接ping主机，通过ping测试成功与否，及时发现出现连通故障的PC；同时可以代替PC通过网线Ping该网内的其他主机，验证网线的连通性是否正常，以及时找到故障所在。

② E网通测试

在本地局域网内，扫描所有与测试仪处于同一网段的计算机，从而获得在线计算机的IP地址、计算机名和工作组名。目前的ADSL测试仪完成该测试整个过程大约只需要45 s，简单快捷。此功能可用来检验整个局域网的主机在线情况，及时查找到故障主机或网络问题，以做出准确判断。

(2) LAN口PPPoE拨号和PPPoE ping测试

通过LAN口PPPoE拨号，可以完全代替用户的PC，来验证用户到ISP服务器的连通性。拨号成功后，可以直接读取用户所分配到的IP地址以及为其所提供域名解析服务的服务器(DNS)的IP地址。假如用测试仪PPPoE拨号可正常登录，而用用户的PC做PPPoE拨号无法实现正常登录，可以断定故障在于用户PC，可以排除线路和Modem的故障；假如测试仪PPPoE拨号不成功，则故障在于线路或者用户的Modem，可以根据后面介绍的WAN口PPPoE拨号作进一步的故障定位。

PPPoE拨号成功以后，通过PPPoE ping测试，向局端广域网方向直接ping网站IP地址或域名，可以检查广域网链路连通性。同时可以获取对方的IP地址和相应的TTL值，图4-12所示为用山东Senter公司生产的ST311ADSL测试仪进行LAN口PPPoE拨号和PPPoE ping测试的连接电路图。

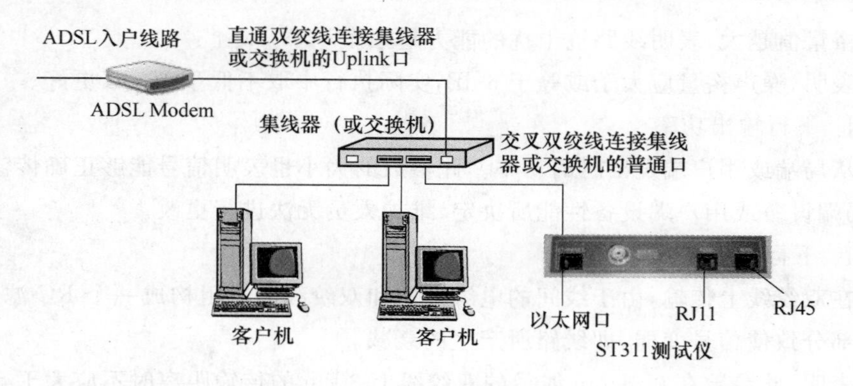

图 4-12　用测试仪进行 LAN 口 PPPoE 拨号和 PPPoE ping 测试连接图

(3) LAN 口 DHCP 拨号和 DHCP ping 测试

局域网中的 DHCP 服务器包括带路由功能的 ADSL Modem、宽带路由器、装有Internet共享软件(如 Wingate、Sygate 等)并启用 DHCP 功能的主机、启动 Windows 2000 自带 DHCP 服务功能的 PC 等。

在网吧或一些较大型的局域网中经常使用 DHCP 方式来配置各个主机。测试仪的 DHCP 客户端仿真可以用来验证自动配置主机的局域网是否正常。测试仪可完全代替用户 PC，进行 DHCP 的更新和释放，进而验证 DHCP 服务器是否正常工作，同时也能够快速定位不能够配置 PC 的故障，到底是 PC 的 TCP/IP 属性没有正确设置还是网络线路的问题，大大加快了维护人员查找障碍的进程。

在网关登录到 Internet 之后，可以进行 DHCP 的 ping 测试。向局端广域网方向直接 Ping 网站 IP 地址或域名，可以检查广域网链路连通性。同时可以获取对方的 IP 地址和相应的 TTL 值，图 4-13 为用 ST311ADSL 测试仪进行 LAN 口 DHCP 拨号和 DHCP ping 测试的连接电路图。

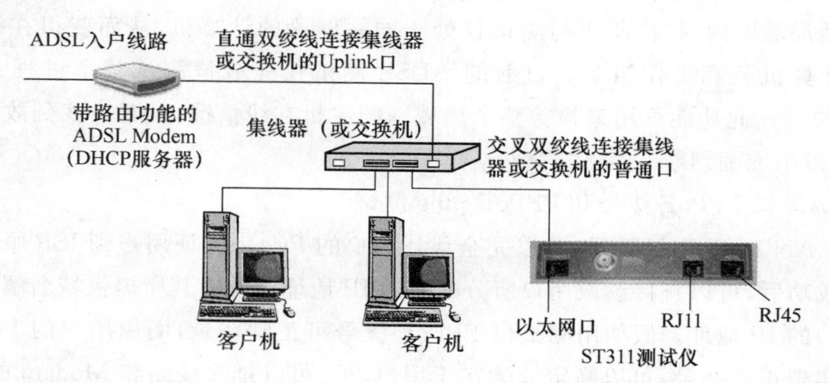

图 4-13　用测试仪进行 LAN 口 DHCP 拨号和 DHCP ping 测试连接图

(4) WAN 口 PPPoE 拨号和 PPPoE ping 测试

WAN 口的 PPPoE 拨号可以代替用户的 PC 和用户的 Modem，直接对连接 WAN 的双绞线进行 PPPoE 拨号登录，排除了 Modem 问题所带来的干扰。拨号成功后，可以直接读取用户所分配到的 IP 地址以及为其所提供域名解析服务的服务器(DNS)的 IP 地址。

假如 WAN 口的 PPPoE 拨号成功，而用户 PC 或测试仪进行 LAN 口的 PPPoE 拨号不成功，说明用户的 ADSL Modem 出现故障或者配置有问题；假如 WAN 口的 PPPoE 拨号不成功，而物理层连接正常，VPI、VCI 参数设置正确，说明局端接入服务器存在问题，从而排除了客户端的影响。配合 LAN 口的 PPPoE 拨号，加快了线路的故障定位。

WAN 口 PPPoE 拨号成功以后，通过 WAN 口 PPPoE ping 测试，向局端广域网方向直接 ping 网站 IP 地址或域名，可以检查广域网链路连通性。同时可以获取对方的 IP 地址和 PPPoE ping 的 TTL 值。

请思考：WAN 口 PPPoE 拨号和 PPPoE ping 测试是如何接线的？试画出电路图。

3. 直流特性参数及其含义

(1) 电压测试

此项测试仅限于直流电压的测试。利用电压测试可测试线路中有无信号，对捆绑在普通话音业务上的 ADSL 线路，若线路中的电压值偏低或为 0 V，则说明该线路业务未开通或存在严重的绝缘不良、短路、断路等线路故障，请检查线路进行维修。

(2) 环阻测试

所谓环阻是指构成用户话音回路的两根芯线的电阻之和，通常用分布参数的形式来描述，即 Ω/km。

测试方法是：首先断开待测线路同局端、用户端的任何连接，同时将待测线路的对端短接，将测试鳄鱼夹接入待测试的线路，测试仪会直接显示出线路的环阻值。一般测试仪环阻测试的范围为 0～2 000 Ω，因为 ADSL 的临界环阻值为 1 100 Ω 左右。此项测试时，如果线路有电压(电压大于 2 V)，测试仪会提示“线路有电压请取下测试夹”，然后返回到线路测试菜单，此时表明线路有电，不能测试环阻。请检查线路，无电后才能再进行测试。

利用环阻测试功能可判断线路的长度，反之，如果知道了电缆的长度，用测得的环阻值可以判断电缆的接续是否正常，这在前面已进行了介绍。

(3) 电容测试

这里的电容是指线间分布电容或线地(屏蔽层)分布电容，也以分布参数的形式出现，即 nF/km。

首先断开待测线路同局端、用户端的任何连接，同时保持待测线对两端开路。然后将测试鳄鱼夹接入待测试的线路，测试仪会直接显示出线路的电容值。电容测试的范围为0～300 nF。

如果测试过程中测试仪提示“测试超量程，请取下测试夹”，表明线路电容超量程或线路存在障碍，请检查线路后，重新测试。此项测试时，如果线路有电压(电压大于 2 V)，测试仪会提示“线路有电压请取下测试夹”，然后返回到线路测试菜单，此时表明线路有电，不能测试电容。请检查线路，没有电后再进行测试。利用电容测试功能可判断线路的长度。

注意：若环阻测试与电容测试后，计算的线路长度相差很大，说明线路存在障碍，应对线路进行维修。一般而言，线路环阻值偏大表明线路存有接触不良的接头；线路电容值偏大表明线路存有桥接抽头或浸水受潮。总之，这对芯线不适合开通 ADSL 业务。

(4) 绝缘测试

绝缘电阻是指线间绝缘或线地绝缘电阻，单位是 MΩ。

首先断开待测线路同局端、用户端的任何连接，同时待测线对之间、线对对地都要保持开路。然后将测试鳄鱼夹接入待测试的线路，测试仪会直接显示出线路的绝缘电阻值。测试的范围为 0～15 MΩ。

此项测试时，如果线路有电压（电压大于 2 V），测试仪会提示“线路有电压请取下测试夹”，然后返回到线路测试菜单，此时表明线路有电，不能测试绝缘电阻。请检查线路，没有电后再进行测试。如果线路的绝缘电阻超量程，测试仪会显示“绝缘电阻≥15.0 MΩ”，表明线路的绝缘状况良好。

利用绝缘电阻测试功能可以测试线路的绝缘状况：若线路的绝缘电阻值较小，说明线路存在绝缘不良障碍（即漏电），这时会影响 ADSL 线路的传输质量，应进行维修。一般要求开通 ADSL 业务的线路绝缘电阻值应大于 10 MΩ。此外还应该说明的是：线路越长，绝缘电阻越低。

4. ADSL 测试参数举例

已知某条 ADSL 线路的连通测试结果如图 4-14 和图 4-15 所示，请对测试结果进行分析。

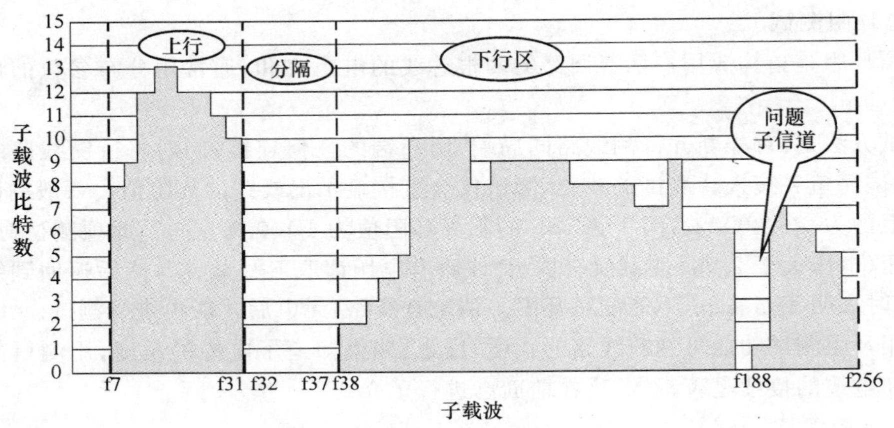

图 4-14 子载波比特图

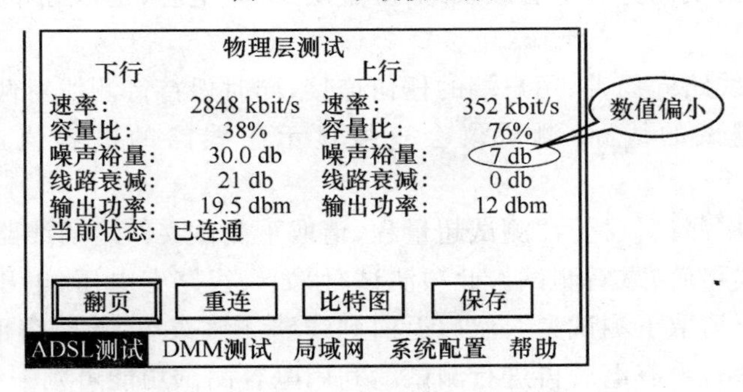

图 4-15 物理层参数测试结果

由图 4-14 和图 4-15 得到的分析结果如下。

（1）线路的下行速率为 2 848 kbit/s，下行容量为 38%，则该条线路能够传输的最大速率为 2 848÷38%＝7 494 kbit/s，基本达到理论值 8 Mbit/s，说明线路状况适合开展 ADSL 业务。

（2）从实际测得的线路 256 个子信道的比特图可以看到，上行信道从 7～31 数据正常，下行信道从 40～233 总体上正常（线路实际下行速率达到 8 Mbit/s 左右时会使用 40～255 信道），但在 188 信道附近出现几个连续为零的信道，这说明在 188 信道附近（折算成频率为

188×4.3125=810 kHz)即 810 kHz 频点上,信噪比差或存在较大的背景噪声,或受外界电磁干扰或无线电干扰,由于 ADSL 的 DMT 调制技术,信号会自适应进行调整,所以对此条线路来讲,已完全可以开通 ADSL 业务。

(3) 其他参数分析:下行的噪声裕量为 30 dB,远高于 6 dB 的门限值,线路衰减 21 dB,远小于 50 dB,所以下行参数全部正常;上行的噪声裕量为 7 dB,虽高于 6 dB 但小于 10 dB,状况不是太好,也就是说,若速率进一步提高,掉线的可能性较大。

4.2.4　ADSL 相关术语

1. ADSL(Asymmetric Digital Subscriber Line)亦即非对称数字用户线路。

2. bit/s(bit per second)位每秒和 B/s(Byte per second)字节每秒,用来表示每秒通过某种传输介质的数据位数。8 位(bit)构成 1 个字节(Byte),1 024 Byte=1 KB。

3. DHCP (Dynamic Host Configuration Protocol) 即动态主机配置协议,它基于 BOOTP 协议并在 BOOTP 协议的基础上添加了自动分配可用网络地址等功能。

4. DMT(discrete multitone) 即离散多音频调制,是 ADSL 的主要调制技术。

5. DSLAM(DSL Access Multiplexer)即数字用户线接入复用设备,也就是 xDSL 的局端接入设备。

6. HDSL(High-data-rate Digital Subscriber Line)即高数据速率数字用户线路。

7. MAC(Media Access Control)即介质访问控制。

8. PPPoE(Point-to-Point Protocol over Ethernet) 即基于以太网的点对点协议。

9. VCI(Virtual Channel Identifier)即虚拟信道标识。

10. VPI(Virtual Path Identifier)即虚拟路径标识。

4.3　ADSL 的开通

ADSL 宽带业务的开通一般遵循如下步骤:与用户预约→检查下户线和用户室内线路→制定正确的并机接线方案→安装 ADSL Modem→检查网卡设置→安装拨号软件→开通证实。下面详细介绍这些步骤中的注意事项和主要内容。

4.3.1　预约

为确保在开通时限内完成 ADSL 的安装工作,宽带终端维护人员上门前要与用户预约,主要目的是告知用户需要做好哪些准备工作,并预约安装时间。

如果是单机上网用户,需要请用户做好以下两项准备工作。

(1) 确保计算机上有网络接口,如果是没有网络接口的计算机,要请用户自购网卡并安装。

(2) 建议用户杀毒,安装正版的病毒防火墙,确保计算机操作系统工作正常。

如果用户有多台计算机共享 ADSL 上网,除告知用户做好上述的准备工作外,还需要请用户由自己的技术人员或其他专业公司帮助建立好局域网,两台计算机上网可以建议用户采用双网卡代理服务器的方式,如果是有多台计算机的局域网上网,要建议用户使用小型宽带路由器方式。代理服务器配置安装和局域网路由器的配置安装,请用户找专业人士解决。

4.3.2 线路检查

约有 40% 的 ADSL 网络故障是由于用户线和室内线路的安装不规范或线路性能不良引起的,开通时检查好线路将起到防患于未然的作用。请按以下步骤仔细检查下户线和用户室内线路。

第一步:ADSL 承载电话通话清晰,没有杂音,接线正确,电话线周围没有高频的用电设备,并且没有与强电线路缠绕或平行。

第二步:拧紧楼道内电话分线盒(箱)的接线端子。下户线如果是采用平行线(如皮线),应注意长度不要超过 20 m;下户线如果距离较长或是室外飞线的,要更换为双绞线,并注意防雷。这里要讲清楚的是,如果使用 UTP 双绞线,它只能降低线路衰减而不能防雷;只有使用 STP 双绞线,它才能既降低线路衰减又防雷,但需将其屏蔽层在两端(至少一端)接地。

第三步:清除室内电话接线盒氧化锈蚀,拧紧接线盒接头螺钉。

第四步:检查在滤波分离器前有没有接入了其他设备,如电话分机、传真机、IP 拨号器等,这些设备只能连接在滤波分离器语音端口后面的线路上。否则要在设备前加装高阻滤波分离器。

4.3.3 确定室内线路连接方案

许多用户在承载电话上同时并联有几部电话机。往往部分安装有分机的客户会发现,开通 ADSL 后,电话或 ADSL 不能正常使用,会发生电话杂音大、接电话时 ADSL 掉线等,其中分离器安装不正确是造成电话和上网互相影响以及掉线故障的主要原因。

ADSL 使用的是载波技术,电话的低频信号和数据网络的高频信号同时在一条线路上传输,如果没有语音/数据分离器将信号分离,就会导致使用障碍。

要因地制宜地确定室内线路的连接方案,首先必须掌握分离器原理,下面介绍这方面的内容。

1. 语音/数据分离器

语音/数据分离器分为低阻语音/数据分离器和高阻语音/数据分离器两种。

(1) 低阻语音/数据分离器

低阻语音/数据分离器的外形如图 4-16 所示。它有 3 个端口(一进两出):Line 口接电话进线, Phone 口接电话机,Modem 口接 ADSL Modem。它的作用是过滤由电话机或其他通信设备产生的杂波,隔离高频和低频通信通道,避免语音和数据通信相互干扰。

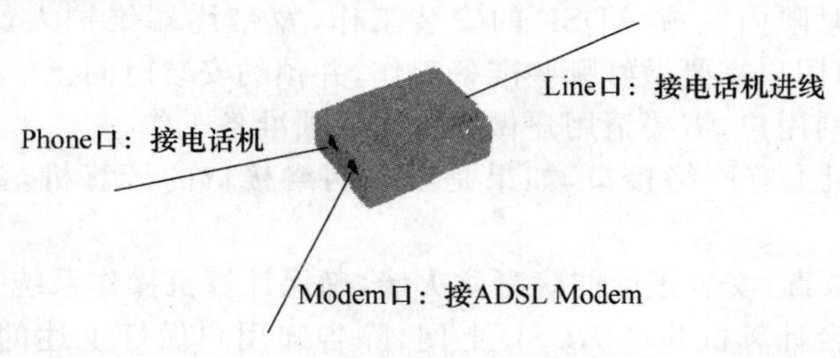

图 4-16 低阻语音/数据分离器

低阻语音/数据分离器有以下特点。

① 输入阻抗低,多只并联使用会降低整条通信线路的特性阻抗,电话可能会因线路阻

抗不匹配而出现回声等现象，并可能会导致 ADSL 掉线，因此一般只准许使用一只。

② 分离语音信号与数据信号，即它允许高、低频信号同时通过。

(2) 高阻语音/数据分离器

高阻语音/数据分离器的外形如图 4-17 所示。它是一进一出式的结构，一头为 RJ11 插头，另一头为 RJ11 插座，所以也称为鞭状分离器。插头一端插在电话机上，插座一端接电话线，它可以阻止高频信号进入电话机。

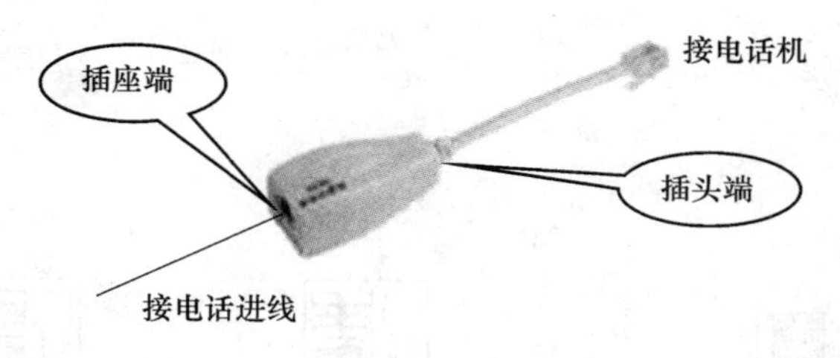

图 4-17　高阻语音/数据分离器

高阻语音/数据分离器具有以下特点。

① 输入为高阻抗，可以多只并联使用。

② 只允许低频信号(话音信号)通过，不允许高频信号(数据信号)通过。

2. 正确的室内线路连接方案

(1) 使用一只低阻语音/数据分离器。进户电话线通过分离器再分别接电话机和 ADSL Modem。电话副机可以并接在低阻语音/数据分离器之后。如图 4-18 所示。

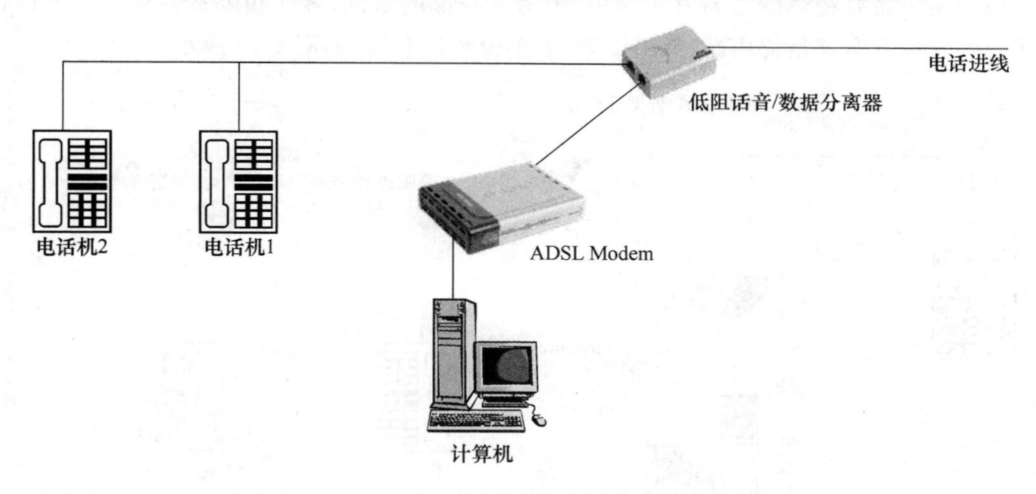

图 4-18　使用低阻语音/数据分离器布线

在用户室内可以方便布线，或分离器可以方便地安装在电话进线处时，可以采用这种方案。

如果低阻语音/数据分离器安装在计算机附近，其他副机需要从分离器后布电话线来并接。

如果低阻语音/数据分离器安装在电话进线处，需新布电话线接 ADSL Modem。

在开通时，如果不能方便布线，同时也没有高阻分离器，只能建议用户将其他副机摘除，或使用无绳电话。

(2) 在 ADSL Modem 的安装点，如果用户不需要连接电话机，可以采用图 4-19 所示方案。电话线直接插在ADSL Modem上，但在每个电话机之前加装高阻分离器。

目前，在大部分家庭经过装修电话线均已暗埋的情况下，很难判断用户电话线路的连接方式，用这种方案是最可靠的。

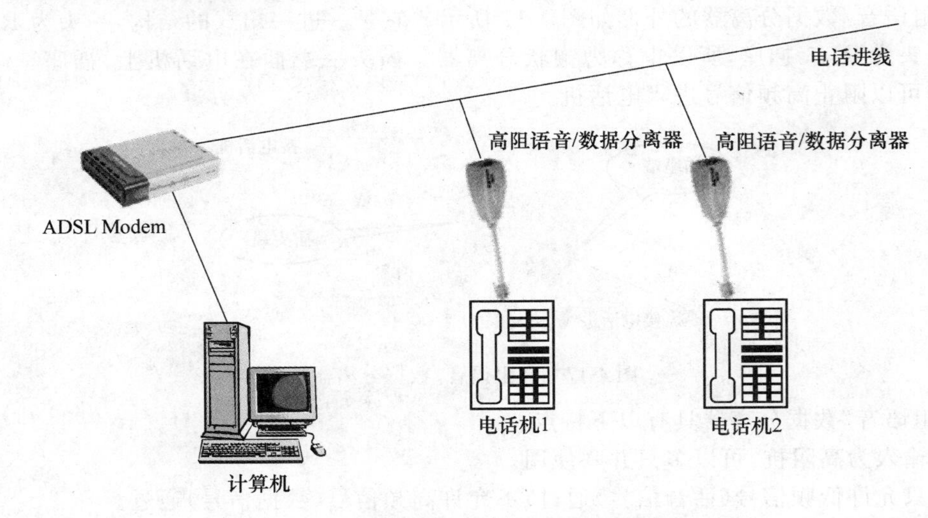

图 4-19　使用高阻语音/数据分离器布线

(3) 综合上面两种方案，高、低阻语音/数据分离器均使用。

比如用户需要将ADSL接在书房中，书房有一部电话机，客厅和卧室各有一部电话机。最适合的安装方案就是使用高、低阻语音/数据分离器布线，如图 4-20 所示。

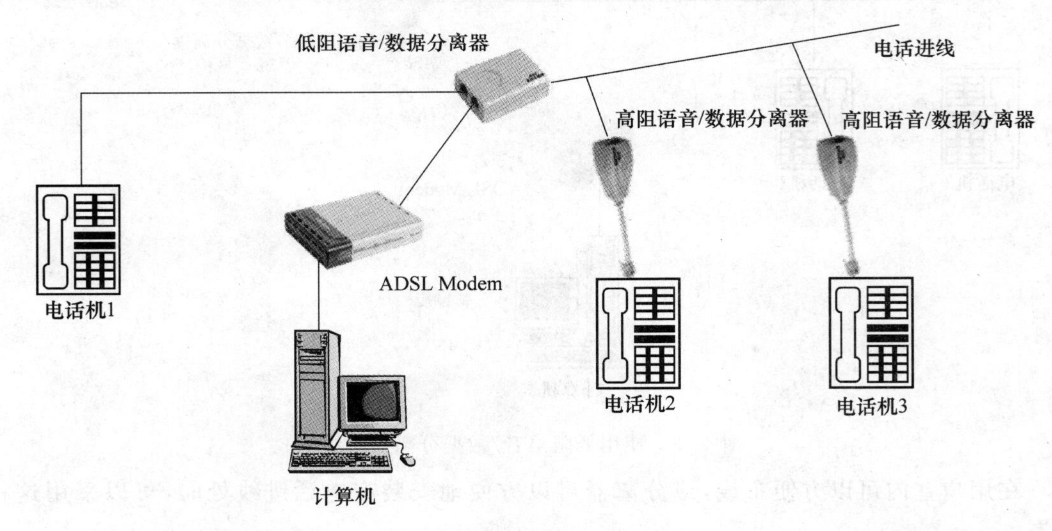

图 4-20　使用高、低阻语音/数据分离器布线

3. 常见的错误连接方式

(1) 错误方式一

如图 4-21 所示，将低阻语音/数据分离器并联使用，此时将严重降低信号特性阻抗，即降低信号幅度，将导致电话回音、掉线等故障。部分用户在开通ADSL后，有在分离器之前并接电话副机的需求，安装时应告诉用户，如需并接副机，需购买高阻分离器。

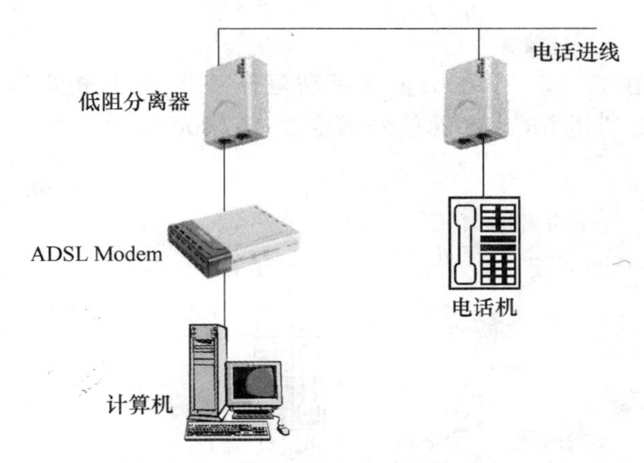

图 4-21　错误的室内并机接线方式一

(2) 错误方式二

如图 4-22 所示,在分离器接有电话机,这种错误的安装方式最为常见。因为电话机在通话时等效于低阻抗,其影响机理与并联使用两只低阻分离器一样。

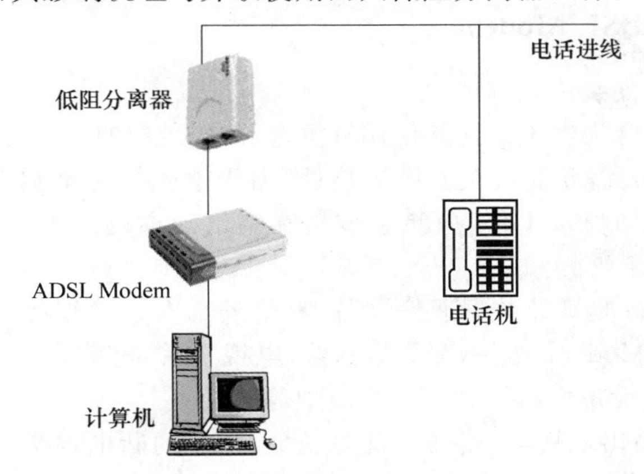

图 4-22　错误的室内并机接线方式二

(3) 错误方式三

如图 4-23 所示,在接 ADSL Modem 的数据口上并有电话机,电话机将无法使用,因为这个口子没有语音信号输出。

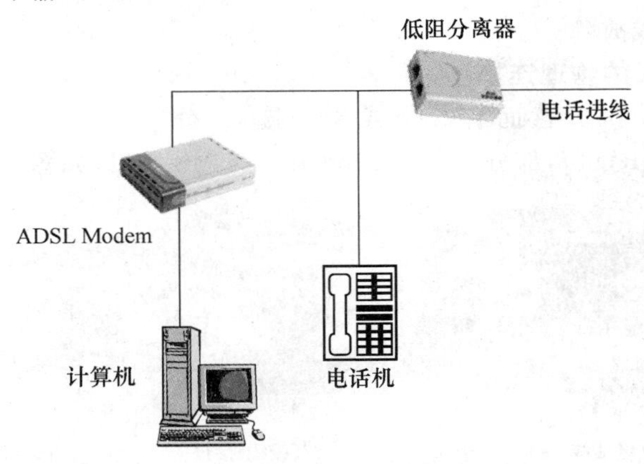

图 4-23　错误的室内并机接线方式三

(4) 错误方式四

如图 4-24 所示,在 ADSL Modem 前接有高阻分离器,此时相当于在 Modem 前串入了一个很大的电阻,使得到达 Modem 的信号幅度变小,Modem 将无法同步。

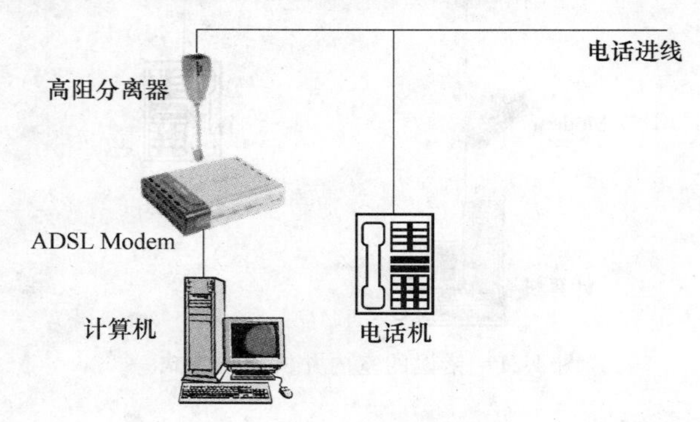

图 4-24　错误的室内并机接线方式四

4.3.4　安装 ADSL Modem

1. ADSL Modem 安装注意事项

ADSL Modem 通常为塑壳结构并使用外置电源,安装时有 4 个注意事项。

(1) ADSL Modem 需要安放在通风散热处,因为塑壳结构不利于散热。因此,为保证 ADSL Modem 能长时间稳定工作,应将它放置在空气流通的地方,Modem 上不能有覆盖物,立式 Modem 不能横放。

(2) ADSL Modem 是高速数据通信设备,易受外部电磁波干扰,从而导致出现掉线等故障。因此要避免将 Modem 放在 CRT 显示器、电视机后,避免将手机放在 ADSL Modem 旁边,远离大功率用电设备如冰箱、空调、微波炉等。

(3) 外置电源容易出现松动、接插不良等现象,瞬间的断电也会导致 ADSL Modem 重新同步,因此,要避免将 ADSL Modem 电源插在劣质插座上,避免将插座置于易触碰的地方。

(4) 不要将 ADSL Modem 设置为路由方式,因为路由方式时容易受到病毒的攻击,很多病毒是通过扫描路由来发起攻击的,这不利于保证用户账号/密码的安全,并且在有网络病毒时,容易出现掉线故障。

2. ADSL Modem 的物理连接

常见的 ADSL Modem 背面有 3 个或 4 个接口,分别是外置电源插口、网络线插口(RJ45)、电话线插口(RJ11),部分 ADSL Modem 有 USB 接口,如图 4-25 所示。

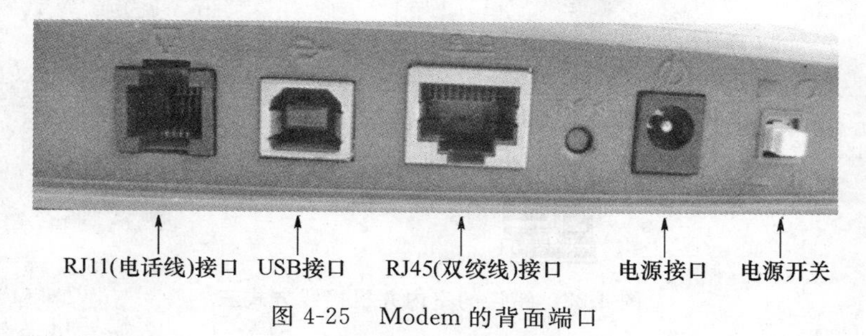

图 4-25　Modem 的背面端口

通常使用网络线(5 类或超 5 类非屏蔽双绞线)将 ADSL Modem 与计算机相连。有 USB 接口也可以使用 USB 连接线与计算机相连，这种方式需要安装 Modem 的驱动程序，如图 4-26 所示。

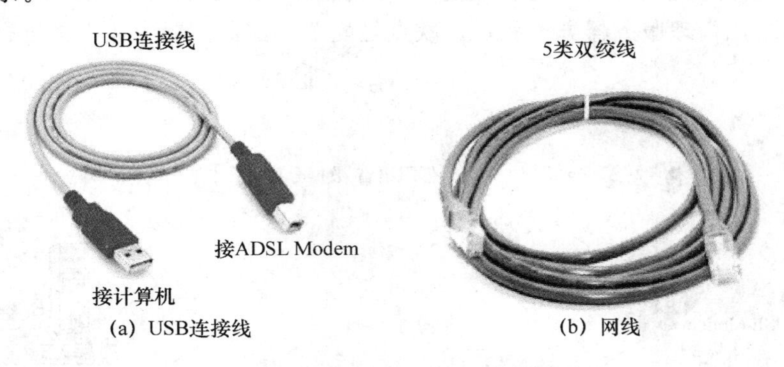

(a) USB连接线　(b) 网线

图 4-26　网线与 USB 连接线

3. 局域网安装方法

(1) 通过代理服务器拨号上网的连接方法

通过代理服务器拨号上网的连接方法如图 4-27 所示。进户线接入低阻语音/数据分离器，再分别接电话机和 ADSL Modem，需要一台计算机做代理服务器，在代理服务器上安装双网卡，并安装 PPPoE 拨号软件和代理软件(WinGate、SyGate、Windows XP 连接共享等)。由代理服务器拨号，工作站不需要安装 PPPoE 拨号软件，通过代理服务器代理上网。如果只有两台计算机，可以省去交换机或 Hub，将工作站与代理服务器之间用交叉网线直连即可。

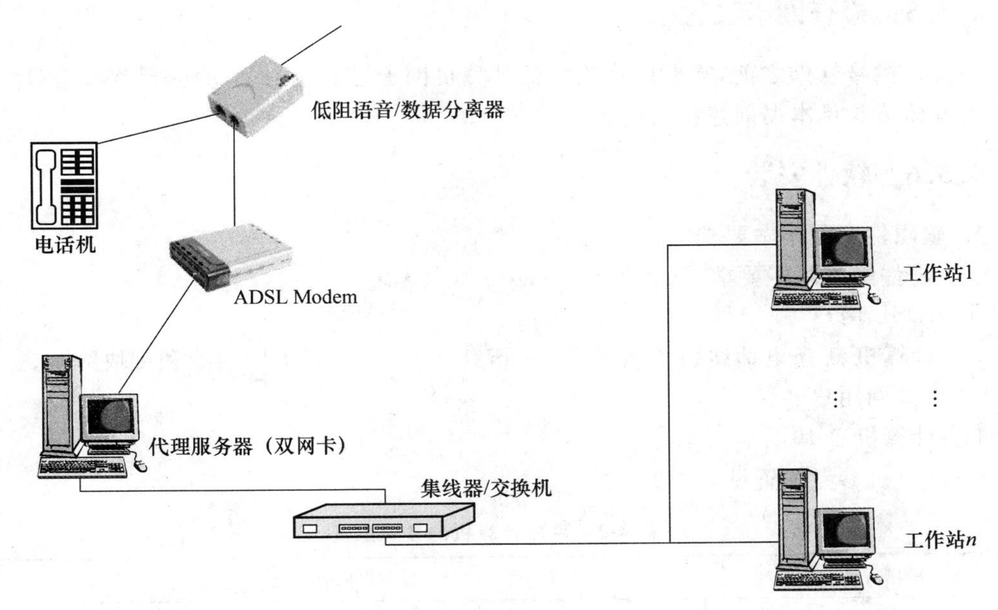

图 4-27　通过代理服务器拨号上网的连接方法

(2) 通过路由器拨号上网的连接方法

通过路由器拨号上网的连接方法如图 4-28 所示。ADSL Modem 接宽带路由器，将

ADSL 用户名/密码设置在宽带路由器中。宽带路由器在加电后会自动拨号建立连接，工作站开机后就能直接上网。

这种方式的好处是方便、不用手动拨号，并且很多路由器都支持简单防火墙的功能，安全性较高，网络比代理服务器方式稳定。缺点是配置路由器需要专业人员进行。

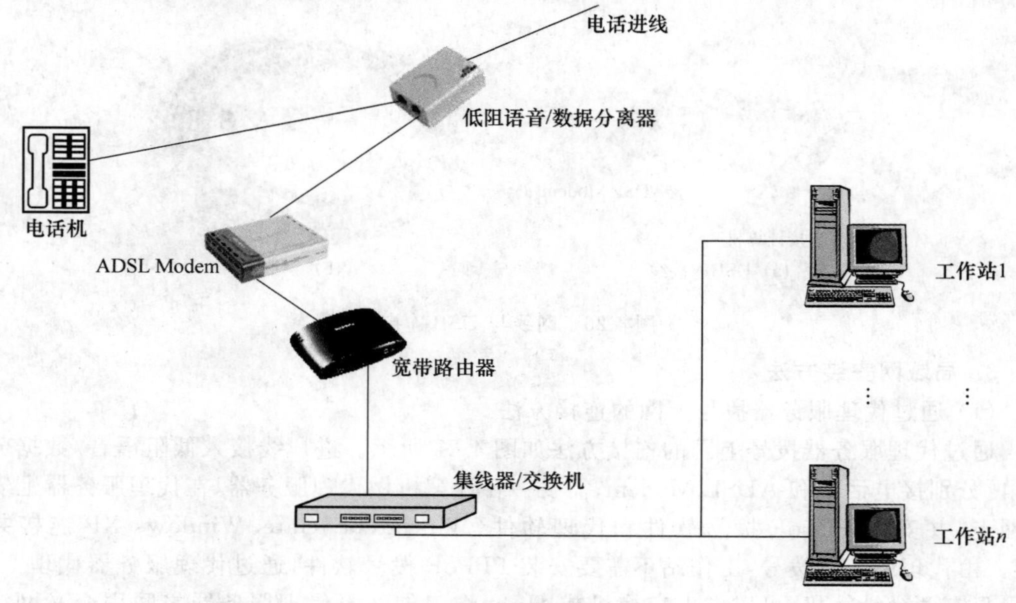

图 4-28　通过路由器拨号上网的连接方法

4.3.5　检查网卡设置

在安装拨号软件之前，需要确定用户的计算机网卡已经正常驱动，并已经添有 TCP/IP 协议。具体请参见本书前述相关内容。

4.3.6　软件安装

1. 软硬件配置基本要求

(1) 硬件配置基本要求

① ADSL 用户

1 台计算机、1 条电话线、1 台宽带 Modem、1 个分离器、以太网网线和 1 块网卡。

② 以太网用户

1 台计算机、1 块网卡。

③ 计算机参考配置见表 4-2。

表 4-2　用户计算机的参考配置

用户需求	推荐最低硬件配置
浏览网页、收发邮件、一般娱乐	PⅡ400 CPU、64 M 内存、Windows 98 以上操作系统，多媒体音箱
网络游戏、影视点播、视频聊天	PⅢ500 以上 CPU、128 M 内存、16 M 显卡、Windows 98 以上操作系统、摄像头、麦克风和多媒体音箱

(2) 软件配置基本要求

ADSL 虚拟拨号和 LAN 虚拟拨号用户在准备好硬件设备后，还需安装虚拟拨号软件，以实现开机时的自动拨号。

2. ADSL/LAN 硬件安装

(1) ADSL 用户硬件安装

① 将电话进线接入分离器的“Line”口，分离器的“Phone”口连接电话机，“Modem”口与 ADSL Modem 相连。

② 将 ADSL Modem 直接与计算机的 USB 口相连(USB 接口的 Modem)或者通过双绞线与计算机网卡相连(以太网接口的 Modem)，硬件安装即告完毕。

注意：分离器上的各个端口一定要正确连接，家中的电话机、传真机、防盗打器等其他的电话设备应全部并接在分离器的 Phone 口之后，因为这些器件都是低输入阻抗的器件。

(2) LAN 硬件安装指南

LAN 的硬件安装很简单，只需将计算机网卡与楼道交换机的网线相连，即可完成硬件安装。

3. 拨号软件安装

这里以星空极速拨号软件为例来说明安装过程。

(1) 准备工作

① 在运行本安装程序前建议退出其他的 Windows 应用程序，如个人系统防火墙、杀毒程序等，否则可能会出现不能正确安装的情况。

② 安装过程中不要打开“网上邻居”的属性对话框，否则无法正常安装驱动程序。

③ 本软件不保证能够和第三方类似的 PPPoE 拨号软件完全兼容，请先卸载其他的宽带拨号软件。

(2) 正式安装

① 进入光盘的“常用软件栏目”，单击“星空极速拨号软件”，找到“星空极速拨号客户端. exe”，双击开始安装，如图 4-29 所示。

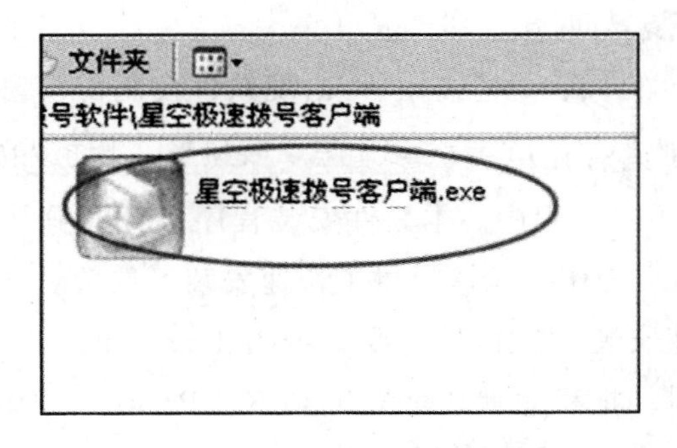

图 4-29　找到 exe 文件

② 双击该程序后，屏幕画面上会出现系统安装首页，表示此时系统正在进入"星空极速客户端安装向导"程序。随后出现以下有关本软件的版权申明，同时提供"下一步"按钮和"取消"按钮由用户选择是继续安装还是退出本次安装，如图 4-30 所示。

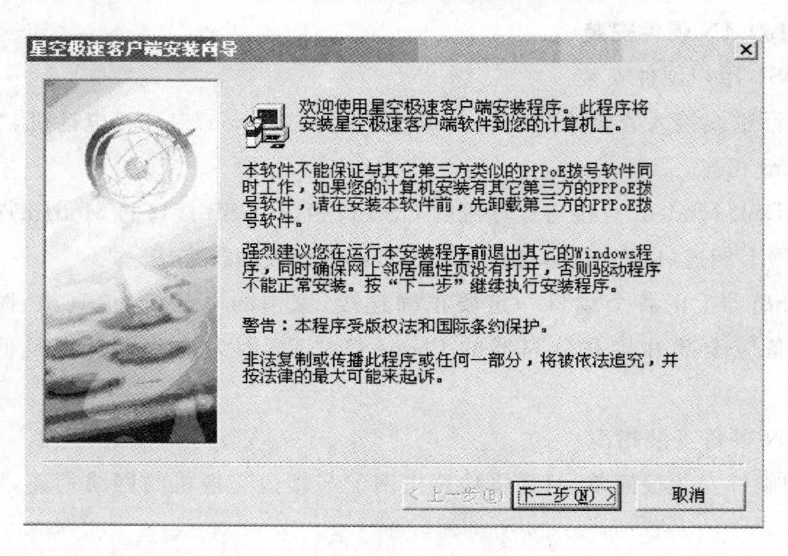

图 4-30　版权声明

③ 如果单击"取消"按钮会出现如图 4-31 所示的提示界面。

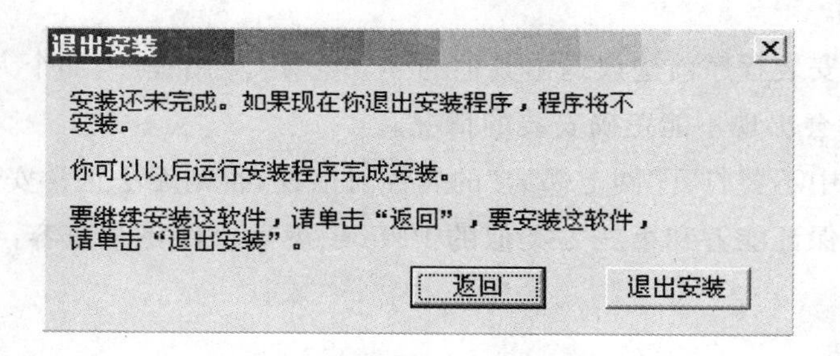

图 4-31　选择取消将停止安装

如果确定要退出此次安装向导请单击"退出安装"按钮。如果单击"返回"按钮，系统将返回如图4-30 所示的安装界面。

④ 单击图 4-30 所示的"下一步"按钮后，出现软件使用协议窗口，这个窗口需要用户阅读相应的协议说明，同时只有在单击 ⊙ 我同意，我接受以上协议的所有条款。 的前提下，系统才能进入安装向导的下一步程序。本软件安装程序设计充分从方便用户的角度出发，在图 4-32 所示的安装界面上为用户默认提供了快速安装可选项。

如果勾选"进行快速安装"选项，只需要单击图 4-32 上的"下一步"按钮，所有的安装便可以一次完成，系统会自动把程序默认地安装到 X:\Program Files 路径下(X 为用户操作系统所在盘符)。安装完成后，系统给出如图 4-33 所示的窗口，单击"完成"按钮将结束本次安装。

⑤ 如果用户想自定义程序安装的目录，可以不勾选“进行快速安装”选项，然后单击“下一步”按钮，系统弹出如图 4-34 所示的界面，用户按照要求填写好“名字”和“组织”后，单击“下一步”按钮，出现如图 4-35 所示的界面，安装向导将提示用户自行确定安装的目的文件夹位置。安装向导默认给出的路径是 X:\Program Files，如果用户想改变此安装路径，可单击“浏览”按钮进行修改。

确定好目的文件夹后，单击“下一步”按钮，安装向导出现如图 4-36 所示的界面，建议用户采用向导定义的程序文件夹名称来定义该程序文件夹，单击“下一步”按钮，向导将把相关的程序安装到用户指定的目的文件夹中。

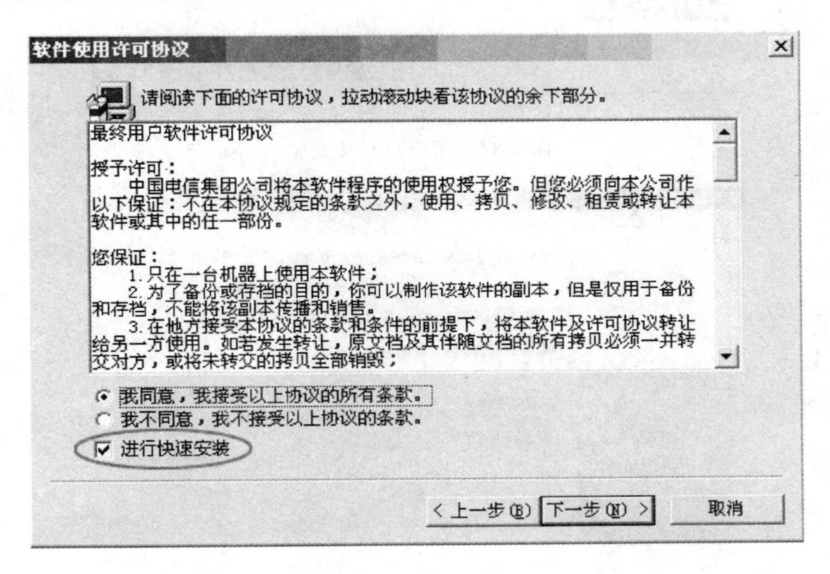

图 4-32　选择快速安装

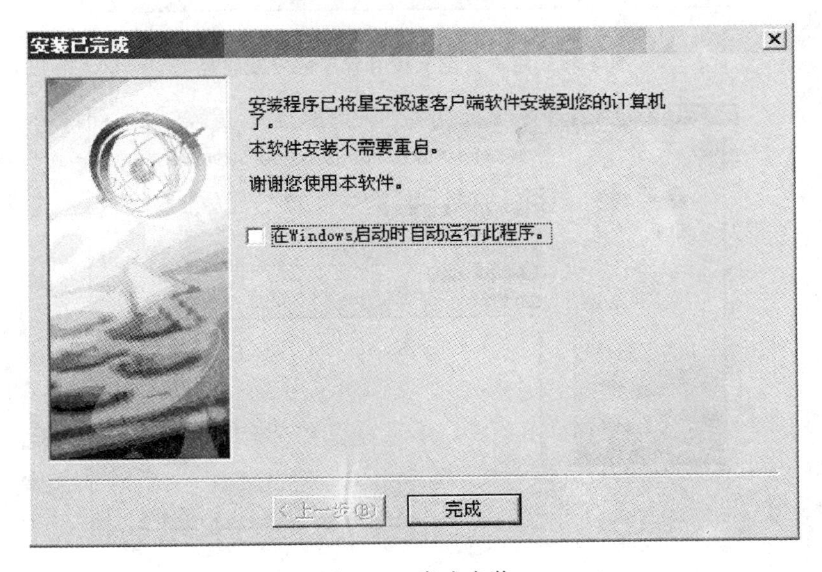

图 4-33　完成安装

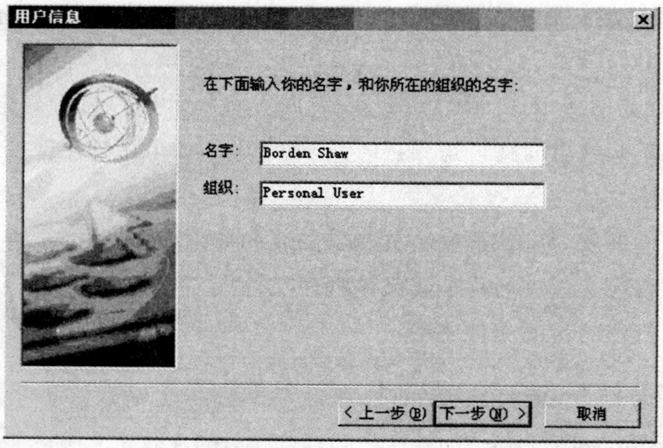

图 4-34 用户自定义安装

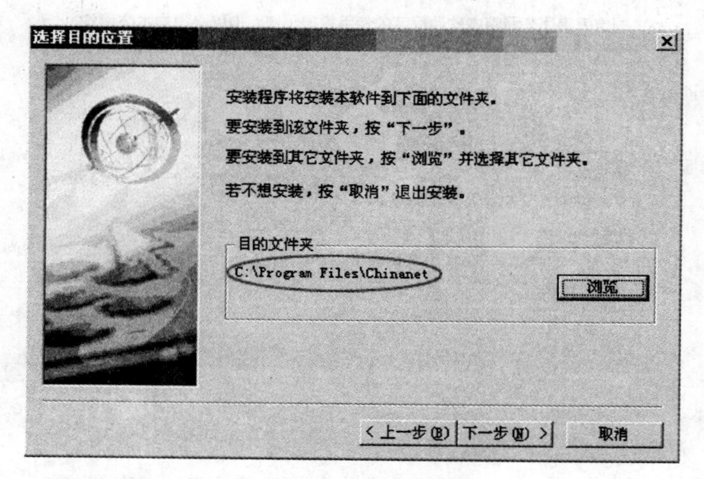

图 4-35 用户自定义拨号程序的安装路径

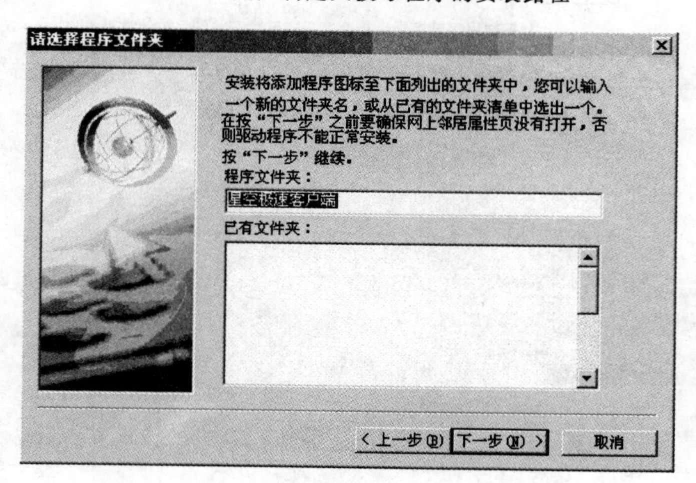

图 4-36 定义文件夹名称

4.3.7 开通证实

1. 用户账号/密码验证

打开 ADSL 的拨号连接，输入用户的账号/密码，即可进行登录。

2. 速率证实

进行信息下载，查看下载速率，下载速率×10 约为用户申请速率。

3. 记录开通数据

登录 Modem 管理界面，将 SNR 值、线路衰减、数据传输速率、错误秒等同步参数抄写到竣工报告后面。如天邑 Modem 状态页面如图 4-37 所示。

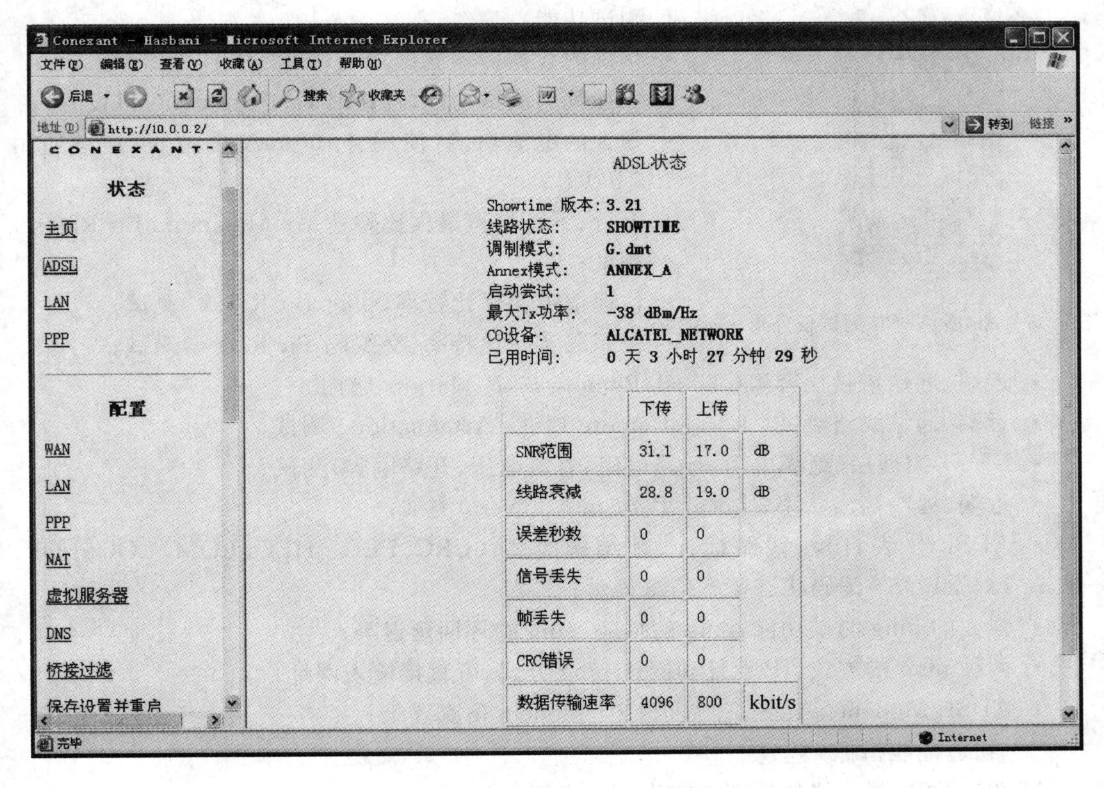

图 4-37 天邑 Modem 状态页面

4.4 常用 ADSL 测试仪介绍

4.4.1 常用测试仪类型及测试参数

目前市场上的 ADSL 测试仪种类繁多，但作为一种用户线路的维护测试仪表，它必须具有轻便、测试参数齐全准确、使用简便等特点，所以下面介绍一些常用的手持式ADSL测试仪，方便大家在实际工作中选用。

1. A9 型 ADSL 测试仪

(1) 仪表外形

韩国 CK 公司生产的 A9 型手持式 ADSL 测试仪它主要用于 ADSL/2/2+ 线路的安装与维护，提供上下行参数以及各种协议上的 IP ping 测试功能，同时提供给用户快速通道和交织码两种情况下的测试结果，并能完成带宽占用率、噪声容限、衰减、输出电平、DMM 物理层等测试，其外形如图 4-38 所示。

图 4-38 A9 型 ADSL 测试仪外形

(2) 测试功能和特点

- 自动测试一键测试(通过一个键进行所有功能测试)；
- 强大的帧检测功能(CRC、FEC、HEC 及另外 5 种帧测试功能)；
- 精确的数据传输测试功能；
- 可连续的测试功能(连接时间、连接次数可以设置)；
- 强大的电池功能(使用 4 100 mA 电池)可连续使用 5 h以上；
- 上行、下行信道最大比特速率(Maximum Bit Rates)测试；
- 快速信道实际比特率(快速 Bit Rates)测试；
- 交织码实际比特率(交织码 Bit Rates)测试；
- 近端、远端信噪比容限(Local/Remote SNR Margin)测试；
- 近端、远端线路衰减(Local/Remote Lines Attenuation)测试；
- DMM 物理层(绝缘电阻、环路电阻、直流电压、开路电容)测试；
- 近端、远端输出功率(Local Transmit Power)测试；
- ADSL 仪表自检、线路标准、帧结构类型(CRC、FEC、HEC、LOM、LOC、LOP、LOF、LOS)编码状态基本信息显示；
- 强大的 ping 测试功能：ping 的损耗，ping 的环回延迟等；
- 两种 ping 的方式：IP 地址和网址 ping 方式，可直接输入网址；
- ADSL Modem、ADSL2、ADSL2+Modem 仿真登录。

(3) 物理性能指标

A9 型 ADSL 测试仪的物理性能指标见表 4-3。

表 4-3 A9 型 ADSL 测试仪的物理性能指标

序号	项目名称	指标	序号	项目名称	指标
1	ADS 线路接口	RJ11/45	7	外接电源	220 V
2	串行接口	RJ45	8	工作温度	0～40 ℃
3	DMM 接口	RJ45	9	工作湿度	10%～90%
4	分辨率	128×128	10	外观尺寸	225 mm ×105 mm×52 mm
5	充电电池	1.2 V，4 100 mA×4 EA，可连续使用 5 h 以上	11	主机重量	500 g
6	充电时间	4 h			

2. D2061 ADSL 测试仪

(1) 仪表外形

Aethra 新款 ADSL D2061 测试仪能充分满足 ADSL 线路安装、维护和故障排除等测试领域的所有需求。它是目前市场上最小的手持式测试仪。首先，嵌入式数字万用表能够检查线路上潜在的危险电压。描述 ADSL 线路的全套参数可以通过 D2061 非常容易地获得，如线路速率、线路容量、快速和交织存取速率、噪声裕量、子载频比特数等。

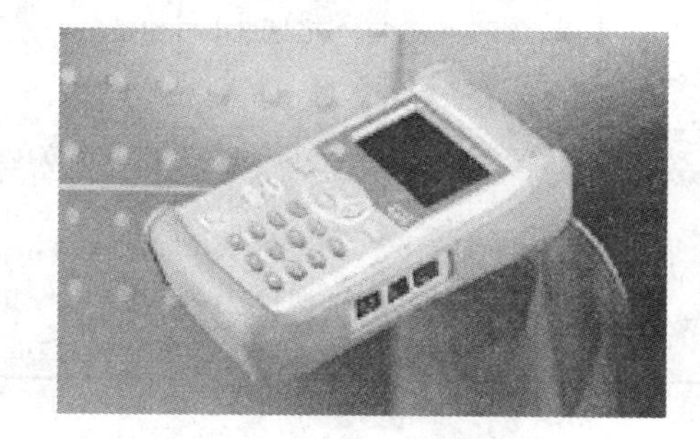

图 4-39　D2061 ADSL 测试仪

D2061 实现了 ATM 功能，包括 OAM 环路信元的生成和处理，并可进行 VPI/VCI 选择和统计。为了测试实时连接，使用可选适配器可执行 POTS 电话终端仿真，并可进行线路事件跟踪。它可以检查包括 POTS 分离器在内的每一连接点。为测试服务质量，该测试仪具备模拟和替代 DSL Modem 的功能。其外形如图 4-39 所示。

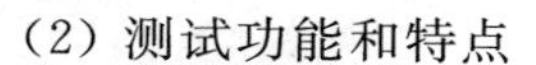

(2) 测试功能和特点

① 特点

- 中文图形界面；
- Aethra 仪表的典型外观和使用设计；
- 重量轻、手持式设计；
- 明亮超大图形显示；
- 状态 LED 可进行线路条件的快速检查；
- 用户接口直接导航，操作简便；
- 预定义测试；
- 存储测试结果用于分析；
- Modem 功能；
- 串口打印、远程管理和固件升级。

② 测试功能

D2061 型 ADSL 测试仪的测试功能指标见表 4-4。

表 4-4　D2061 型 ADSL 测试仪的测试功能指标

序号	项目名称	指标	序号	项目名称	指标
1	ADSL 层	• 全速率 ADSL 支持 • 上行可达 928 kbit/s • 下行可达 8 Mbit/s • ATU-R • 上行/下行速率 • 噪声测试和 DMT 图谱	2	ATM 层	• VCI/VPI 统计与误码 • OAM 信元监测与统计 • OAM 信元流量发生器 • OAM 环路信元管理

(3) 物理性能指标

D2061 型 ADSL 测试仪的物理性能指标见表 4-5。

表 4-5　D2061 型 ADSL 测试仪的物理性能指标

序号	项目名称	指标	序号	项目名称	指标
1	软件	• 多任务实时操作系统 • 可通过串口配置	3	接口	• 1 ADSL • 1 辅助口 • 1 RS-232 串口
2	选项	• AB2061，POTS 终端仿真 • ST2061，终端仿真 • ATM2061，ATM Ping 测试 • MF206X，POTS 滤波器	4	硬件	• 处理器：32 位 14 MHz • 存储器：2 MB RAM，4 MB Flash-Rom

3. 其他类型的 ADSL 测试仪

其他手持式 ADSL 测试仪的外形如图 4-40 所示。

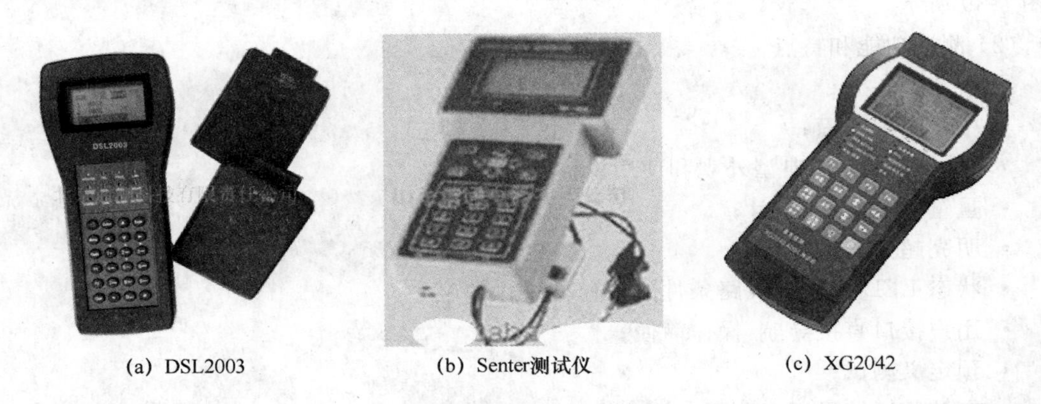

(a) DSL2003　　(b) Senter测试仪　　(c) XG2042

图 4-40　其他类型的手持式 ADSL 测试仪

4.4.2　夏光 ADSL 测试仪 XG2042

XG2042 是一款用于业务开通、维护和测试的手持式通信仪表。可以直接用于工程维护人员进行 ADSL 业务开通验证、排除线路故障及对所提供业务进行质量评估等。它所测试的主要参数是 ADSL 线路参数、线路误码、铜线物理层参数(DMM)、ping/TRACE、用户鉴权认证以及仿真 Modem 的功能。

1. 仪表外形

XG2042 的外形如图 4-40(c)所示。

2. 基本功能

(1) 线路物理层传输参数测试

- 上、下行实际比特率测试；
- 上、下行最大比特率测试；
- 上、下行信噪比容限(噪声容限)测试；

- 上、下行线路衰减测试；
- 上、下行发送功率测试；
- 上、下行信道利用率测试；
- ADSL 线路调制方式、调制通道、连接状态等基本信息显示；
- DMT 调制下的 256 个子信道信噪比容限、功能特性测试。

(2) ADSL 局端链路参数统计

- 可统计上、下行发送的帧总数(SF)计数值；
- 可统计上、下行严重错误帧(SFErr)计数值；
- 可统计上、下行信号丢失(LOS)计数值；
- 可统计上、下行帧丢失(LOF)计数值；
- 可统计上、下行 Reed-Solomon 前向纠错码(RS)、错误码计数值；
- 可统计上、下行 CRC 校验错误帧计数值；
- 可统计上、下行包头校验(HEC)错误帧计数值；
- 可统计上、下行信元描述错误(OCD)帧计数值；
- 可统计上、下行无信元描述(NCD)错误帧计数值；
- 可统计上、下链路误码秒、严重误码秒、不可用时间计数值；
- 可统计上、下链路比特误码计数值；
- 可统计上、下链路中的信元总数、数据信元总数、分出信元总数。

(3) 线路误码统计

- 总测试码流计数；
- 线路误码比特数统计；
- 误码率统计。

(4) 铜线物理层参数测试(DMM)

- 交流、直流电压测试；
- 环路电流测试；
- 环路电阻测试；
- 线路电容测试；
- 线路绝缘电阻测试；
- 估算用户线路距离。

(5) Modem 仿真

- 可完全替代 ADSL Modem，支持 Bridge、PPPoE、PPPoA、IPoA 规程进行 ISP 仿真登录，检验用户终端设备的操作性能；
- 可实时显示速率和流量的统计。

(6) ping 测试

- 广域网 ping 测试：可向局端广域网方向直接 ping 网站 IP 或域名，检查广域网链路连通性并进行 Ping 丢包率统计；
- 局域网 ping 测试：可向本地局域网方向直接 ping 主机，及时发现出现连通故障的 PC 并进行 ping 丢包率统计。

(7) TRACE 测试功能

- 跟踪 IP 包的传输路径；
- 显示 IP 路由。

(8) 通过串口，使用 TestManagerPro 软件，在 PC 上进行测量结果的进一步分析、整理、归档和打印输出，也可对仪表进行嵌入式软件升级。

3. 主要特点

(1) 无须选择自动适应局端各种 ADSL 线路标准，并实时显示 ADSL 线路连接状态；

(2) 大屏幕液晶显示(带背光)，面板按键使用简单明了，操作方便；

(3) 通过“自动测试”键，仪表自动启动线路参数测试过程，直接显示测试结果；

(4) 支持用户铜线 DMM 参数自动测试；

(5) 可通过以太网口对 ADSL 内置芯片进行软件升级，以满足 ADSL 标准的发展，有效保护用户的投资，使用 TestManagerPro 软件通过仪表的 RS-232C 接口对仪表进行嵌入式软件的升级后，仪表可以支持 ADSL2、ADSL2＋标准(选件)；

(6) 可使用电池或外接电源供电，电池供电时最少可连续工作 2 h 以上；

(7) 电池可自动充电、并带有充电指示和电压低告警指示，充电时间小于 2.5 h；

(8) 完备的声音告警和 LED 告警指示；

(9) 仪表具备自动关机功能；

(10) 内置镍氢充电电池，内部集成智能快速充电电路，可在仪表工作的同时完成快速充电；

(11) 可使用汽车点烟器进行充电；

(12) 大容量存储功能，可存储多组测量结果，断电保持；

(13) 重量轻，体积小，便于携带。

4. 仪表配置

(1) 标准配置

XG2042 ADSL 测试仪标准配置如表 4-6 所示。

表 4-6 XG2042 ADSL 测试仪标准配置

项目	单位	数量	项目	单位	数量
ADSL 测试仪	台	1	RS-232 串行通信电缆	根	1
AC 电源适配器	块	1	TestManagerPro 软件(含光盘 1 张)	套	1
汽车点烟器充电适配电缆	根	1	仪表便携软包	个	1
ADSL 测试电缆(RJ11)	根	1	产品合格证书	张	1
ADSL 测试电缆(鳄鱼夹)	根	1	用户手册	本	1
数字万用表测试电缆	根	1	产品保修卡	张	1
LAN 测试电缆(直通，黑色)	根	1	装箱单	张	1
LAN 测试电缆(交叉，灰色)	根	1			

(2) 选件配置

XG2042 ADSL 测试仪选件配置如表 4-7 所示。

表4-7 XG2042 ADSL测试仪选件配置

选件项目	需增加配件	数量
ADSL2/2+升级软件	嵌入式软件及控制码	1套

5. 技术指标

XG2042 ADSL测试仪技术指标如表4-8所示。

表4-8 XG2042 ADSL测试仪技术指标

项目	说明
物理接口	RJ 11、RJ 45、万用表表笔插座
调制方式	DMT
下行全速率	8.064 Mbit/s,24 Mbit/s
上行全速率	1.024 Mbit/s,1.2 Mbit/s
最大传输距离	5.4 km,6.5 km
告警和状态指示	线路参数、误码测试、PING/TRACE、Modem仿真、数字万用表、开始/结束、告警、WAN LINK、WAN ACTIVE 、LAN LINK/ACTIVE、充电、电池电压低
ADSL线路符合标准	ITU G.992.1(G.DMT)、ITU G.992.2(G.lite)、RE-ADSL、ITU G.992 Annex A, Annex B, Annex C(FBM和DBM)、ANSI T1.413 Issue 2、YDN078-1998 、ITU G.992.3、ITU G.992.4 、ITU G.992.5
支持上层协议	PPP over ATM(PPPoA)、PPP over Ethernet (PPPoE)、BRIDGE
DMM测量参数	交流、直流电压测试(0～400 V 1%);环路电流测试(0～80 mA 1%);环路电阻测试(0～40 kΩ 1%);线路电容测试(0～2 000 nF 2%);线路绝缘电阻测试(10～100 MΩ 2%)
串行通信接口	RS-232C
充电电池	5×1.2 V AA镍氢,可连续使用2 h以上
充电时间	内置智能快速充电器,充电时间小于2.5 h
外接电源	AC电源适配器,DC 12 V/1.5 A
TestManagerPro软件	适用Windows 2000/Me/XP
工作温度	0～50 ℃
湿度	5%～95%,非凝结状态
尺寸	243 mm×90/128 mm×60 mm(L×W×H)
重量	约700 g

6. 指示灯

(1) 状态指示灯

① WAN LINK(广域网连接LED指示灯)

- 常亮:仪表与ADSL局端已经建立连接(常亮时为绿色);
- 缓慢闪烁:仪表与局端正试图建立连接;

• 快速闪烁：同步正在进行；

• 熄灭：仪表与局端未连接。

② WAN ACTIVE(广域网运行 LED 指示灯)

• 闪烁：仪表与 ADSL 局端设备正在传输数据(闪烁时为绿色)；

• 熄灭：仪表与 ADSL 局端设备没有数据传输或 ADSL 线路断线。

③ LAN LINK/ACT(局域网连接/运行指示灯)

• 常亮：仪表已经连接到局域网，且无数据传输；

• 闪烁：仪表与局域网之间有数据传输；

• 熄灭：未连接局域网。

④ 开始/结束状态指示灯

随“开始/结束”键不断转换状态，“开始”时此灯亮起，“结束”时此灯熄灭。

⑤ 线路参数功能指示灯

仪表选正线路参数测试模式时，此灯亮起，测试其他功能时，此灯熄灭。

⑥ ping 测试功能指示灯

仪表选择 ping 测试模式时，此灯亮起。测试其他功能时，此灯熄灭。

⑦ Modem 仿真功能指示灯

仪表选择 Modem 仿真模式时，此灯亮起。测试其他功能时，此灯熄灭。

⑧ 充电状态指示灯

外接电源对仪表内部电池进行充电时，此灯亮起，充电充满后或未接外接电源且电量充足时，此灯熄灭。

(2) 告警指示灯

① ALARM(告警指示灯)

• 常亮：仪表与 ADSL 局端连接不成功；

• 熄灭：仪表与 ADSL 局端连接成功。

② 电池电压低

当使用仪表电池时，电池电压低于门限时，此灯亮起，提醒用户进行充电或使用外接电源。

7. 使用方法

测试应用主要包括线路参数测试、广域网 ping 测试、Modem 仿真测试等。

此外，该款仪表的用户界面友好，用户操作十分方便，并可存储大量的测试结果，通过 RS-232 串行通信接口，使用 TestManagerPro 软件，将测试记录上传 PC，在 PC 上进行测量结果的进一步分析、整理、归档和打印输出。

下面对不同的测试应用分别进行说明。

(1) 线路参数及广域网 ping 测试

对于现场开通 ADSL 业务的用户进行“开通测试”，主要测试内容包括：

① 可仿真 ATU-R 进行 ADSL 线路参数测试，如 ADSL 快速信道比特率、交织码比特率、信噪比容限、线路衰减、输出功率、线路标准、帧结构类型等；

② ISP ping 测试、ISP 仿真登录等。

a. 仪表连接方式

仪表连接方式如图 4-41 所示。将仪表上 ADSL 接口与被测 ADSL 线路连接好。

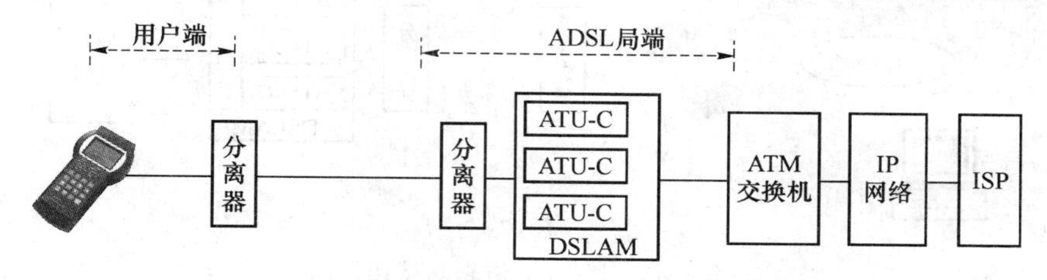

图 4-41　线路参数及广域网 ping 测试仪表连接图

(注：当采用 G. lite 标准时在用户端不需要 POTS)

b. 仪表设置及测试结果

• 线路参数测试

先进行线路参数测试的设置。设置完成后可开始测试线路参数，并通过 LCD 查看结果。

假如和 DSLAM 同步没有成功，可能由于 DSLAM 发生问题，线路上有过多噪声，用户线路有问题或测试电缆从测试仪表上拆除。请仔细检查测试电缆并确认 DSLAM 和用户线路没有问题。

线路参数测试完成后，可进行广域网 ping 测试，向局端直接 ping 网站 IP，检查广域网链路连通性。

• 广域网 ping 测试

先进行相关参数测试的设置。设置完成后可开始 ping 测试，并通过 LCD 查看结果。

通过上述测试，可在客户端设备的安装和调测之前，在客户端线路连接点接上测试仪与局端设备连通，验证工作、速率及服务质量是否正常。

(2) 局域网 ping 测试

对局域网进行 ping 测试，根据响应时间和数据丢失率，判断与所 ping 的 IP 地址的连接成功与否、连接效果、速度如何，并可判断 IP 地址的有效性，确认 LAN 工作是否正常。其连接图如图 4-42 所示，将仪表上 LAN 接口通过直通网线与 LAN 中的 Hub 以太网接口连接好，若与计算机直连，则需采用交叉网线。

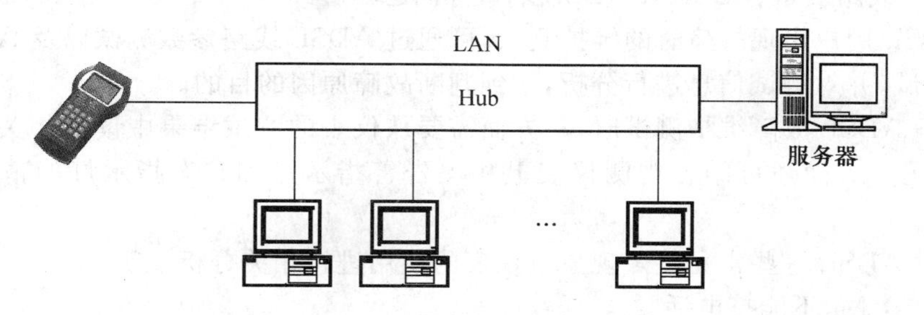

图 4-42　局域网 ping 测试连接图

(3) Modem 仿真测试

利用仪表的 Modem 仿真功能，替换用户 Modem，通过局域网的计算机工作站或服务器，进行 ISP 仿真登录，可实时显示上、下行流量和速率，检验用户 Modem 功能。其连接电路如图 4-43 所示，将仪表上 ADSL 接口与 ADSL 线路连接好，并将 LAN 接口通过网络测试线与局域网中 Hub 上的以太网接口连接好。

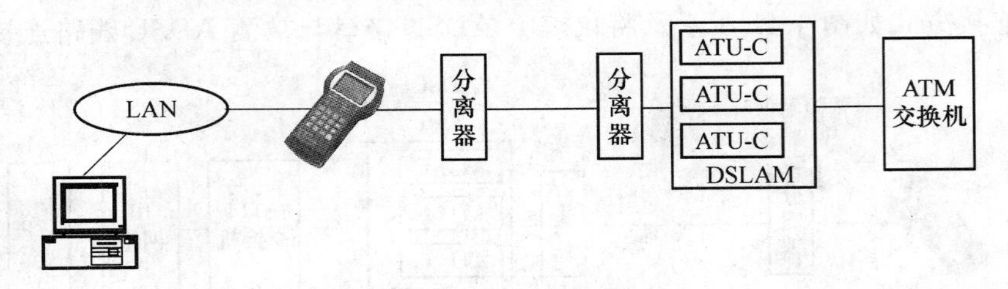

图 4-43　Modem 仿真测试连接图

Modem 仿真测试说明如下：

① 插入 ADSL 线，打开 ADSL 仪表，等待 ADSL 线路连接成功；

② 选择仿真 Modem 功能，选择 PPPoE 方式，输入仪表的 LAN IP 和子网掩码，再输入正确的 VPI、VCI、用户名、密码，然后执行配置写入。假设仪表的 IP 为 192.168.1.0.254，子网掩码为 255.255.255.0；

③ 用交叉网线把 ADSL 仪表和计算机相连接，计算机和 ADSL 测试仪表的 LAN IP 地址设置必须在同一个网段，即为同一类 IP 地址，子网掩码相同。假设计算机的 IP 地址为 192.168.1.0.1，子网掩码为 255.255.255.0，将计算机的默认网关设置为 ADSL 仪表的 LAN 口地址，这里为 192.168.1.0.254，这样计算机就可以上网了，ADSL 的统计报文会进行统计；

④ 如果在仿真 Modem 方式下使用 RFC-1483B 协议，仪表协议为 RFC-1483B，设置好正确的 VPI、VCI，然后执行配置写入，这时计算机的网关不用设置，对仪表和计算机的 IP 也没有必须在同一网段的要求，在计算机端执行 PPPoE 拨号软件就可以了。这时如果计算机可以上网，ADSL 的统计报文仍然会是 0，因为此时 Modem 工作在桥模式，桥工作在协议的第二层，桥是看不见报文的，报文属于第三层。

(4) ADSL 常见故障分析

由于 ADSL 故障涉及范围较广，设备也较多，因此通过测试仪定位故障范围是一种简单有效的办法。故障分为 DSLAM 以上故障(通过数据网管系统定位)和 DSLAM 以下故障两大类。而后者包含用户终端故障和线路故障，用户终端故障又包括 Modem、计算机、软件设置、用户线路质量、DSLAM ADSL 端口等问题。

当 ADSL 用户出现故障时的维护测试，可通过 ADSL 线路参数测试以及 ADSL 仿真测试、Ping 测试，并对测试信息进行分析，达到判断故障原因的目的。

在进行 ADSL 故障维护测试时，一方面需要从仪表的测试结果中读取相关信息进行故障的判断，另一方面还可结合观测仪表上相关告警指示灯和状态指示灯的情况进行综合判断。

以下对 ADSL 一些常见故障现象及仪表的使用进行相关分析说明。

① 不能上网，不能打电话

a. 故障分析

此类故障一般可定位为线路故障或用户端故障。

b. 故障处理

按照图 4-43，将仪表与 ADSL 线路和用户 LAN 网络连接起来，将仪表设置为 Modem

仿真方式，替换用户 Modem，通过 LAN 中的计算机工作站或服务器进行 ISP 仿真登录，检验用户 Modem 是否正常，并按以下措施处理：

- 更换另一条 ADSL 线路或 DSLAM DSL 端口；
- 检查 ADSL 线路上是否有别的设备并在上面；
- 检查连至分离器的电话线和电话线接头接触是否良好；
- 如故障仍然没有解除，请通知 112 测量台排除线路故障，恢复电话业务之后，再检查上网业务。

② 能打电话，不能上网

a. 故障分析

此类故障较为典型，其原因与宽带网络结构中的所有设备或环节都可能有关，包括 DSLAM 上行节点、宽带接入服务器、局端 DSLAM DSL 端口、计算机设备和线路等。

如果用户使用的是固定 IP 地址，则可以采用 ping 网关的方式来定位故障。如果 ping 网关是通的，但是不能上网，则故障可能位于 DSLAM 上端设备、接入服务器或出口路由器上；如果 ping 网关不通，则故障可能位于 DSLAM、计算机设置或线路上。

如果用户采用 PPPoE 方式接入网络，观察能否进入 PPPoE 认证阶段，如果达认证阶段但认证失败，或认证成功但不能正常上网，则问题可能出在接入服务器上层；如果找不到接入服务器，则可能为 DSLAM、计算机设置、线路问题。

b. 故障处理

按照图 4-41 将仪表与 ADSL 线路连接起来，利用仪表的广域网 ping 测试功能，通过 ping 网关来定位故障。如果 ping 不成功，仪表上 WAN LINK 指示灯常亮，WAN ACTIVE 指示灯不亮，并按以下措施处理：

- 更换一条 ADSL 线路或 DSLAM DSL 端口；
- 检查接入服务器是否发生故障；
- 检查出口路由器是否发生故障。

③ 能上网，但网速慢

a. 故障分析

网速慢，一般是由于线路的问题，如线路较长、线路噪声较大以及用户线质量不好等引起的。如果仪表测试的线路连接速率较高，则不是线路问题，可能是宽带接入服务器端口没有扩容。如果网速已经达到端口限制速率，则是由于端口速率受限所致。

b. 故障处理

按照图 4-42 将仪表与 ADSL 线路连接起来，仪表测试结果显示线路连接成功，仪表 WAN LINK 指示灯常亮，ALARM 指示灯不亮，并按以下措施处理：

- 通过仪表查看该端口的连接速率；
- 通过数据网管查看物理连接速率及端口连接速率是否被限制等内容；
- 通过网管检查 BAS 的设置。

④ ADSL 线路连接时好时坏

对某些“时好时坏”的 ADSL 用户线路进行测试，使用仪表进行 ADSL 链路性能测试并自动记录链路劣化的历史事件次数及发生时间，通过测试结果分析故障频繁的时间段，从而达到准确判断出故障原因的目的。

a. 故障分析

ALARM 指示灯亮表明有误码或其他故障发生，如果频繁点亮表明线路误码严重；线路质量不好、线路较长、线路噪声过大或线路绝缘不良等原因导致高频衰减过大。

b. 故障处理

按照图 4-42 将仪表与 ADSL 线路连接起来，观测仪表告警状态指示灯的情况，并通过仪表观测线路参数结果，如 TX/RX POWER、LINE ATTEN、SNR MARGIN 等，根据所测结果，判断故障类型，并按以下措施处理：

- 判断线路是否超过 3 km，对于超过此种距离的线路，可对比周围 ADSL 用户是否也存在同样的现象；
- 检查 Modem 前端，是否接有其他话音设备，必要时拆除这些设备；
- 检查分离器安装是否正确；
- 检查入户线路接头、电话线插头是否接触可靠，检查入户线质量；
- 更换另一条 ADSL 线路或 DSLAM DSL 端口，看是否有同样的现象。

8. 线路参数测试结果说明

(1) FAST(上、下行快速信道比特率)

显示 ATU-C 所设置的快速信道比特率。使用快速信道而不用交叉信道取决于等待时间(时间延时)。使用快速信道意味着数据的传递会有更少的时延但较容易受到噪声和串扰的影响，结果以 kbit/s 表示。这个值通常是局端 DSLAM 上设置的值。如果线路干扰较大，该结果将显示与 ATU-C 协商后的最大可能的速率。

(2) INTL(上、下行交织码比特率)

显示 ATU-C 所设置的交叉信道比特率。使用交叉信道而不用快速信道取决于等待时间(时间延时)。使用交叉信道意味着数据的传递会有更大的时延，但由于增加的 Reed-Solomon编码和前向差错校验(Forward Error Checking)，因而受噪声和串扰的影响较小，结果以 kbit/s 表示。这个值通常是局端 DSLAM 上设置的值。如果线路质量较差，该结果将显示与 ATU-C 协商后的最大可能的速率。

(3) CPTY(上、下行线路当前传输比特率与最大传输比特率的百分比)

显示线路的容量。这是实际的比特率(交叉比特率或快速比特率)和最大可达比特率之比，结果以百分数表示。一个较高的值意味着链路正在接近它的最大容量，而一个较低的值意味着链路没有被很好地利用。

(4) ASX〔下行单向信道速率等级表示(AS(0～3)〕

ADSL 收发器最多可配置 4 路下行单工承载信道，每路承载信道分别与 1 路 ADSL 子信道对应，承载信道的速率最终由子信道速率体现。这里，4 路 ADSL 子信道 AS0、AS1、AS2、AS3 的配置速率均是 2.048 Mbit/s 的整数倍，倍数 n 取 0、1、2、3、4，但不是每个子信道都有 5 种选择。在任何特定时刻，有效子信道的最大个数及每个子信道的速率配置都依赖于环路所能支持的传送等级。在 G.DMT 标准中规定，ADSL 必须支持 AS0 子信道并至少支持 $2M-1$ 和 $2M-3$ 的传送等级，而子信道 AS1、AS2、AS3 和传送等级 $2M-2$、$2M-4$，是 ADSL 系统的可选项。

(5) LSX〔双工子承载信道(LS(0～3)〕

ADSL 系统最多可同时传送 3 个双工子承载信道 LS0、LS1、LS2，其中 1 个双工信道被用做控制信道，在所有的传送等级下均有效。

(6) TX POWER(近端、远端发送功率电平)

显示当前近/远端发送功率电平，它测量一个绝对发送功率。结果以 dBm 表示。正常范围为 0～20 dBm。传输距离越长，所需要的输出功率越大。

(7) LINE ATTEN(近端、远端线路衰减)

显示当前上下行信号的衰减，下行范围为 0～63.5 dB，上行范围为 0～31.5 dB。

(8) SNR MARGIN(近端、远端信噪比容限)

指线路所支持的传输比特率下的信号噪声比，结果以 dB 表示。该值越大，说明信号承载信号能力越强，范围为－64～＋63.5 dB。

4.5　ADSL 的测试与维护

4.5.1　维护界面的划分

ADSL 维护界面的划分如图 4-44 所示，其职责划分如下。

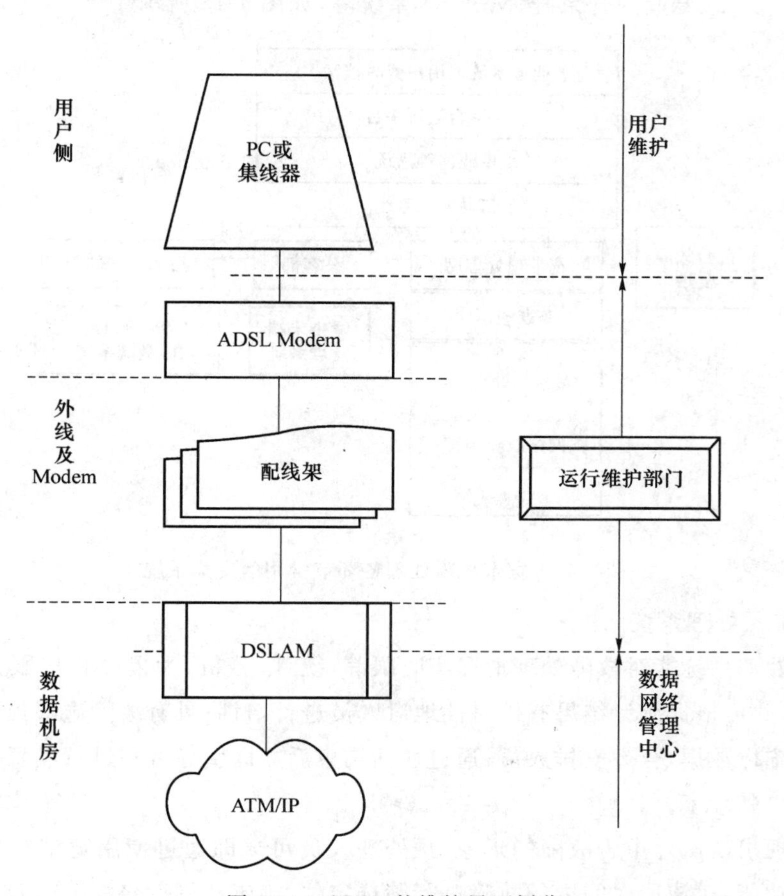

图 4-44　ADSL 的维护界面划分

(1) 用户

用户 Modem 以内部分用户自己负责。

(2) 运行维护部门

负责线路、局端端口故障、用户端 ADSL Modem、用户屋内线路、拨号软件等。

(3) 数据网络管理中心

负责相关数据参数、系统设备故障。

4.5.2 宽带数据业务支撑系统简介

1. 常用宽带数据业务支撑系统使用简介

各种支撑系统是宽带数据业务维护工作的重要工具。比如用户名、密码问题，通过使用"IP 综合运行平台"，配以恰当的指导，基本上都能在远端马上帮助用户解决问题。各支撑系统的成功应用，帮助建立起新的宽带预处理工作模式，迅速提高了宽带障碍预处理水平，节约了维护成本，大幅缩短了宽带数据业务故障修复时间。

常用支撑系统主要有宽带预处理系统、业务系统、IP 综合运行平台、自动测试系统、数据业务专家知识库、专业网管系统、MBOSS 系统等，如图 4-45 所示。

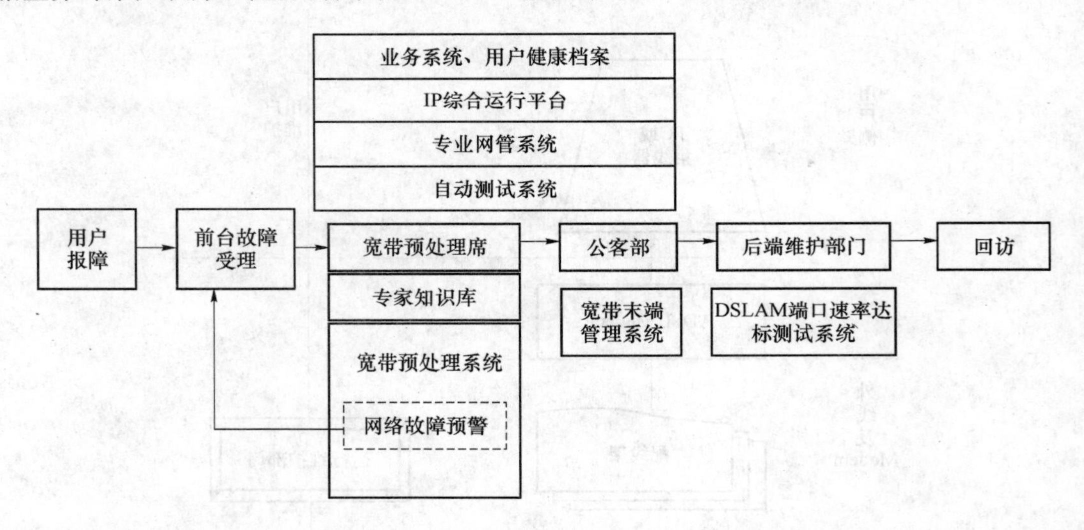

图 4-45 宽带故障处理各环节常用的支撑系统

(1) 宽带预处理系统

宽带预处理系统能对故障处理情况实时跟踪、统计、分析，为提高客户服务质量提供了可靠的依据，并可根据统计结果有针对性地对人员进行培训；具有故障逾限预警/告警功能，可根据忙闲统计数据，合理安排人员；通过通话结束后立即引导客户进行满意度调查等各种手段提高用户满意率。

一旦发现出现成片申告故障的现象，预处理人员可立即通过使用宽带预处理系统的网络故障预警功能，对该段时间内的故障进行筛选定位，确定范围后将故障现象一并通知网络维护人员实施处理；同时发布预警信息至末端维护部门，对该范围内继续出现的申告作解释及留观处理，不再向后端派发故障单，待网络故障恢复后解除预警并及时联系用户核实。网络故障预警系统，为快速发现和定位网络故障、减少因未发现的设备故障造成的盲目处理、提高预处理效率提供了卓有成效的解决途径。网络故障预警系统界面示意图如图 4-46 所示。

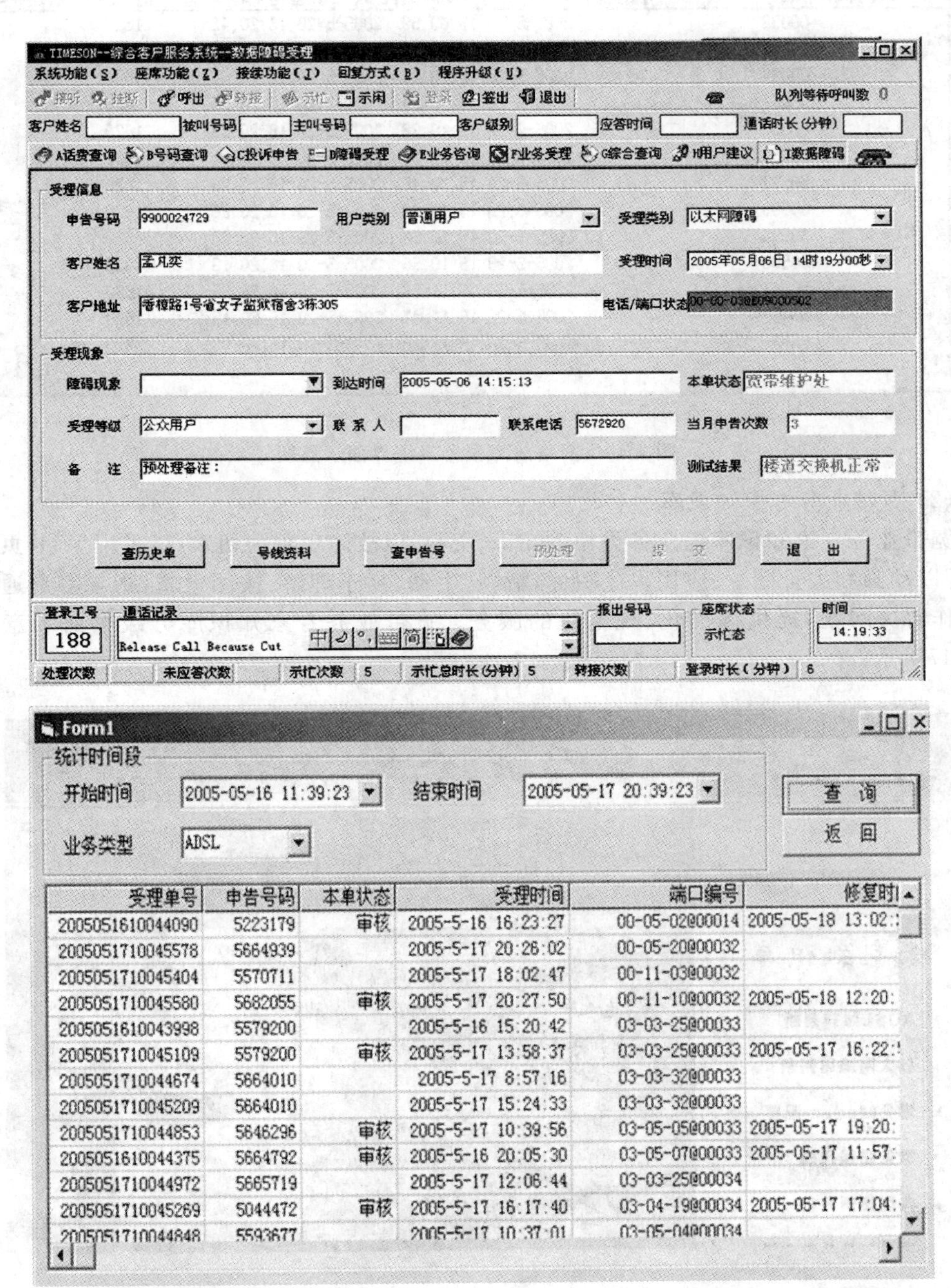

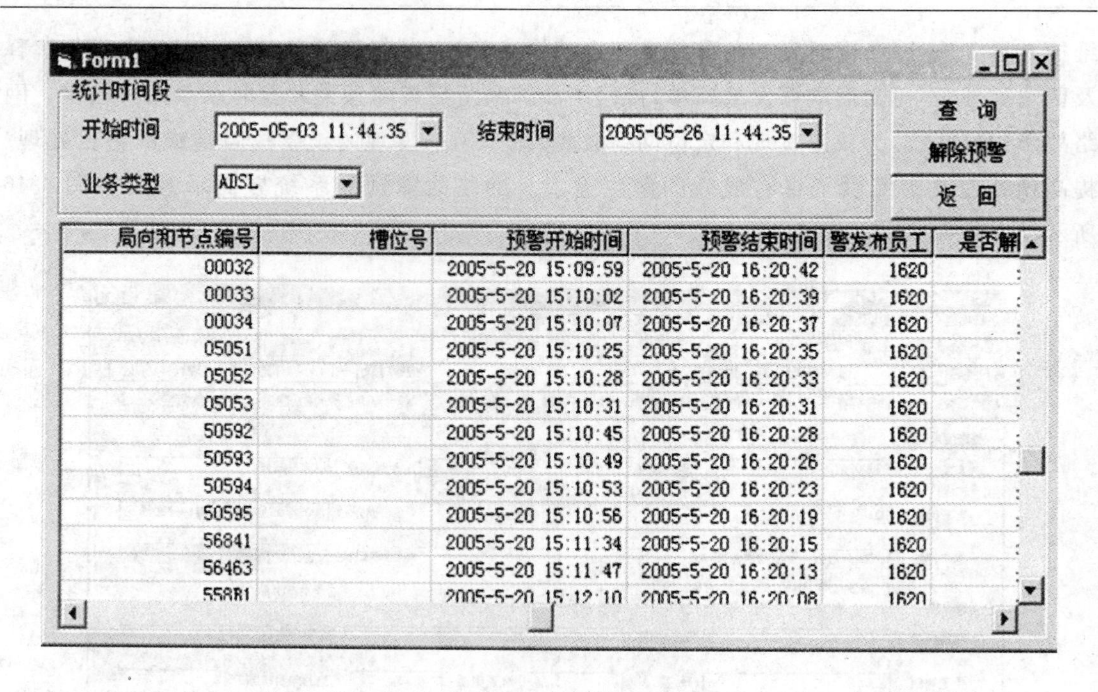

图 4-46 网络故障预警系统界面示意图

(2) 宽带业务专家知识库

宽带业务专家知识库综合各类相关知识、资料,以故障现象为切入点,采用 Web 页面形式,配以动画和大量图片、应用程序图标,新颖、生动、易于理解,按图索骥,指导客户通过简单操作解决问题,提供标准化、规范化的服务。宽带业务专家知识库分级页面示意图如图 4-47所示。

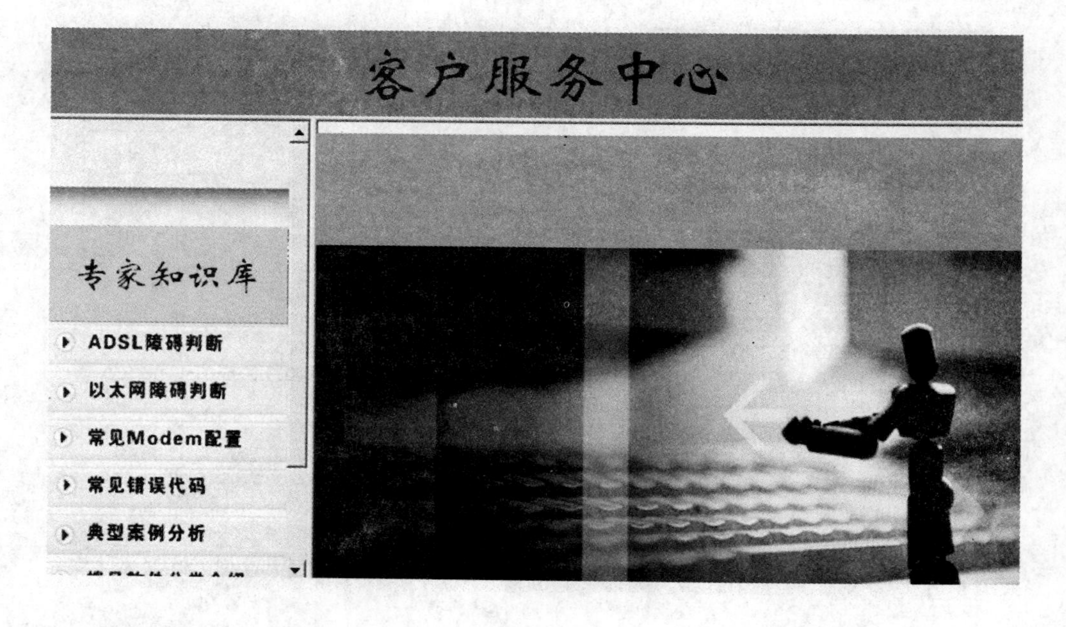

图 4-47　宽带业务专家知识库分级页面示意图

(3) 业务系统

业务系统可用来查询用户健康档案、查询用户信息、确认用户合法性等。

用户健康档案记录了业务开通时用户端的情况以及线路基本情况，为日后指导用户解决上网问题提供了有益信息。用户健康档案可在日常维护过程中不断更新，如图 4-48 所示。

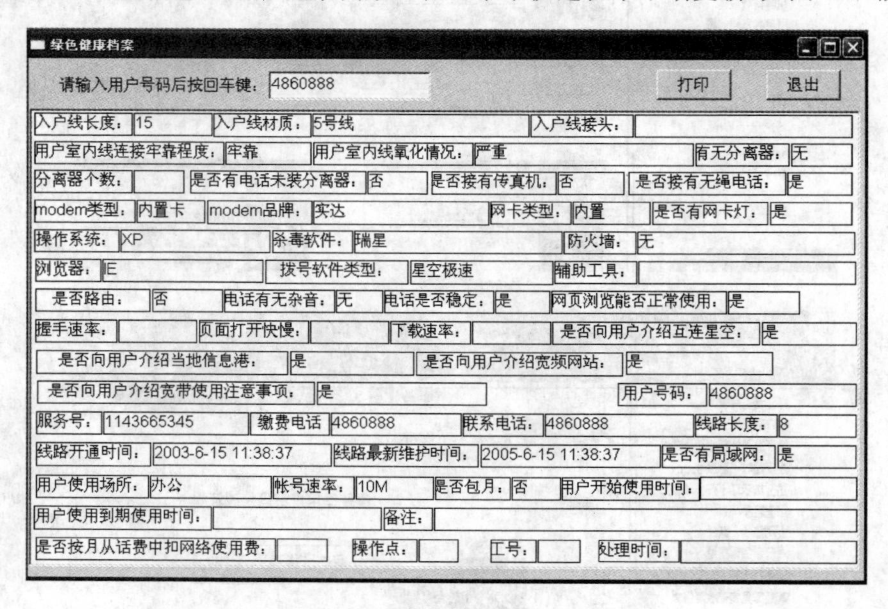

图 4-48 用户健康档案界面

(4) IP 综合运行平台

管理在线用户、查询账号状态、修改密码、查询宽带上网记录、宽带账号加解绑定等。

(5) 自动测试系统

测试端口及线路相关指标、刷新设备端口、查询历史测试情况。

(6) 专业网管系统

查询网络设备运行状况，查询设备端口状态。

在处理故障时，应根据具体情况，灵活使用多个支撑系统。

经过宽带故障预处理以后，若不能解决问题，将由预处理人员与用户预约上门处理的时间，并生成故障工单派往相关部门处理，具体预约流程如图 4-49 所示。

2. 宽带业务末端管理系统

(1) 主要功能

① 保证维护人员上门安装维护的真实性和及时性，提高工作效率。

② 及时了解维护人员的工作情况，合理安排安装维护工作。

③ 各客户群故障处理时限要求不一致，通过系统、规范的管理机制避免产生工作差错。

④ 通过系统的计件计量统计手段，实现按劳计酬、奖勤罚懒，调动员工的工作积极性。

⑤ 实时故障和历史故障查询。

(2) 故障处理流程

① 用户申告故障，故障单到了宽带业务末端维护环节后，工单管理人员手动或自动派单给维护人员。

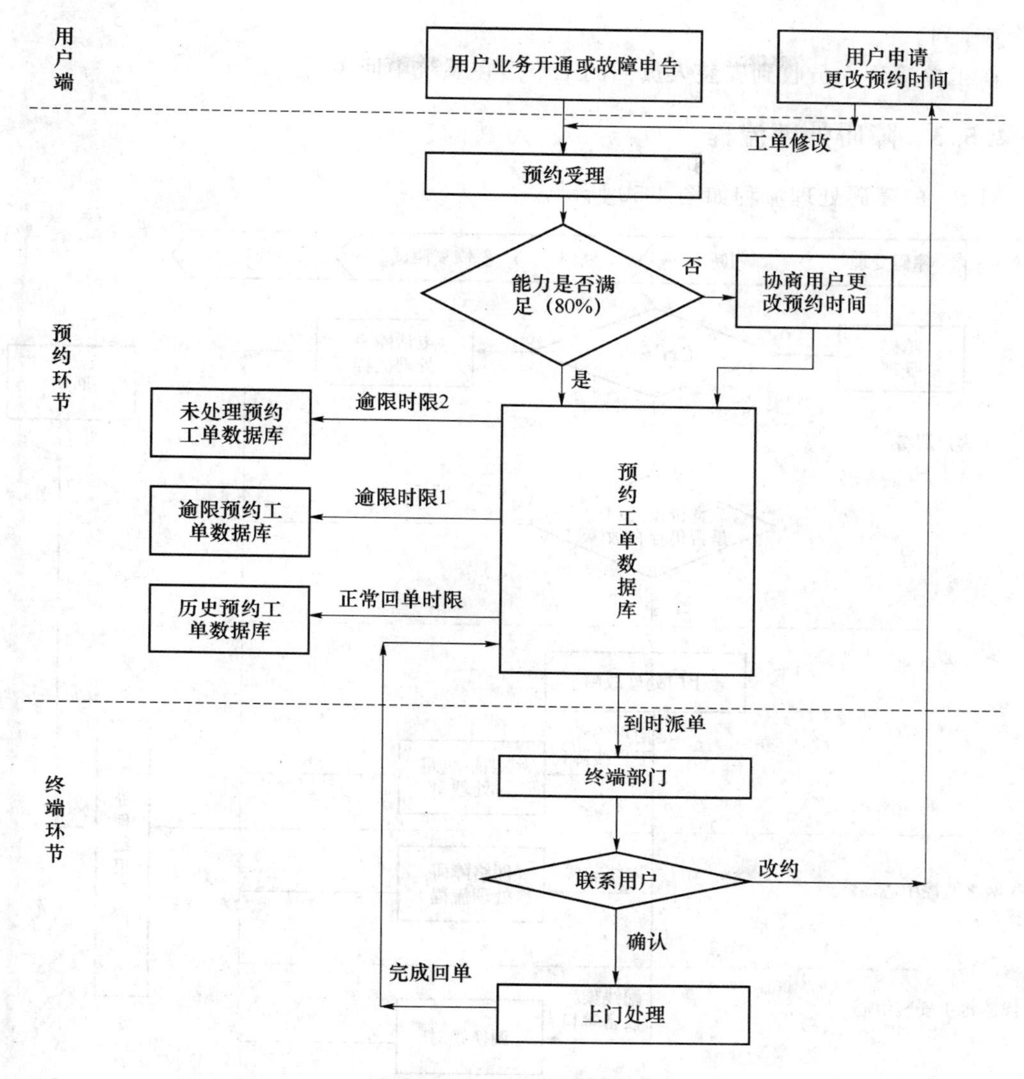

图 4-49　预约流程图

② 维护人员通过互联网登录系统，在系统中收单。

③ 维护好后在用户处登录系统回单，回单时必须填写用户“健康”档案；若故障暂时无法修复时，通过电话回单或用带去的笔记本回单；因局端原因暂无法修复时，电话回单；联系不上或用户要求待约的进入待约队列。

④ 工单管理人员从网上回单系统收到维护人员所回工单后，在系统中销障。

(3) 宽带业务装机流程

① 用户申请的宽带业务在流程到达安装部门后，工单进入本系统，工单管理人员手动或系统自动派单给安装人员。

② 安装人员通过互联网登录系统在系统中收单。

③ 安装人员上门处理，处理好后在系统中回单，回单时必须填写用户“健康”档案；由于用户或局端原因暂无法装通的、联系不上或用户要求待约或暂无法满足用户要求上门的进

入缓装序列。

④ 工单管理人员收到安装人员回的工单后在系统中回单。

4.5.3　障碍处理流程

ADSL 的障碍处理流程如图 4-50 所示。

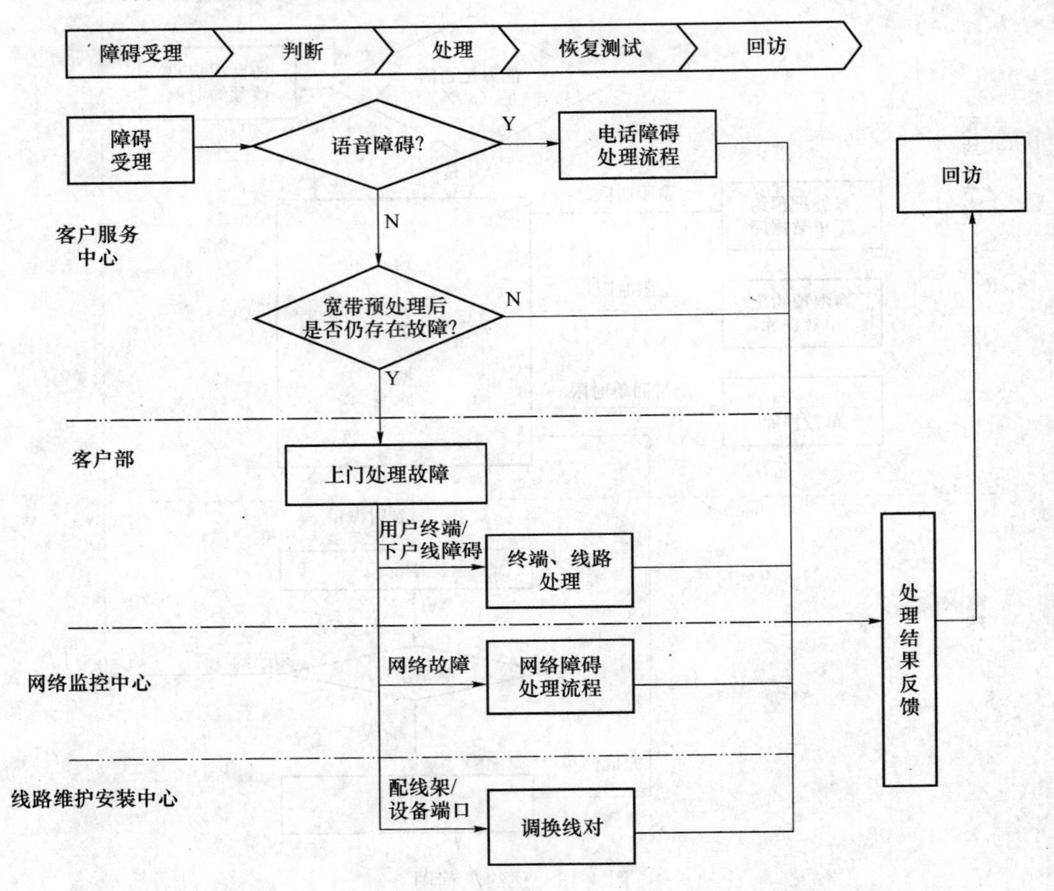

图 4-50　ADSL 的障碍处理流程

4.5.4　常用网络测试命令的格式与使用

1. ping 命令

(1) 作用

它的作用是向目标主机(地址)发送一个回送请求数据包,要求目标主机收到请求后给予答复,从而判断网络的响应时间和本机是否与目标主机(地址)联通。如果执行 ping 不成功,则可以预测故障出在以下几个方面:网线故障,网络适配器配置不正确,IP 地址不正确。如果执行 ping 成功而网络仍无法使用,那么问题很可能出在网络系统的软件配置方面,ping 成功只能保证本机与目标主机间存在一条连通的物理路径。

(2) 命令格式及参数

ping IP 地址或主机名 [-t] [-a] [-n count] [-l size]

参数含义：

- -t：不停地向目标主机发送数据；
- -a：以 IP 地址格式来显示目标主机的网络地址；
- -ncount：指定要 Ping 多少次，具体次数由 count 来指定；
- -lsize：指定发送到目标主机的数据包的大小。

(3) 使用方法举例

在“开始”→“运行”中输入“cmd”(Windows 98/Me 输入“command”，Windows 2000/XP输入“cmd”)得到如图 4-51 所示界面，即出现 MS-DOS 窗口，然后才能输入命令。

图 4-51　进入 MS-DOS 状态

当机器不能访问 Internet 时，首先确认是否是本地局域网的故障。假定局域网的代理服务器 IP 地址为 202.168.0.1，可以使用 ping 202.168.0.1 命令查看本机是否和代理服务器联通，其格式为

ping 202.168.0.1 -t

测试本机的网卡是否正确安装的常用命令是

ping 127.0.0.1-t

测试本机到 61.139.2.69 的目标主机是否联通。此时应在 MS-DOS 状态下输入 ping 61.139.2.69 -t，如图 4-52 所示。

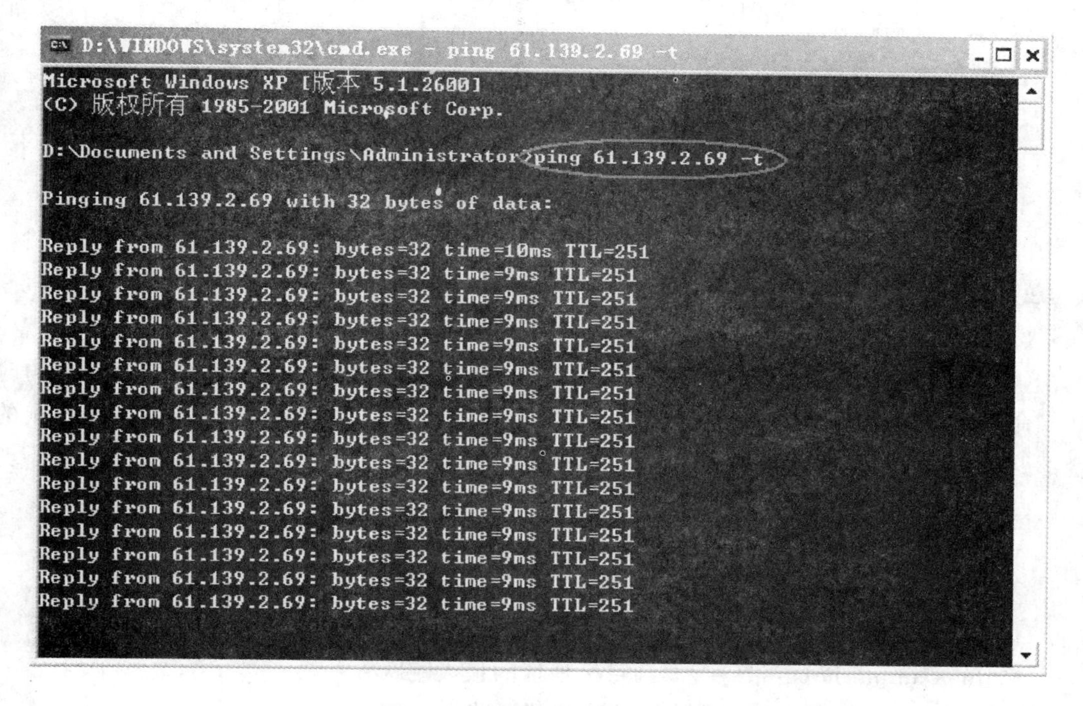

图 4-52　ping 命令的使用举例

在图 4-52 中主要观察 time 值，该值反映了一个 ping 包从本机发出到收到目标设备返回包的时间（双程时间）。图中 time=9 ms，表示网络时延值为 9 ms；若显示 Request timed out 表示连接超时，网络不通或不畅；当显示 Host unreachabled 时，表示无法找到目标主机。测试结果如图 4-53 所示。

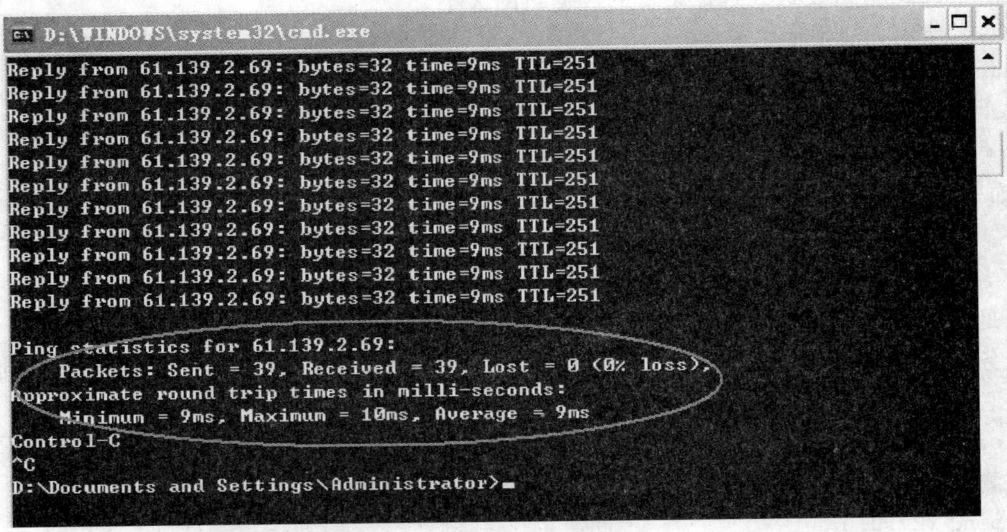

```
D:\WINDOWS\system32\cmd.exe
Reply from 61.139.2.69: bytes=32 time=9ms TTL=251
Reply from 61.139.2.69: bytes=32 time=9ms TTL=251
Reply from 61.139.2.69: bytes=32 time=9ms TTL=251
Reply from 61.139.2.69: bytes=32 time=9ms TTL=251
Reply from 61.139.2.69: bytes=32 time=9ms TTL=251
Reply from 61.139.2.69: bytes=32 time=9ms TTL=251
Reply from 61.139.2.69: bytes=32 time=9ms TTL=251
Reply from 61.139.2.69: bytes=32 time=9ms TTL=251
Reply from 61.139.2.69: bytes=32 time=9ms TTL=251
Reply from 61.139.2.69: bytes=32 time=9ms TTL=251
Reply from 61.139.2.69: bytes=32 time=9ms TTL=251

Ping statistics for 61.139.2.69:
    Packets: Sent = 39, Received = 39, Lost = 0 (0% loss),
Approximate round trip times in milli-seconds:
    Minimum = 9ms, Maximum = 10ms, Average = 9ms
Control-C
^C
D:\Documents and Settings\Administrator>
```

图 4-53　ping 命令的测试结果

在图 4-53 中主要观察 Lost 值、Minimum 值、Maximum 值、Average 值，即图中红圈内的数值。

- Lost：丢包率，测试过程中，出现 Request time out 的比率。
- Minimum：最小时延值，测试过程中的最小时延值。
- Maximum：最大时延值，测试过程中的最大时延值。
- Average：平均时延值，全部测试时延值的平均值。

以上值均是越小越好。

2. tracert 命令

（1）作用

tracert 命令用来显示数据包到达目标主机所经过的路径，并显示到达每个节点的时间。命令功能同 ping 类似，但它所获得的信息要比 ping 命令详细得多，它把数据包所走的全部路径、节点的 IP 以及花费的时间都显示出来。该命令比较适用于大型网络。

（2）命令格式及参数

tracert IP 地址或主机名 [-d][-h maximumhops][-j host_list] [-w timeout]

参数含义：

- -d：解析目标主机的名字；
- -hmaximum hops：指定搜索到目标地址的最大跳跃数；
- -jhost_list：按照主机列表中的地址释放源路由；
- -wtimeout：指定超时时间间隔，程序默认的时间单位是毫秒。

(3) 使用方法举例

① 要了解自己的计算机与目标主机 www.sina.com.cn 之间详细的传输路径信息，可以在 MS-DOS 方式输入

```
tracert www.sina.com.cn
```

如果我们在 tracert 命令后面加上一些参数，还可以检测到其他更详细的信息，例如使用参数-d，可以指定程序在跟踪主机的路径信息时，同时也解析目标主机的域名。

② 要了解自己的计算机与目标主机 61.139.2.69 之间详细的传输路径信息。

如图 4-54 所示，在结果例表的左边为路由跃点数，中间三组数值为本机到该路由跃点的时延，右边的 IP 地址为经过的路由设备的 IP 地址。

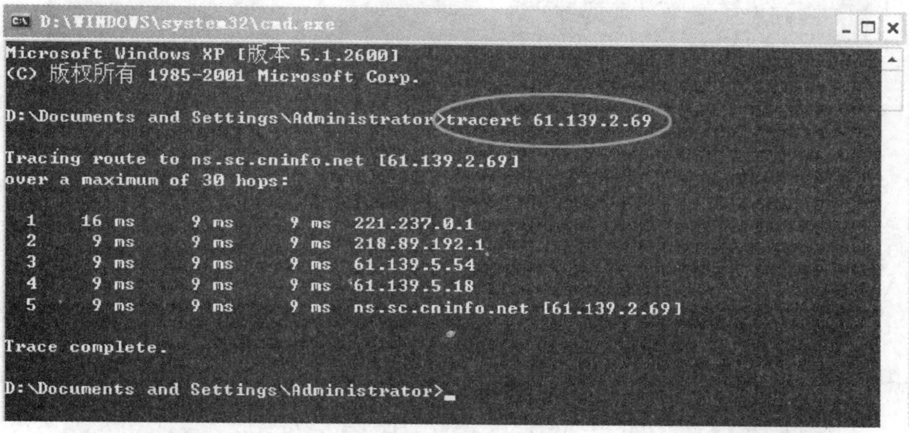

```
D:\WINDOWS\system32\cmd.exe
Microsoft Windows XP [版本 5.1.2600]
(C) 版权所有 1985-2001 Microsoft Corp.

D:\Documents and Settings\Administrator>tracert 61.139.2.69

Tracing route to ns.sc.cninfo.net [61.139.2.69]
over a maximum of 30 hops:

  1    16 ms     9 ms     9 ms  221.237.0.1
  2     9 ms     9 ms     9 ms  218.89.192.1
  3     9 ms     9 ms     9 ms  61.139.5.54
  4     9 ms     9 ms     9 ms  61.139.5.18
  5     9 ms     9 ms     9 ms  ns.sc.cninfo.net [61.139.2.69]

Trace complete.

D:\Documents and Settings\Administrator>_
```

图 4-54　tracert 命令应用举例

3. ipconfig 命令

(1) 作用

ipconfig 命令以窗口的形式显示 IP 协议的具体配置信息，该命令可以显示网络适配器的物理地址、主机的 IP 地址、子网掩码以及默认网关等，还可以查看主机名、DNS 服务器、节点类型等相关信息。其中网络适配器的物理地址在检测网络错误时非常有用。

(2) 命令格式及参数

```
ipconfig [/?] [/all]
```

参数含义：

- /all：显示所有的有关 IP 地址的配置信息；
- /batch [file]：将命令结果写入指定文件；
- /renew_ all：重试所有网络适配器；
- /release_all：释放所有网络适配器；
- /renew N：复位网络适配器 N；
- /release N：释放网络适配器 N。

(3) 使用方法举例

在本机上直接输入该命令，则可以看到内网 IP 地址和获取的公网 IP 地址如图 4-55 所示。

```
D:\WINDOWS\system32\cmd.exe
Microsoft Windows XP [版本 5.1.2600]
(C) 版权所有 1985-2001 Microsoft Corp.

D:\Documents and Settings\Administrator>ipconfig

Windows IP Configuration


Ethernet adapter 本地连接:

        Connection-specific DNS Suffix  . : lan
        IP Address. . . . . . . . . . . . : 10.0.0.1
        Subnet Mask . . . . . . . . . . . : 255.0.0.0      内网IP地址
        Default Gateway . . . . . . . . . : 10.0.0.2

PPP adapter ADSL:

        Connection-specific DNS Suffix  . :
        IP Address. . . . . . . . . . . . : 221.237.8.207
        Subnet Mask . . . . . . . . . . . : 255.255.255.255    获取的公网IP地址
        Default Gateway . . . . . . . . . : 221.237.8.207

D:\Documents and Settings\Administrator>
```

图 4-55　输入 ipconfig 命令时的情形

执行“ipconfig/all”命令后，可以看到内网 IP 地址和获取的公网 IP 地址，还能够看到网卡的 MAC 地址等更详细的信息，如图 4-56 所示。

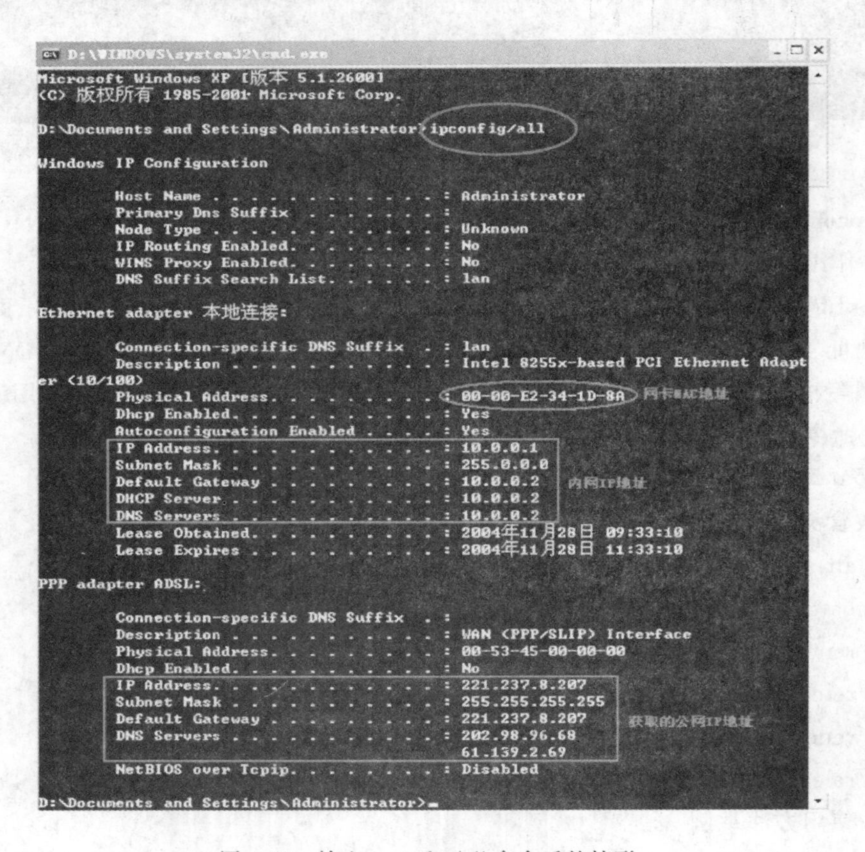

图 4-56　输入 ipconfig/all 命令后的情形

4. netstat 命令

(1) 作用

netstat 命令可以帮助网络管理员了解网络的整体使用情况。它可以显示当前正在活动的网络连接的详细信息，例如显示网络连接、路由表和网络接口信息，可以统计目前总共有哪些网络连接正在运行。

利用该命令的参数，可以显示所有协议的使用状态，这些协议包括 TCP 协议、UDP 协议以及 IP 协议等，另外还可以选择特定的协议并查看其具体信息，还能显示所有主机的端口号以及当前主机的详细路由信息。

(2) 命令格式及参数

netstat [-r] [-s] [-n] [-a]

参数含义：

- -r：显示本机路由表的内容；
- -s：显示每个协议的使用状态(包括 TCP 协议、UDP 协议、IP 协议)；
- -n：以数字表格形式显示地址和端口；
- -a：显示所有主机的端口号。

(3) 使用方法举例

```
C:>netstat -a
Active Connections
Proto Local Address Foreign Address State
TCP ankit:1031 dwarfie.box.com:ftp ESTABLISHED
TCP ankit:1036 dwarfie.box.com:ftp-data TIME_WAIT
TCP ankit:1043 banners.egroups.com:80 FIN_WAIT_2
TCP ankit:1045 mail2.mtnl.net.in:pop3 TIME_WAIT
TCP ankit:1052 zztop.box.com:80 ESTABLISHED
TCP ankit:1053 mail2.mtnl.net.in:pop3 TIME_WAIT
UDP ankit:1025 *:*
UDP ankit:nbdatagram *:*
```

对其中一行讲解如下。

```
Proto Local Address Foreign Address State
TCP ankit:1031 dwarfie.box.com:ftp ESTABLISHED
```

- 协议(Proto)：TCP
- 本地机器名(Local Address)：ankit(这个是用户在安装系统时自设的，本地打开并用于连接的端口：1031)
- 远程机器名(Foreign Address)：dwarfie.box.com
- 远程端口：FTP
- 状态：ESTABLISHED

4.5.5 故障的判断、分析和处理

1. 故障分类

(1) 按故障现象分类

ADSL 故障按现象可分为无法上网、频繁掉线、网速慢 3 类。无法上网故障通常指网络

不通,不能拨号或拨号后无法浏览网页。频繁掉线故障主要指网络出现短暂中断,重新拨号后可以恢复正常。网速慢是指网络速率大大低于用户申请速率。

(2)按产生故障的原因分类

ADSL故障按产生故障的原因分类可分为用户端故障、线路故障、局端设备故障。

① 用户端故障

用户端故障占ADSL总故障中较大一部分,包括用户端线路故障、用户端设备故障。用户端线路故障包括并机接线错误、语音/数据分离器使用方法错误、室内线路接触不良、线路质量劣化等。用户端设备故障包括用户计算机设备软硬件故障、ADSL Modem故障、语音/数据分离器故障。

② 线路故障

线路故障包括主干故障和下户线故障。其中下户线部分故障主要原因有交接箱和分线盒接线端子接触不良、下户线使用了较长距离的平行线、下户线线路质量劣化等。主干故障主要原因有主干线路质量劣化、主干线路距离超长等。

③ 局端设备故障

局端设备故障包括DSLAM设备端口故障、接入服务器故障、设置数据错误等。

2. 无法上网的故障判断流程和相应的处置措施

(1)故障判断流程

无法上网的故障判断流程如图4-57所示。

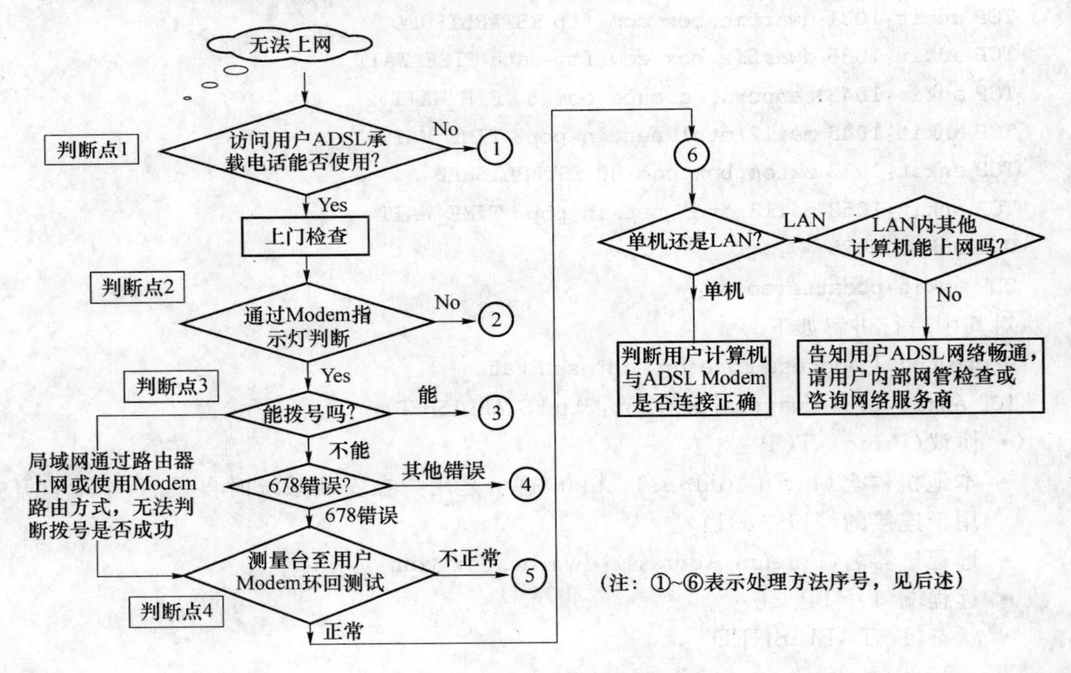

图4-57 无法上网故障的判断流程

图4-57中有4个判断依据,说明如下。

① 询问用户问"打电话打不打得通"。电话不通,线路故障的可能最大。

② 通过ADSL Modem指示灯判断。ADSL Modem面板上的指示灯可以帮助判断故

障的位置。

③ 通过 ADSL 拨号程序判断。能够拨号，通常 ADSL 网络正常，但不排除有 DNS 的 IP 地址没有正常获取的错误。如果拨号出现错误代码，根据不同的代码，进一步判断。

④ 通过测量台测试到用户 ADSL Modem 的数据链路环路，查看线路参数情况。如果数据链路正常，那么上网故障多数情况下是因用户计算机问题导致的。

(2) 处置措施与方法

① 不能上网，不能打电话

此类故障一般为线路故障。应报测量台测量，先排除线路故障，使电话可正常使用后，再次检查能否上网。

② ADSL Modem 指示灯状态不正常

a. ADSL Modem 指示灯的种类及其含义

不同品牌的 ADSL Modem 面板指示灯含义不一样（具体含义请通过厂家说明书了解），但都分为外线同步指示灯（Link）、网卡连接指示灯（LAN、PC、Ethernet 等）、数据传送指示灯（TX、RX、Data 等）和电源指示灯（PWR、Power 等）4 类。

• 外线同步指示灯

用于显示 Modem 的同步情况，常亮或随数据收发闪动，表示 Modem 与局端能够正常同步；指示灯颜色改变或有节奏地闪动，表示数据没有同步，正在尝试同步。

• 网卡连接指示灯

用于显示 Modem 与网卡或路由器的连接是否正常，如果此灯不亮，则 Modem 与计算机或用户网络设备之间线路不通。正常情况下，此灯应常亮，当网线中有数据传送时，此灯会随数据收发闪动。注意部分品牌的 Modem 要使用交叉数据线。

• 数据传送指示灯

ADSL 线路上有数据传送时闪动。

• 电源指示灯

电源正常时显示。

例如，华为的 ADSL Modem 的外形及指示灯含义分别如图 4-58 和表 4-9 所示。

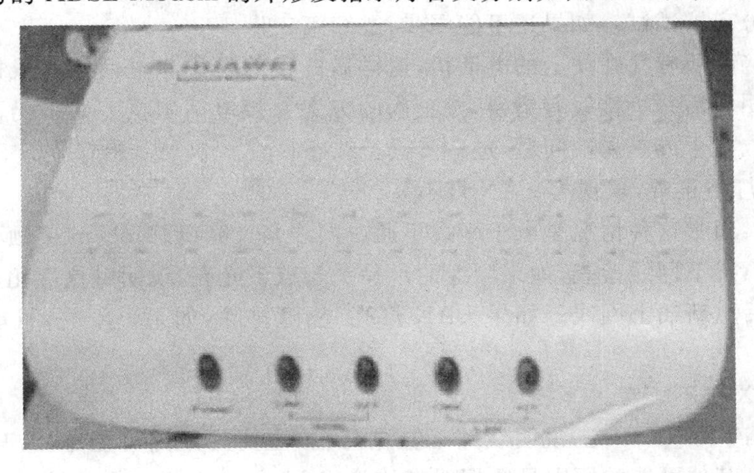

图 4-58　华为的一款 ADSL Modem

表 4-9 华为 ADSL Modem 上的指示灯含义

	状 态	含 义
Power	绿灯常亮	设备通电正常
	绿灯常暗	设备断电或设备故障
ADSL Link	绿灯常亮	ADSL 链路建立
	绿灯闪烁	终端正在与上层网络设备进行链路协商
	绿灯常暗	ADSL 链路无法建立
ADSL Act	绿灯闪烁	链路有数据流量
	绿灯常暗	链路无数据流量
LAN Link	绿灯常亮	数据传输速率为 10 Mbit/s
	橙色灯常亮	数据传输速率为 100 Mbit/s
	常暗	以太网链路无法建立
LAN Act	绿灯闪烁	以太网有数据流量
	绿灯常暗	以太网无数据流量

图 4-59 是阿尔卡特 Plus500、华为 MT800 及斯达康 UT300R 几款常见 Modem 的指示灯含义及说明。

b. 指示灯不正常时的处理

• Link 灯不正常，表现为 Link 灯出现有规律的闪动。

故障原因：数据链路不同步。通常这种情况下线路出现故障的可能最大，其次可能是 ADSL 设备的问题。

处置方法如下。

第一步：请检查用户室内电话线路，如果线路上有接头，需要去除接头的氧化层并拧紧线路接头。重新开启 Modem 电源，如果仍不同步，继续第二步。

第二步：将接语音/数据分离器的电话进线插头直接插在 Modem 的电话线接口上。这样做的目的是排除分离器对数据通信的影响，重新开启 Modem 电源。如果同步，说明分离器有故障或是线路插接部分接触不良。接触不良可用小刀轻刮电话线水晶头触点解决。还不行，则更换分离器试试。如果还不能同步，继续第三步。

第三步：摘除所有并在线上的电话机，这样做的目的是排除电话机对数据通信的影响，如果同步，说明电话并机接线有错误，按正确的方案并接电话副机。如果仍不同步，说明有可能是下户线、主干或是局端问题，进一步进行线路检查。

• LAN 灯不正常，表现为 LAN 灯不亮。

故障原因：通常这种情况是由于网线不通或网线与计算机、Modem 接触不良引起。

处置方法：拔下网线检查，如果网线的水晶头触点不光亮，说明触点氧化，用小刀轻刮水晶头触点，然后重新插上网线。如果 LAN 灯亮，故障排除，如果仍不亮，可能是网线不通，更换网线。

• TX/RX 灯不正常。

故障原因：TX/RX 不亮，说明线路无数据传输，主要的原因可能是用户计算机或局域网设备有故障，其他可能的原因是数据线有故障或 Modem 数据口有故障；TX/RX 常亮，极可能是 Modem 有故障。

▶ 贝尔-阿尔卡特 Plus 500

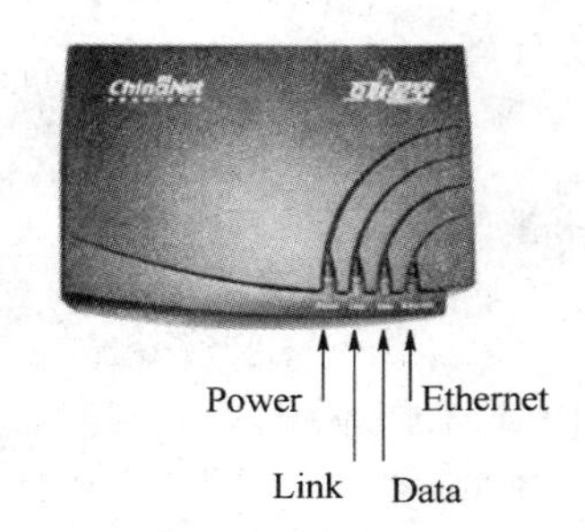

从左至右共4个指示灯

◆ Power

亮：ADSL Modem已上电
暗：ADSL Modem未上电

◆ Link

亮：ADSL Modem已同步
闪亮：ADSL Modem尝试同步

◆ Data

闪亮：RJ11接口有数据收发
暗：RJ11接口无数据收发

◆ Ethernet

亮：与网络设备已连接
暗：与网络设备未连接
闪亮：RJ45接口有数据收发

▶ 华为 MT800

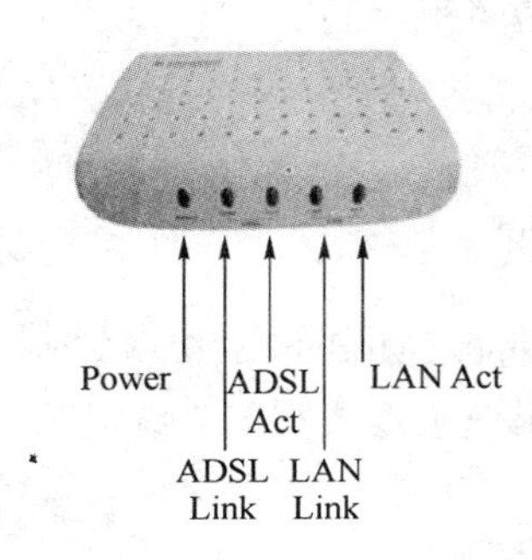

从左至右共5个指示灯

◆ Power

亮：ADSL Modem已上电
暗：ADSL Modem未上电

◆ ADSL Link

闪亮：ADSL Modem尝试同步
亮：ADSL Modem同步成功
暗：电话线未连接

◆ ADSL Act

闪亮：ADSL RJ11接口有数据收发
暗：ADSL RJ11接口无数据收发

◆ LAN Link

亮：LAN已连接
　橙色：RJ45端口速率是100 Mbit/s
　绿色：RJ45端口速率是10 Mbit/s
暗：LAN未连接

◆ LAN Act

亮：RJ45接口有数据收发
暗：RJ45接口无数据收发

◆ 斯达康 UT300R

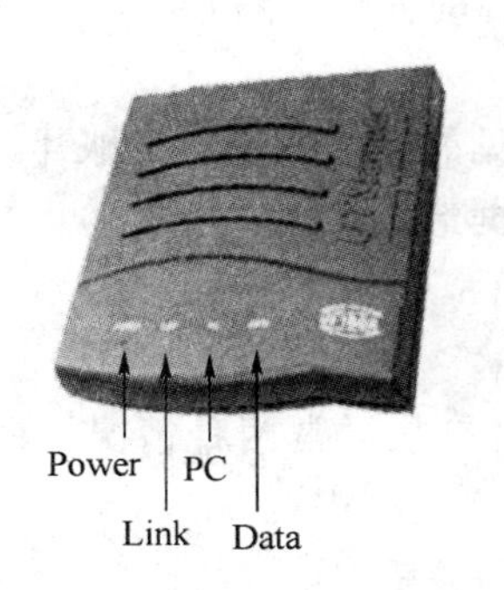

从左至右共4个指示灯

◆ Power

亮：ADSL Modem已上电
暗：ADSL Modem未上电

◆ Link

亮：ADSL Modem已同步
闪亮：ADSL Modem尝试同步

◆ PC

亮：LAN已连接
暗：LAN未连接

◆ Data

闪亮：ADSL上有数据收发
暗：ADSL无数据收发

图 4-59 常见 Modem 的指示灯含义说明

处置方法：重启 Modem 电源，如仍不正常，应更换网线和 Modem。

③ 能拨号，不能上网

故障原因：能拨号说明已通过了密码/账号认证。原因是可能没有正确获取 DNS 的 IP 地址、用户计算机软件故障、TCP/IP 协议问题及其他应用问题。

处置方法如下。

第一步：用 Ipconfig/all 命令查看是否正确获取了 DNS 服务器的 IP 地址和公网 IP 地

址。如果不正确，卸载 TCP/IP，重新安装，手动设置 DNS，并重启计算机再次查看。

第二步：如果是 DNS 的 IP 获取正常，请用户重装 IE 或操作系统。

如果用户反映是其他应用问题，请按如下方法处置。

- 拨号正常，QQ 通，但不能打开网页。

故障原因：主要的原因是 DNS 故障或 IE 故障。

处置方法如下。

第一步：手动设置 DNS。

第二步：如果是 DNS 获取正常，请用户重装 IE 或操作系统。

- 能拨号，但不能打开网站的二级页面。

故障原因：能打开网站主页面，在打开网站二级页面时，不能弹出新的 IE 窗口。故障原因是由于病毒破坏了 IE。

处置方法：请用户杀毒并重装 IE，安装病毒防火墙。

- 打开网页非常慢，计算机经常死机。

故障原因：计算机有病毒。

处置方法：请用户杀毒并重装 IE 或操作系统。

- 刚开始能上网，一会就中断。

故障原因：可能的原因有计算机中了蠕虫类病毒、Modem 故障等。

处置方法：更换 Modem 试试，如果不行，请用户杀毒或重装系统。

④ 常见错误代码

- 错误号 678

远程计算机无应答。出现这种错误，说明用户计算机至 ADSL 接入服务器的数据链路不通，任一个环节的故障都可能出现该错误号。有时，用户端掉线而局端还没有拆除链路时，也会出现这个错误号(通常局端会在 3 min 左右自动拆除链路)。

- 错误号 691

账号/密码错。通常情况是用户输入错误，最常见的是用户不区分账号/密码的大小写，个别情况可能是由于局端更换端口后未及时更改数据造成的。

其他的常见错误号请参见本书书末的附录。

⑤ 测量台至 Modem 环回测试不正常

故障原因：环回测试不正常包括线路不通和线路参数异常两种情况。此类故障一般为 Modem 故障或线路故障。

处置方法：更换 Modem，如果不能排除，排除线路故障。

⑥ 测量台至 Modem 环回测试正常

故障原因：用户计算机或用户局域网与 ADSL Modem 连接不正常；用户计算机或局域网硬件故障；用户计算机软件故障。

处置方法：若为单机用户，则要判断用户计算机与 ADSL Modem 连接是否正常，如果不正常则更换网线和 ADSL Modem。如果是局域网用户且其他用户能上网，则是 LAN 的问题，请用户找专业人员解决。

3. 频繁掉线的故障判断流程和相应处置措施

频繁掉线的故障原因包括室内电话并机方法错误，语音/数据滤波分离器故障，线路接头接触不良，线路质量劣化，线路中有加感线圈和桥接抽头，Modem 故障或不稳定，计算机网卡故障或不稳定，计算机软件系统有病毒，局端设备故障或不稳定，外部电磁场干扰等。

(1) 故障判断流程

频繁掉线的故障判断流程如图 4-60 所示。

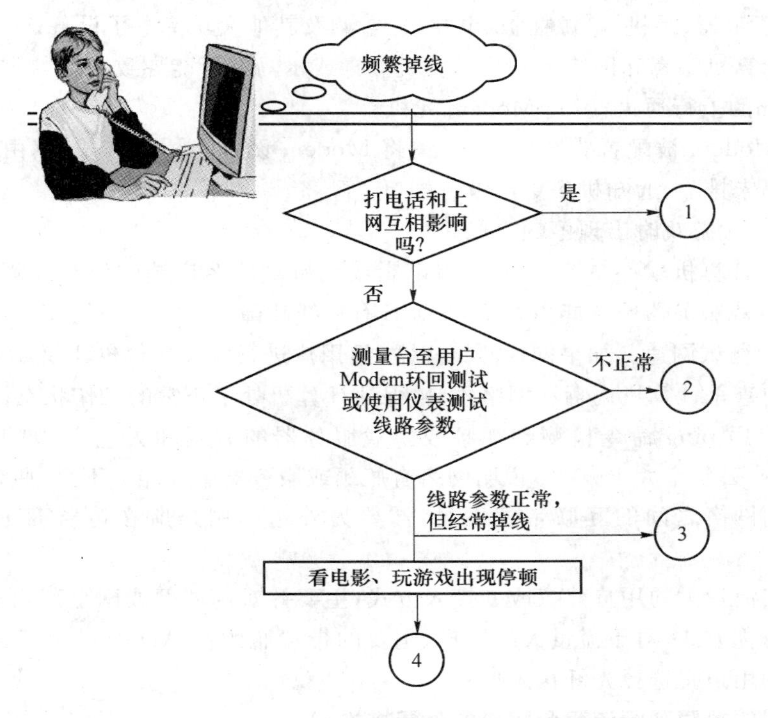

图 4-60　频繁掉线的故障判断流程

(2) 处置措施与方法

① 打电话和上网互相影响

故障原因：上网时电话有杂音或接听电话时网络掉线，原因通常为室内电话并机方法错误或语音/数据滤波分离器故障。

处置方法：按正确的方法并接电话副机，如不能排除，检查局端设备。

② 线路参数不正常

故障原因：通常表现为 Modem 经常不同步，线路参数表明线路衰减大或噪声裕量很低。

处置方法：按用户端→下户线→主干线路的顺序检查。

③ 线路参数正常，经常掉线

故障原因：用户室内并机接线错误，语音/数据分离器故障，Modem 故障或设置不当，计算机网卡故障或不稳定，计算机软件系统有病毒，局端设备故障或不稳定，外部电磁场干扰等。

处置方法如下。

- 按正确的方案并接电话机；
- 检查室内线路，检查电话线进线至 ADSL Modem 的所有线路及接头，确保线路无破损、无断裂，接头接触良好、无锈蚀、无松动。如果线路接头部分接触不良，用小刀轻刮电话线水晶头触点或电话线接头铜芯，去除氧化层；
- 重新插接 ADSL Modem 和计算机的数据线接口，确保数据线插接牢固可靠；
- 确保 ADSL Modem 摆放位置正确。Modem 应置于通风、干燥、阴凉的位置，远离 CRT 显示器、手机、电源插板、电视机、空调及其他大功率电子设备；
- 查杀计算机病毒和网络木马。计算机病毒或木马有可能导致上行数据流过大，填塞 Modem的上行通道，引起 Modem 死机。
- 如果 Modem 被配置为路由方式，请将 Modem 设置为桥接方式，路由方式易掉线。如果仍未排除，通知机房更换设备端口。

④ 看电影、玩游戏时出现停顿

故障原因：计算机软件系统有病毒，看电影或玩游戏的客户端软件有故障，网络带宽有瓶颈，视频或游戏服务器服务能力不足，ADSL 有掉线故障。

处置方法：测试网速。如果网速测试正常，给用户进行解释并提供建议如下。
- 请用户查杀计算机病毒和网络木马，保证计算机处于正常的工作状态；
- 请用户用 ping 命令检测到视频或游戏服务器的时延和丢包率，如果时延值大于 300 ms、丢包率大于 20%，说明网络有瓶颈或服务器服务能力不足，瓶颈可能是不同运营商网络之间的互联带宽不足，需要另外选择用户所在运营商上的网站或服务器。
- 对网络流量大的用户建议改变接入方式，主要针对局域网或网吧用户。ADSL 由于是非对称方式，对于流量大的用户，主要的带宽瓶颈在 ADSL 的上行通道。对带宽敏感的用户宜选择光纤接入形式。

4. 网速慢的故障判断流程和相应的处置措施

用户申报网速慢，有近 70%的原因是用户计算机软件系统故障或对网速的认识问题引起；约有 20%的原因是因为掉线或断流问题引起，尤其以室内线路部分为主；有百分之几的原因是用户的网卡硬件问题或设置问题、Modem 故障、用户局域网故障或局端设备故障造成的；个别原因是局端速率数据设置不正确，未达到用户申请速率值。

(1) 故障判断流程

网速慢的故障判断流程如图 4-61 所示。

(2) 处置措施与方法

① 经常出现掉线或断流

故障原因：频繁掉线和断流故障导致用户感觉网速慢。

处置方法：同掉线故障的处置方法。

② 测试网速后，结果不正常

故障可能原因：
- 存在掉线或断流问题，尤其以室内线路部分为主；
- 用户的网卡工作不正常，通常为网卡硬件故障或设置问题；
- 用户的计算机系统有病毒；
- Modem 故障；
- 局端速率数据设置可能不正确，未达到用户申请速率值。

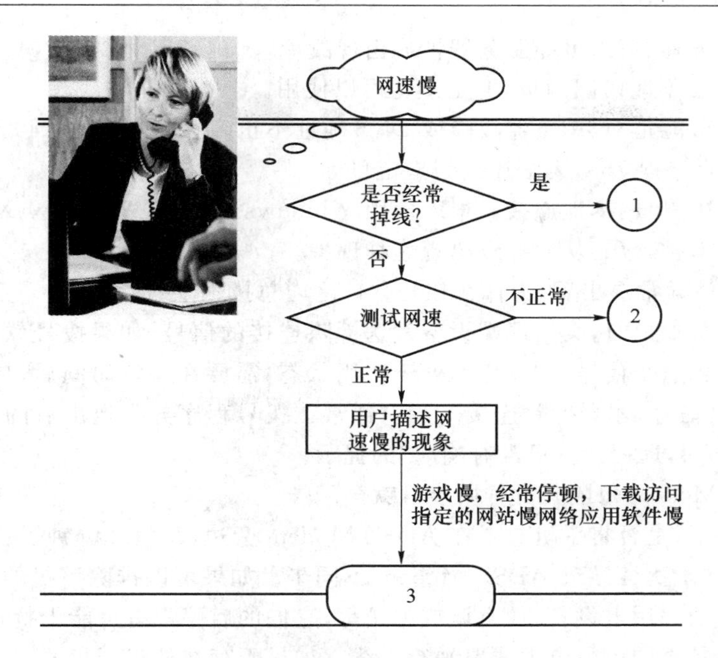

图 4-61　网速慢的故障判断流程

处置方法：第一请用户查杀病毒，确保计算机运行正常；第二按频繁掉线故障的处置方法，排除掉线故障因素；第三更换 Modem 后，再次测试网速；第四检查网卡设置，重新安装 TCP/IP 协议；第五查看 Modem 的设置，检查开通的速率值是否正确。

③ 网速测试正常，某些特定的网络应用慢

故障现象：用户经常会反映如看电影、玩游戏出现停顿，下载慢，访问指定的网站慢，网络应用软件慢等问题。

处置方法：通常网络应用慢与下列因素有关。

- 网站服务能力不足；
- 访问的网络应用存在网络瓶颈，例如访问跨运营商的网站；
- 用户计算机有病毒；
- 网络应用程序的参数是否正确设置。

4.5.6　常见故障的快速处置

(1) 能够拨号登录，但是 IE 浏览器打不开任何网页。

能够拨号登录，说明 ADSL 数据链路畅通，如果打不开网页，有以下 3 种可能的原因：

① DNS(域名解析服务器)故障；

② 接入服务器未能给用户计算机网卡分配正确的 DNS 的 IP 地址；

③ 用户计算机软件系统故障，如 IE 损坏等。

其中，用户计算机软件系统故障是主要的故障因素，解决的方法有查杀病毒、木马、IE 恶意插件，可以使用瑞星、金山毒霸、Norton(诺顿)等杀毒软件。如果杀毒后仍有故障，应正确设置 DNS 的 IP 地址，重启计算机试试。如果还不能排除，可能是 IE 内核程序已被病毒破坏，需要重新安装操作系统。

(2) IE 浏览器可以访问网页，但是 QQ 不能登录。

与 QQ 的服务器有关，可能服务器忙或出现故障。

(3) IE 浏览器不能访问网页，但是 QQ 可以使用。

主要的原因可能是 IE 浏览器故障或 DNS 地址不正确，处理方法同(1)。

(4) 拨号时报错误 769，无法连接到指定目标。

在网络属性中，启用本地连接。很多使用 Windows 2000 或 Windows XP 的用户，容易因误操作而使网卡被禁用，从而导致出现这种现象。

(5) 拨号软件异常退出后，为什么在几分钟之内总拨不上号？

拨号软件正常退出时，会给局端设备发送拆除连接的信号，如果拨号软件异常退出，局端设备将不会收到这个信号，端口仍然处于占用状态，需要在一定时间后，局端检测不到来自用户端的 PPP 信号，才会拆除连接。所以通常在拨号程序异常退出后的几分钟内，拨号都会得到"错误 678，远程计算机没有响应"的提示。

(6) ADSL Modem 每隔几分钟同步灯就会闪烁。

首先检查一下，是否将手机放置在 ADSL Modem 旁边，每隔几分钟手机会自动查找网络，强大的电磁波干扰会导致 ADSL Modem 不同步。如果可以排除手机的因素，需要再检查室内是否有大功率用电设备，如空调或冰箱等，它们的启停都有可能干扰 ADSL Modem。再检查电话线路是否同市电电力线路平行走线。如果不存在外部干扰的问题，请测试线路。

(7) 对 ADSL 断流问题的处置

ADSL 断流通常是用 ADSL Modem 能成功拨号登录，但上网的时候数据流传输突然中断，没有反应，通常在几分钟之内又自动恢复正常，主要表现为网页打不开、下载中断、在线收看或收听的视频或音频中断。导致断流主要是以下因素：

- 线路衰减大，信噪比低，容易受外部干扰；
- 室内并机连线的方式可能不正确；
- 检查接线盒和水晶头是否接触不良或与其他电线缠绕在一起。

(8) 玩游戏时，经常会出现画面停顿。

游戏画面出现停顿的现象，与计算机性能、游戏服务器的性能、服务器所在的网络以及 ADSL 网络质量等都可能有关系。首先在游戏服务器的选择上，应尽可能选择在本地网络运营商网络上的服务器。如果能够排除计算机性能、游戏服务器性能等方面的问题，ADSL 单机用户游戏画面出现停顿可能与 ADSL 网络断流有关，请用户按断流的步骤检查。如果是局域网通过 ADSL 接入互联网的用户，须先检查其他计算机的网络应用，如果有多个视频聊天应用或下载应用在同时进行，网络数据流量大，会引起视频画面不连续和游戏画面停顿的现象。

(9) 申请的是 1 M 速率的 ADSL，为什么下载时每秒只有 100 KB 左右？

ADSL 速率通常指 ADSL 的下行速率，速率的单位为 bit/s(位/秒)，1 M 就是 1 024 kbit/s。通信单位中，用 B 表示 Byte(字节)，用 bit 表示位。100 KB 中"KB"为千字节的意思，B 为 Byte，一字节等于 8 位(1 B=8 bit)。100 KB/s 等于 800 kbit/s。由于 PPP 以及 TCP/IP 等通信协议占用了一定的带宽，1 M ADSL 的实际有效数据传输带宽约为800 kbit/s，所以 100 KB/s 的下载速率与实际带宽是基本一致的。

(10) IE 启动后，不仅上网很慢，而且计算机的所有操作都会变得很慢。

目前有很多网站为提高点击率，会自动向登录用户的计算机中安装 IE 插件。常见的有

3721、腾讯等，部分 IE 插件可能存在恶意性，会强制用户浏览某些网站，也有的插件存在兼容性问题或代码 BUG(缺陷)。当 IE 被安装了较多的第三方插件时，启动时将会占用大量的计算机资源，不仅很慢，严重的还会导致系统崩溃。解决的办法可以通过安装 3721 上网助手软件来屏蔽这些插件的安装，同时也需要经常查杀木马或病毒，安装病毒防火墙和网络防火墙。当然，最简单的办法就是不要安装任何网站上要求安装的程序。

4.6　维护案例及分析

4.6.1　维护中的几个关键点

1. 判断计算机至 Modem 通断的方法

判断计算机至 Modem 是否畅通，是确定 ADSL 故障段的重要依据。以天邑 ADSL Modem 为例，Modem 的默认 IP 地址是 10.0.0.2，子网掩码是 255.0.0.0，设置计算机的 IP 地址在同一网段，如 10.0.0.3，子网掩码 255.0.0.0。在网络浏览器 IE 的地址栏输入 10.0.0.2，登录天邑 ADSL Modem 的配置界面，看是否能登录上，如果登录不上，可以在 DOS 下执行 ping 10.0.0.2，如果有返回的时延值且时延值小于 10 ms，说明计算机至 Modem 畅通。如果时延值较大或有丢包，说明网卡、网线、Modem 其中的环节有故障。如果出现 Destination host unreachable，说明计算机至 Modem 不通。

判断其他品牌的 Modem，将 IP 地址更改为相应 Modem 的 IP 地址即可。

2. 通过 Modem 指示灯判断故障

请参见本书前述相关内容。

3. 熟练使用故障判断命令

请参见本书前述相关内容。

4. 网速测试方法

宽带网络的网速始终是网民关心的一个话题。对于各种各样的宽带网络接入方式，用户在使用过程中最直接的感受就是网速的快慢。

决定网络速率的因素是多方面的，主要受信源端的速率、传输通道的网络速率、收信端的网络速率等方面的影响，也就是说，网络速率与网站的响应能力、网络传输带宽、用户端计算机的处理能力等均有关系。ADSL 或社区宽带只是用户网络最末端的传输方式，要实际测试这段网络的传输速率，需要选择最近的与用户在同一运营商网上的网站。

宽带用户的网速测试方法如下。

(1) 使用路由器或 Modem 路由方式上网的用户，需采用计算机直接拨号上网的方式来检查，局域网用户要去掉自己的路由器，用单台计算机拨号上网。

(2) 用于测试的计算机需要先杀毒，确保计算机系统运行速度正常。

(3) ping 测试，时延值小于 50 ms，说明网速正常。丢包率应几乎为零，如果丢包率较大，说明网络不正常。

(4) 进行下载测试。申请速率为 512 KB/s 的用户，下载速率约为 50 KB/s 左右；申请速率为 1 MB/s 的用户，下载速率约为 100 KB/s；申请速率为 4 MB/s 的用户，下载速率为 400 KB/s 左右。

4.6.2 案例及分析

1. 因用户计算机硬件故障导致的报障

(1) 用户申报故障

无法上网和网速慢。用户反映，拨号时报错误号 678。

(2) 现场检测

用户的 Modem(厂家 UT)指示灯状态均正常。检测人员用笔记本计算机接用户网线，拨号成功，测试 ADSL 各项网络参数均正常。用仪表测试用户线路质量，上下行线路衰减均小于 20 dB，噪声裕量正常，用户线路特征良好。检查用户室内线路，虽从分线盒至 Modem使用了 35 m 左右的平行线，但接线质量良好，室内线路连接正确。结论是该用户的 ADSL 网络性能良好。打开用户的计算机，检查 Modem 指示灯状态，LINK 指示灯正常，PC 指示灯正常，数据灯偶有闪动。用户拨号后，出现 678 错误代码，远程计算机不响应。用户计算机网卡没有获取到与 Modem 同一网段的 IP 地址，将网卡 IP 设为 192.168.1.2 后，ping 192.168.1.1 (UT Modem 的 IP 地址)不通。在 IE 地址栏输入 192.168.1.1，不能打开 Modem 设置页。因此判断，用户网卡有故障，建议用户更换网卡。在用户自己更换网卡后网络恢复正常。

(3) 分析

在本案例中，仅从 Modem 指示灯的状态看，不能判断计算机与 Modem 之间数据通道是否正常。

(4) 故障判断要点

在判定用户 Modem 在线后，如果用户计算机仍不能上网，通常存在 3 个方面的故障因素：一是用户计算机软件故障，可能是拨号软件或操作系统的故障；二是用户计算机硬件故障，可能是网卡故障或网卡参数设置不当；三是连接计算机与 Modem 的网线不通。通常要采用以下检测步骤：

① 检查网卡参数，确保 TCP/IP 协议配置正常；

② 执行 Ipconfig，查看计算机是否从 Modem 获取了正确的 IP 地址，如果网卡正常、网线畅通，用户计算机将会获取到与 Modem 在同一地址段的 IP 地址。

③ ping Modem 的 IP 地址或在 IE 地址栏中输入 Modem 的 IP 地址，如果能 ping 通 Modem 或能正常打开 Modem 的配置页面，说明网卡、网线正常，那么问题很可能出在计算机的软件系统上；如果 ping 不通，说明问题出在网卡或网线上。

2. 因用户计算机软件故障导致的报障

(1) 用户申报故障

网速慢，玩游戏时常出现停顿，经常出现死机现象。

(2) 现场测试

检测用户的 ADSL Modem(厂家天邑)指示灯，状态正常，用户使用了 Modem 路由方式。检测人员用笔记本计算机接用户网线，上网成功。然后根据检测流程测试了各项网络参数，测试结果均正常。检查用户室内线路，接线质量良好，室内线路连接正确。结论是该用户的 ADSL 网络性能非常良好。检测用户计算机，发现计算机的运行速率明显异常，所有程序运行均很慢，曾经出现死机和自动关机现象，被病毒感染的可能性极大，建议用户使用带有最新病毒库的正版杀毒软件进行杀毒处理。用户处理后，上网恢复正常。

(3) 分析和处置

该案例中,造成用户网络使用困难是由于计算机病毒问题,但用户由于计算机和网络的知识不足,无法判断故障原因。

(4) 故障判断要点

对由计算机病毒问题造成的上网慢或无法上网等故障,主要从以下几个方面进行故障判断。

① 要判断用户计算机是否存在病毒,最简单的方法就是用杀毒软件杀毒。但如果杀毒软件的病毒库不是最新版本的,查毒的结果不能完全相信。

② 感染了病毒的计算机,运行速度将有所下降,有时计算机会变得很慢。

③ 感染了振荡波、冲击波等病毒的计算机,会出现自动关机现象。

④ 部分网络病毒发作时,将会发出大量的数据包以阻塞网络,这时候Modem收发数据的指示灯可能会高速闪动,网络通信被阻断。

⑤ 感染了恶意代码的IE浏览器可能会出现不能打开网页或被强制访问某些网页等不正常现象。

出现以上现象的计算机首先需要进行杀毒处理,但是由于目前杀毒软件对很多病毒无法安全消除,通常会采用隔离或删除感染了病毒的文件的做法来控制病毒的危害。因此,杀毒有可能会造成计算机操作系统的崩溃。鉴于此,宽带终端维护人员在遇见这类故障时,应建议由用户自己杀毒或请专业化的公司来进行杀毒处理,不可帮助用户杀毒,以避免发生纠纷。

3. 因用户操作不当导致的报障

(1) 用户申报故障

无法上网。用户反映拨号时报错误号769,指定的目标地址不可访问。

(2) 分析和处置

错误号是Windows操作系统发生内部错误时的错误代码,该代码指出错误的性质。对常见错误代码的掌握有助于快速排除故障(请参见本书的附录一)。错误号769多数情况下为网卡被禁用所致,启用网卡后故障排除。

(3) 故障判断要点

ADSL拨号过程中出现的错误代码和错误解释,从字面的意思不容易理解,请参见前述相关内容。

4. 因用户认知问题导致的报障

(1) 用户申报故障

用户反映玩联众游戏和传奇游戏经常停顿。

(2) 现场检测

检测用户的Modem(厂家天邑)状态,指示灯闪动正常。检测人员用笔记本计算机测试了各项网络参数,测试结果网络性能良好,网速较快。用仪表测试用户线路质量,上下行线路衰减均小于20 dB,上下行噪声裕量均大于20 dB,用户线路特征良好。检查用户室内线路,接线质量良好,室内线路连接正确。检查用户计算机,计算机配置较好,软硬件工作正常。

(3) 分析和处置

通过检测,网络质量良好,网速正常。用户反映的掉线故障在于用户对掉线的认识有误。联众和传奇的游戏服务器组非常庞大，服务器组在很多省市以及各通信运营商的 IDC 机房都有放置，通常跨运营商后，都会产生较大的传输时延和较高的丢包率，导致游戏的速度下降甚至出现经常停顿的现象，这种现象并非掉线故障，而是与游戏服务器的处理能力和网间互联的瓶颈有关。

(4) 故障判断要点

对于这类故障，首先要判明 ADSL 网络自身是否存在故障；其次是检查用户的电脑软硬件系统搭配是否得当，软件系统是否有问题；最后是要了解用户的使用习惯，给用户以合理的解释，指导用户正确地使用，如正确选择游戏服务器。

计算机硬件系统和软件系统的搭配不当将严重影响计算机的运行速度，正确的搭配如表 4-10所示。

表 4-10　计算机硬件系统和软件系统的正确搭配

序　号	CPU	内　存	操作系统
1	PⅡ及以上	64 M	宜使用 Windows 98
2	PⅢ	128 M	宜使用 Windows 2000
3	PⅢ	256 M	宜使用 Windows 2000，可使用 Windows XP
4	PⅣ	128 M	宜使用 Windows 2000，可使用 Windows XP
5	PⅣ	256 M	宜使用 Windows XP

注：Windows Me 稳定性较差，不推荐使用。

5. 因室内线路接触不良导致的报障

(1) 用户申报故障

用户反映频繁掉线，掉线后短时间内不能联通。

(2) 现场检测

进入现场后，检测用户的 Modem(厂家天邑)指示灯，闪动正常。用仪表测试用户线路质量，上下行线路衰减均小于 20 dB，下行噪声裕量大于 22 dB，但上行噪声裕量只有 8 dB，上行最大可用速率 556 kbit/s，而用户实开上行速率为 512 kbit/s，速率使用比达到 92%，说明线路有异常。检查用户室内线路，室内线路连接方式正确，但接分离器的电话线 RJ11 接头有明显的氧化现象。

(3) 分析

从测试参数可以看出，上行噪声裕量明显异常，通常在线路衰减较小时，噪声裕量的值较大。该用户的上行噪声裕量只有 8 dB，上行最大可用速率只有 556 kbit/s，测试值明显异常，说明线路存在问题，这种问题多数是由于线路接触不良所致。

RJ11 水晶头的接触点上无光泽，说明有氧化层，用小刀轻轻刮除氧化层后，再次用仪表测试线路数据，下行噪声裕量提高到 30 dB，上行噪声裕量提高到 20 dB，上行最大可用速率提高到 898 kbit/s，达到正常范围。在随后的测试中，未再出现掉线现象。

(4) 故障判断要点

对于这类故障，首先要测试 ADSL 网络基本线路参数，通常噪声裕量小于 10 dB 时，容易出现掉线故障。如果线路距离较短，线路衰减小，但噪声裕量也偏小时，线路存在接触问题的可能性非常大。其次要认真检查室内线路，线路问题的 80%出在室内部分。

6. 因室内线路并机接线错误导致的报障

(1) 用户申报故障

用户反映 Modem 有时不同步,频繁掉线。

(2) 现场检测

进入现场后,检测用户的 Modem(厂家 UT)指示灯,闪动正常。用仪表测试用户线路质量,下行线路衰减 45 dB,上行线路衰减 29 dB,下行噪声裕量 16 dB,上行噪声裕量只有 12 dB,上行最大可用速率 727 kbit/s,而用户实开上行最大可用速率为 640 kbit/s,速率使用比达到 88%。检查用户室内线路,分离器前接有话机,室内线路连接方式错误。

(3) 分析和处置

从测试参数可以看出,用户上行速率使用比达 88%,这是造成掉线的一个原因;室内并机接线错误,是造成掉线的另一个原因。由于有这两种因素存在,造成频繁掉线。摘除分离器前的电话分机后,掉线情况有所好转,建议机房将用户上行速率降至 512 kbit/s。

(4) 故障判断要点

对于这类故障,首先要测试 ADSL 网络基本线路参数,如果速率使用比大于 85%,容易出现掉线故障;如果最大可行速率较低,那么需要较低用户的实开速率。其次要认真检查室内线路,如果在分离器前并有话机,那么话机前需要加装高阻分离器;如果没有高阻分离器,只有改线或摘除话机。

7. 因室内设备故障导致的报障

(1) 用户申报故障

用户反映,上网和电话不能同时使用,使用电话就会使网络掉线。

(2) 现场检测

用仪表测试用户线路质量,下行线路衰减 45 dB,上行线路衰减 31 dB,下行噪声裕量 5 dB,上行噪声裕量只有 12 dB,上行最大可用速率 540 kbit/s,用户实开上行最大可用速率为 384 kbit/s,速率使用比 71%。检查用户室内线路,室内线路连接方式正确。

(3) 分析和处置

从测试参数可以看出,下行噪声裕量明显偏低,已达到门限值,说明线路质量劣化。在去掉语音/数据分离器后测试,线路参数恢复正常,说明语音/数据分离器损坏。

(4) 故障判断要点

对于这类故障,首先要测试 ADSL 网络基本线路参数,如果噪声裕量明显偏低,说明存在线路问题。其次如果电话与网络不能同时使用,多数情况下是分离器出现故障。

8. 因下户线问题导致的报障

(1) 用户申报故障

用户反映,下雨或打雷时,网络会频繁掉线。

(2) 现场检测

用仪表测试用户线路质量,下行线路衰减 33 dB,上行线路衰减 23 dB,下行噪声裕量 31 dB,上行噪声裕量 24 dB,室内线路连接方式正确,接触良好。检查下户线部分,发现下户线是采用铜包钢的平行线从室外飞线,飞线长度约为 100 m,大大超出允许的平行线使用长度。

(3) 分析和处置

从线路测试参数可以看出,线路参数指标都在正常范围。但是长距离的平行线飞线,将会产生两种可能的结果:一是导致高频信号衰减加大;二是容易受外部电磁场干扰。用户在雷雨时候频繁掉线，说明是受外部电磁场干扰的影响。将下户线更换为STP双绞线并将双绞线屏蔽层两端至少一端接地即可。

(4) 故障判断要点

对于这类故障，显然要检测下户线的接线情况。如果没有双绞线，那么下户线使用平行线的长度不能超过20 m。超过20 m，将会受外部电磁场、射频信号、空间电离场等干扰。

9. 因主干线路问题导致的报障

(1) 用户申报故障

网速慢。

(2) 现场检测

用仪表测试用户线路质量，下行线路衰减62 dB，上行线路衰减31 dB，下行噪声裕量5 dB，上行噪声裕量只有10 dB，下行最大可用速率1 125 kbit/s，上行最大可用速率609 kbit/s，用户实开下行速率为1 024 kbit/s，下行速率使用比91%，实开上行速率为512 kbit/s，速率使用比84%。检查用户室内线路，室内线路连接方式正确，接触良好。检查下户线部分，下户线质量良好。

(3) 分析

线路测试参数严重超标，线路衰减非常大，说明线路距离超长，下行噪声裕量达到极限值。因为信噪比低，这样的线路极易出现掉线或是断流现象，而且由于下行速率使用比达到91%，因此，网上会产生大量错包，这也是导致网速慢的原因。唯一的处置办法就是更换主干线路，缩短主干与用户端的距离。

(4) 故障判断要点

对于这类故障，首先需要用仪表或通过机房端对线路参数进行测试。其次要排除下户线和用户室内线路有可能造成衰减大的因素。在确定是主干问题后，通过调整主干或局向的方式解决(当然最好的办法是采用光纤作为主干)。

10. 因局端问题导致的报障

(1) 用户申报故障

用户反映，大约每半个小时会掉线一次。

(2) 现场检测

用仪表测试用户线路质量，下行线路衰减31 dB，上行线路衰减19 dB，下行噪声裕量27 dB，上行噪声裕量26 dB，下行最大可用速率5 120 kbit/s，上行最大可用速率872 kbit/s，用户实开下行速率为1 024 kbit/s，下行速率使用比20%，实开上行速率为384 kbit/s，速率使用比44%。用户室内线路连接方式正确，接触良好。下户线质量良好。检查用户计算机，软硬件系统工作正常。

(3) 分析和处置

从线路测试参数可以看出，线路质量非常良好，排除了其他一切可能的因素，那么唯一可能存在的因素就是局端设备的问题，更换设备端口后，故障排除。

(4) 故障判断要点

对于这类故障，首先需要排除线路问题。其次要排除用户室内设备问题。最后是要排除用户计算机可能存在的问题，在一切可能的因素都排除后，可以怀疑是局端设备的问题。

11. ADSL用户受震荡波病毒攻击

(1) 故障现象

震荡波病毒发作。一旦计算机系统中毒，就会开启上百个线程去攻击其他网上的用户，并由此造成机器运行缓慢、网络堵塞，而且还让系统不停地进行倒计时重启。

（2）分析

震荡波病毒是利用 Windows 平台的 Lsass 漏洞进行广泛传播的。它的感染方式是通过命令易受感染的机器下载特定文件，然后运行这个文件。中毒用户以 ADSL 上网用户居多。原因是病毒会扫描随机 IP，并向该 IP 攻击，而 ADSL 大多是公网 IP，所以更容易受到攻击。Lsass 漏洞存在于 Windows 的所有操作平台，凡是没有打补丁的用户都有可能中毒。

（3）解决办法

杀毒软件公司提供了震荡波病毒的专杀工具下载，用户可以在杀毒软件公司网站免费下载。

（4）防范办法

到微软公司的站点去下载并安装该漏洞的补丁。

12. ADSL Modem 受病毒攻击

（1）故障现象

采用内置 PPPoE＋NAT 或者绑定固定 IP 使用路由方式（即使用 Modem 自动拨号或将固定 IP 设在 Modem 内）的 ADSL 用户，在使用一段时间后出现 ADSL Modem 死机的现象，拔插 DSL 线路和 LAN 口线路后，DSL 线路灯和 LAN 指示灯没反应，必须将 Modem 断电重启。断流情况严重，QQ、网易泡泡等软件自动掉线，网页也突然无法打开，稍后不久可以继续连接上。5 分钟到半小时 ADSL Modem 就死机，ping ADSL Modem，一半通一半不通，甚至一直超时，时延都在千毫秒级。频繁出现 ADSL 链路断开重连（半小时内出现多次）。

出现此问题的 ADSL Modem 都有两个特征：一是虽然品牌各异，但都是使用Globespan的 viking 或 viking Ⅱ套片的 ADSL Modem，如比较常见的实达 2110eh 4. 5/4. 6/4. 7 和华硕 AAM6000EV A/J A/E A/G1 等；二是都启用了 ADSL Modem 本身的 PPPoE 路由模式或者绑定了公网 IP。

（2）分析

① ADSL Modem 作为路由时，互联网对 IP 的访问首先到达 ADSL Modem 上，ADSL Modem 首当其冲，如果有病毒攻击，受攻击的就是 ADSL Modem，这种带路由的 ADSL 设备是很脆弱的，受不了同时有大量的 IP 端口扫描等攻击。

② 类似冲击波病毒的新病毒扫描到 ADSL Modem 的 IP 地址，发送大量 IP 包到 ADSL Modem 的常用端口，导致端口的缓冲溢出，不能响应正常的业务请求。

（3）解决方法

① 打开 ADSL Modem 的防火墙：单击服务 service→防火墙 firewall，将攻击保护 attack protection 和 DOS 保护由禁止改为许可（注意：有的版本没有防火墙选项）。

② 更改端口：单击管理 admin→端口设置 port setting，将现有 HTTP，Telnet，FTP 及 TFTP 端口加上 61000，变为 61080、61023、61021 及 61069，或者更改为其他的端口号，让扫描软件不能轻易扫描到即可。这样修改后，每次登录配置页面就不是访问 80 端口了，应该是 http://192. 168. 1. 1:61080（61080 是修改的新端口号，改成什么就用什么），Telnet 登录也不是 23 端口了，而是 Telnet 192. 168. 1. 1:61023。后面的端口号就是修改的 Telnet 新端口号，其他服务都类似。

③ 通过 RDR 映射，使外部对 ADSL Modem 开放端口的攻击转移到内部。在 ADSL

Modem 上做 4 个 RDR 映射，将外网对 ADSL Modem 的 21/23/69/80 端口的访问映射到内网一个不用的 IP 上，转移攻击的 IP 包(其中 21/23/69/80 端口分别对应 FTP/Telnet/TFTP/HTTP 服务)。

④ 升级 ADSL Modem 的 Firmware，即升级为新的防攻击的软件版本。

13. ADSL Modem 上的 ADSL 灯为什么会变红，怎样尽量避免

(1) ADSL 灯的几种状态

ADSL 灯如果变成红色，表明用户端的 Modem 与局端的 Modem 的物理连接已经断开，这叫做失步。当用户将 ADSL Modem 加上电源几十秒后，ADSL 灯就从红色→绿色闪烁→长绿，这就是建立同步的过程。

如果 ADSL Modem 正在使用中出现 ADSL 指示灯变红的现象，就说明此时此刻电话线路上有强干扰或电话线路上某个接头没接好，有松动现象或其他线路故障。

(2) 解决办法及注意事项

① ADSL 线路上不能并分机，电话只能从分离器 Phone 端口引出，否则会引起 ADSL 失步。

② 线路上的接头一定要接好，特别是用户房屋内部的接头。

③ 如果从分线盒内出来的电话线太长，应将平行线换成双绞线，提高线路抗干扰能力。

④ ADSL 有时会受到天气原因的干扰，比如大雨等，用户等几个小时又会自然恢复。过长的皮线传输会造成连接不稳定、DSL 灯闪烁等现象，从而影响上网。由于 ADSL 是在普通电话线的低频语音上叠加高频数字信号，所以从局端到 ADSL 滤波器这段连接中，任何设备的加入都将妨碍到数据的正常传输，所以在滤波器之前不要并电话、电话防盗打器等设备。

14. ADSL Modem 中的 Link 灯一直处于闪烁状态

Link 灯处于闪烁状态，说明线路的信号不稳定，要是过一段时间恢复正常，就说明 Link 灯的闪烁状态是由局部线路调整造成的。要是 Link 灯一直处于闪烁状态而不能恢复正常，就说明连接到 ADSL Modem 的通信线路出现了故障，此时可以检查一下电话线路是否有信号。要是线路有信号的话，就说明电话线很正常，如果没有检测到线路信号，就说明线路存在问题，必须要排除线路故障。倘若在线路信号正常的情况下，ADSL Modem 中的 Link 灯仍然处于闪烁状态，就说明是端口问题，需重置网络端口，一般情况下重置网络端口都会有信号。如果通过上面的处理，还不能解决问题，就需要考虑重新更换 ADSL Modem 设备了。

15. 在 ADSL Modem 信号灯常亮，可以正常拨号连接的情况下，不能正常浏览网页页面

既然通过 ADSL Modem 能够正常拨号连接，就说明上网设备没有任何故障，因为设备一旦出现问题，拨号就不会连接成功。网页内容不能打开，很有可能是网络设置方面的问题。

此时，可以使用 ping 命令检查一下网卡和 Modem 的 IP 地址，看看网卡的参数设置是否正确，正常情况下这两个 IP 地址都应该能 ping 通，如果有一个不能 ping 通的话，就说明网络设备有故障存在。

如果在上面的 IP 地址都能 ping 通的情况下也不能打开网页，就检查一下当前的 DNS 网络参数，看看是否正确设置了 DNS 服务器，有一部分用户通过这种方法能解决问题，如果有的用户在系统中安装有防火墙，应该尝试将它关闭。倘若上面的方法仍然不能解决问题，再检查一下能否进入 ADSL Modem 设备的控制界面，如果不能进入设置界面，就说明是系统问题。

一般来说，当重新安装好系统以及设置好网络参数后，都能够访问 ADSL Modem 设备的控制界面，而只要能进入 ADSL Modem 设备的控制界面，一般都能打开网页页面。

16. ADSL Modem 的信号灯处于常亮工作状态，但不能拨号上网

由于 ADSL Modem 的信号灯处于常亮工作状态，说明线路有信号传输，此时应该检查一下 ADSL Modem 设备上的 LAN 灯的状态。要是 LAN 灯不亮，就说明 ADSL Modem 设备与网卡的连接有问题，这样自然就不能正确拨号了，在这种情况下，大家可以尝试更换一下网卡。

要是发现 LAN 灯常亮而不能正确拨号，可以将原来的拨号软件从系统中彻底卸载，然后重新按照正确的方法来安装一次拨号软件，并确保使用的用户名和密码正确。

如果还不能进行拨号连接，就需要将 ADSL Modem 设备上的复位键按下去，这样就能将 ADSL Modem 所有的网络参数恢复为默认设置值。在 ADSL Modem 上找到一个直径大约为 2 mm 的圆孔(参见本书图 4-25)，然后在接通电源的情况下，用圆珠笔芯之类的东西戳进去，这样就能感觉到有一个按钮被按下去了，让这种状态持续 10 s 以上，就能将参数恢复到原来的出厂值了。

如果通过复位按钮不能将参数恢复原样，可以打开 ADSL Modem 设备的控制界面，执行 reset to factory default 命令来进行软件复位。由于许多用户在操作 ADSL Modem 的过程中，常常会出现不正确关机或者其他不正确的操作，如在关闭 ADSL Modem 时不通过开关按钮而直接拔掉电源线，就很容易使 ADSL Modem 内部的软件产生混乱。所以有关 ADSL Modem 的许多故障都能通过复位的方法来解决。

17. 数据流量大时出现死机

(1) 故障现象

一台 ADSL，当数据流量增大时就会死机。

(2) 故障分析处理

一般情况下，这是因为网卡的品质或者兼容性不好所引起，特别是老式 ISA 总线 IOM 网卡。由于 PPPoE 是比较新的一项技术，这类网卡兼容性可能会有问题，并且速度较慢，容易造成冲突，最终将线路锁死，甚至死机。

18. 安装 PPPoE 后启动速度变慢

(1) 故障现象

安装了 ADSL 的 PPPoE 软件以后，计算机启动速度慢了。

(2) 故障分析处理

这和网卡设置有问题有关。由于系统启动时需要一个合法的 IP，局域网中需要正确设置 DHCP 服务器，如果是单机使用就给网卡指定一个 IP，便可以解决问题。例如，192.168.×××.×××，子网掩码 255.255.255.0。

19. 虚拟拨号失败

(1) 故障现象

ADSL 在使用虚拟拨号软件时提示错误信息，拨号失败。

(2) 故障分析处理

如果拨号窗口显示“Begin Negotiation”然后等待，最后直接弹出菜单“time out”，这种情况表明网络不通。主要原因是ADSL上的10Base-T端口上的网线没有连接好或ADSL网络不通,可以重启后再试。

如果拨号窗口显示“Begin Negotiation”,然后显示“Authenticating”,最后显示“Authentication Failed”,这种情况表明用户账号或密码有误。

如果拨号窗口显示“Begin Negotiation”,然后显示“Authenticating”,再显示“Receiving Network Parameter”,最后弹出菜单“timeout”,这种情况表明拨号IP地址已经被占满,需稍后再拨。

20. 局域网上的计算机无法使用PPPoE

(1) 故障现象

一台ADSL连接所使用的是10/100 Mbit/s的Hub,而在局域网上的计算机却无法使用PPPoE。

(2) 故障分析处理

ADSL使用的是10Base-T标准即10 Mbit/s,它连接10/100 Mbit/s的Hub是不会有问题的,但是如果计算机和Hub的连接速率是100 Mbit/s,Hub的10/100 Mbit/s交换模块目前对PPPoE支持并不是很好,那么PPPoE就有可能无法在100 Mbit/s网速下找到ADSL信号,此时就不能使用了。解决办法就是用于PPPoE拨号的计算机使用10 Mbit/s的接线方法制作10 Mbit/s网线,或者将网卡强行设置工作在10 Mbit/s速度上。

小　结

1. 传输速率在1 Mbit/s的数据通信叫做宽带通信。常用的宽带通信方式有xDSL、以太网及WLAN等。本章所介绍的ADSL是xDSL中的一种使用非常普遍而又能充分利用现有铜线资源的宽带接入方式,但它并不是最好的宽带接入方式。

2. 影响ADSL传输的主要因素有桥接抽头、线路长度、加感线圈及噪声和干扰,其中最难防范的是看不见、摸不着且几乎毫无规律的噪声和干扰。

3. ADSL测试仪的发展速度非常快,目前使用方便、性能完备的测试仪很多,但它们所能测试的参数主要是物理层参数(主要有子信道比特图、上下行速率、上下行线路衰减、上下行噪声裕量、容量比、输出功率和各种误码率等)、网络层参数(主要有PPPoE拨号、DHCP拨号和ping测试等)及直流参数(主要是绝缘电阻、环阻、线间电容、线路电压等)。

4. 为用户开通ADSL业务主要包括预约、线路检查、确定室内接线方案、安装Modem、网卡设置、拨号软件安装和开通证实等步骤。这些步骤看起来很简单,其实每一步都很重要。只有掌握了高阻分离器的特性、正确的布线连接方法、拨号软件的良好安装及网卡与Modem的正确设置等,才能为用户提供高质量的服务。

5. XG2042是一款典型的ADSL维护测试仪表,它可以方便快捷地测试上述第3条中所述的三大类参数。正确掌握其使用方法对于提高维护效率是十分有益的。

6. ADSL的故障按照现象来分有无法上网、频繁掉线及网速慢三类。这三类故障的排除流程与技巧是本章学习的重点内容,请认真掌握,为以后的工作打下坚实的基础。

7. 书中提供的维护测试案例作为资料供大家在实际工作中参考。

习题与思考题

一、判断题

1. 用户计算机下载速率显示为 50 KB/s 时就等于 400 bit/s。（　）
2. 低阻语音数据分离器只允许高频信号通过。（　）
3. XG2042 不仅能进行物理层参数的测试，还能进行网络层参数的测试。（　）
4. 高阻语音数据分离器只允许低频信号通过。（　）
5. 保证 ADSL 正常开通的噪声裕量必须不小于 6 dB。（　）
6. 带路由功能的 ADSL-Modem 就是 DHCP 服务器。（　）
7. 从现象上来分，ADSL 的故障分为无法上网、频繁掉线和网速慢三种。（　）
8. 在 ADSL 中 98 号信道的载波频率是 418.312 5 kHz。（　）
9. 在 ADSL 中，信道信噪比越高，传输质量就越差。（　）
10. 2 M 速率时，开通 ADSL 用户线的长度应不大于 3.6 km。（　）
11. 用非屏蔽 5 类线代替用户皮线既可以降低衰减，又可以防雷。（　）
12. ADSL 局域网用户终端和 ADSL 单机用户终端的上网拨号方式是一样的。（　）
13. 当子信道比特图中某个子信道的传输比特为 0 时，ADSL 必定会掉线。（　）
14. 水晶头触点上的氧化膜会导致 ADSL 不能同步，但不会影响语音通信。（　）
15. 各种 ADSL 测试仪所显示的误码数总是在不停地变化的。（　）
16. 为保证数据信号的正常传输，室内电力线与电话线平行接近的安全距离是大于 40 cm。（　）
17. 网卡与 Modem 的 IP 地址不一定要处于同一个网段。（　）
18. 线间绝缘电阻越大，对传输 ADSL 越不利。（　）
19. 网吧中的用户终端上必须安装 PPPoE 拨号软件，才能正常上网。（　）
20. 噪声裕量越低，ADSL 传输越可靠。（　）

二、单选题

1. 在 ADSL 用户端，低阻语音数据分离器并联使用的数量最多为（　　）只。
   A. 1　　B. 2　　C. 3　　D. 4
2. PPPoE 中的“o”的中文含义是（　　）。
   A. 打开　　B. 零　　C. 目标　　D. 基于
3. 为了保证传输质量，在 ADSL 用户端用户皮线长度最多为（　　）米。
   A. 10　　B. 20　　C. 30　　D. 50
4. 下列因素中与 ADSL 传输速率有关的是（　　）。
   A. 分离器质量　　B. 用户计算机配置　　C. 线路衰减　　D. 网线质量
5. 一般情况下，开通 ADSL 的用户线允许最大衰减为（　　）dB。
   A. 20　　B. 30　　C. 40　　D. 50
6. 错误号“619”的含义是（　　）。
   A. 与 ISP 的服务器不能建立连接　　B. 输入的用户名和密码不对

C. 拨入方计算机没有应答　　D. 网卡没有正确响应

7. 下列影响ADSL传输的因素中，最难防范的是(　　)。

A. 芯线衰减　　B. 设备连接错误

C. 电力线上产生的瞬间干扰　　D. 桥接抽头

8. 下列构件中属于ADSL用户室内的是(　　)。

A. 网线　　B. 主干电缆　　C. 交接箱　　D. DNS

9. 使用ping命令所获得的时延是(　　)。

A. 测试端和目标主机间的单程时延　　B. 测试端和目标主机间的双程时延

C. 拨号时延　　D. 邮件传输时延

10. 下列命令中，能显示网卡MAC地址的是(　　)。

A. ping　　B. ipconfig　　C. winconfig　　D. ipconfig/all

三、多选题

1. 下列因素中属于判断“无法上网”故障依据的是(　　)。

A. 用户电话是否正常

B. 用户Modem指示灯状态是否正常

C. 能否正确获取DNS的IP地址

D. 从测量室到用户Modem的环回测试参数是否正常

2. 在下列编号的ADSL子信道中，用来传输下行数据信号的是(　　)。

A. 29　　B. 35　　C. 38　　D. 175

3. 下列故障现象中，属于ADSL的是(　　)。

A. 网速慢　　B. 背景噪声大　　C. 频繁掉线　　D. 相位失真

4. 下列仪表或器件中属于高输入阻抗的是(　　)。

A. 电压表　　B. 电流表

C. 高阻语音数据分离器　　D. IP拨号器

5. 下列测试项目中，属于ST311网络层测试内容的是(　　)。

A. 子信道比特图　　B. CRC误码

C. LAN口PPPoE拨号　　D. LAN口DHCP拨号与Ping测试

6. 下列仪表或器件中属于低输入阻抗的是(　　)。

A. 低阻语音数据分离器　　B. 电流表

C. 电压表　　D. IP拨号器

7. 下列数据通信方式中，属于宽带通信的是(　　)。

A. 163拨号上网　　B. 窄带ISDN　　C. ADSL　　D. VDSL

8. 下列ADSL子信道中，用做隔离带的是(　　)。

A. 3　　B. 5　　C. 33　　D. 175

9. 下列工序中属于安装ADSL Modem时要注意的是(　　)。

A. 散热条件　　B. 线路检查　　C. 防干扰　　D. 选用优质电源插座

10. 下列内容中，属于检测用户计算机至Modem是否连通措施的是(　　)。

A. 查看分离器连接是否正确

B. 在IE地址栏内输入Modem的IP地址

C. Ping Modem 的 IP 地址

D. 观看子信道比特图是否正常

四、简答题

1. 影响 ADSL 开通的四大因素是什么？其中最难防范的又是什么？

2. ADSL-Modem 上的常见指示灯有哪 4 种？分别起何作用？请以"华为 SMART-AXMT800ADSL-Modem"为例加以说明。

3. 请分别说明 ping、tracert、ipconfig 3 个常用网络测试命令的命令格式和主要作用。

4. 比较高阻语音数据分离器和低阻语音数据分离器的性能差别并说明其使用规则。

5. 画图说明 ADSL 中无法上网故障的排除流程。

五、分析以下电路连接图，然后回答以下问题。

1. 这种连接方式是否正确？运用于何种场合？

2. 请写出下图中 A、B、C、D 4 个设备的名称，并分别说明其主要作用。

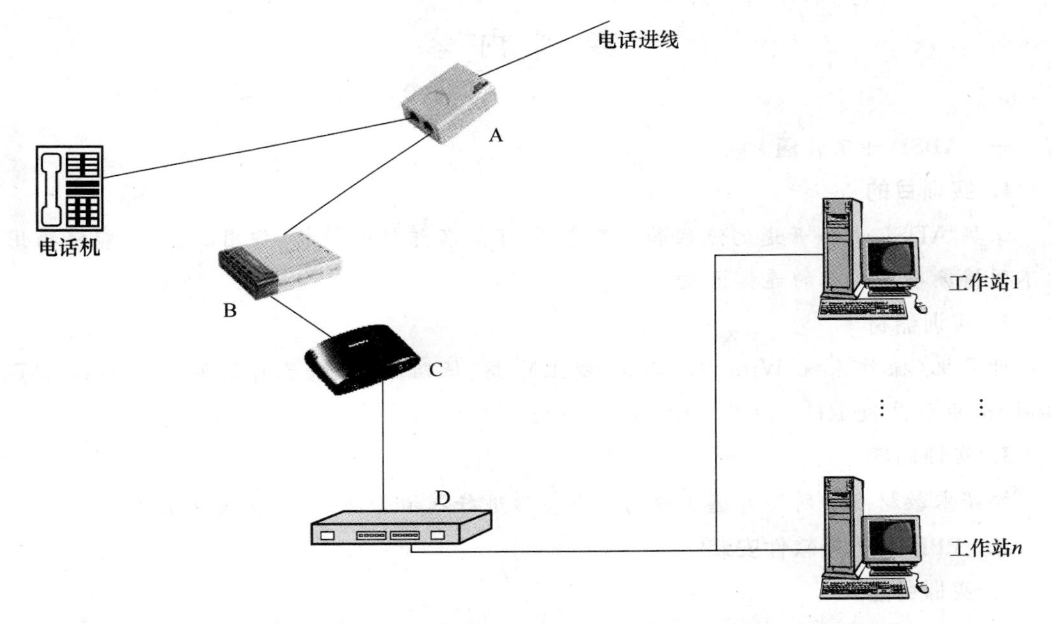

六、下图为用某测试仪所测得的 ADSL 物理层参数画面，请说明图中哪些参数正常，哪些参数不正常，不正常的参数请给出其正常值的范围。

物理层测试

下行		上行	
速率：	2848 kbit/s	速率：	352 kbit/s
容量比：	38%	容量比：	86%
噪声裕量：	5 db	噪声裕量：	10 db
线路衰减：	21 db	线路衰减：	20 db
输出功率：	19.5 dbm	输出功率：	12 dbm
当前状态：	已连通		

翻页　重连　比特图　保存

七、下面是某些技术人员总结的引起 ADSL 断流的 8 种因素,试分析每种因素的影响机理。

1. 线路不稳定;
2. 网卡选择不当;
3. ADSL Modem 或者网卡设置有误;
4. ADSL Modem 同步异常;
5. 操作系统有缺陷;
6. 拨号软件互扰;
7. 其他软件(如 QQ 2000b)引起;
8. 病毒攻击和防火墙软件设置不当。

实 训 内 容

一、ADSL 业务开通

1. 实训目的

掌握 ADSL 业务开通的流程和注意事项,了解各组件的结构、作用及特点,能根据用户的不同情况确定正确的连接方案。

2. 实训器材

计算机(操作系统 Windows 2000 以上),高、低阻分离器,已作好的直通网线,ADSL Modem,电话线及 RJ11 插头,扣式接线子,接线工具。

3. 实训内容

按照本教材 6.3 所述开通流程的 7 个步骤进行模拟开通(不安装拨号软件)。

二、PPPoE 拨号软件安装

1. 实训目的

掌握星空极速拨号软件的安装方法和技巧。

2. 实训器材

已开通 ADSL 的计算机,星空极速拨号软件安装光盘。

3. 实训内容和步骤

按照本教材 4.3.6 节所述安装流程,完成拨号软件的安装并开通试用(若已安装其他拨号软件请先将其卸载,以免影响使用)。

三、XG2042 测试仪使用

1. 实训目的

掌握使用 XG2042 测试已开通或未开通 ADSL 业务线路的相关参数的方法与技巧。

2. 实训器材

XG2042,已开通 ADSL 业务的用户计算机。

3. 实训内容

(1) 先在交接箱处将用户线路断开,用XG2042测试用户线对的直流参数:线间绝缘电阻、交接箱至电脑的用户线环阻、线间电容、线路长度;

(2) 将用户与网络连接好,使用XG2042测试用户线对的物理层参数:速率、子信道比特图、线路衰减、噪声裕量、容量比及误码率;

(3) 将用户与网络连接好,代替用户Modem,进行PPPoE拨号测试,拨号成功后进行Ping测试,读取时延、丢包率及TTL等参数值。

第5章 网吧

5.1 概　　述

一个网吧就是一个标准的局域网。规模较小的网吧有时就是由一台以太网交换机和客户端组成;中型的网吧一般由几台交换机和客户端组成;大型网吧往往采用多层结构,由很多交换机组成,为了保证网络运行质量,有些网吧还配置了一些相关的路由器、游戏服务器,并安装了防火墙等。

在网吧局域网和因特网之间直接放置以太网交换机作为接口设备。对于规模较大的网吧,大部分采用大型路由器和L3以太交换机作为接口设备,利用L3的三层功能,将整个网络分成几个网段,有时还配置专门的网管系统。

对于通信运营商和具体的维护人员来说,网吧是一个非常好的网络运行质量监督员,网络一旦出现问题,往往最先申告的就是网吧老板或网吧的网管员。因为对于一个网吧来说,网络每分每秒都不能出现问题,这反过来对通信企业的网络终端维护人员和网吧维护人员的技术水平提出了非常高的要求。

从社会功能来讲,网吧是向社会公众开放的营利性上网服务提供场所,社会公众可利用网吧内的计算机及上网接入设备等进行网页浏览、学习、网游、聊天、观看视频、收听音乐或其他活动,网吧经营者通过收取使用费或提供其他增值服务获得收入。网吧是向成年人开设的学习、休闲娱乐等活动的场所,严禁未成年人进入。网吧是比较适合年轻人消费的休闲场所,也是培养网络应用的最好的平台。我国的网吧已经成为我国网民的第二大上网场所。

2002年9月29日的第363号国务院令发布的《互联网上网服务营业场所管理条例》以及此前颁布的《互联网文化管理暂行规定》和《互联网游戏出版管理规定》等政策法规,是网吧建设、经营、管理的政策依据。

5.2 网吧的组网技术

5.2.1 网络组成及对各部分的技术要求

从技术上讲,一个网吧由4个部分组成,如图5-1所示。

1. 与公网的接口部分

这部分就是网吧的出口部分，主要是与通信运营商的电路接口，目前主流的接入介质是单模光纤。

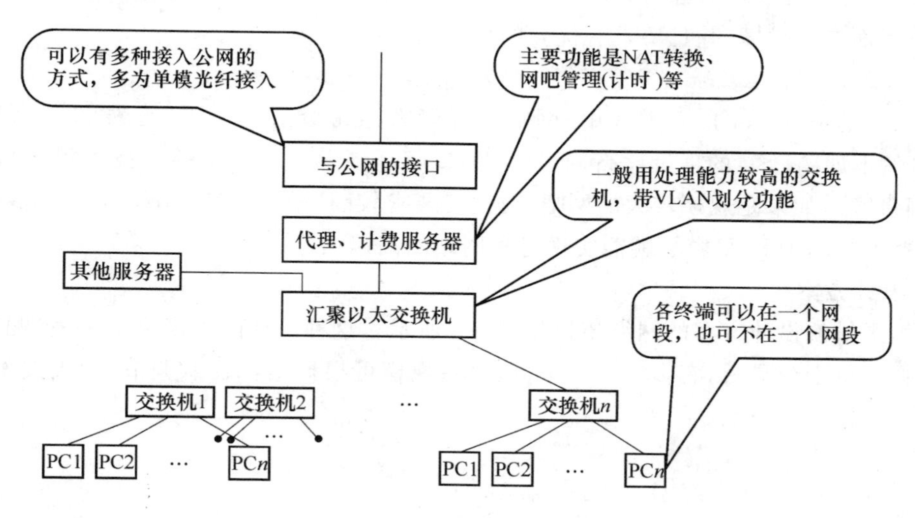

图 5-1 网吧的基本组成

网吧的出口必须稳定可靠，而要保证网吧的可靠运行，不出现大于2%的丢包率，必须做到以下几点：

(1) 接入光纤热备份，即申请两条光纤且光纤来自不同的运营商；

(2) 使用同一家公司的两种不同接入方式，使用户可以在不关机的情况下进行切换；

(3) 出口路由器和服务器尽量考虑冗余配置。

2. 合理配置服务器和经济实用的路由器

3. 以太交换机部分

以太交换机负责各个终端的接入。汇聚终端并形成星型网络结构。

4. PC 终端

选择美观大方、经济实惠的客户机。

5. 计费、网吧管理等辅助部分

5.2.2 ADSL 技术组网

国家为了规范网吧的正常运作，引导这个行业的健康发展，在政策上对大、中型网吧进行扶持，以便于管理，所以网吧的发展趋势应该是走大规模、正规化经营的路线。而这种经营路线，就决定了其自身必须拥有高速、稳定、安全的网络系统才能保持良好的发展。

网吧的网络应用要集先进性、多业务性、可扩展性和稳定性于一体，不仅满足顾客在宽带网络上同时传输语音、视频和数据的需要，而且还支持多种新业务数据处理能力，上网高速流畅，大数据流量下不掉线、不停顿。

1. 需求分析

网吧是网络应用中一个比较特殊的环境。网吧中的节点经常同时不间断地在进行浏览、聊天、下载、视频点播和网络游戏，数据流量巨大，尤其是出口流量。来网吧消费的网民，上网的需求各异，应用十分繁杂。这样的应用就要求网络设备具有丰富的网吧特色功能并兼顾高度的稳定性和可靠性，保证能长时间不间断地稳定工作，而且配置简单、易管理、易安装、用户界面友好易懂，并且要具有优异的性价比。

2. 接入方式

在众多的 Internet 接入方式中，网吧的经营者通常会选择 DDN 专线和 ADSL 技术。DDN 自然不如 ADSL 的性价比高，而且 ADSL 通过多 WAN 口的捆绑技术很容易实现低成本、高带宽。如果是规模较大的网吧，对速度要求较高，采用支持 4 WAN 口的多路捆绑，并且选择不同的 ISP，很容易就能实现各种网站的高速浏览。

3. 设计方案

这里提供的设计方案的网络拓扑如图 5-2 所示。这种设计的规模可中可大，配置灵活；设备选择上也十分灵活，有多种设备可供选择；规模可根据实际任意调节，相关技术也已十分成熟。

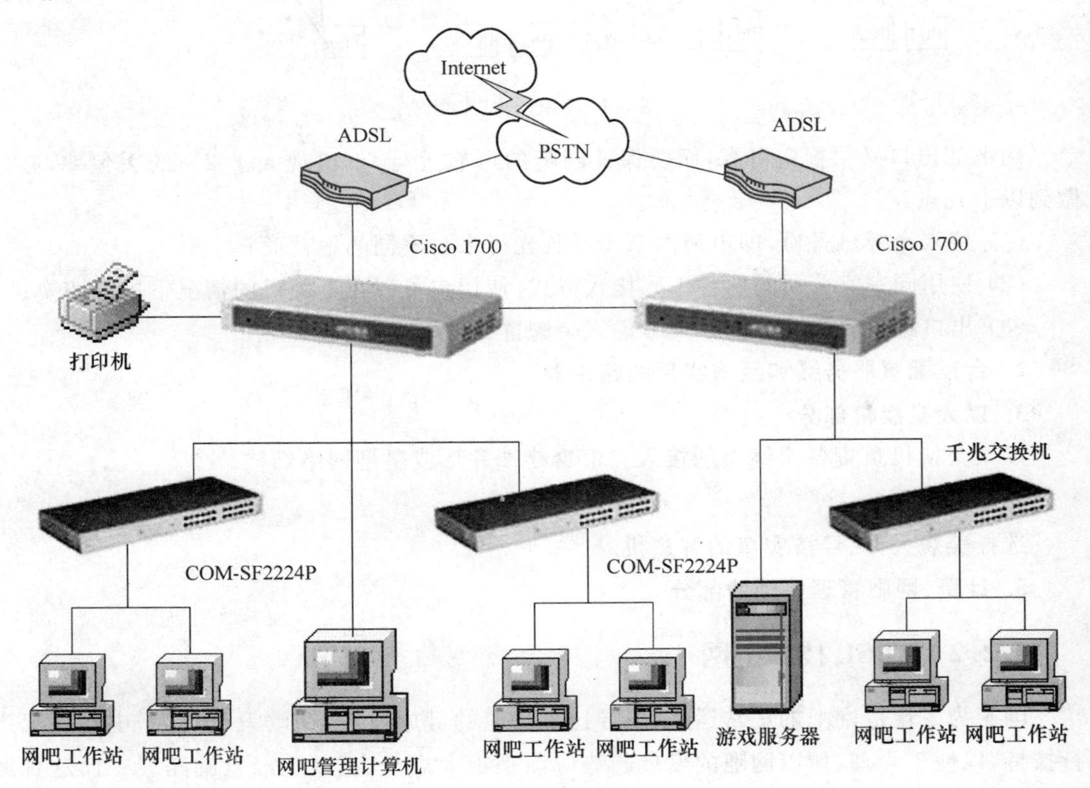

图 5-2　采用 ADSL 接入技术的网吧

方案中的路由器为 Cisco 1700 系列，性能稳定，可靠性高，延迟小、速度快、成本低，符合网吧对速度的需求。如采用 Cisco 1700 可配置打印机，而不必另外配置打印服务器。网吧工作站采用高性能的科盟 8139D 10/100 M 自适应网卡，提升网络速度，可以满足网络游戏玩家的要求。服务器部分采用千兆以太网交换机，以满足游戏数据流量的需求。

局域网通过ADSL上网，性能高、价格便宜。对于大型网吧，由于网络中节点数较多，数据流量较大，此时可通过申请多条ADSL线路提升上网速度，如该方案中就为两条，同时还可以提高整个网络稳定可靠性，起一定的备份作用。

这个方案的特点如下。

(1) 可根据实际需要，灵活控制局域网内不同用户对Internet的不同访问权限。

(2) 内建防火墙，无须专门的防火墙产品即可过滤掉所有来自外部的异常信息包，以保护内部局域网的信息安全。

(3) 集成DHCP服务器，网络中所有计算机可以自动获得TCP/IP设置，免除手工配置IP地址的烦恼。

(4) 灵活的可扩展性，根据实际连入的计算机数利用交换机或集线器进行相应的扩展。

(5) 经济实用，使用简单，可通过网络用户的Web浏览器进行路由器的远程配置。

值得注意的是，在理论上，Cisco 1700可最大连接255台客户机。但考虑到连接数量过多时，对它的处理能力会造成瓶颈，同时网络速度也会受到影响(毕竟一条ADSL不可能接太多客户端)，通常推荐连接客户机数量小于100，以70～80为最佳配置。这样，既能够保证网络速度不受影响，又能够充分利用资源，节省资金投入。

5.2.3 光纤组网

光纤比传统的双绞线提供更大的网络传输速率，单模光纤最高能提供上吉比特每秒的数据传输率，因此光纤成为大中型网吧新的接入方式已是大势所趋。当然，光纤不仅仅能提供更高的数据传输率和更大的带宽，它还有数据传输距离长、抗干扰能力强、可靠性高等数不胜数的优点。

这里以双光纤接入方式为例来进行说明。

双光纤接入方案是在单光纤接入不能满足网吧用户的情况下，增加一路光纤接入以提升网络性能的解决方案。双光纤接入的核心在于两路光纤如何连接到路由器。从双光纤接入到路由器可以看出，路由器必须具有两个或更多的WAN口，从成本上考虑，双WAN口路由器更适合网吧用户。而双WAN口路由器提供的两个WAN口一般都不能直接连接光纤，因此，从硬件上来看，双光纤接入必须考虑两路光纤与路由器上的两个WAN口如何连接。

从目前网吧用户的实际情况来看，主要有以下两种连接方式。

(1) 采用光纤收发器实现光纤与双WAN口路由器的连接。这种方式最大的特点是投入成本低，也是最适合网吧用户的一种方式。在选择光纤收发器时，性能当然重要，不过更需要注意的是接入光纤介质的类型(即单模或多模，多数使用单模)，以便与光纤收发器匹配。

(2) 直接采用双WAN口路由器提供的光纤模块。这种光纤模块需要另外花钱购买，成本也比光纤收发器高。如果从成本方面考虑，不推荐这种方式给网吧用户。

网吧双光纤接入路由器方案如图5-3所示，它是采用光纤收发器实现的双光纤接入路由器。当光纤接入到网吧网络中时，首先连接到光纤收发器提供的光纤接口上，然后通过光纤收发器提供的另外一个RJ45接口连接双绞线，这时候光纤提供的光信号经过光纤收发器转换为电信号输入到双绞线中，而双绞线的另一端则连接到双WAN口路由器中的一个

WAN 口上，从而实现数据的传输。另一线路也是如此。

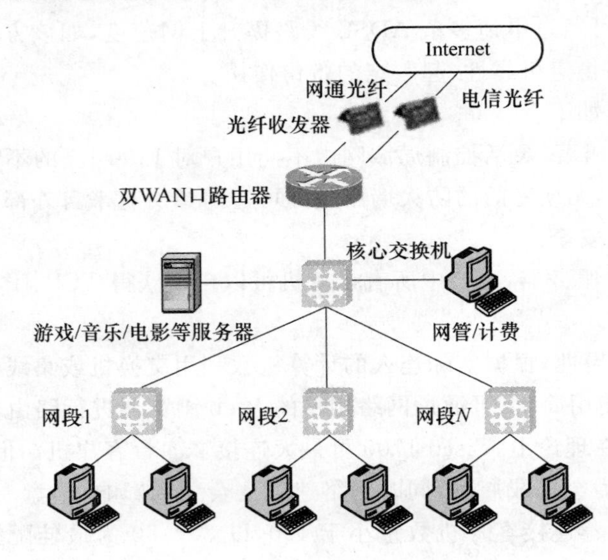

图 5-3　网吧双光纤接入方式

这种双光纤接入方式的优点是：能够提供更大的带宽，提升网吧网络的性能；此外还能提升网络出口的总带宽，增强网吧网络内用户访问外网的速度。

在双光纤接入情况下，光纤线路选择的多样化保证了网络的稳定以及能使网络多功能化。在接入到局域网的线路中，可以选择不同运营商的线路。当一条线路出现故障时，另外一条线路可以代替出现故障的线路，保证网络的稳定运行，而不同的 ISP 厂商又有不同的服务，因此在双光纤接入时，可以使局域网的功能变得更加丰富。

如今大部分的网络都是基于电信与网通网络平台下的。如果采用了电信和网通的两路光纤线路实现双光纤接入，那么将增强网吧内计算机对电信与网通旗下的网络访问，减小访问电信与网通旗下网络的速度差异。

方案中用到的光纤收发器可选用如磊科 4230NF 百兆单模光纤收发器（见图 5-4）和 TP-LINK TR-932D 多模光纤收发器（见图 5-5）等。

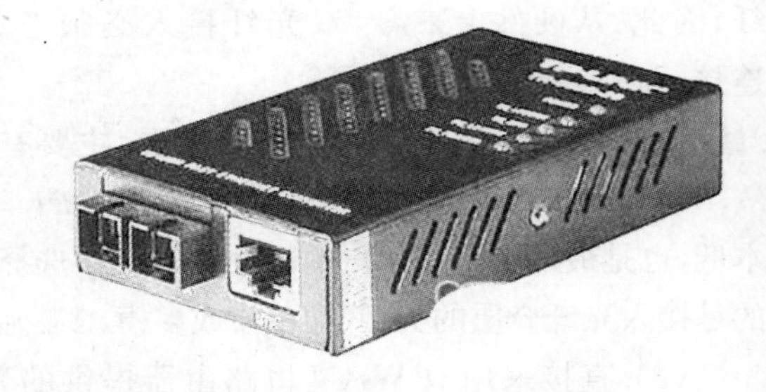

图 5-4　磊科 4230NF 光纤收发器　　图 5-5　TP-LINK TR-932D 多模光纤收发器

磊科 4230NF 是一款通过 EMI 认证的单模光纤收发器，该收发器提供一个 RJ45 端口和一个 100BASE-FX 接口，通过连接光纤与双绞线实现光信号与电信号之间的转换，实现光纤与路由器等的连接。TP-LINK TR-932D 多模光纤收发器全面兼容 IEEE802.3u 10Base-TX、100Base-TX 和 100Base-FX 以太网标准，提供一个 SC 型光纤接口和一个 RJ45

双绞线接口，用于光纤与双绞线之间的连接，实现光信号与电信号之间的转换。另外，该光纤收发器支持自动MDI/MDIX转换等功能。

方案中采用的路由器是侠诺FVR9208S双WAN口路由器，它采用Intel IXP425 533 MHz处理器，32 MB和16 MB内存，提供两个WAN口，无论是电信还是网通线路都可连接。该路由器提供8个LAN口，内建防火墙，支持端口绑定、IP过滤等多种功能。总的来说，这款双WAN口路由器的性能很好，稳定性和可靠性都很高，可以保证500台左右的计算机上网使用，适合网吧、校园、大中型企业等。

5.2.4　设计举例

对于拥有500台以上机器的网吧，网络质量的好坏直接决定了网吧的生存能力。如何规划一个优质的网络环境，是网管们面临的一次挑战。C类的IP地址决定了一个网段只能容纳253台机器，因此，随之而来的各种问题也就出现了。

拥有500台以上机器的网吧，一般可以采取以接入层、汇聚层、交换层3个网络层次来进行设计。

1. 接入层

对于500台机器的网吧来说，选择一个合理的接入设备是最关键的，而且要根据接入设备选择合适的带宽。可以简单计算一下网络带宽来决定网络接入设备的总带宽，按每台机器最大的网络流量为7～8 KB计算，500台机器是4 000 KB左右，加上30%的网络损耗，网络总带宽应该为5 200 KB，所以光纤初步可以选择为50 MB的接入。为了加快网络速度，也可以选择百兆的接入点，这样一来，网络接入层可以选择为百兆设备。接入带宽计算出来了，就可选择网络接入设备是用硬件路由器或是软路由。对于网吧来说，软路由也不失为一种较好的选择。

2. 汇聚层

汇聚层是整个局域网的核心部分，由于网吧内部的数据交换量特别大，因此，在选择汇聚层设备的时候，一定要选择一款合适的汇聚层网络设备。对于拥有500台机器的网吧，可以选择千兆的三层交换设备，支持VLAN功能，虽然不需要划分VLAN，但如果网络设计不能达到预定的要求，划分VLAN是必选之路。三层交换的背板带宽不能低于16 G，而且要支持MAC地址学习功能，MAC地址表不能小于32 KB。汇聚层网络设备最好支持网络管理功能，方便管理和维护。汇聚层网络设备的端口数量，最好要比设备的网络端口数量多出一些，方便以后网络升级和改造。虽然接入层选择的是百兆网络设备，由于在网吧中，相当大一部分数据流量不必经过接入层，因此在选择接入层的网络设备时，没有必要与汇聚层网络设备同步。

3. 交换层

交换层是整个网络中的中间层，连接着汇聚层和网络节点，是决定整体网络传输质量的很重要的一个环节。随着百兆网络设备的普及，交换层的网络设备肯定首选百兆。交换层设备选择时，需要满足下列要求：支持百兆传输带宽，背板传输不能低于6 G，支持MAC地址学习功能，MAC地址表不能小于8 KB。

4. 布线设计

布线是连接网络接入层、汇聚层、交换层和网络节点的重要环节。在布线时，最好使用专门的通道，而且不要与电源线、空调线等具有辐射的线路混合布线。网络设备的放置，最好放在节点的中央位置，这样做，不是为了节约综合布线的成本，而是为了提高网络的整体性能，提高网络传输质量。由于双绞线的传输距离是 100 m，在 95 m 才能获得最佳的网络传输质量。在网络布线时，最好能够设计一个设备间放置网络设备。接入层与汇聚层之间的双绞线可以选择超 5 类屏蔽双绞线，以使网络性能得到最大的提升。汇聚层与交换层之间的双绞线，由于是网络数据传输量最大的一个层次，同样采用超 5 类屏蔽双绞线。交换层与网络节点之间，可以采用普通的超 5 类非屏蔽双绞线。

在布线的时候，要注意以下几点：

(1) 每条线一定要做好相应的编号，方便日后的维护；

(2) 每层之间最好保留 2～3 条网线作为备用；

(3) 制作网线的时候，一定要按照标准的接线方法与工艺要求，以获得最高的传输速率。

5. IP 地址的选择

由于 C 类的 IP 地址决定了一个网络段中只能容纳 253 台机器，对于 253 台以上的机器，如何设计网络结构与使用哪一类 IP 地址有很大的关系。对于拥有 500 台机器的网吧，推荐使用 B 类的 IP 地址，而不使用 C 类的 IP 地址做多个网关来实现网络的互联。网络汇聚层设备虽然具备 VLAN 功能，由于网络数据流量大，如果使用多个网关并划分 VLAN 来实现网络的互联，将会加重汇聚层网络设备的负担，影响整个网络的数据传输。

6. 网络节点设备的选择

网卡和水晶头属于网络中的网络节点设备。选择网卡的时候，百兆网卡是最低选择。在选择网卡的时候，一定要选择一款质量过关的网卡，这样才能与网络布局配套。水晶头在设计网络时往往是不被重视的一块，质量差的水晶头经常会使网线与水晶头接触不良，大大降低网络传输速度。

图 5-6 是根据以上思路设计的拥有 200 台机器的大型网吧解决方案示意图。至于拥有 500 台以上机器的网吧，要使用网关，由于图纸太大，这里没有给出。

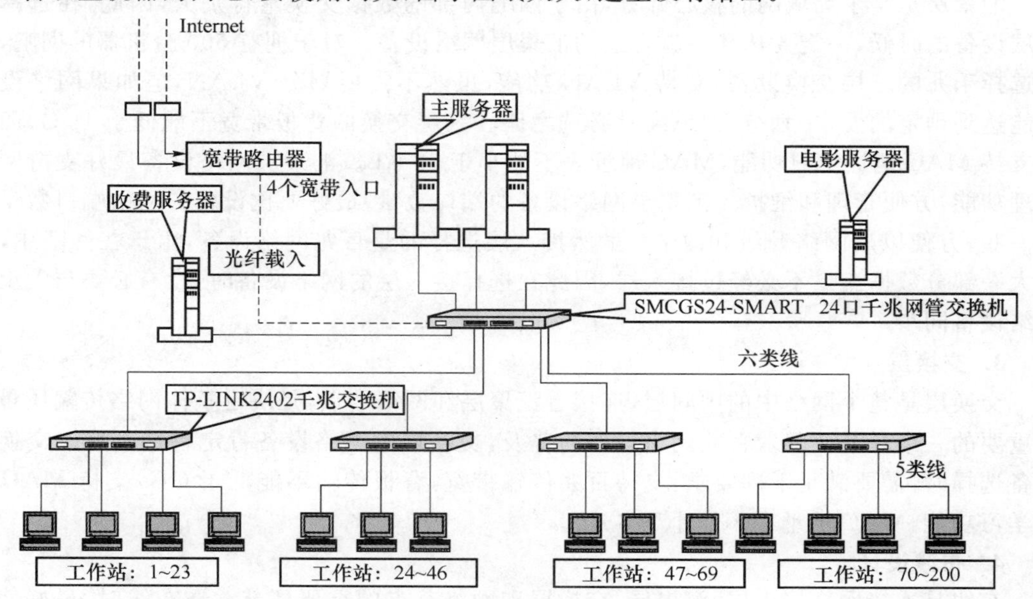

图 5-6 拥有 200 台机器的大型网吧解决方案示意图

5.3 网吧的维护

5.3.1 基本原则

网吧维护的基本原则是：先了解后操作，先判断再维护，先断电再操作，先终端后网络，保存维修记录，填好工作日志。

5.3.2 网吧的网络管理

1. 对网络管理员的要求

网络管理员是网络管理的策划者和执行者，其个人能力决定了网络管理的好坏。作为一个合格的网络管理员，需要有丰富的网络技术知识，熟练掌握各系统的配置和操作，需要阅读和熟记网络系统中各种系统和设备的使用说明，以便在系统或网络一旦发生故障时，能够迅速判断故障发生的环节、故障发生的原因以及找到快速而简单的方法排除故障。

2. 对网络基础设施的管理

(1) 掌握网吧主干设备的配置及配置参数变更情况，备份各个设备的配置文件，这里的设备主要是指交换机和宽带路由器。

(2) 负责网络布线配线架的管理，确保配线的合理有序。

(3) 掌握内部网络连接情况，以便发现问题迅速定位。

(4) 掌握与外部网络的连接配置，监督网络通信情况，发现问题后与有关机构及时联系。

(5) 实时监控整个网吧内部网络的运转和通信流量情况。

3. 操作系统的管理

为确保服务器操作系统工作正常，应该能够利用操作系统提供的和从网上下载的管理软件，实时监控系统的运转情况，优化系统性能，及时发现故障征兆并进行处理。必要时，要对关键的服务器操作系统建立热备份，以免发生致命故障使网络陷入瘫痪状态。

4. 网络应用系统的管理

主要是针对为网吧提供服务的功能服务器的管理。这些服务器主要包括代理服务器、游戏服务器、文件服务器。要熟悉服务器的硬件和软件配置，并对软件配置进行备份。要对游戏软件、音频和视频文件时常进行更新，以满足用户的要求。

5. 网络安全管理

网络安全管理是网络管理中难度比较高，而且很令管理员头疼的事。因为用户可能会访问各类网站，并且安全意识比较淡薄，所以感染到病毒是在所难免的。一旦有一台机器感染，那么就会起连锁反应，致使整个网络陷入瘫痪。所以，一定要防患于未然，为服务器设置好防火墙，对系统进行安全漏洞扫描，安装杀毒软件，并且要及时更新病毒库，还要定期地进行病毒扫描。

6. 对数据的管理

计算机系统中最重要的应当是数据，数据一旦丢失，那损失将会是巨大的。所以，网吧的文件资料存储备份管理就是要避免这样的事情发生。网吧的计费数据和重要的网络配置文件都需要进行备份，这就需要在服务器的存储系统中作镜像，对数据加以保护，进行容灾处理。

5.3.3 常见故障分析与处理

1. ADSL 网吧维护

(1) 网吧维护的基本条件

- 计算机、集线器(Hub)或交换机、网卡、网线等硬件质量可靠；
- 必须配备专门的技术人员，即便不能值守也必须随叫随到。

(2) 熟悉网络的基本特点

大量事实表明，网吧上网故障相当一部分是由于局域网共享方式与 ADSL 技术不相适应造成的，而且往往是在上网高峰期、数据流量较大时才表现出来，给网吧经营带来较大影响。

网吧局域网的不确定因素很多，即使是对计算机网络比较熟悉的人也很可能遇到各种棘手的问题，因此，建议网吧的技术人员多学习、多动手，逐步提高维护水平。

(3) 故障的判断及处理流程

ADSL 上网故障无非就是局端(电信公司)故障和用户端(网吧)故障两种，局端故障较少。当网吧发现上网故障时，请按如下程序进行故障的查找和处理。

- 确认所有计算机(包括主服务器)都不能上网。
- 查看 ADSL 终端上的线路指示灯是否与正常时一致；如果不是，将外线取下接电话机，听是否有拨号音，如果无音说明外线断，请拨打 112 申告线路障碍。
- 查看 ADSL 终端上的 LAN 灯是否长亮；如果不亮，检查到主机网卡的连接网线是否插好。
- 检查主机 IP 地址、子网掩码、网关、DNS 等网络配置是否无误。
- 重新开启 ADSL 终端。
- 重新启动主机。
- 把局域网与主机断开，只保留主机到 ADSL 终端的连接，目的是看是否由于局域网流量过大造成端口拥塞；断开的方法(针对双网卡方式)是拔掉主机内部网卡上的网线并禁用该网卡，然后把另一块网卡禁用片刻再启用，或者重启主机；如果主机可以上网，但连接局域网后故障重新出现，说明局域网有问题，需要整治。
- 注意网吧所使用电源的稳压问题，如果电源电压的波动范围过大，超出 ADSL Modem所能够适用的范围，将会造成频繁掉线，建议网吧应该采用稳压器保证电压的稳定；一般 ADSL Modem 所能适应的电压范围在 200～240 V 之间，尤其在夏季，空调的使用造成电压不稳。
- 如果以上操作均未解决问题，说明不是用户端的故障，请向客户服务中心申告。

2. 以太网网吧维护

(1) 计算机的死机和重新启动

- CPU 温度过高；
- 计算机有病毒；

• 操作系统有问题或是电源有问题。

(2) 实例分析一

• 故障现象

网吧里某台机器上网很慢，并且时断时续，有的时候还打不开网页。

• 处理过程

先 ping 网吧的文件服务器，发现返回的时间很慢，达到几百毫秒，有时候甚至出现超时，看来这是一个典型的网络干扰问题。检查网络配置和网卡，发现都没有问题，那问题一定出在网线或网络接口上。可网线是早上新做的，应该是没问题的，于是，便检测一下交换机接口，没有发现丢包之类的异常现象，于是推测应该是网线的问题。用仪器测试，结果也表明了是网线的问题。技术员疑惑了，水晶头和线都是新的，怎么会出现这种问题呢？检查水晶头，发现水晶头上的铜片有氧化发黑的现象，看来故障应该就出在这里。用小刀清除掉氧化层后，将双绞线重新接到交换机上，故障解决了。不过，新的水晶头怎么会被氧化呢？后来发现放这批水晶头的阁子下面有一个电饭煲，原来是做饭的蒸汽使水晶头的铜片氧化了。

(3) 实例分析二

在众多的网络故障中，最令人头疼的是：网络是通的，但网速很慢。这种问题往往会让人束手无策，以下是引起此故障的常见原因及排除方法。

• 网线问题

双绞线是由四对线严格而合理地紧密缠绕在一起的，以减少背景噪声的影响。而不按正确标准制作的网线，存在很大的隐患，有的开始一段时间使用正常，但过一段时间后性能劣化，网速变慢。

• 广播风暴

作为发现未知设备的主要手段，广播在网络中有着非常重要的作用。然而，随着网络中计算机数量的增多，广播包的数量会急剧增加。当广播包的数量达到总体的30%时，网络传输效率会明显下降。网卡或网络设备损坏后会不停地发送广播包，从而导致广播风暴，使网络通信陷于瘫痪。

• 端口瓶颈

实际上路由器的广域网端口和局域网端口以及服务器网卡都可能成为网络瓶颈。网络管理员可以在网络使用高峰时段，利用网管软件查看路由器、交换机、服务器端口的数据流量，以确定网络瓶颈的位置，并设法增加其流量。

• 蠕虫病毒

蠕虫病毒对网络速率的影响越来越严重。这种病毒导致被感染的用户只要一连上网就不停地往外发邮件，病毒选择用户计算机中的随机文档附加在用户通讯簿的随机地址上进行邮件发送。垃圾邮件排着队往外发送，有的被成批地退回堆在服务器上，造成个别骨干互联网出现明显拥塞，局域网近于瘫痪。因此，网吧管理员要时常注意各种新病毒通告，了解各种病毒特征；及时升级所用的杀毒软件，安装系统补丁程序；同时卸载不必要的服务，关闭不必要的端口，以提高系统的安全性和可靠性。

网吧的网络管理和软硬件故障分析都需要扎实的网络技术知识积累和丰富的故障排除经验，所以网吧管理员需要不断学习来充实自己，以应对可能出现的种种问题。

3. 常见网络故障诊断技巧举例

(1) 故障现象:网络适配器(网卡)设置与计算机资源有冲突。

分析、排除:通过调整网卡资源中的 IRQ 和 I/O 值来避开与计算机其他资源的冲突。在有些情况下,还需要通过设置主板的跳线来调整与其他资源的冲突。

(2) 故障现象:网吧局域网中其他客户机在"网上邻居"上都能互相看见,而只有某一台计算机谁也看不见它,它也看不见其他的计算机(前提:该网吧局域网通过 Hub 或交换机连接成星型网络结构)。

分析、排除:检查这台计算机系统工作是否正常;检查这台计算机的网络配置;检查这台计算机的网卡是否正常工作;检查这台计算机上的网卡设置与其他资源是否有冲突;检查网线是否断开;检查网线接头接触是否良好。

(3) 故障现象:网吧局域网中有两个网段,其中一个网段的所有计算机都不能上因特网(前提:该网吧的局域网通过两个 Hub 或交换机连接着两个网段)。

分析、排除:两个网段的干线断了或干线两端的接头接触不良。检查服务器中对该网段的设置项。

(4) 故障现象:只要启动 IE 浏览器,就会自动执行发送和接收邮件。

分析、排除:可打开 IE 浏览器,在菜单栏中单击"工具(T)"选项,在弹出的下拉式菜单中选中并单击"Internet 选项(O)"选项,在弹出的对话框中单击"常规"标签,取消勾选"启动时自动接收所有账号的邮件"复选框即可。

(5) 故障现象:网吧局域网中某台客户机在"网上邻居"上能看到服务器,但就是不能上因特网(前提:服务器指代理网吧局域网其他客机上因特网的那台计算机,以下同)。

分析、排除:检查这台客户机 TCP/IP 协议的设置,检查这台客户机中 IE 浏览器的设置,检查服务器中有关对这台客户机的设置项。

(6) 故障现象:网吧整个局域网上所有的计算机都不能上网。

分析、排除:服务器系统工作是否正常;服务器是否掉线了;调制解调器工作是否正常;局端工作是否正常。

(7) 故障现象:网吧局域网中除了服务器能上网其他客户机都不能上网。

分析、排除:检查 Hub 或交换机工作是否正常;检查服务器与 Hub 或交换机连接的网络部分(含网卡、网线、接头、网络配置)工作是否正常;检查服务器上代理上网的软件是否正常启动运行;设置是否正常。

(8) 故障现象:进行拨号上网操作时,Modem 没有拨号声音,始终连接不上因特网,Modem 上指示灯也不闪。

分析、排除:电话线路是否占线;接 Modem 的服务器的连接(含连线、接头)是否正常;电话线路是否正常,有无杂音干扰;拨号网络配置是否正确;Modem 的配置设置是否正确;拨号音的音频或脉冲方式是否正常。

(9) 故障现象:系统检测不到 Modem(若 Modem 是正常的)。

分析、排除:重新安装一遍 Modem,注意通信端口的正确位置。

(10) 故障现象:连接因特网速度过慢。

分析、排除:检查服务器系统设置在"拨号网络"中的端口连接速率是否是设置的最大值;线路是否正常;同时上网的客户机是否很多,若很多,连接速率过慢是正常现象。可通过优化 Modem 的设置来提高连接的速率；通过修改注册表也可以提高上网速率。

(11) 故障现象：计算机屏幕上出现“错误 678”或“错误 650”的提示框。

分析、排除：一般是拨叫的服务器线路较忙、占线，暂时无法接通，过一会儿继续重拨。

(12) 故障现象：计算机屏幕上出现“错误 680：没有拨号音。请检测调制解调器是否正确连到电话线。”或者“There is no dialtone. Make sure your Modem is connected to the phone line properly.”的提示框。

分析、排除：检测调制解调器工作是否正常，是否开启；检查电话线路是否正常，是否正确接入调制解调器，接头有无松动。

(13) 故障现象：计算机屏幕上出现“The Modem is being used by another Dial-up Networding connection or another program. Disconnect the other connection or close the program, and then try again” 的提示框。

分析、排除：检查是否有另一个程序在使用调制解调器；检查调制解调器与端口是否有冲突。

(14) 故障现象：计算机屏幕上出现“The computer you are dialing into is not answering. Try again later”的提示框。

分析、排除：电话系统故障或线路忙，过一会儿再拨。

(15) 故障现象：计算机屏幕上出现“Connection to xx. xx. xx. was terminated. Do you want to reconnect?” 的提示框。

分析、排除：电话线路中断使拨号连接软件与 ISP 主机的连接被中断，过一会儿重试。

(16) 故障现象：计算机屏幕上出现“The computer is not receiving a response from the Modem. Check that the Modem is plugged in, and if necessary, turn the Modem off, and then turn it back on” 的提示框。

分析、排除：检查调制解调器的电源是否打开；检查与调制解调器连接的线缆是否连接正确。

(17) 故障现象：计算机屏幕上出现“Modem is not responding” 的提示框。

分析、排除：表示调制解调器没有应答。检查调制解调器的电源是否打开；与调制解调器连接的线缆是否正确连接；调制解调器是否损坏。

(18) 故障现象：计算机屏幕上出现“NO CARRIER” 的提示信息。

分析、排除：表示无载波信号，这多为非正常关闭调制解调器应用程序或电话线路故障。检查与调制解调器连接的线缆是否正确地连接；调制解调器的电源是否打开。

(19) 故障现象：计算机屏幕上出现“No dialtone” 的提示框。

分析、排除：表示无拨号声音。检查电话线与调制解调器是否正确连接。

(20) 故障现象：计算机屏幕上出现“Disconnected” 的提示框。

分析、排除：表示终止连接。若该提示是在拨号时出现，检查调制解调器的电源是否打开；若该提示是在使用过程中出现，检查电话是否在被人使用。

(21) 故障现象：计算机屏幕上出现“ERROR” 的提示框。

分析、排除：是出错信息。检查调制解调器工作是否正常；电源是否打开；正在执行的命令是否正确。

(22) 故障现象：计算机屏幕上出现“A network error occurred unable to connect to server (TCP Error: No router to host). The server may be down or unreadchable. Try con-

nectin again later”的提示框。

分析、排除故障：表示是网络错误。可能是 TCP 协议错误，没有路由到主机，或者是该服务器关机而导致不能连接，这时只有重试了。

(23) 故障现象：计算机屏幕上出现“The line is busy, Try again later”或“BUSY” 的提示框。

分析、排除：表示占线，这时只有重试了。

(24) 故障现象：计算机屏幕上出现“The option timed out”的提示框。

分析、排除：表示连接超时。多为通信网络故障，或被叫方忙，或输入网址错误。向局端查询通讯网络工作情况是否正常，检查输入网址是否正确。

(25) 故障现象：计算机屏幕上出现“Another program is dialing the selected connection” 的提示框。

分析、排除：表示有另一个应用程序已经在使用拨号网络连接了。只有停止该连接后才能继续拨号连接。

(26) 故障现象：在用 IE 浏览器浏览中文站点时出现乱码。

分析、排除故障：由于 IE 浏览器中西文软件不兼容，造成汉字会显示为乱码，可试用 NetScape 的浏览器。我国使用的汉字内码是 GB，而中国台湾地区使用的是 BIG5，若是由于这个原因造成的汉字显示为乱码，可用 RichWin 变换内码试试。

(27) 故障现象：浏览网页的速度较正常情况慢。

分析、排除：主干线路较拥挤，造成网速较慢（属正常情况）；浏览某一网页的人较多，造成网速较慢（属正常情况）；有关 Modem 的设置有问题；局端线路有问题。

(28) 故障现象：在拨号上网的过程中，能听见拨号音，但没有拨号的动作，而计算机却提示“无拨号声音”。

分析、排除：可通过修改配置，使拨号器不去检测拨号声音。可进入“我的连接”属性窗口，单击“配置”标签，在“连接”一栏中取消勾选“拨号前等待拨号音”复选框。

(29) 故障现象：在拨号上网的过程中，计算机屏幕上出现“已经与您的计算机断开，双击‘连接’重试。”的提示。

分析、排除：由于电话线路质量差、噪声大造成的，可拨打 112 报修；也可能是病毒造成的，用杀毒软件杀毒。

(30) 故障现象：计算机屏幕上出现“拨号网络无法处理在‘服务器类型’设置中指定的兼容网络协议”的提示。

分析、排除：检查网络设置是否正确；调制解调器是否正常；是否感染上了宏病毒，用最新的杀毒软件杀毒。

(31) 故障现象：在 Windows NT4.0 操作系统拨号上网的过程中，检测用户名和密码时断线。

分析、排除：可以尝试将验证密码的选项改成明文验证方式；或者勾选拨号网络属性中“拨号后出现终端窗口”复选框。

(32) 故障现象：在 Windows NT4.0 操作系统拨号上网的过程中，检测用户名和密码后自动断开。

分析、排除：可在“新的电话簿项”中，单击“安全”选项，然后在“认证与加密规则”中选中“接受任何验证”。

(33) 故障现象:Windows 98 网上邻居中找不到域及服务器,但可找到其他的工作站。

分析、排除:在"控制面板"→"网络"→"Microsoft 网络客户"中,将登录时 Windows 98 与网络的连接由慢速改为快速连接。

(34) 故障现象:在查看网上邻居时,会出现"无法浏览网络。网络不可访问。想得到更多信息,请查看'帮助索引'中的'网络疑难解答'专题。"的错误提示。

分析、排除:第一种情况是因为在 Windows 启动后,要求输入 Microsoft 网络用户登录口令时,单击了"取消"按钮所造成的,如果是要登录 Windows NT 服务器,必须以合法的用户登录,并且输入正确口令。第二种情况是与其他的硬件产生冲突。打开"控制面板"→"系统"→"设备管理",查看硬件的前面是否有黄色的问号、感叹号或者红色的问号。如果有,必须手工更改这些设备的中断和 I/O 地址设置。

(35) 故障现象:在网上邻居或资源管理器中不能找到本机的机器名。

分析、排除:网络通信错误,一般是由于网线断路或者与网卡的接触不良,还有可能是 Hub 有问题。

(36) 故障现象:可以访问服务器,也可以访问 Internet,但却无法访问其他工作站。

分析、排除:如果使用了 WINS 解析,可能是 WINS 服务器地址设置不当。检查网关设置,若双方分属不同的子网而网关设置有误,则不能看到其他工作站,检查子网掩码设置。

(37) 故障现象:网卡在计算机系统无法安装。

分析、排除:第一个可能是计算机上安装了过多其他类型的接口卡,造成中断和 I/O 地址冲突。可以先将其他不重要的卡拿下来,再安装网卡,最后安装其他接口卡。第二个可能是计算机中有一些安装不正确的设备,或有"未知设备"一项,使系统不能检测网卡。这时应该删除"未知设备"中的所有项目,然后重新启动计算机。第三个可能是计算机不能识别这一种类型的网卡,一般只能更换网卡。

(38) 故障现象:局域网上可以 ping 通 IP 地址,但 ping 不通域名。

分析、排除:TCP/IP 协议中的 DNS 设置不正确,请检查其中的配置。对于对等网,主机应该填计算机本身的名字,域不需填写,DNS 服务器应该填自己的 IP。对于服务器/工作站网,主机应该填服务器的名字,域填局域网服务器设置的域,DNS 服务器应该填服务器的 IP。

(39) 故障现象:网络上的其他计算机无法与某一台计算机连接。

分析、排除:确认是否安装了该网络使用的网络协议,如果要登录 Windows NT 域,还必须安装 NetBEUI 协议。确认是否安装并启用了文件和打印共享服务,如果是要登录 Windows NT 服务器网络,在"网络"属性的"主网络登录"中,应该选择"Microsoft 网络用户"。如果是要登录 Windows NT 服务器网络,在"网络"属性框的"配置"选项卡中,双击列表中的"Microsoft 网络用户"组件,检查是否已勾选"登录到 Windows 域"复选框,以及"Windows 域"下的域名是否正确。

(40) 故障现象:安装网卡后,计算机启动的速度慢了很多。

分析、排除:可能在 TCP/IP 设置中设置了"自动获取 IP 地址",这样每次启动计算机时,计算机都会主动搜索当前网络中的 DHCP 服务器,所以计算机启动的速度会大大降低。解决的方法是指定静态的 IP 地址。

(41) 故障现象:网络安装后,在其中一台计算机上的"网上邻居"中看不到任何计算机。

分析、排除:主要原因可能是网卡的驱动程序工作不正常。检查网卡的驱动程序,必要时重新安装驱动程序。

(42) 故障现象:从“网上邻居”中能够看到别人的计算机,但不能读取别人计算机上的数据。

分析、排除:

① 首先必须设置好资源共享。选择“网络”→“配置”→“文件及打印共享”,将两个选项全部勾选并单击“确定”按钮,安装成功后在配置中会出现“Microsoft 网络上的文件与打印机共享”选项;

② 检查所安装的所有协议中是否绑定了“Microsoft 网络上的文件与打印机共享”。选择配置中的协议如“TCP/IP 协议”,单击“属性”按钮,确保绑定中“Microsoft 网络上的文件与打印机共享”、“Microsoft 网络用户”前已经勾选了。

(43) 故障现象:在安装网卡后通过“控制面板”→“系统”→“设备管理器”查看时,报告“可能没有该设备,也可能此设备未正常运行,或是没有安装此设备的所有驱动程序”的错误信息。

分析、排除:

① 没有安装正确的驱动程序,或者驱动程序版本不对;

② 中断号与 I/O 地址没有设置好。有一些网卡通过跳线开关设置,另外一些是通过随卡带的软盘中的 Setup 程序进行设置。

(44) 故障现象:已经安装了网卡和各种网络通信协议,但网络属性中的选择框“文件及打印共享”为灰色,无法选择。

分析、排除:原因是没有安装“Microsoft 网络上的文件与打印共享”组件。在网络属性窗口的配置标签里,单击“添加”按钮,在“请选择网络组件”窗口单击“服务”,单击“添加”按钮,在“选择网络服务”的左边窗口选择“Microsoft”,在右边窗口选择“Microsoft 网络上的文件与打印机共享”,单击“确定”按钮,系统可能会要求插入 Windows 安装光盘,重新启动系统即可。

(45) 故障现象:无法在网络上共享文件和打印机。

分析、排除:

① 确认是否安装了文件和打印机共享服务组件。要共享本机上的文件或打印机,必须安装“Microsoft 网络上的文件与打印机共享”服务;

② 确认是否已经启用了文件或打印机共享服务。在网络属性框中选择配置选项卡,单击“文件与打印机共享”按钮,然后选择“允许其他用户访问的我的文件”和“允许其他计算机使用我的打印机”选项;

③ 确认访问服务是共享级访问服务。在网络属性的访问控制里面应该选择“共享级访问”。

(46) 故障现象:客户机无法登录到网络上。

分析、排除:

① 检查计算机上是否安装了网络适配器,该网络适配器工作是否正常;

② 确保网络通信正常,即网线等连接设备完好;

③ 确认网络适配器的中断和 I/O 地址没有与其他硬件冲突;

④ 网络设置可能有问题。

(47) 故障现象:无法将台式计算机与笔记本计算机使用直接电缆连接。

分析、排除:笔记本电脑自身可能带有 PCMCIA 网卡,在“我的电脑”→“控制面板”→“系统”→“设备管理器”中删除该“网络适配器”记录后,重新连接即可。

(48) 故障现象:在“网上邻居”上可以看到其他机器,别人却看不到自己。

分析、排除:经检查网络配置,发现是漏装“Microsoft 网络上的文件与打印机共享”所致。打开“开始”→“设置”→“控制面板”→“网络”,单击“添加”按钮,在网络组件中选择“服务”,单击“添加”按钮,在型号中选择“Microsoft 网络上的文件与打印机共享”即可。重新启动后问题解决。

(49) 故障现象:在“网上邻居”上只能看到计算机名,却没有任何内容。

分析、排除:出现这种问题时一般都以为是没有将文件夹设为共享所致。打开资源管理器,点取要共享的文件夹,却发现右键菜单中的“共享”项都消失了。解决办法是右键单击网上邻居图标,点击“文件及打印共享”,勾选“允许其他用户访问我的文件”,重启后问题解决。

(50) 故障现象:在 Windows 98 的网上邻居中找不到域及服务器,但可找到其他的工作站。

分析、排除:在“控制面板”→“网络”→“Microsoft 网络客户”中,将登录时 Windows 98 与网络的连接由慢速改为快速连接。

(51) 故障现象:在查看“网上邻居”时,会出现“无法浏览网络”。网络不可访问。想得到更多信息,请查看“帮助索引”中的“网络疑难解答”专题的错误提示。

分析、排除:

① 这是在 Windows 启动后,要求输入 Microsoft 网络用户登录口令时,单击了“取消”按钮所造成的,如果是要登录 Windows NT 或者 Windows 2000 服务器,必须以合法的用户登录,并且输入正确口令。

② 与其他的硬件起冲突。打开“控制面板”→“系统”→“设备管理”,查看硬件的前面是否有黄色的问号、感叹号或者红色的问号。如果有,必须手工更改这些设备的中断和 I/O 地址设置。

小　结

1. 一个网吧就是一个标准的局域网。同时网吧是向成年人开设的开放式营利性上网服务场所,它能提供网页浏览、学习、网游、聊天、视频、音乐等服务。网吧严禁未成年人进入。我国的网吧已经成为我国网民的第二大上网场所。国务院令发布的《互联网上网服务营业场所管理条例》以及此前颁布的《互联网文化管理暂行规定》和《互联网游戏出版管理规定》等政策法规,是网吧建设、经营、管理的政策依据。

2. 网吧通常由公网接口、代理服务器、计费服务器、路由器、网关、交换机、用户终端、连接线缆等硬件及相关软件等组成。其入公网的方式主要有两种:ADSL 技术和光纤技术,且后者已成为主流接入方式。请结合本书所讲的组网实例掌握网吧的基本设计方法与技巧。

3. 网吧的运行、维护、管理涉及硬件和软件两个方面。其维护的基本原则是:先了解后操作,先判断再维护,先断电再操作,先终端后网络,保存维修记录,填好工作日志。请结合本书所介绍的 51 个常见故障的分析和处理方法,掌握一般故障的判断技巧和分析处理方法。

习题与思考题

一、填空题

1. 请写出下列服务使用的默认端口POP3\SMTP,DNS,Windows远程终端 ,DHCP服务________。

2. 在局域网内想获得IP 192.168.1.2的MAC,在Windows XP系统的命令提示符中的操作方法是________。

3. 在TCP/IP中,网络层和传输层之间的区别是最为关键的:________层提供点到点的服务,而________层提供端到端的服务。

4. 在书写IPTABLES规则语句时,所有链名必须________写,所有表名必须________写,所有动作名必须________写,所有匹配必须________写(请在括号中填写"大/小")。

5. IPTABLES中几个常用链的作用是:

(1) INPUT:位于________表,匹配目的IP是本机的数据包;

(2) FORWARD:位于________表,匹配________本机的数据包;

(3) PREROUTING:位于________表,用于修改________地址(DNAT);

(4) POSTROUTING:位于________表,用于修改________地址(SNAT)。

6. P4 CPU的主频为2.4 G,倍频为18,该CPU的外频为________ MHz;赛扬P4处理器的二级缓存为________KB。

7. 获取网卡MAC地址的网络命令为________;进入系统注册表命令为________。

8. 1 G=________KB;1 B=________位二进制。

9. 电信提供100 M光纤最大的下载理论速率为________ Mbit/s。

10. 计算机的基本三大配件为:________、________和________。

11. 剪切、撤销的快捷键分别为________和________。

12. 局域网中使用Windows 2000信使服务发送消息的命令为________;Windows 2000远程关机命令为________。

13. "红色警戒"游戏联机时使用网络协议________。

二、单选题

1. 将FAT32转换为NTFS分区的命令是(　　)。

A. Convert D:/fs:FAT　　B. Convert D:/fs:NTFS

C. Chang C:/fs:NTFS　　D. Chang C:/fs:FAT

2. 网卡MAC地址长度是(　　)个二进制位。

A. 12　　B. 6　　C. 24　　D. 48

3. 查看编辑本地策略,可以在"开始/运行"中输入(　　)。

A. edit. MSC　　B. gpedit. msc　　C. regedit32　　D. regedit

4. 手动更新DHCP租约,可使用ipconfig命令,加上参数(　　)。

A. /release　　B. /renew　　C. /all　　D. /seTCLassid

5. ICMP在沟通之中,主要是透过不同的类别(Type)与代码(Code)让机器来识别不同的连线状态,请问Type 8名称是(　　)。

A. Echo Reply　　B. Redirect
C. Timestamp Replay　　D. Echo Request

6. USB 1.0 标准的理论传输速率可达到（　　）。
A. 12 MB/s　　B. 100 MB/s
C. 66 MB/s　　D. 480 MB/s

7. 下面支持毒龙 Duron 处理器的主板芯片为（　　）。
A. INTEL i815EP　　B. INTEL i810
C. VIA KT266A　　D. INTEL 845G

8. 内存存取时间的单位为（　　）。
A. 毫秒　　B. 秒　　C. 纳秒　　D. 分

9. 9550 系列显示芯片是（　　）公司产品。
A. ATI　　B. NVIDIA　　C. AMD　　D. Intel

10. 服务器计算机一般使用的硬盘接口为（　　）。
A. SCSI　　B. IDE　　C. AGP　　D. DIMM

11. 酷鱼系列硬盘是（　　）公司的产品。
A. IBM　　B. 希捷　　C. 西部数据　　D. 迈拓

12. 下面不属于网络基本的拓扑结构的是（　　）。
A. 直线型　　B. 总线型　　C. 环型　　D. 星型

13. 下面属于 C 类 IP 地址的是（　　）。
A. 192.168.100.100　　B. 127.0.0.1
C. 61.177.7.1　　D. 0.0.0.0

14. 有一组 IP 地址 221.224.217.9～221.224.217.16，子网掩码为 255.255.255.248，该组 IP 地址实际可用 IP 地址个数为（　　）。
A. 3 个　　B. 8 个　　C. 5 个　　D. 4 个

15. 下面不属于办公软件 Office 2000 组件软件的是（　　）。
A. PowerPoint　　B. Excel　　C. Access　　D. Adobe Reader

16. 获取 IP 为 192.168.0.200 机器的主机名的 ping 命令是（　　）。
A. ping 192.168.0.200-l　　B. ping 192.168.0.200-a
C. ping 192.168.0.200-t-l　　D. Netstat 192.168.0.200-an

17. 下面不属于 Windows 磁盘文件系统的是（　　）。
A. SWAP　　B. FAT16　　C. NTFS　　D. FAT32

18. FTP 服务器、Web 服务器、邮件服务器、终端服务器的默认端口分别为（　　）。
A. 23、8080、25、3389　　B. 554、80、110、1433
C. 25、80、21、53　　D. 21、80、25、3389

19. SQL 杀手蠕虫病毒发作的特征是（　　）。
A. 大量消耗网络带宽　　B. 攻击个人 PC 终端
C. 破坏 PC 游戏程序　　D. 攻击手机网络

20. 当今 IT 的发展与安全投入，安全意识和安全手段之间形成（　　）。
A. 安全风险屏障　　B. 安全风险缺口
C. 管理方式的变革　　D. 管理方式的缺口

21. 信息安全风险缺口是指(　　)。

A. IT 的发展与安全投入,安全意识和安全手段的不平衡

B. 信息化中,信息不足产生的漏洞

C. 计算机网络运行,维护的漏洞

D. 计算中心的火灾隐患

22. 安全的含义是(　　)。

A. security(安全)　　B. security(安全)和 safety(可靠)

C. safety(可靠)　　D. risk(风险)

23. 网络环境下的 security 是指(　　)。

A. 防黑客入侵、防病毒、窃密和敌对势力攻击

B. 网络具有可靠性、可防病毒、窃密和敌对势力攻击

C. 网络具有可靠性、容灾性、鲁棒性

D. 网络的具有防止敌对势力攻击的能力

24. 信息安全的金三角是(　　)。

A. 可靠性、保密性和完整性　　B. 多样性、冗余性和模化性

C. 保密性、完整性和可获得性　　D. 多样性、保密性和完整性

25. 网络攻击与防御处于不对称状态是因为(　　)。

A. 管理的脆弱性　　B. 应用的脆弱性

C. 网络软、硬件的复杂性　　D. 软件的脆弱性

26. 网络攻击的种类有(　　)。

A. 物理攻击、语法攻击、语义攻击 B. 黑客攻击、病毒攻击

C. 硬件攻击、软件攻击　　D. 物理攻击、黑客攻击、病毒攻击

27. 语义攻击利用的是(　　)。

A. 信息内容的含义　　B. 病毒对软件攻击

C. 黑客对系统攻击　　D. 黑客和病毒的攻击

28. PDR 模型与访问控制的主要区别是(　　)。

A. PDR 把安全对象看做一个整体

B. PDR 作为系统保护的第一道防线

C. PDR 采用定性评估与定量评估相结合

D. PDR 的关键因素是人

29. 文化行政部门应当自收到设立申请之日起(　　)个工作日内作出决定;经审查,符合条件的,发给同意筹建的批准文件。

A. 10　　B. 15　　C. 20　　D. 30

30. 自被吊销《网络文化经营许可证》之日起(　　)年内,其法定代表人或者主要负责人不得担任网吧经营单位的法定代表人或者主要负责人。

A. 2　　B. 3　　C. 5　　D. 6

三、简答题

1. T568A、T568B 的线序是什么?请画图说明。

2. Windows XP 每个分区下都包含一个 System Volume Information 名的隐藏目录是做什么的?

3. Windows XP 系统盘C盘下的 ntldr 文件主要起什么作用，如果删除它会有什么后果，删除后用什么办法恢复系统正常？

4. 什么是 MBR？如何恢复 MBR？

5. 什么是 Cache？什么是 Buffer？二者的区别是什么？

6. 网络地址 172.16.22.38/27，请写出此地址的子网 ID 以及广播地址，此地址所处子网有多少台主机及可用主机数？

7. ISO/OSI 七层模型和 TCP/IP 四层协议都是什么？简单画出二者间每层的对应关系及每层运行的协议（左侧 ISO/OSI，右侧 TCP/IP，用连线方式把对应关系画出）。

8. 请解释这条语句的作用：echo "1" > /proc/sys/net/ipv4/ip_forward。

9. 如何在命令行查看一台 Linux 机器的 CPU、内存、SWAP 分区信息。

10. 如何修改 Linux 主机名（不重启的情况下）？指出都要修改哪些文件即可，写出各文件的绝对路径。

11. 更改和添加 SAMBA 服务器登录用户的密码命令是什么？

12. init 0、init 1、init 3、init 5、init 6 这几个启动级别都代表什么意思？

13. 如何查看系统分区的容量使用情况？如何查看 /var/log 目录的使用容量？

14. Linux 命令行下如何解压扩展名 zip 文件？

15. 局域网内出现另一台 DHCP 服务器与你的 DHCP 冲突，你会采取什么技术手段将其捕获？

16. 公司使用的网络接入线为一条 3 M 光纤，随着业务的扩大、人员的增多，出现网络拥挤状态。为解决此问题，采取两种方案：(1)将现有带宽增至 6 M；(2)再申请一条 3 M 带宽。选择哪一种方案？请说明理由。

17. 如何解决局域网 IP 地址冲突问题？192.168.0.0/24 与 192.168.1.0/24 两网段计算机之间是否可以直接访问？如不行，该如何解决该两网段之间通信问题？

18. 交换机与集线器的主要区别是什么？路由器在网络中的作用是什么？交换机或集线器上 UP-LINK 口的作用是什么？

19. 某计算机能上 QQ，但打不开网页，如何解决问题？如何在 QQ 中隐藏自己的 IP 地址？

20. 计算机中冲击波病毒症状是什么？简述查杀网络中某种病毒的步骤过程。

实训内容

一、参观单位(或学校)局域网与网吧，比较二者的不同。

1. 实训目的

熟悉网吧和单位局域网络的基本结构和组件，了解各组件的作用及它们之间的连接关系。

2. 实训场地

单位或学校局域网，100 台以上终端的中型网吧。

3. 实训内容

(1) 熟悉网络构成、连接关系及各部件作用；

(2) 掌握信息流程;

(3) 比较网吧与单位局域网之间的软、硬件不同;

(4) 认真撰写实训报告。

二、利用假日到网吧处理1～2个实际故障,记录测试、分析、定位与排除过程,并形成实训报告。

1. 实训目的

掌握故障的排除流程、方法与技巧。

2. 实训器材

(1) 运营中的网吧;

(2) 常用测试维护工具或仪表。

第 6 章 通信末端线路维护

所谓末端线路主要是指从用户终端设备开始向外一直连到通信运营商机房的这一部分有线传输线路,它是构成宽带通信网络不可缺少的重要组成部分。同时由于 xDSL 通信方式是利用了铜线的传输潜能,其末端线路部分就是以前的语音传输线。了解和掌握这部分线路网络的基本构成、传输介质特性、传输性能指标以及常用的测试维护方法,同样是搞好宽带末端维护的基本技能。

6.1 通信末端线路网的基本构成

要保证通信网络良好地运行,搞好末端线路网的维护十分重要,不可轻视。现行通信末端线路网的基本构成如图 8-1 所示。它主要由通信端局内的局内总配线架(MDF 或 ODF)、主干光缆或电缆、交接箱(电缆交接箱或光缆交接箱)、配线电缆或 ONU、分线设备或边缘交换机、入户线和用户终端等组成。其实物图形以及末端维护人员的工作点如图6-2所示。

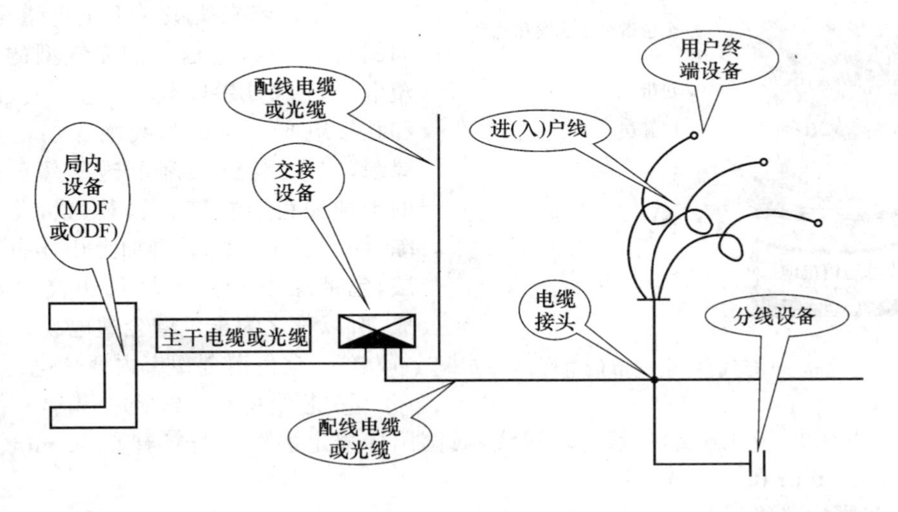

图 6-1 通信末端线路网的基本构成

由图 6-2 可以清楚地看出,末端维护人员的工作点主要在局端机房、交接设备、分线设备等处。

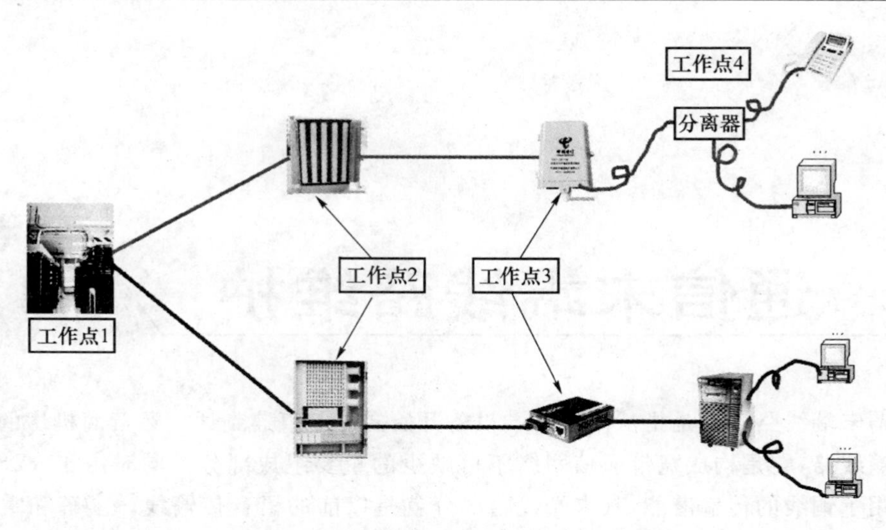

图 6-2　通信末端维护人员工作点示意

6.2　通信末端线路及设备的结构、性能与基本参数

6.2.1　线路部分

全色谱全塑电缆主要构成图 6-3 中的主干线路和配线线路，是末端线路的重要组成部分。

1. 全色谱全塑电缆

(1) 什么是全色谱全塑电缆

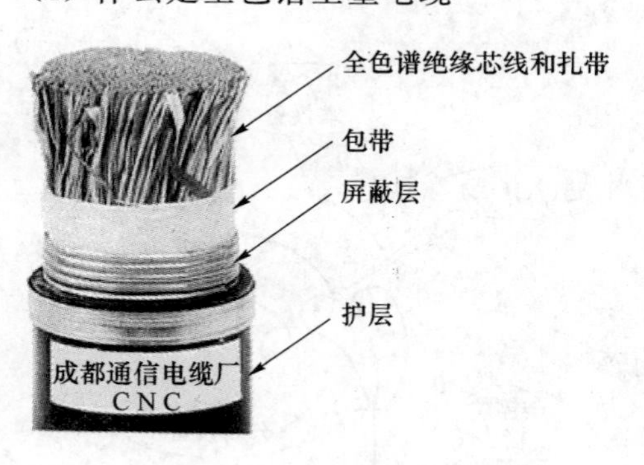

图 6-3　(充气型)全塑市话电缆

首先一起来认识一下全色谱全塑电缆。如图 6-3 所示，它是一条充气型的全色谱全塑电缆，由护层、屏蔽层、包带层、绝缘芯线和扎带组成。因为芯线绝缘层的颜色花花绿绿，非常漂亮〔实际上这些颜色是由规定的十种颜色“白、红、黑、黄、紫，蓝、橘(橙)、绿、棕、灰”组成的〕，再加上由于其芯线绝缘层、包带层以及外护层均由高分子塑料构成，所以称之为全色谱全塑电缆。

(2) 全色谱全塑市内通信电缆的结构

① 芯线材料及线径

芯线由纯电解铜制成，一般为软铜线，我国国标规定的标称线径有 0.32 mm、0.4 mm、0.5 mm、0.6 mm 和 0.8 mm 共 5 种。

② 芯线的绝缘

- 绝缘材料：高密度聚乙烯、聚丙烯或乙烯-丙烯共聚物等高分子聚合物塑料，称为聚烯烃塑料。

- 绝缘形式：全塑电缆的芯线绝缘形式分为实心绝缘、泡沫绝缘、泡沫/实心皮绝缘，如图 6-4 所示。

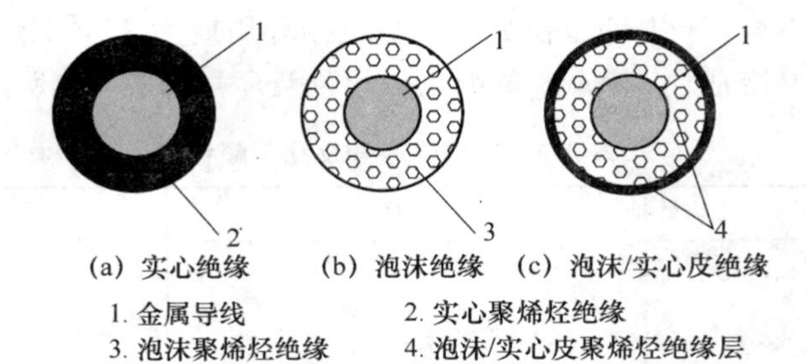

图 6-4　全塑市话电缆芯线绝缘形式

③ 芯线的扭绞与线对色谱

绝缘好了以后的芯线大都采用对绞形式进行扭绞，即由 A、B 两线构成一个线组，芯线扭绞的主要作用是减少串音和干扰。芯线扭绞的节距越小，抗干扰的能力就越强。全色谱全塑电缆中线对的扭绞节距一般均在 14 mm 以上(5 类线的扭绞节距为 3.8～14 mm)。扭绞节距如图 6-5 所示。

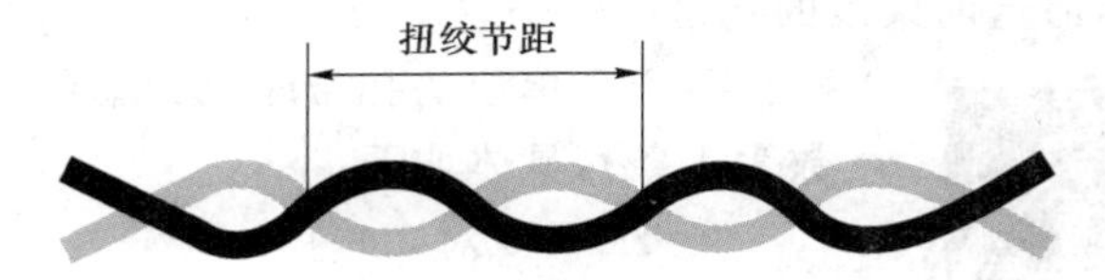

图 6-5　全色谱全塑电缆芯线线对的扭绞节距

线组内绝缘芯线的颜色为全色谱，即由十种颜色两两组合成 25 个组合，A 线包括白、红、黑、黄、紫，B 线包括蓝、橘(橙)、绿、棕、灰，其组合形式如表 6-1 所示。这样，在一个基本单位 U(25 对为一个基本单位)中，线对序号与色谱存在一一对应的关系，如第 16 对芯线颜色为黄/蓝，第 20 对芯线为黄/灰等，给施工时的编线及使用提供了很大方便，这就是工程技术人员常讲的“芯线绝缘层全色谱”，它一共有 25 种。

表 6-1　全色谱线对编号与色谱

线对序号	颜色		线对序号	颜色		线对序号	颜色		线对序号	颜色		线对序号	颜色	
	A	B		A	B		A	B		A	B		A	B
1	白	蓝	6	红	蓝	11	黑	蓝	16	黄	蓝	21	紫	蓝
2		橘	7		橘	12		橘	17		橘	22		橘
3		绿	8		绿	13		绿	18		绿	23		绿
4		棕	9		棕	14		棕	19		棕	24		棕
5		灰	10		灰	15		灰	20		灰	25		灰

(3) 全色谱全塑电缆的缆芯

目前全色谱全塑电缆的缆芯结构形式主要采用单位式。它主要由基本单位和超单位绞合而成，各种单位与单位之间用扎带分隔，类似我们自然社会里各单位之间用围墙分开。单位式缆芯中有如下 3 种最常见的单位。

① 基本单位 U

1U＝25 对线，其色谱为由白/蓝～紫/灰的 25 种全色谱组合。为了形成圆形结构，充分利用缆内有限的空间，也可将一个 U 单位分成 12 对、13 对或更少线对的“子单位”，为了区别不同的 U 单位或“子单位”，每一单位外部都捆有扎带，U 单位的“扎带全色谱”是由“白/蓝～紫/棕”的 24 种组合，所以 U 单位的扎带颜色循环周期为 25×24＝600 对，即从 601 对开始，U 单位的扎带又变成白/蓝。U 单位扎带颜色及序号如表 6-2 所示。

表 6-2　U 单位序号及扎带颜色

线对序号	U 单位序号	U 单位扎带颜色
1～25	1	白-蓝
25～50	2	白-橘
⋮	⋮	⋮
551～575	23	紫-绿
576～600	24	紫-棕

② 超单位 1——S 超单位

1S＝U＋U＝25＋25＝50 对，其排列结构如图 6-6 所示，从 1～25 对为第 1 个 U 单位，从 26～50 为第 2 个 U 单位，为了形成圆形结构的缆芯，同一 U 单位内的芯线又被分成两束线，如 1～12、13～25，但这两束线的扎带颜色仍然一致。

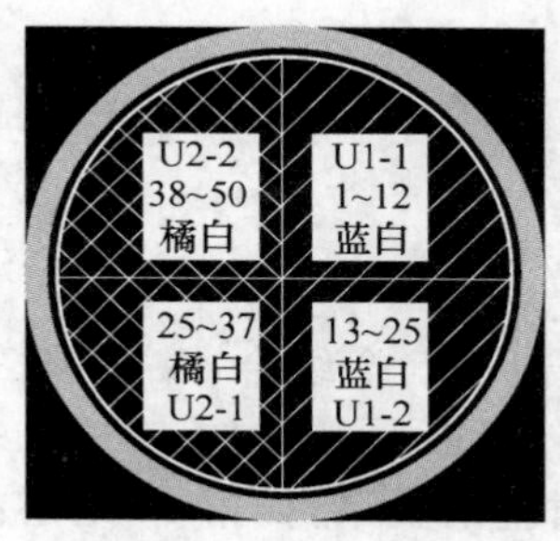

图 6-6　全塑电缆缆芯中的 S 单位

每个 S 单位的扎带颜色为单色，数量为 1 条或两条(多数为 1 条)，具体如下：

- 1～600 对：白色；
- 601～1 200 对：红色；
- 1 201～1 800 对：黑色；
- 1 801～2 400 对：黄色；
- 2 401～3 000 对：紫色。

所以说 S 单位扎带颜色的循环周期为 3 000 对，其线对序号、组合单位及扎带颜色如表 6-3所示。

表 6-3　S 单位的线对序号、组合的单位及扎带颜色

U 单位序号	U 单位扎带颜色	S 单位序号及扎带颜色				
		白	红	黑	黄	紫
1 2	白-蓝 白-橘	S-1 1～50	S-13 601～650	S-25 1 201～1 250	S-37 1 801～1 850	S-49 2 401～2 450
3 4	白-绿 白-棕	S-2 51～100	S-14 651～700	S-26 1 251～1 300	S-38 1 851～1 900	S-50 2 451～2 500
5 6	白-灰 红-蓝	S-3 101～150	S-15 701～750	S-27 1 301～1 350	S-40 1 901～1 950	S-51 2 501～2 550
7 8	红-橘 红-绿	S-4 151～200	S-16 751～800	S-28 1 351～1 400	S-41 1 951～2 000	S-52 2 551～2 600
9 10	红-棕 红-灰	S-5 201～250	S-17 801～850	S-29 1 401～1 450	S-42 2 001～2 050	S-53 2 601～2 650

续 表

U 单位序号	U 单位扎带颜色	S 单位序号及扎带颜色				
		白	红	黑	黄	紫
11 12	黑-蓝 黑-橘	S-6 251～300	S-18 851～900	S-30 1 451～1 500	S-42 2 051～2 100	S-54 2 651～2 700
⋮	⋮	⋮	⋮	⋮	⋮	⋮
19 20	黄-棕 黄-灰	S-10 451～500	S-22 1 051～1 100	S-34 1 651～1 700	S-46 2 251～2 300	S-58 2 851～2 900
21 22	紫-蓝 紫-橘	S-11 501～550	S-23 1 101～1 150	S-35 1 701～1 750	S-47 2 301～2 350	S-59 2 901～2 950
23 24	紫-绿 紫-棕	S-12 551～600	S-24 1 151～1 200	S-36 1 751～1 800	S-48 2 351～2 400	S-60 2 951～3 000

③ 超单位 2——SD 超单位

1SD＝U＋U＋U＋U＝100 对，如图 6-7 所示，其中 U1～U4 对应第 1 个 SD 单位即 SD1，U5～U8 为第 2 个 SD 单位即 SD2，依次类推，每一规定的 U 单位的扎带颜色必须符合表 6-2 的规定。SD 单位的扎带颜色和 S 单位一样，循环周期也为 600×5＝3 000 对，见表 6-4。

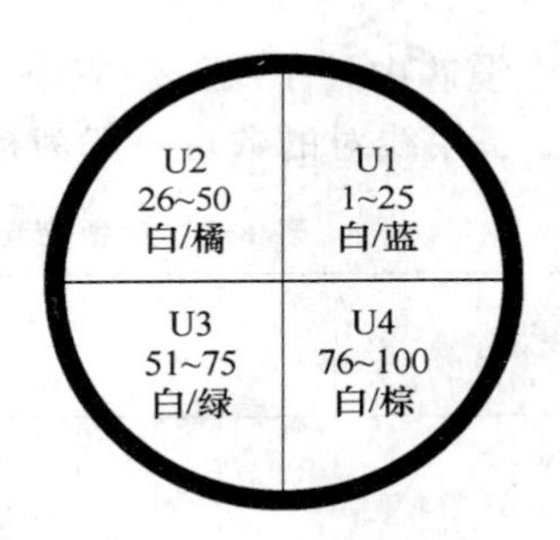

图 6-7　全塑电缆缆芯中的 SD 单位

表 6-4　SD 单位的线对序号，SD 单位扎带颜色及组成的 1 单位序号

U 单位序号	U 单位扎带颜色	SD 单位序号及扎带颜色				
		白	红	黑	黄	紫
1 2 3 4	白-蓝 白-橘 白-绿 白-棕	SD-1 1～100	SD-7 601～700	SD-13 1 201～1 300	SD-19 1 801～1 900	SD-25 2 401～2 500
5 6 7 8	白-灰 红-蓝 红-橘 红-绿	SD-2 101～200	SD-8 701～800	SD-14 1 301～1 400	SD-20 1 901～2 000	SD-26 2 501～2 600
9 10 11 12	红-棕 红-灰 黑-蓝 黑-橘	SD-3 201～300	SD-9 801～900	SD-15 1 401～1 500	SD-21 2 001～2 100	SD-27 2 601～2 700
13 14 15 16	黑-绿 黑-棕 黑-灰 黄-蓝	SD-4 301～400	SD-10 901～1 000	SD-16 1 501～1 600	SD-22 2 101～2 200	SD-28 2 701～2 800

续 表

U单位序号	U单位扎带颜色	SD单位序号及扎带颜色				
		白	红	黑	黄	紫
17 18 19 20	黄-橘 黄-绿 黄-棕 黄-灰	SD-5 401～500	SD-11 1 001～1 100	SD-17 1 601～1 700	SD-23 2 201～2 300	SD-29 2 801～2 900
21 22 23 24	紫-蓝 紫-橘 紫-绿 紫-棕	SD-6 501～600	SD-12 1 101～1 200	SD-18 1 701～1 800	SD-24 2 301～2 400	SD-30 2 901～3000

④ 缆芯中的备用线对

备用线对是为方便紧急调用而设置的，在电缆芯线接续时，备用线必须用接线子完成良好连接。

备用线对在缆芯中处于“游离”状态，它们没有任何扎带缠绕，一般用“SP”表示，其色谱如表 6-5 所示。备用线对的数量一般为标称对数的 1%，但最多不超过 6 对。

表 6-5 全色谱全塑电缆备用线对序号与色谱

备用线对序号	颜色	
	A线	B线
SP1	白	红
SP2	白	黑
SP3	白	黄
SP4	白	紫
SP5	红	黑
SP6	红	黄

(4) 全色谱全塑市内通信电缆的电气性能参数

全色谱全塑市内通信电缆的电气性能参数主要有直流特性参数和交流特性参数，而前者主要包括环阻、电阻不平衡偏差值、绝缘电阻等，后者主要包括线间(地)分布电容、不平衡电容、固有衰减、近端串音衰减以及远端串音防卫度等，如表 6-6 和表 6-7 所示。

表 6-6 全色谱全塑电缆直流电气特性参数

<table>
<tr><th>序号</th><th>参数名称</th><th>参数单位</th><th colspan="6">指标</th></tr>
<tr><td rowspan="2">1</td><td rowspan="2">单根导线直流
电阻最大值(+20 ℃)</td><td rowspan="2">Ω/km</td><td>0.32</td><td colspan="2">0.4</td><td>0.5</td><td>0.6</td><td>0.8</td></tr>
<tr><td>236.0</td><td colspan="2">148.0</td><td>95.0</td><td>65.8</td><td>36.6</td></tr>
<tr><td rowspan="3">2</td><td rowspan="3">线对电阻不平衡偏差值
(+20 ℃)</td><td rowspan="3">%</td><td></td><td>0.32</td><td>0.4</td><td>0.5</td><td>0.6</td><td>0.8</td></tr>
<tr><td>最大平均值</td><td>2.5</td><td>1.5</td><td>1.5</td><td>1.5</td><td>1.5</td></tr>
<tr><td>最大值</td><td>6.0</td><td>5.0</td><td>5.0</td><td>5.0</td><td>4.0</td></tr>
<tr><td rowspan="2">3</td><td rowspan="2">线间、线地绝缘电阻最小值
(+20 ℃,DC 100～500 V)</td><td rowspan="2">MΩ · km</td><td colspan="3">非填充式</td><td colspan="3">填充式</td></tr>
<tr><td colspan="3">10×10³</td><td colspan="3">3×10³</td></tr>
</table>

表 6-7 全色谱全塑电缆交流电气特性参数

<table>
<tr><th>序号</th><th>参数名称</th><th>参数单位</th><th colspan="6">指标</th></tr>
<tr><td rowspan="3">1</td><td rowspan="3">工作电容
(0.8 kHz 或 1 kHz)</td><td rowspan="3">nF/km</td><td colspan="2">电缆对数</td><td colspan="2">10 对</td><td colspan="2">10 对以上</td></tr>
<tr><td colspan="2">最大值</td><td colspan="2">58.0</td><td colspan="2">57.0</td></tr>
<tr><td colspan="2">平均值</td><td colspan="2">52.0±4.0</td><td colspan="2">52.0±2.0</td></tr>
<tr><td rowspan="3">2</td><td rowspan="3">电容不平衡最大值
(0.8 kHz 或 1 kHz)</td><td rowspan="3">pF/km</td><td colspan="2">电缆对数</td><td colspan="2">10 对</td><td colspan="2">10 对以上</td></tr>
<tr><td colspan="2">线对间</td><td colspan="2">250</td><td colspan="2">250</td></tr>
<tr><td colspan="2">线地间</td><td colspan="2">2 630</td><td colspan="2">2 630</td></tr>
<tr><td rowspan="3">3</td><td rowspan="3">固有衰减
(实心绝缘电缆,+20 ℃)</td><td rowspan="3">dB/km</td><td>频率</td><td>0.32</td><td>0.4</td><td>0.5</td><td>0.6</td><td>0.8</td></tr>
<tr><td>150 kHz</td><td>16.8</td><td>12.1</td><td>9.0</td><td>7.2</td><td>5.7</td></tr>
<tr><td>1 024 kHz</td><td>33.5</td><td>27.3</td><td>22.5</td><td>18.5</td><td>13.7</td></tr>
<tr><td rowspan="7">4</td><td rowspan="7">近端串音衰减
(1 024 kHz,长度≥0.3 km)</td><td rowspan="7">dB</td><td colspan="5">10 对电缆内线对间的全部组合</td><td>53</td></tr>
<tr><td colspan="5">12 对、13 对子单位内线对间的全部组合</td><td>54</td></tr>
<tr><td colspan="5">20 对、30 对电缆或基本单位内线对间的全部组合</td><td>58</td></tr>
<tr><td colspan="5">相邻 12 对、13 对子单位间线对的全部组合</td><td>63</td></tr>
<tr><td colspan="5">相邻基本单位间线对间的全部组合</td><td>64</td></tr>
<tr><td colspan="5">超单位内两个相对基本单位或子单位间线对间的全部组合</td><td>70</td></tr>
<tr><td colspan="5">不同超单位内基本单位或子单位间线对的全部组合</td><td>79</td></tr>
<tr><td rowspan="3">5</td><td rowspan="3">近端串音防卫度
(150 kHz)</td><td rowspan="3">dB</td><td colspan="5">任意线对组合</td><td>58</td></tr>
<tr><td colspan="5">基本单位内或 30 对电缆内线对间的全部组合</td><td>69</td></tr>
<tr><td colspan="5">12 对、13 对子单位内或 10 对及 20 对电缆内线对间的全部组合</td><td>68</td></tr>
</table>

2. 用户皮线

(1) 用户皮线的定义

从分线设备至用户话机等终端设备的连线称为用户引入线,又称为皮线或下户线。当分线设备已经进入用户建筑物内时,引入线仅包含室内连线;分线设备未进入用户建筑物时,引入线包含用户室外引入线和室内引入线两部分。

(2) 皮线的结构与特点

① 皮线的结构

通信用皮线分为室内和室外两种,室外皮线一般为无屏蔽层的平行铜包钢线,线径一般在 0.8 mm 以上,其实物如图 6-8 所示,截面如图 6-9 所示。

② 特点

- 无屏蔽层,所以无抗干扰、防雷能力;
- 芯线为平行走线,无交叉,所以无抗串音能力;
- 不是全铜结构,对信号尤其是高频信号的衰减较大;
- 铜包钢结构,容易生锈(如长绿霉、铜绿);
- 机械强度比电缆芯线好,可以架空敷设;
- 价格便宜,有利于降低成本。

图 6-8 用户皮线实物图

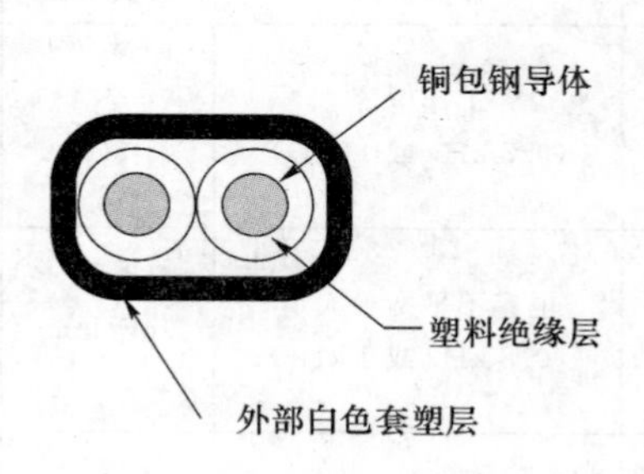

图 6-9 用户皮线截面图

(3) 用户引入线的装设要求

① 用户引入线长度应不超过 200 m(对于 ADSL 用户最好不超过 20 m),且从下线杆至第一个支撑点的跨距不能超过 50 m;超过时,中间应该加立电杆予以支撑。

② 同一方向的用户引入线最多不超过 6 条,超过 6 条时应改用全塑电缆引入。同一方向多条皮线之间应间隔均匀、垂度一致。

③ 用户引入线不得跨越无轨电车或电气化铁道滑行线。

④ 用户引入线与电力线交叉间距不得小于 40 cm;跨越障碍物不得有托磨现象,否则应加以保护。

⑤ 跨越里弄(胡同)或街道时,其最低点至地面垂直距离应不小于 4.5 m。跨越档内不得有接头。

⑥ 用户引入线由架空杆路下线的,可采用 1.0～1.2 mm 线径的单心皮线(或铜包钢皮线);室内沿墙皮线可采用多心皮线。

⑦ 剥除皮线绝缘物时,不得损伤心线,否则应重新剥除。

3. 常用数据线缆

常用的数据电缆是由 4 对双绞线按一定密度反时钟互相扭绞在一起,其外部包裹金属层或塑料外皮而组成的。铜导线的直径为 0.4～1 mm。其扭绞方向为反时钟,绞距为3.81～14 cm,相邻双绞线的扭绞长度差约为 1.27 cm。双绞线的缠绕密度和扭绞方向以及绝缘材料直接影响它的特性阻抗、衰减和近端串扰。

(1) 双绞电缆的分类

双绞电缆按其缆芯外部包缠的是金属层还是塑料外皮,可分为屏蔽双绞电缆和非屏蔽双绞电缆。它们既可以传输模拟信号,也可以传输数字信号,如图 6-10 所示。

(a) UTP (非屏蔽双绞线)

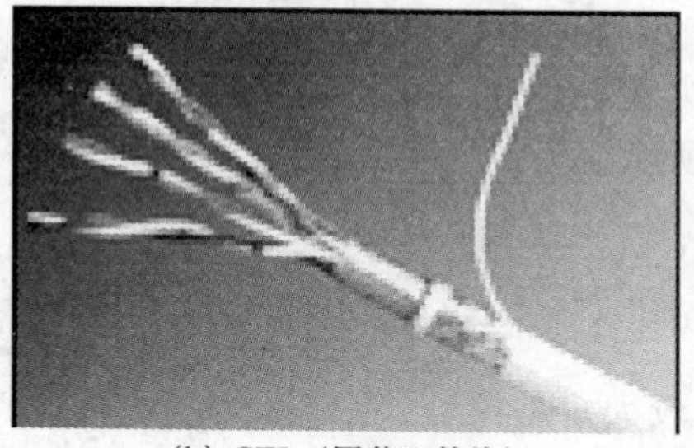

(b) STP (屏蔽双绞线)

图 6-10 数据通信中的双绞电缆

① 非屏蔽双绞(UTP)电缆

非屏蔽双绞电缆是由多对双绞线外包缠一层塑橡护套构成。4 对非屏蔽双绞电缆如图 6-10(a)所示。非屏蔽双绞电缆采用了每对线的绞距与所能抵抗电磁辐射及干扰成正比并结合滤波与对称性等技术，经由精确的生产工艺而制成。采用这些技术措施可减少非屏蔽双绞电缆线对间的电磁干扰。UTP 因为无屏蔽层，所以具有易安装、性能优良、节省空间等特点。

② 屏蔽双绞电缆

屏蔽双绞电缆与非屏蔽双绞电缆一样，芯线为铜线，护套层是塑橡皮，只不过在护套层内增加了金属层。

STP 是在多对双绞外纵包铝箔，4 对屏蔽双绞电缆结构如图 6-10(b)所示。

从图 6-10 中可以看出，非屏蔽双绞电缆和屏蔽双绞电缆都有一根用来撕开电缆保护套的拉绳。屏蔽双绞电缆还有一根漏电线，把它连接到接地装置上，可泄放金属屏蔽层中的累积电荷，减轻线间干扰。因为有屏蔽层，所以性能更加优良，同时节省空间，但对安装施工要求较高。

(2) 常用双绞电缆的电气特性

常用双绞电缆分 100 Ω 和 150 Ω 两类。100 Ω 电缆又分为 3 类、4 类、5 类、5e 类、6 类、7 类等。150 Ω 双绞电缆目前只有 5 类一种。

下面简要介绍 5 类 4 对双绞电缆的主要性能参数。

① 5 类 4 对 100 欧非屏蔽双绞电缆

表 6-8　5 类 4 对非屏蔽双绞电缆电气特性

频率	特性阻抗/Ω	百米最大衰减/dB	近端串扰衰减/dB	直流电阻
256 kHz	…	1.1	…	9.38 Ω MAX. Per100m 20 ℃
512 kHz	…	1.5	…	
772 kHz	…	1.8	66	
1 MHz	85～115	2.1	64	
4 MHz		4.3	55	
10 MHz		6.6	49	
16 MHz		8.2	46	
20 MHz		9.2	44	
31.25 MHz		11.8	42	
62.50 MHz		17.1	37	
100 MHz		22.0	34	

② 5 类 4 对 100 欧屏蔽双绞电缆

它是美国线缆规格为 24(0.511 mm)的裸铜导体，以氟乙烯为绝缘材料，内有一根 0.511 mm TPG漏电线，传输频率达 100 MHz。电气特性同 5 类 4 对非屏蔽双绞电缆。

6.2.2　设备部分

1. 电缆交接箱

交接箱是用户线路网中的一种典型的配线设备。它的主要作用是利用跳线连接主干电缆和配线电缆，使主干线对和配线线对通过跳线任意连通，以达到灵活调度线对和方便维护测试的目的。现在常用模块卡接式交接箱和旋转卡接式交接箱。其中模块卡接式又有科隆模块式和 3M 模块式，因其线对密度大，主要用于容量较大的场合，如地区及省会以上城市的本地线路网络；旋转卡接式又分为直立式和斜立式两种，因其线对密度较小，主要用于容量较小的场合，如县或县级以下城镇。

(1) 科隆模块卡接式交接箱

科隆模块卡接式交接箱的实物外形如图 6-11 所示。

图 6-11　科隆模块卡接式交接箱和科隆模块的实物外形

10 对科隆模块结构如图 6-12 所示，其卡线方法是：面对模块上面一行线槽接跳线，下面一行线槽接成端电缆。

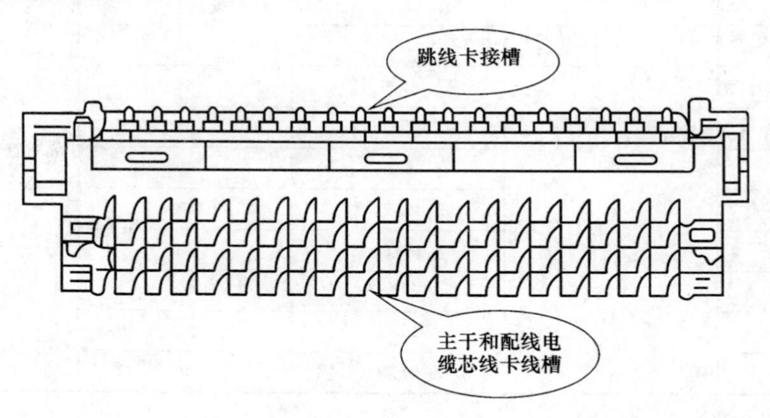

图 6-12　10 对科隆模块卡接排

(2) 3M 模块式交接箱

3M 模块式交接箱的 25 对模块接线排的结构形式如图 6-13 所示，它和大家熟悉的模块式接线子结构基本相同，其卡线顺序、方法等也和模块式接线子相似，成端电缆芯线卡接在底板和主板之间，跳线卡接在主板与盖板之间，并用模块接续器压接。

(3) 旋转卡接式交接箱

旋转卡接式交接箱的实物外形如图 6-14 所示。

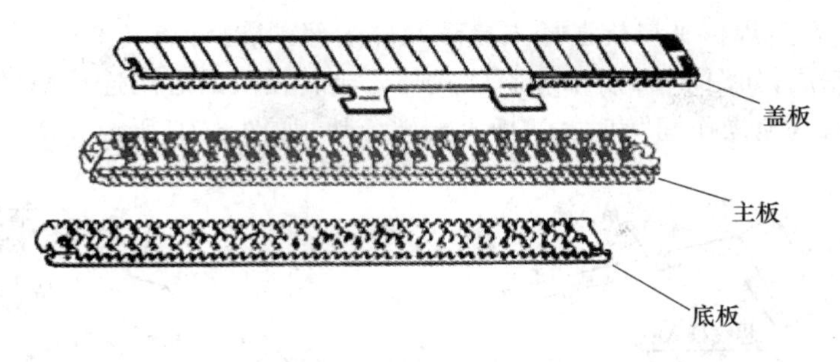

图 6-13　25 对模块接线排结构

图 6-14　旋转卡接式交接箱和旋卡式模块的实物外形

箱内旋转卡接模块有 100 对一块和 25 对一块两种形式，如图 6-15 所示。

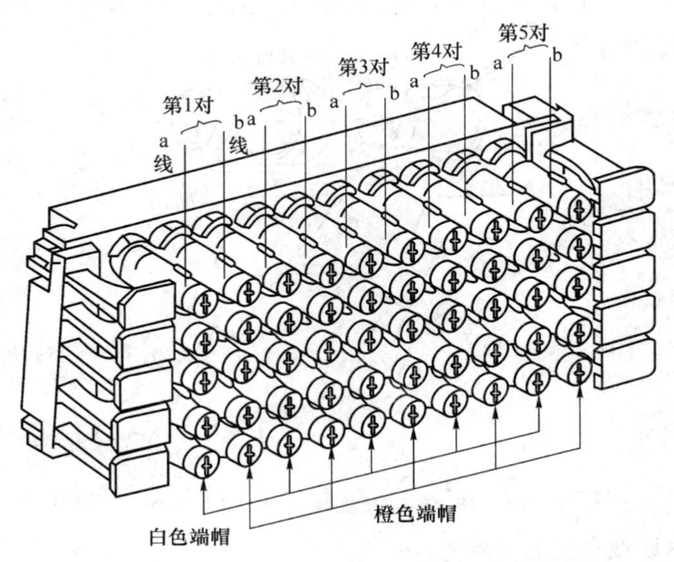

图 6-15　25 对旋转卡接模块

每一个模块为 25 对回线，正好与全塑电缆缆芯中的基本单位 U 一致。模块背面端子按 25 对色谱芯线线序接入，模块正面端子连接跳线。直立式的卡线方法如图 6-16 和

图 6-17 所示，用合适规格平口旋凿插入接续元件端部，顺时针旋转 90°，下部多余部分芯线即被切断，连接完成，如图 6-18 所示。斜立式插入旋转模块的芯线连接，只需将待接芯线直接插入元件孔内，其他操作同“直立式”插入旋转模块，如图 6-19 所示。

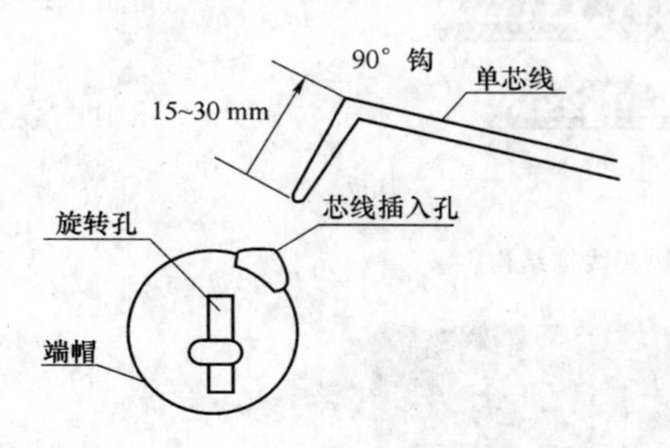

图 6-16　折弯芯线

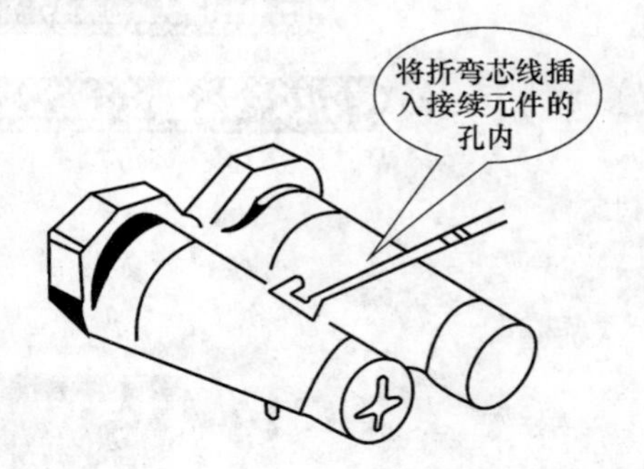

图 6-17　折弯芯线插入接续元件孔内

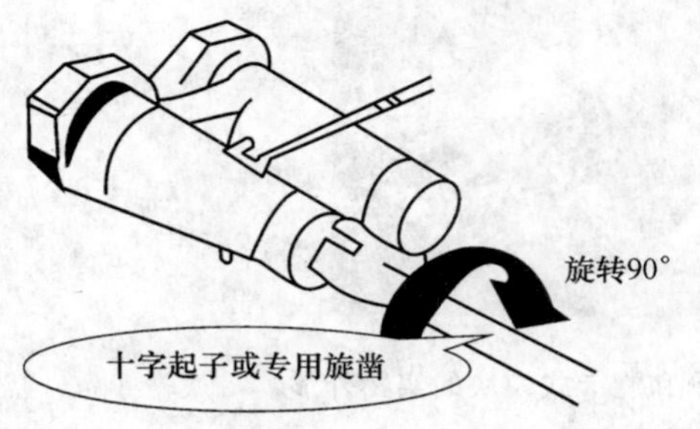

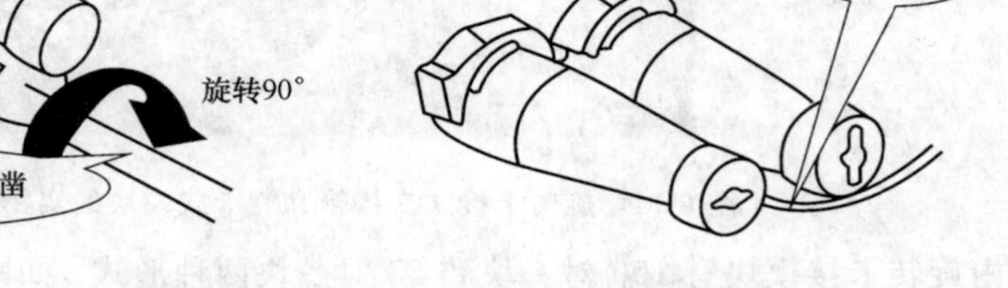

图 6-18　用专用工具旋转接续元件完成芯线接续

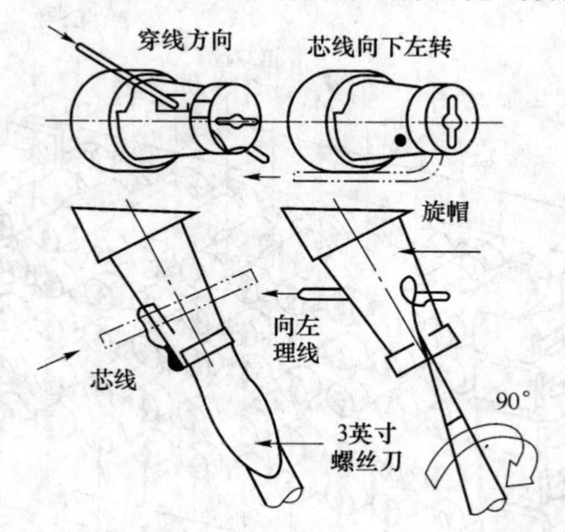

图 6-19　斜立式旋转模块的芯线接续

(4) 交接箱内跳线布放的基本要求

① 线径应为 0.4 mm 以上；

② 不接头、不缠绕、不露芯；

③ 左侧出线，穿过跳线环，横平竖直；

④ 及时清除旧跳线，并作好资料更新；

⑤ 重要客户线对作好标记。

2. 光缆交接箱

(1) 基本结构

光交接箱的基本结构如图 6-20 所示。

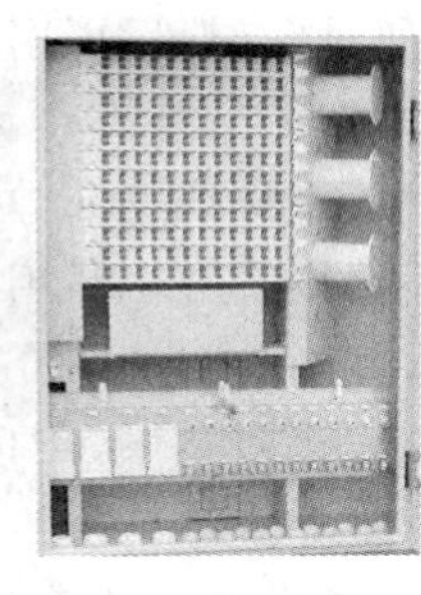
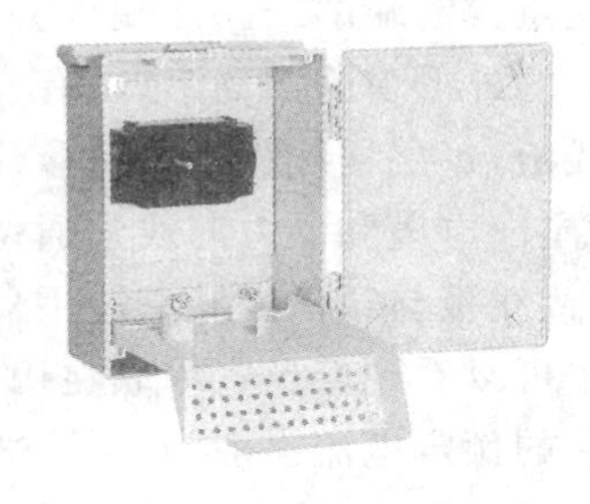

图 6-20　各种光交接箱的基本结构

(2) 光缆交接箱内布放的光纤类型

- 非本光缆交接箱使用的纤芯：直通光纤(过路纤)；
- 光缆开剥点到熔接盘的光缆纤芯：使用纤(包括主干纤和配线纤)；
- 熔接盘到适配器的尾纤；
- 连接主干层光缆和配线层光缆的跳纤。

(3) 光缆交接箱的性能

光缆交接箱是安装在户外的连接设备，受安装环境所限，它必须能够抵御比较恶劣的外部环境。因此，箱体外侧对防水、防潮、防尘、防撞击、防虫害鼠害等方面要求比较高；其内侧对温度、湿度控制要求十分高。按国际标准，这些项目最高标准为 IP66。但能达到该标准的箱体外壳并不多。目前市场中大多数产品的箱体或使用原装德国科隆(KRONE)箱体(达到 IP66 标准)，或国内仿科隆箱体(一般达到 IP65 标准)，或使用不锈钢作为光缆交接箱的外壳。箱体采用不饱和聚酯玻璃纤维增强材料(SMC)在防水、防潮、防撞击损害方面比较好。至于使用不锈钢作为外壳的光缆交接箱，因不锈钢防水凝结性能差，一般不在户外使用。

(4) 光缆交接箱的接地

因在光交接箱开通业务的多数是大客户或重要用户，在光缆使用安全方面特别要加强。光缆交接箱的接地装置也是马虎不得的。当一条配线光缆以架空或墙壁吊线形式布放时，就可能把雷引进箱体。接地装置对雷击所产生的瞬间大电流若不能及时泻掉，就会在光缆固定点产生高温发热，甚至烧焦，从而影响正常的通信。这方面光缆交接箱生产厂家并没有引起重视，一般只使用镀锌铁线将各固定点串联，经螺栓固定后直接引入地，这样是远远不够的。在实际安装时应执行以下措施。

① 焊接处应涂沥青。

② 接地体连接线和卡箍要保证有可靠的电气接触。

③ 接地体与电力线焊接(用银化黄铜气焊条气焊)再引到地线排用螺丝连接。

④ 水平接地体焊接处应四面焊接，搭接处应大于 250 mm。

3. 分线设备

(1) 分线箱

分线箱是一种带有保安装置的分线设备，安装在电缆网的分线点或配线点上，用来沟通配线电缆的芯线和用户终端设备(如话机等)。所谓“分线点”和“配线点”是指在配线电缆路由上，分支出若干线对供分线设备分配给就近的用户使用的一些点。所以它是一种安装在线路网分支点或终端的线路终端设备，通过它，然后再用软皮线就可接往用户。

分线箱的外形多为圆筒形(也有长方形的)，外壳由铸铁制成(以便于接地)，箱内有内、外两层接线板，每层接线板上设有接线端子(接线柱)。内层接线端子与分线箱的尾巴电缆相连，通过尾巴电缆和局方芯线连通；外层接线端子与用户皮线连通；内、外两层间串联有熔丝管；外层接线板与箱体之间有避雷器，其剖面图如图 6-21 所示。

从图中可以看到熔丝管串联在用户线路回路中，用以防止强电流从用户引入线流入配线电缆。它的额定电流一般为 0.5～3 A，大于 3 A 时在 5～10 s 内熔断，这样便切断了用户与局端设备间的通路，从而保证了局内机械设备和人身安全。而避雷器是并联在回路与地(分线箱外壳必须接地)之间，用以防止雷击或其他高电压所造成的破坏，它的额定放电电压为(250±50)V(直流)，冲击放电电压≤900 V，超过额定电压即放电，放电完后可自行恢复(否则线路就被短路入地了)。其实物图形如图 6-22 所示。

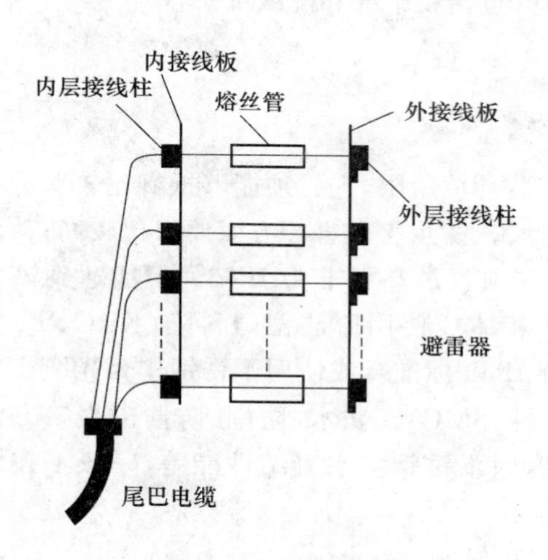

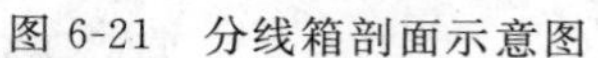
图 6-21　分线箱剖面示意图

图 6-22　分线箱实物图

由上面介绍的分线箱构造可知，它用于用户引入线上可能有强电流或高电压(如雷电)侵入的场合，一般使用于城郊、野外线路及部分内部线路上。它的特点是需安装地线且价格较贵。

(2) 分线盒

分线盒是一种不带保安装置的电缆分线设备，其连接作用与分线箱完全相同。内部设有一层由透明有机玻璃制成的接线端子板，将分线盒分为内室、外室两部分，接线时尾巴电缆在端子板内层与接线柱相连，外层和皮线相连，使用全色谱全塑电缆，很容易从外层看清内层的心线颜色。给维护施工带来方便。尾巴电缆的进口处用塑料胶带或用短段热缩套管封合，如图6-23所示。图6-24所示是它的实物图形。

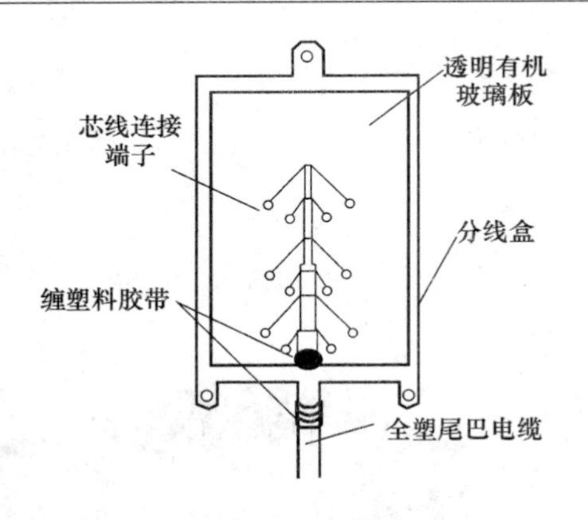

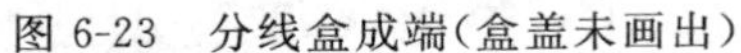

图 6-23　分线盒成端(盒盖未画出)

图 6-24　分线盒实物图

还有一种广泛使用的卡接式(又称压卡式)分线盒的结构及外形如图 6-25 所示(图中还画出了它的安装简图),实物图如图 6-26 所示。它的特点是芯线或皮线的接续均不要剥除绝缘层,只要用专用工具卡接就可,如图 6-27 所示。图中表示皮线的卡接方法:首先用螺丝刀插入推进盖槽内,将推进盖向逆时针方向旋转,然后将皮线插入推进盖孔内,再用螺丝刀顺时针方向将推进盖旋入压紧即可。

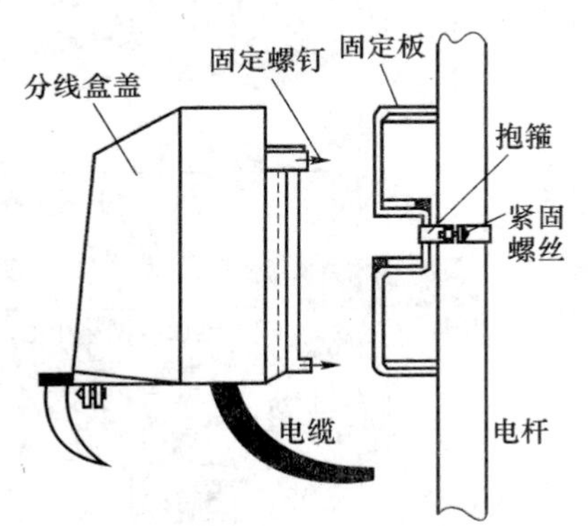

图 6-25　压卡式分线盒

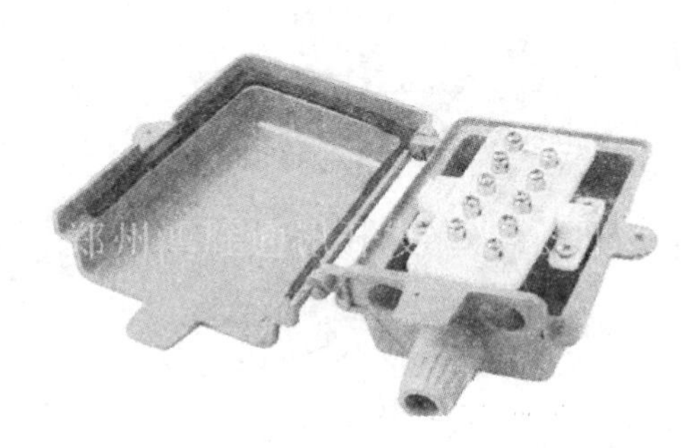

图 6-26　压卡式分线盒实物图

4. 光纤收发器

(1) 什么是光纤收发器

光纤收发器是一种将短距离的双绞线电信号和长距离的光信号进行互换的以太网传输媒体转换单元,也可称之为光电转换器。一般应用在以太网电缆无法覆盖、必须使用光纤来延长传输距离的网络环境中,且通常定位于宽带城域网的接入层。同时在帮助把光纤最后一公里线路连接到城域网和更外层的网络上也发挥了巨大的作用。有了光纤收发器,也为需要将系统从铜线升级到光纤,但缺少资金、人力或时间的用户提供了一种廉价的方案。

(2) 光纤收发器外形

光纤收发器外形如图 6-28 所示。

(3) 光纤收发器的基本构成

光纤收发器包括 3 个基本功能模块:

① 光电介质转换芯片;

② 光信号接口(光收发一体模块);

③ 电信号接口(RJ45)。

如果配备网管功能则还包括网管信息处理单元。

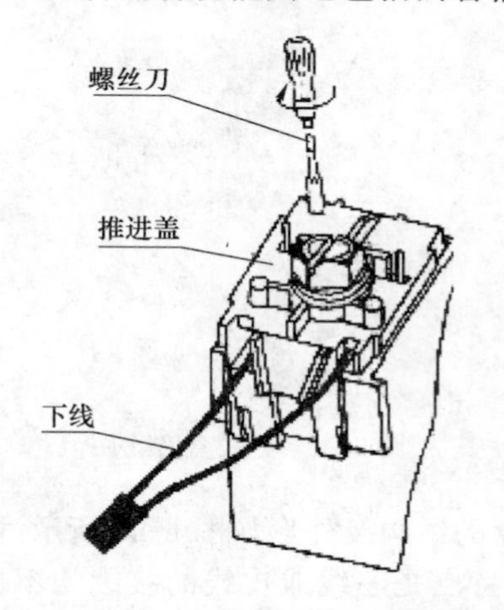

图 6-27 压卡式分线盒的皮线卡接方法

图 6-28 光纤收发器实物图

(4) 光纤收发器的应用

图 6-29 是光纤收发器具体应用的一个例子,请在图上标出光纤收发器的位置。

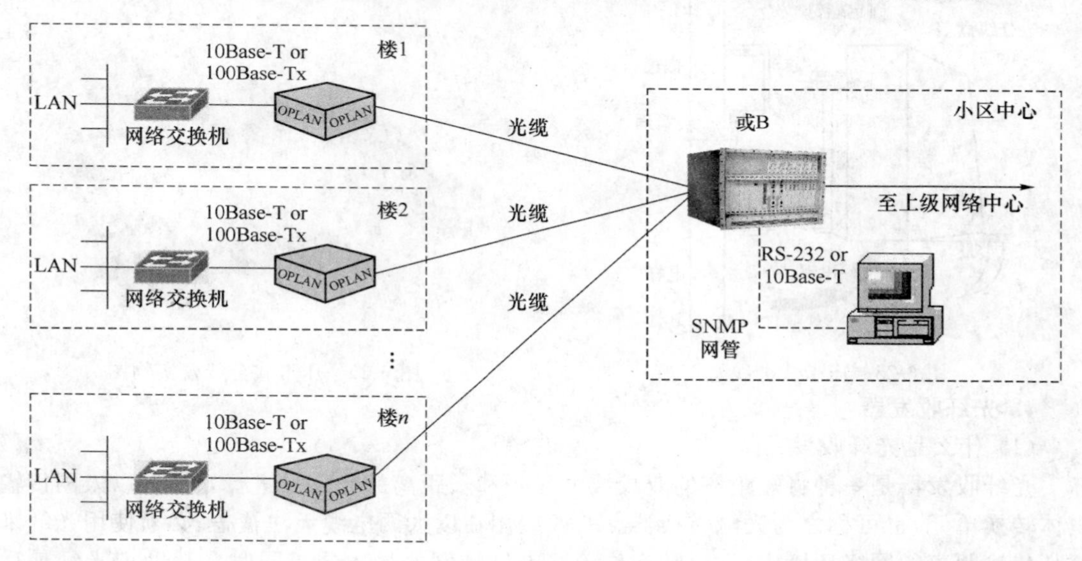

图 6-29 光纤收发器在小区宽带接入中的运用

6.3 末端线路的测试与维护

6.3.1 固定电话常见故障的成因与分析

电缆线路不良线对有下列几种,如表 6-9 所示。

1. 断线

电缆芯线的一根或数根中断。断线原因可能是接续不良或受外力侵袭受伤中断，外来强电流或长时间弱电流都有可能烧断或霉断芯线。

2. 混线

线对间绝缘层损坏，线间绝缘电阻降低很多甚至短路称为混线，混线分为自混和他混，自混是同一对线相碰，他混为两对线中的各一根造成的混线。引起混线的主要原因是电缆进水、芯线绝缘层因雷电烧坏等。

3. 地气

电缆芯线对地（或对屏蔽层）电阻甚低或相碰称为地气。皮线与建筑物墙体相碰触也形成地气障碍。

4. 反接

本对芯线的A（或B）线在电缆中间或接头中间错接。形成反接的原因主要是施工或线路割接时施工人员粗心、疲劳而错接，但对于全色谱全塑电缆而言，因A线与B线的绝缘层颜色根本不同，发生反接的几率是很少的。

5. 差接

本对线的A（或B）线与另一对芯线A（或B）线在接头中错接，又称鸳鸯线。因芯线色谱相同，发生差接的可能性是较大的，尤其是在凌晨进行大对数用户电缆割接或交接箱跳线时。

6. 交接

本对线在电缆中间或接头中间错接到另一单位中的同色谱线对，产生错号，又称跳线。交接箱做大量跳线时也容易出现这种情况。

表6-9　电缆线路中不良线对的种类

障碍种类		符号	图示
混线	自混	C	a a b b
	他混	MC	甲对{a b　a b}甲对 乙对{a b　a b}乙对
断线		D	
地气		E	屏蔽层
绝缘不良		INS	屏蔽层

续 表

	障碍种类	符号	图示
错接	反接（a、b线颠倒）	反	 a a b b
	差接（差线）	差	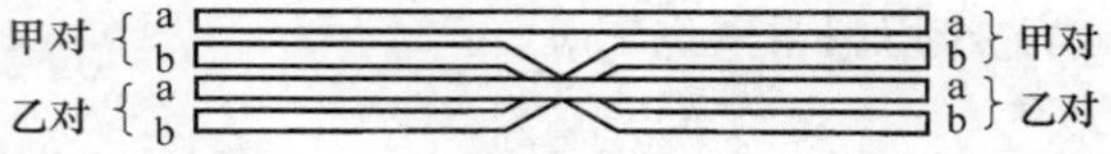 甲对 {a b} {a b} 甲对 乙对 {a b} {a b} 乙对
	交接（跳对）	交	 甲对 {a b} {a b} 甲对 乙对 {a b} {a b} 乙对

6.3.2 屏蔽层电阻的测试

1. 屏蔽层电阻的概念

全塑电缆的屏蔽层采用 0.15 mm 的铝带，如果不接地，其屏蔽效果会很差。因为全塑电缆的外护套采用塑料，即使埋在土壤中也与大地绝缘，外部感应到金属屏蔽层上的电流只能在屏蔽层接地处流出，所以保证全塑电缆屏蔽层连接良好并接地有十分重要的作用，尤其对于开通像 ADSL 这样宽带业务的通信电缆。而在 20 世纪 90 年代的很多电缆线路工程施工中，通信电缆尤其是配线电缆的屏蔽层在电缆接头处连接不好或根本就没有连接，这就给现在开通 xDSL 宽带业务留下了事故隐患。

在我国曾多次发生雷击全塑电缆的故障以及因屏蔽层没有良好接地而影响对号等现象。

根据中学物理课程中学到的电阻定律公式可知，尽管屏蔽层很薄，但它的横截面面积却很大，所以其阻值是很小的。

2. 屏蔽层电阻的测量标准

全塑电缆屏蔽层电阻的大小标准为：主干电缆屏蔽层电阻平均值不大于 2.6 Ω/km；配线电缆蔽层电阻（绕包除外）不大于 5 Ω/km。

3. 屏蔽层电阻的测试仪表

屏蔽层电阻的测试仪表可以是 QJ45 电桥或数字万用表，所不同的是前者为精确测试，后者为粗略测试。

4. 屏蔽层电阻的测试方法

这里介绍屏蔽层电阻的准确测试方法：采用 QJ45 电桥的三次测量法，如图 6-30 所示。分三次测，第一次测量 a、b 两芯线的环阻，第二次测量屏蔽层与 a 线电阻之和，第三次测量 b 线与屏蔽层电阻之和，于是：

$$R_{屏}=\frac{(\text{a 线与屏蔽层电阻})+(\text{b 线与屏蔽层电阻})-(\text{ab 线环阻})}{2}$$

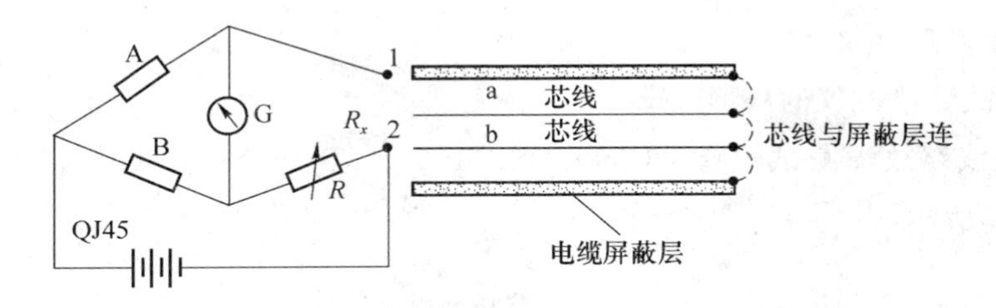

图 6-30 全塑电缆屏蔽层连通电阻测试

6.3.3 常用电缆故障测试仪介绍

1. 电缆故障测试仪的基本工作原理

无论哪个厂家生产的哪一款通信电缆智能型障碍测试仪其基本工作原理都是一样的，即都采用脉冲反射原理（这与光通信中的 OTDR 完全类似，只不过这里是采用电磁波反射，而 OTDR 采用光反射罢了）。

设向线路送出一脉冲电压 V_i，当线路有障碍时，障碍点输入阻抗 Z_i 不再是线路的特性阻抗 Z_c，而引起电磁波的反射，其反射系数 P 定义为

$$P=\frac{Z_i-Z_c}{Z_i+Z_c}$$

反射脉冲电压为

$$V_n=PV_i=\frac{Z_i-Z_c}{Z_i+Z_c}\cdot V_i$$

当线路出现断线故障时，$Z_i\to\infty$，$P=1$，反射脉冲为正；而当线路出现短路障碍时，$Z_i=0$，$P=-1$，反射脉冲为负，如图 6-31 所示。实际测试情况中，当出现线路接触不良，或者绝缘电阻下降时，P 介于 -1 和 $+1$ 之间。

如果设从仪器发射脉冲开始计时，到接收到障碍点反射脉冲的时间为 Δt，对应脉冲在测量点与障碍点往返一次所需要的时间。设障碍距离为 L，脉冲在线路中的传播速度为 V，则

$$L=V\cdot\Delta t/2$$

仪器通过其高速数据采集电路，离散采样记录线路脉冲反射波形，经过微处理机处理后，送到液晶显示器上显示。把零点光标移到波形的最左端，即发送脉冲的起始点，而把可移动光标移到反射脉冲的起始点，微处理机计算出两个光标之间的时间差 Δt，求出电缆的障碍距离，结果显示在液晶显示器上。

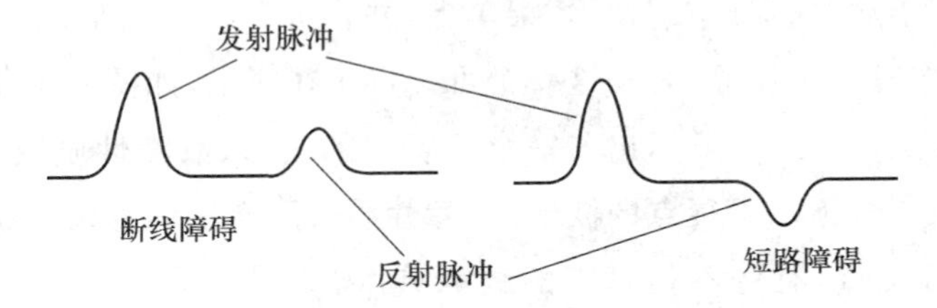

图 6-31 障碍点反射脉冲与发射脉冲的相位关系

2. 常用故障测试仪

(1) 常用故障测试仪的外形

常用电缆线路故障测试仪有 TC300、DSP1100、SGT-8B、SGT-8C 等多种型号，它们的外形如图 6-32 所示。

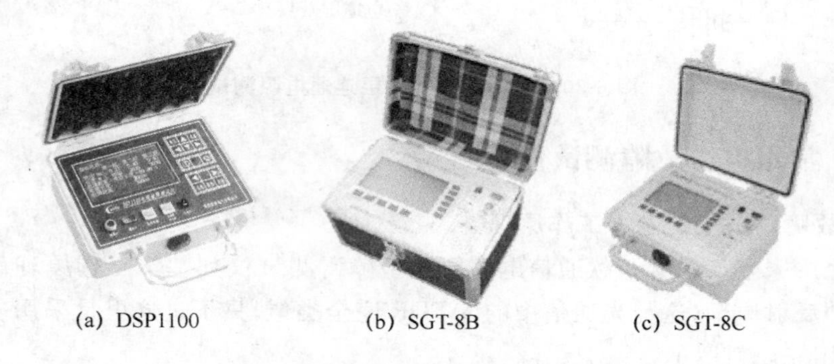

(a) DSP1100　　(b) SGT-8B　　(c) SGT-8C

图 6-32　常见电缆故障测试仪

(2) 测试方法与技巧

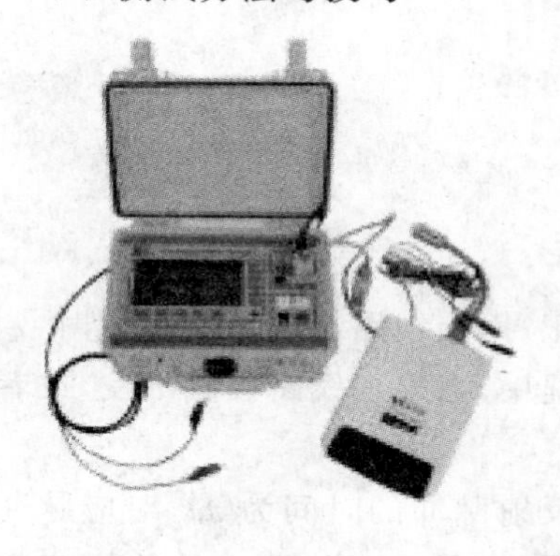

图 6-33　TC300 实物图

这里，以山东 Senter 通信设备有限公司生产的 TC300 市话电缆智能障碍测试仪为例加以说明。

TC300 适用于测量市话电缆的断线、混线、接地、绝缘不良、接触不良等障碍的精确位置；同时可用作工程验收、检查电气特性、查找错接等，是本地网线路施工和维护的良好工具。

TC300 由主机、测试导引线、充电器、培训及联机软件、背包以及作为可选件的微型打印机和调制解调器(Modem)等几部分组成，其实物图如图 6-33 所示。

TC300 有脉冲测试法(对应"平衡"与"差分"两种方式)和电桥测试法两种测试方式，分别应用于不同的场合。

在任何情况下，连续按下面板上的"测试"键一秒以上，即可进入全自动测试状态。仪器将从小到大，搜索每一个测量范围，最后将距离最近的一个可疑点的波形、故障性质及故障距离显示出来，如图 6-34 所示。

全自动测试完毕后，仪器停在"搜索"菜单上，并在屏幕右上角显示一串"×"标记，表示有几个可疑点，其中有一个反显，表示这一个可疑点正在显示，如图 6-34 所示。如果要观察前一可疑点，按"疑点◁"键，即显示出前一个可疑点的波形、故障性质及距离等信息；同样，按"疑点▷"键可以观察下一可疑点的波形、故障性质及距离等信息。

仪器给出的可疑点，有些不是真正的故障点，需要人工排除。比如，已知电缆全长是 1 000 m，那么故障距离肯定小于或等于 1 000 m，1 000 m 左右的可疑点可能是电缆的末端反射波形，2 000 m 左右的可疑点是其二次反射波形，都不是故障点，需在实际测试中根据电缆的现场情况进行判断。

如果当前电缆波速度值与实际情况不符，则要进入“波速”菜单，选择电缆类型，或直接调整波速到合适的数值。波速设置是否准确将直接影响测试结果。

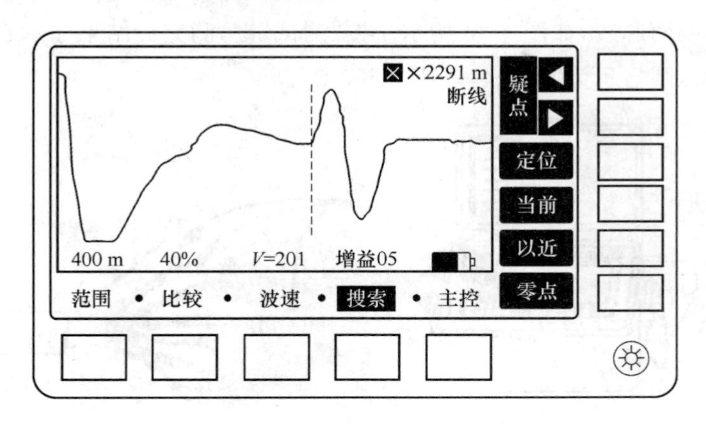

图 6-34 自动测试(最后出现一典型的双极性脉冲)

在复杂情况下有时自动定位不够精确，可以通过面板上的左或右光标移动键向左或向右调整光标位置，得到更精确的测量结果。

若已知电缆的大概全长，可以先设定仪器的测试范围，然后转到“搜索”菜单，按“以近”键，仪器将只在设定的范围内搜索，缩小可疑点范围，更易于判断。

下面我们以测量绝缘电阻、环阻和障碍线对为例介绍其连线及测试方法。

① 测量绝缘电阻

测量绝缘电阻采用电桥法。电桥测试附带有 100 V 兆欧表功能，可以测量线路的绝缘电阻，但不用作计量使用。导引线“电桥”的三条测试线中的黑色和红色(或蓝色)测试线可以用来进行兆欧表测试。例如要测试某一芯线对地绝缘电阻，将黑色夹子接地，红色或蓝色夹子接待测芯线，如图 6-35 所示。按“测试”键，片刻后，结果显示在屏幕最上部。以绝缘电阻为 1.2 M 为例，如果是用红色和黑色夹子测试，显示为“红黑 1.2 M 蓝黑∞未环路”，如果用蓝色和黑色夹子测试，显示为“红黑∞蓝黑 1.2 M 未环路”。

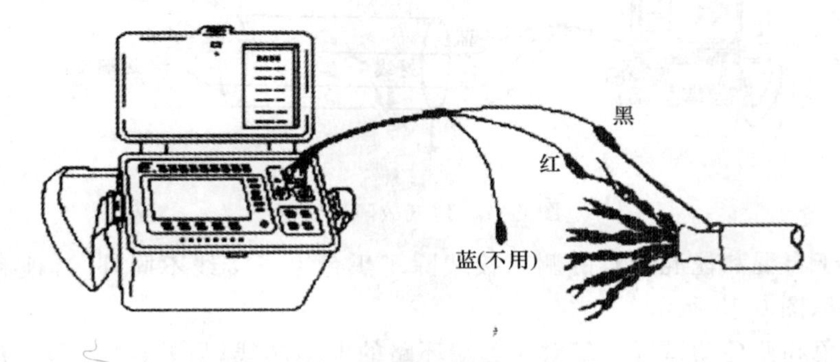

图 6-35 绝缘电阻测试连线图

此功能可以用来判断故障和完好线对。选绝缘电阻最低的一条故障线作为待测试故障线；选一条绝缘电阻尽量高的线作为辅助线，在对端和故障线环路。

② 测量线对环阻

红色和蓝色测试线可以用来进行环阻测试。例如要测试某一线对的环路电阻，将红色和蓝色夹子分别接两芯线，如图 6-36 所示。按“测试”键，测完后结果显示在屏幕最上部，假如环阻为 2 300 Ω，则显示为“绝缘∞环阻 2 300 Ω”。

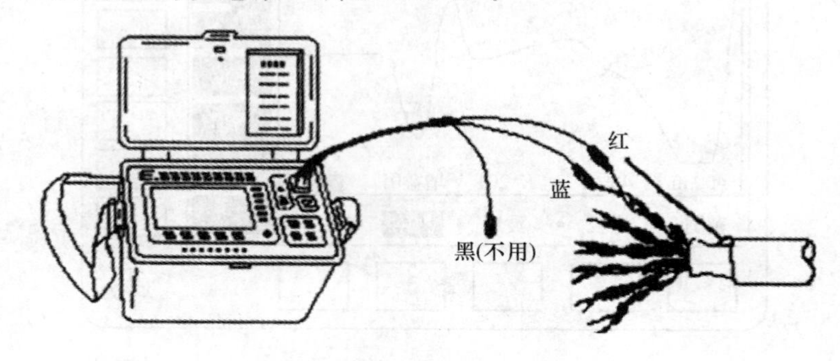

图 6-36　环路电阻测试

③ 测试障碍连线方法

以最常见的地气障碍为例说明其步骤。

- 确定电缆故障区间。如确定故障在局和某交接箱之间或两交接箱之间，区间的两端分别叫做近端和远端，在近端接仪器测试，在远端做接线配合。
- 在所有故障线中找出一条对地绝缘电阻较小且故障电阻稳定的线作为待测故障线，在线路两端将故障线与其他线路（如局内设备、用户线）断开。
- 找出一条对地绝缘良好的芯线作为辅助线，在两端将与其连接的其他线路断开。好线对地电阻要高于故障线对地电阻 100～1 000 倍。
- 在远端将好线与故障线短接，确保接触良好。
- 将测试导引线控制盒开关打到“电桥”挡，对应的 3 条测试线中，红、蓝色测试线分别接故障线和好线，黑色线接地。接线如图 6-37 所示。

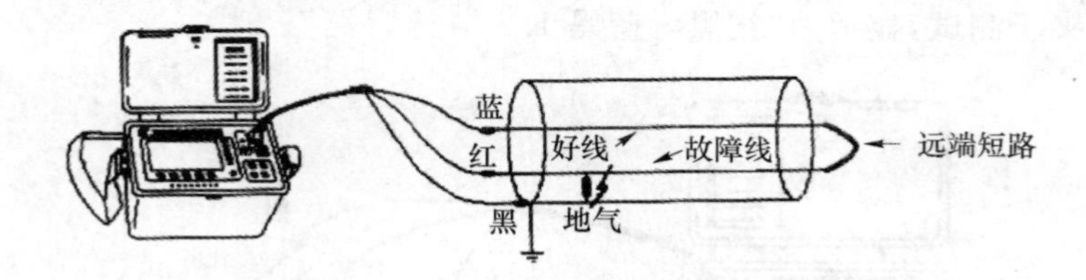

图 6-37　地气故障接线图

此外，对于自混和他混障碍的测试接线除了黑色夹子接线不同外，其他和接地接线一致。如图 6-38、图 6-39 所示。

注意：红色和蓝色测试线一定对应远端环路的电缆芯线；另外，红色和蓝色两条测试线在测试时可以不必区分哪条接好线，哪条接坏线，仪器能够自动识别。

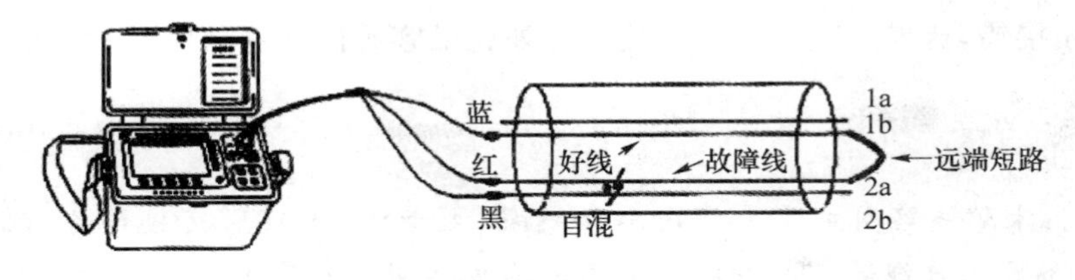

图 6-38　自混故障接线图

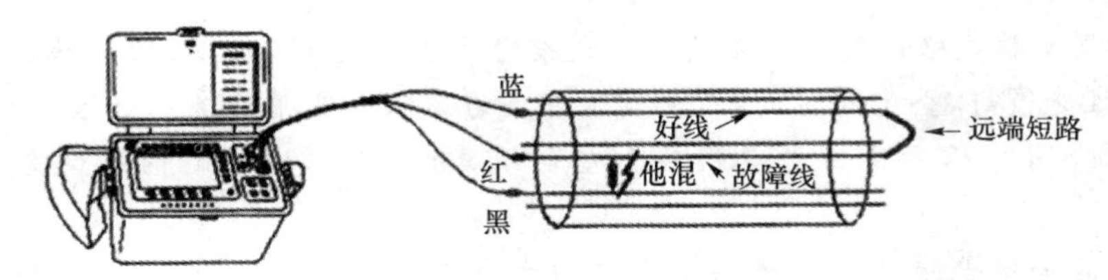

图 6-39　他混故障接线图

6.3.4　线路故障案例及分析

电话在使用过程中，难免会出现无音、音小、杂音、错号等故障，有的是局端机械和线路发生故障，但也有用户室内配线和话机的问题，甚至是由于缺乏电话使用、保养常识人为造成的，所以，电话出现故障时，就首先判断和检查一下是局端设备故障，还是自己室内设备有问题。要知道，电话机线路和话机使用的是 48 V 低电压，正常情况下不会对人体产生危害，因此用户可以自己动手查找和修复障碍，以便迅速恢复正常通话。

1. 提机无蜂音

提起话机或按下免提键时听不到蜂音（拨号音），证明断线、混线或电话机出现故障，可首先换一台好话机，如仍无蜂音，再检查室内电话线有无故障，有分机的也要检查分机线路是否混线。在判断故障时也可用耳机、干电池等简单工具，打开电话接线盒，用耳机听外线侧有无蜂音；断开电话机接线侧并接干电池正负极，如有"咔咔"声则说明电话机正常。有分机的最容易在接线盒处混线，判断故障时首先将分机拆掉。另外，室内电话线路特别是过门窗处最易混线、断线，找到破口处要接好、包好。经过室内检查后，确属外线混线或断线，可另找一部电话往自己的电话上打，能打通无人接是断线；打不通占线是混线等。

2. 有蜂音不通

听到蜂音进行拨号时，蜂音不中断，无法拨通对方，这时首先要检查一下话机的 P/T 转换开关位置。如话机不具有双音频功能时，若将话机开关拨至 T 位置则无法拨通。若室内有两部话机关联使用，应看一下另一部话机的话筒是否放好。当拨号时能切断蜂音，而仍拨打不通时，一般是话机故障。

3. 受话铃不响

向外打电话正常，外面打进来时电话无铃响，应检查话机开关位置，如有 OFF（关闭）位置时，可把它拨到 ON（打开）位置，如铃仍然不响，应检修话机振铃部分故障。

4. 拨号时错号

向外打电话经常错号或对方拨打的电话号码不是本人的，而是另一个固定号码，这说明电话局线路故障，应向故障台申告。这种故障的最常见原因就是本地网线路进行线路割接或调整时线序接错,比如在交接箱或割接接头处就最容易出现这种情况。

小 结

1. 通信末端线路网主要由局内总配线架、主干电(光)缆、交接设备、配线电(光)缆、分线设备及入户线等部分构成。熟悉末端线路网络的基本构成对于搞好维护工作是十分必要的。

2. 通信末端线路网的传输介质主要是全色谱全塑电缆、皮线、数据线。其中数据线的传输性能最好,全塑电缆次之,皮线最差。为了满足宽带业务的开展,应尽可能缩短皮线长度,同时尽量使用光缆代替全塑电缆,为实现本地线路网络的全光纤化而努力。

3. 构成全塑电缆芯线绝缘层全色谱的十种颜色是:A 线——白、红、黑、黄、紫,B 线——蓝、橘、绿、棕、灰。线对全色谱有 25 种,而基本单位扎带全色谱是 24 种,超单位扎带色谱是 5 种。弄清楚这些色谱是在交接箱处进行正确布线的前提。

4. 光缆交接箱是末端线路网中一种非常重要的设备,因为本地网的全光纤化正在大力推进,所以大家要认真掌握好这方面的内容。

5. 末端线路维护中大多采用电脉冲反射测试仪,它是利用电磁波在导体中传播时的反射信号来确定障碍类型和实现障碍定点的,这完全和 OTDR 类似。

习题与思考题

一、填空题

1. 断线、地气和自混三种障碍对电话通信的影响分别是(　　)、(　　)和(　　)。

2. 用户线环阻是指(　　)。

3. 混线分为(　　)和(　　)两种,它们对电话通信的影响分别是(　　)和(　　)。

4. 全色谱全塑电缆铜芯线标称线径有(　　)、(　　)、(　　)、(　　)和(　　)5 种,其中使用最多的是(　　)。

5. 构成全塑电缆芯线线对 A、B 线绝缘层全色谱的颜色一共有(　　)种,其中构成 A 线色谱的颜色为(　　)。

6. 不准(　　)人同时上下一根电杆,上杆时携带工具的重量不得超过(　　)。

7. 同一杆档内,不允许(　　)人同时坐吊椅工作,小于(　　)规格的吊线不得坐吊椅施工。

8. 架空皮线跨越市区街道的净空距最小应为(　　),跨越里弄(胡同)的净空距最小应为(　　)。

9. 常用的分线设备有(　　)和(　　),分别用于(　　)和(　　)。

10. 全塑主干电缆的屏蔽层在作接头时应与(　　),并在两端予以(　　)。

二、单选题

1. 全塑主干电缆屏蔽层电阻的平均值应不大于(　　)。

A. 5 Ω/km　　B. 2.6 Ω/km　　C. 148 Ω/km　　D. 20 Ω/km

2. 在本地网线路工程中，落地式交接箱的接地电阻应不大于(　　)。

A. 0.1 Ω　　B. 1.0 Ω　　C. 10.0 Ω　　D. 15.0 Ω

3. 全色谱全塑电缆中，第 2 456 对芯线的色谱是(　　)。

A. 红/橘　　B. 黑/灰　　C. 黄/棕　　D. 红/蓝

4. 构成超单位扎带色谱的颜色有(　　)种。

A. 6　　B. 5　　C. 4　　D. 3

5. 全色谱全塑电缆中，第 4 对备用线的色谱是(　　)。

A. 白/灰　　B. 白/紫　　C. 红/黄　　D. 红/灰

6. 电缆芯线相互扭绞的主要作用是(　　)。

A. 减少串音　　B. 便于分线　　C. 易于生产　　D. 便于维护

7. 第 1 786 对全色谱全塑电缆芯线所在基本单位扎带色谱为(　　)。

A. 紫/绿　　B. 紫/棕　　C. 紫/灰　　D. 黑/蓝

8. 在全塑电缆中，一个基本单位中所包含的线对数是(　　)。

A. 50 对　　B. 100 对　　C. 10 对　　D. 25 对

9. 5 类线在制作水晶头时，其非扭绞长度不应超过(　　)mm。

A. 10　　B. 11　　C. 12　　D. 13

10. 全色谱全塑电缆中的一个 S 单位所包含的线对数是(　　)对。

A. 10　　B. 25　　C. 50　　D. 100

11. 连接工作区内信息插座的 5 类线的最大长度为(　　)m。

A. 90　　B. 100　　C. 110　　D. 1 500

12. 构成 SD 单位扎带色谱的颜色有(　　)种。

A. 6　　B. 5　　C. 4　　D. 3

13. 第 1 888 对全色谱全塑电缆芯线所在基本单位扎带色谱为(　　)。

A. 紫/绿　　B. 白/棕　　C. 黑/灰　　D. 黑/绿

14. 全色谱全塑电缆中，第 24 个基本单位的扎带色谱是(　　)。

A. 紫/灰　　B. 紫/橘　　C. 白/黑　　D. 紫/棕

15. 全色谱全塑电缆中，第 49 个基本单位的扎带色谱是(　　)。

A. 白/蓝　　B. 紫/棕　　C. 白/黄　　D. 紫/绿

16. 若某全色谱全塑电缆的最后一对备用线色谱为红/黑，则这条电缆的标称对数是(　　)。

A. 100 对　　B. 300 对　　C. 500 对　　D. 700 对

17. 全色谱全塑电缆中，备用线数量最多为(　　)对。

A. 4　　B. 5　　C. 6　　D. 7

18. 普通 5 类线中，一共有(　　)对芯线。

A. 5.0　　B. 2.0　　C. 3.0　　D. 4.0

19. 全塑电缆屏蔽层在电缆接续时的正确处理方法是(　　)。

A. 连通　　B. 不连通　　C. 剪断　　D. 随意处理

20. 在 35 kV 以下强电线路附近作业时,应保持的最小净距为(　　)m。

A. 2　　B. 2.5　　C. 3.0　　D. 3.5

21. 在 35 kV 以上强电线路附近作业时,应保持的最小净距为(　　)m。

A. 3.0　　B. 3.5　　C. 4.0　　D. 4.5

22. 医疗急救电话号码是(　　)。

A. 110　　B. 119　　C. 112　　D. 120

23. 墙壁线缆与电力线间的平行间距最小为(　　)cm。

A. 5　　B. 10　　C. 15　　D. 20

24. 同一梯子上不准同时有(　　)人作业。

A. 4　　B. 3　　C. 2　　D. 5

25. 安全生产管理的工作方针是(　　)。

A. 安全第一,预防第二　　B. 安全第一,预防为主

C. 预防第一,安全第二　　D. 安全预防并举

26. "高处作业"的"高处"是指离地面(　　)m 的高度。

A. 2.0　　B. 3.0　　C. 4.0　　D. 5.0

27. 上杆作业时随身携带工具的总重量不得超过(　　)kg。

A. 3.0　　B. 4.0　　C. 5.0　　D. 6.0

28. 梯子根部加套橡胶垫的作用是(　　)。

A. 防水　　B. 防触电　　C. 防滑　　D. 防腐蚀

29. 顶部无钩的梯子靠在吊线上时,其顶端至少应高出吊线(　　)m。

A. 0.2　　B. 0.3　　C. 0.4　　D. 0.5

三、简答题

1. 画图说明屏蔽层电阻如何测试? 主干电缆和配线电缆屏蔽层电阻的标准值各为多少?

2. 通信电缆的芯线为什么要进行扭绞? 它有哪 3 个作用?

3. 全塑电缆的全色谱是如何构成的? "芯线绝缘层全色谱"和"扎带全色谱"有何不同? 请详细加以说明。

4. 无论哪一款电缆线路故障测试仪,其基本原理都是一样的,那么它们的工作原理是什么? 请画图加以说明。

5. 光缆交接箱与电缆交接箱相比有哪些不同? 通过光缆交接箱中的光纤有哪些类型? 各起什么作用? 为什么对光缆交接箱的物理性能比电缆交接箱要求更为严格?

6. 光纤收发器的主要作用是什么? 它在本地网建设中起到了什么重要的作用?

7. 试比较用户皮线与数据线缆在传输性能上的主要不同。

8. 对照图 6-2,简要说明通信末端维护人员在各个工作点上的主要工作内容。

9. 请画简图说明在电缆交接箱中主干电缆芯线、配线电缆芯线和跳线的布置方法及布线要求。

10. 试简要分析电缆芯线绝缘电阻降低的主要原因与对策。

四、已知某全色谱全塑市话电缆的端面如下图所示,请回答下列问题。

1. 这是一条多少对的电缆? 为什么?

2. 说明电缆中备用线对数、色谱及电缆接续时的处理方法。

3. 分别说明第 138 对和第 678 对芯线所在的超单位、基本单位及芯线本身的色谱。

4. 说明电缆屏蔽层的作用及电缆接续时的处理方法和要求。

5. S2、SD5、SD8 的扎带色谱分别是什么?

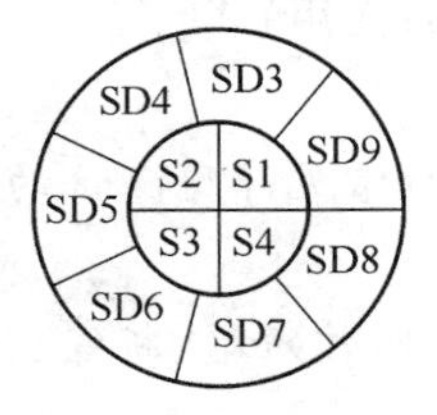

五、下图为 TC300 测试障碍时的显示波形,请回答以下问题。

1. 在图上标明移动光标和固定光标。

2. 此时 TC300 的工作方式是什么?

3. 判断障碍类型并写出障碍点的大致范围。

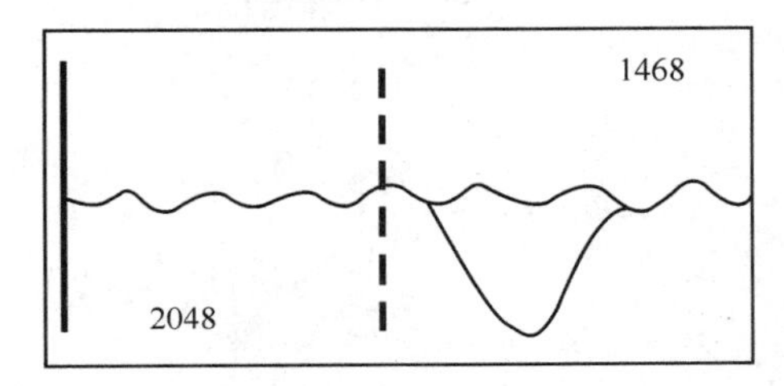

实训内容

一、全色谱全塑电缆的结构认识

1. 实训目的

掌握全色谱全塑电缆的缆芯结构,快速而准确地找到指定线对。

2. 实训器材

(1) 端面结构如下图所示的 800 对全色谱全塑电缆,长度不少于 50 m。

(2) 电工刀或钢锯、斜口钳、小剪刀。

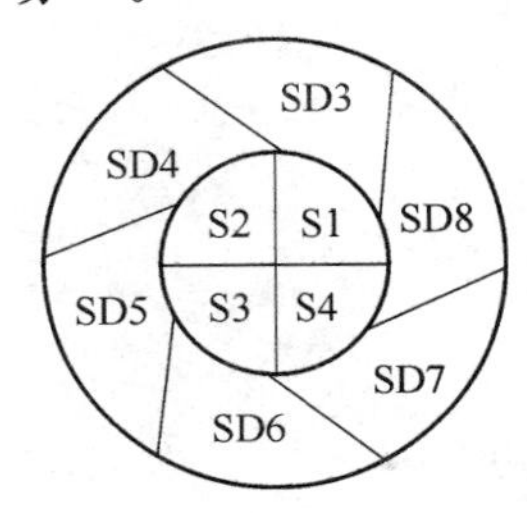

3. 实训内容

(1) 说明缆中备用线对数、色谱及电缆接续时的处理方法。

(2) 说明指定芯线线对(老师现场随意指定)所在的超单位、基本单位扎带及芯线本身绝缘层的色谱。

(3) S4、SD4、SD7 的扎带色谱分别是什么?

(4) 指出包带层、屏蔽层及护套的所在位置与主要作用。

二、电缆线路障碍测试(TC300 的使用)

1. 实训目的

掌握使用 TC300 对电缆线路进行常见障碍测试的方法与技巧。

2. 实训器材

(1) 全塑电缆 50 m 以上,并人为制作短路、断线、地气、绞线等障碍若干;

(2) 电缆开剥工具;

(3) TC300 测试仪。

3. 实训步骤

参见 TC300 说明书。

三网融合末端网络的安装与维护 第7章

所谓三网融合是指电信网、计算机网(互联网)和有线电视网三大网络通过技术改造,实现提供包括语音、数据、图像等综合多媒体的通信业务。"三网融合"是为了实现网络资源共享,避免低水平重复建设,形成适应性广、容易维护、费用低的高速宽带多媒体基础平台。三网融合的意义在于:它不仅是将现有网络资源有效整合、互联互通,而且会形成新的服务和新的运营机制,并有利于信息产业结构的优化,以及政策法规的相应变革。融合以后,不仅信息传播、内容和通信服务的方式会发生很大变化,企业应用、个人信息消费的具体形态也将会有质的变化。也就是说其实质在于:不是三大网络的物理合一,而主要是指高层业务应用的融合。本章将主要介绍三网融合网络基础、常见网络设备、入户线路施工、业务开通及常见故障处理等内容。

7.1 三网融合发展历程

1. 政策走向

1999年,国务院82号文:电信部门不得从事广电业务,广电部门不得从事电信业务;2001年,十五规划纲要第一次明确提出三网融合;2004年,广电总局39号文:电信企业不得运营互联网视听节目传播业务;2006年,广电总局56号文:解除了除广电部门外不得开办互联网视听业务的限制;2008年,国务院1号文:鼓励广电、电信双向开放;2009年,国务院26号文:实现广电和电信企业的双向进入,同年8月,国务院成立了以副总理张德江为首的专项推进小组;2010年1月13日国务院总理温家宝主持召开国务院常务会议,决定加快推进电信网、广播电视网和互联网的三网融合,同年7月北京、上海、大连、哈尔滨、南京、杭州、厦门、青岛、武汉、深圳、绵阳以及湖南长株潭地区等首批12个试点城市或地区名单出炉。

2. 业务发展进程

三网融合前,广电网——主要业务是广播电视节目生产制作和传输,以中央电视台为代表,各地有线广播电视运营商经营,多为单向传输网络,由广电总局监管;电信网——主要业务是基础电信业务和增值电信业务,以中国移动、中国电信、中国联通三大运营商为代表的电信运营实体,多为双向传输,由工信部和国资委监管;互联网——开放性决定了多样化,业务应用内容百花齐放,依附运营商网络,主要面向用户提供业务应用,网站数达几百万个,多为民营企业,开放市场,优胜劣汰,欣欣向荣,根据业务内容不同分属不同部门监管。

三网融合后,业务上——广电和电信运营商可以进入对方的领域;内容上——萌生更多新的业务，如移动多媒体广播电视、手机电视、宽带上网、VOIP、ITV、与物联网结合的相应业务等，用户群从个人客户、家庭客户拓展到行业客户，如图 7-1 所示；接术上——统一采用支持 TCP/IP 协议的承载网；监管上——建立适合三网整合的体制机制和职责清晰、协调顺畅、决策科学、管理高效的新型监管体系。

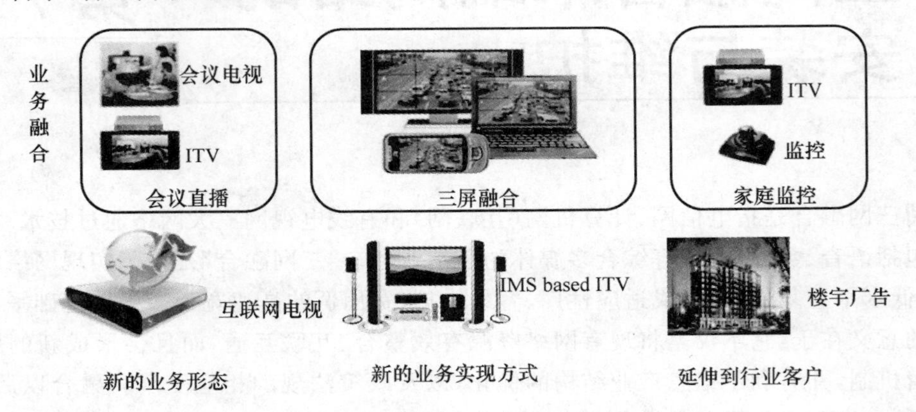

图 7-1　三网融合的业务发展示意

3. 国家两大阶段性发展目标

2010—2012 年，重点开展广电和电信业务双向进入试点；2013—2015 年，总结推广试点经验，全面实现“三网融合”发展，普及应用融合业务，并建立新的体制、机制和新型监管体系，基本形成适度竞争的网络产业格局。

7.2　三网融合网络基础

7.2.1　整体网络结构

三网融合网络整体架构如图 7-2 所示。由图可见，网络由骨干网和城域网两大部分组成，而城域网分为城域骨干网及宽带接入网两部分，城域骨干网中又分为核心层（由核心路由器组成）和业务层（由 MANSR、BRAS、CN2SR、ITV 系统、软交换系统等组成），宽带接入网又分为汇聚层（由汇聚交换机组成）和接入层。

7.2.2　城域网网络结构

城域网网络结构如图 7-3 所示。图中的上半部分主要是城域骨干网的业务层（核心路由器未画出），如 MBOSS 主要是网络管理、CN2 中的 BARS 和 SR 主要对业务进行处理；下半部分主要是宽带接入部分，其中如 EPON 的 OLT、汇聚交换机/MSTP/RPR、DSLAM、园区交换机等是宽带接入网的汇聚层，而分配点（如分光器）、ONU、楼道交换机、LANSwitch 及各类终端等是其接入层。这里要说明的一点是，网络层次的划分不是绝对的，随着设备功能越来越强，越来越集中，其分界将越来越模糊。

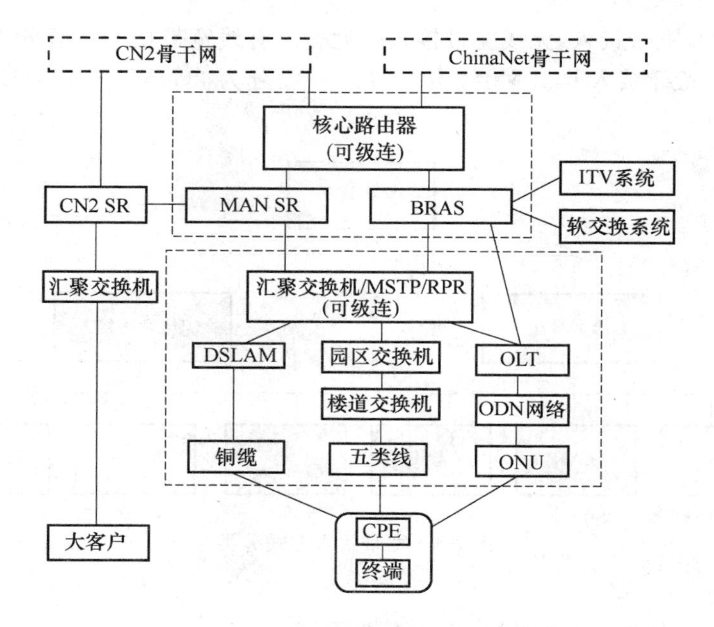

图 7-2　三网融合网络整体架构

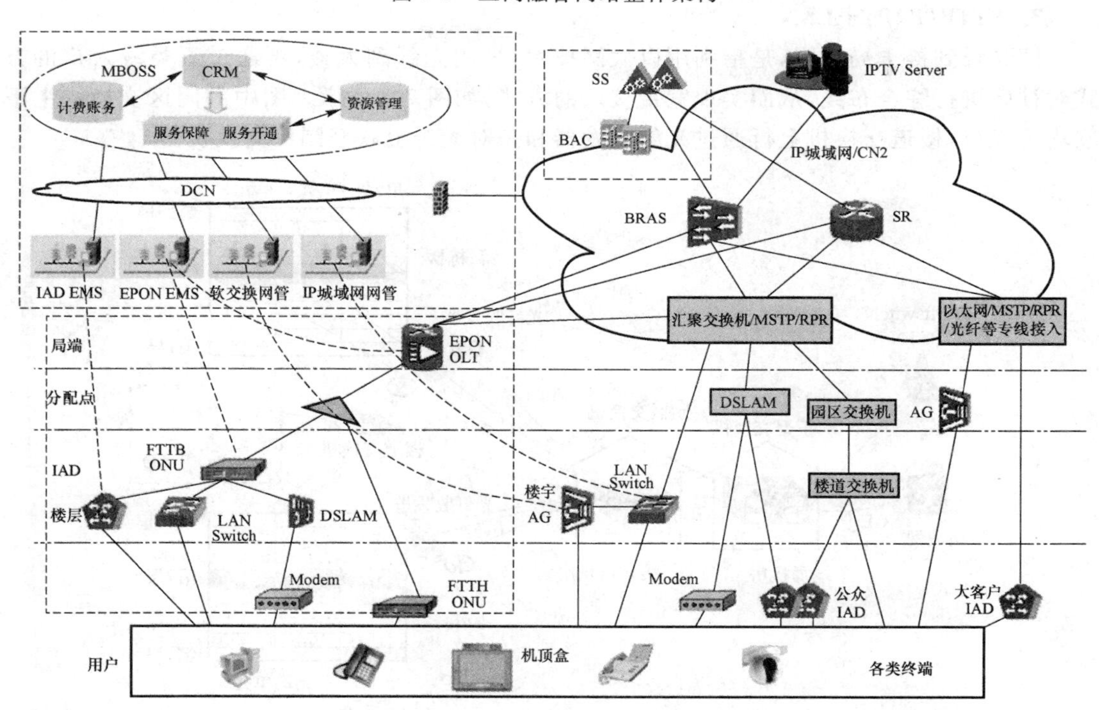

图 7-3　城域网网络结构

7.2.3　宽带接入方式

1. 宽带接入的基本概念与分类

宽带接入是指利用一定的接入技术，通过某种传输介质将客户端接入通信网络的方式。

宽带接入分为有线宽带接入、无线宽带接入两大类。有线宽带接入一般分为 xDSL(主流为ADSL)、LAN 及光纤接入等,而无线宽带接入一般分为 3G、Wi-Fi、WiMAX 等,如图 7-4 所示。

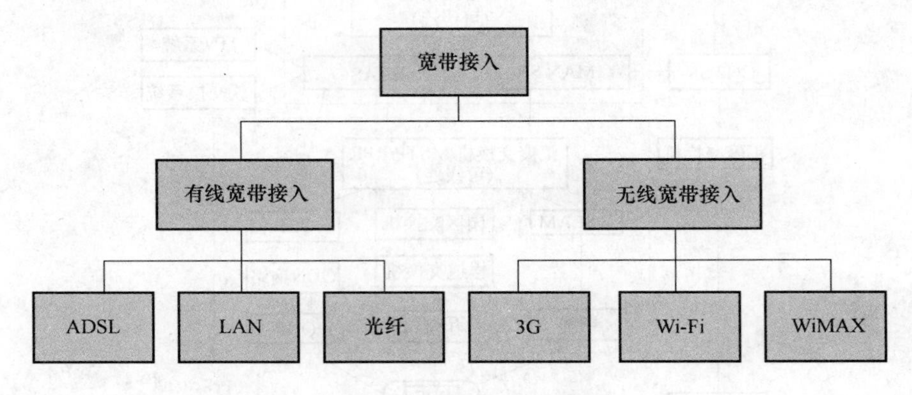

图 7-4 宽带接入方式分类

2. ADSL

本书第 4 章已进行了详细讨论,在此不重复。

3. FTTB(P2P)+LAN

即光纤到楼+局域网,是指利用以太网技术,采用光纤到大楼,再通过五类线入户的方式对社区进行综合布线,从而实现宽带接入的方式,如图 7-5 所示。图中的园区交换机上下联均为光口,楼道交换机上行通过光纤收发器和一对光纤上联至园区交换机。

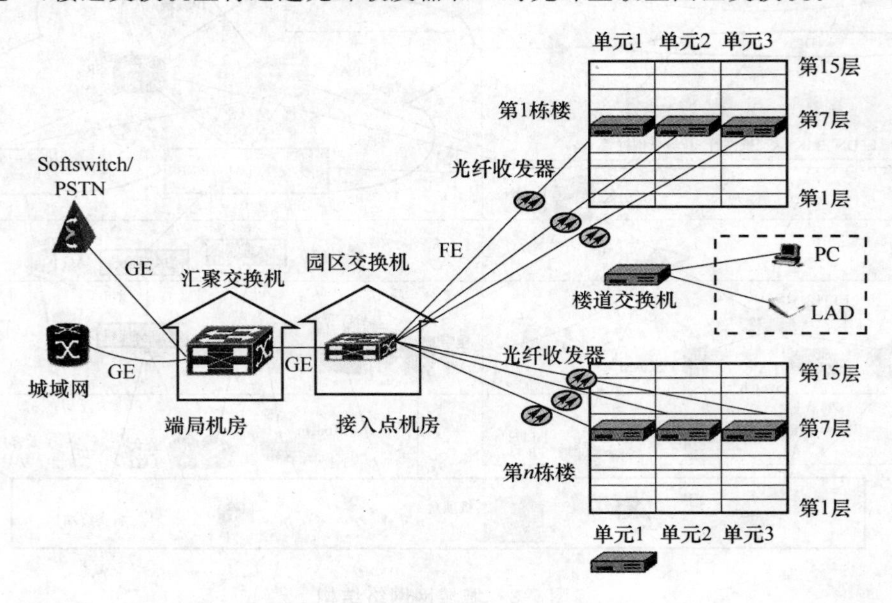

图 7-5 FTTB(P2P)+LAN

4. FTTX(P2MP)-PON

(1) 点到多点的光纤接入网

点到多点的光纤接入网可分成有源光网络(AON)和无源光网络(PON)两大类,目前大多采用 PON 方式。PON 的主要技术有 EPON(这里的 E 指以太网)技术和 GPON(这里的

G 指吉比特以太网)技术,其网络结构如图 7-6 所示。

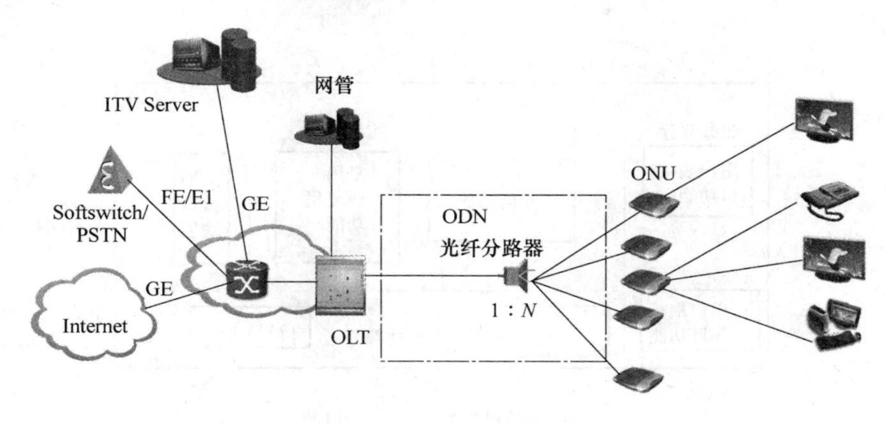

图 7-6　FTTx(P2P)-PON

PON 系统由光线路终端(OLT,局端设备)、光分配网(ODN,光纤环路系统,它包含光分路器、光纤光缆、分纤箱和光缆交接箱等一系列无源器件)、光网络单元(ONU,用户端设备)组成。OLT 与 ONU 之间通过 ODN 网络连接。ONU 可以用多种方式连接用户,一个 ONU 可以连接多个用户。FTTx 根据 ONU 与用户的距离分为光纤到路边(FTTC)、光纤到大楼(FTTB)、光纤到家(FTTH)等多种形式。

(2) OLT、ONU 的功能模块

从大方面来讲,二者的功能模块均由 PON 的核心功能模块及与 L2 交换机类似的功能模块组成,如图 7-7、图 7-8 所示。

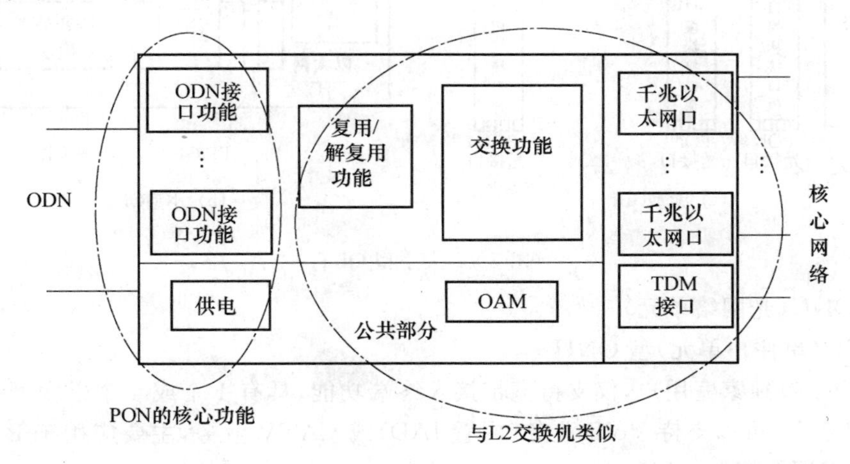

图 7-7　OLT 的功能模块

机架式 OLT(大型):采用插板式结构,功能复杂、容量大,实现难度高。它包括如下板卡:接口板(或者称为线卡)、主交换板、主控板(主控板和主交换板可能合在一个板卡)及上联板(GE/10GE)等。

盒式 OLT(小型):如 1U 高一体化小设备,它有 2～4 个 PON 口,1～2 个上联 GE 口。功能简单,容量小,实现容易,其核心是 PON 接口模块,其次是语音处理模块(以 VoIP 的方式提供语音业务)及 CPU(负责整个 ONU 的控制和管理,包括与 OLT 及网管的通信),如

图 7-9 所示。

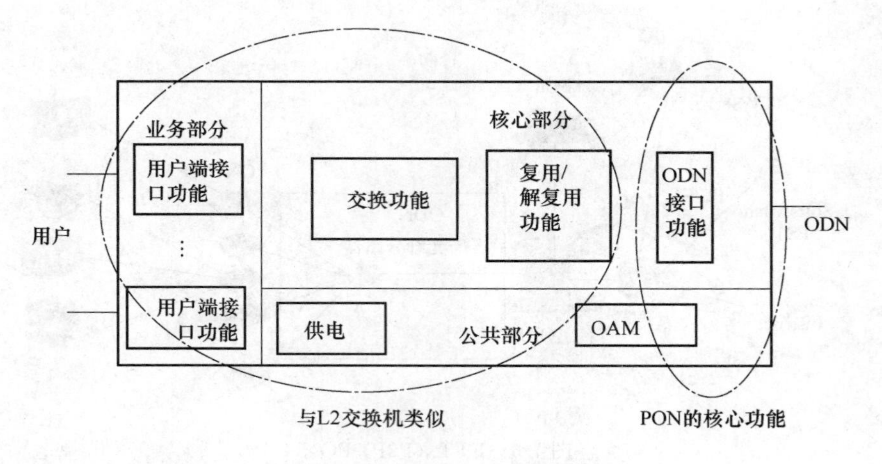

图 7-8　ONU 的功能模块

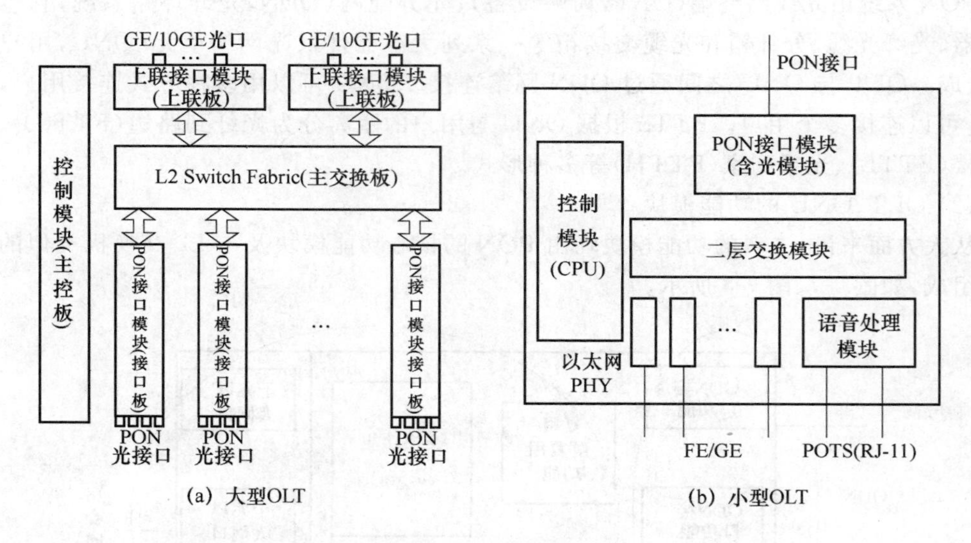

图 7-9　大小型 OLT

(3) ONU(光网络单元)

① SFU(单住户单元)型 ONU

主要用于单独家庭用户，仅支持宽带接入终端功能，具有 1 个或 4 个以太网接口，提供以太网/IP 业务，可以支持 VoIP 业务(内置 IAD)或 CATV 业务，主要应用于 FTTH 的场合(可与家庭网关配合使用)。

② HGU(家庭网关单元)型 ONU

主要用于单独家庭用户，具有家庭网关功能，相当于带 PON 上联接口的家庭网关，具有 4 个以太网接口，1 个 WLAN 接口，至少 1 个 USB 接口，提供以太网/IP 业务，可以支持 VoIP 业务(内置 IAD)或 CATV 业务，支持 TR-069 远程管理，主要应用于 FTTH 的场合。

(4) PON 信息传输过程

① EPON[Ethernet+PON(Passive Optical Network)]

EPON 无源光网络是一种点到多点(Point-to-Multipoint Optical Access Network)的光接入网络，是二层采用 802.3 以太网帧来承载业务的 PON 系统，如图 7-10 所示。

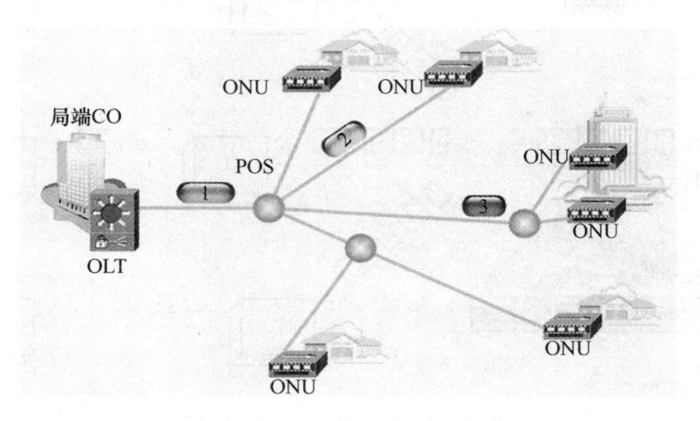

图 7-10　EPON 的基本组成

• 上行信息传输

EPON 上行信息传输见图 7-11。其采用 TDMA(时分多址)方式，各 ONU 定时上报各自流量，OLT 根据各 ONU 业务流量进行动态(为什么要动态而不是固定？请大家思考)带宽分配授权时隙，ONU 在授权时隙内突发(为什么是突发而不采用长发？对设备有什么要求？请大家思考)传送数据，采用 1 310 nm 波长。

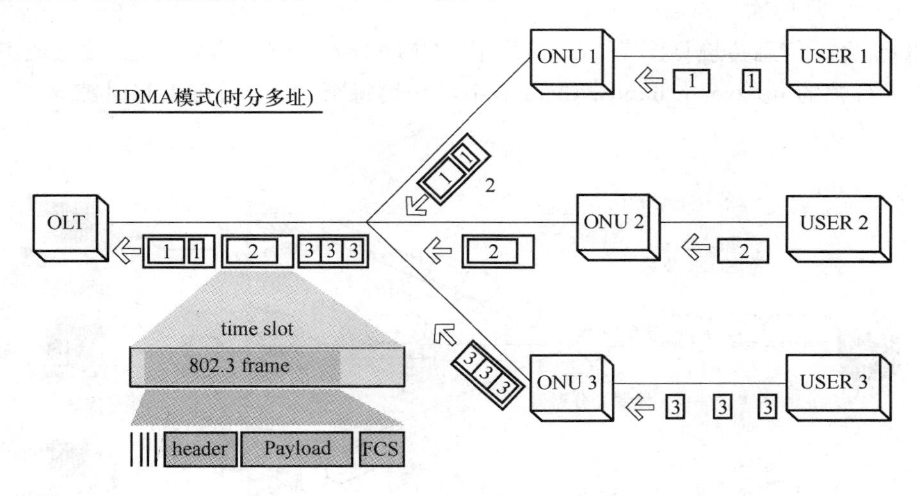

图 7-11　EPON 上行信息传输

• 下行信息传输

EPON 下行信息传输见图 7-12。其采用广播方式，各 ONU 根据包头 ID 取出自己的数据(其余包丢弃)，可高效支持组播或广播业务，采用 1 490 nm 波长。

• CATV 信息传输

采用 1 550 nm 波长，在 ONU 上设有单独的输出口。

由以上分析可知，EPON 采用 WDM 技术，实现了单纤双向传输，上行数据流采用 TDMA 技术、1 310 nm 波长，下行采用广播方式、1 490 nm 波长，CATV 采用 1 550 nm 波长。

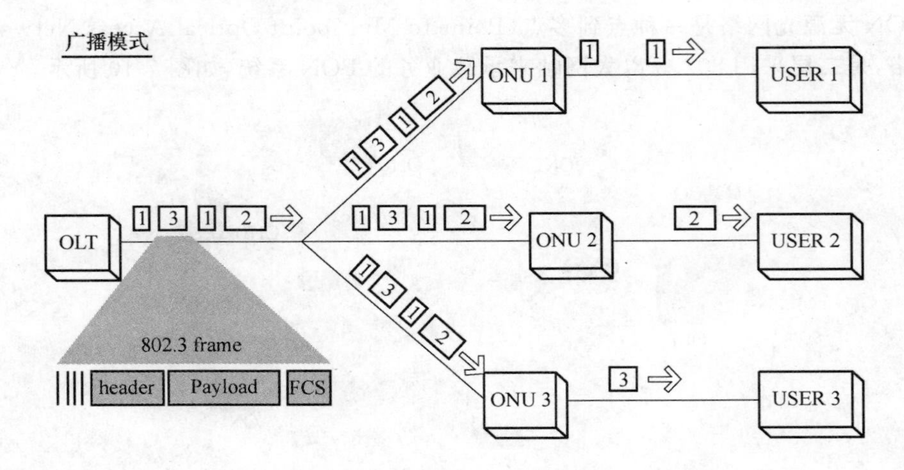

图 7-12 EPON 下行信息传输

EPON 速率为 1.25 Gbit/s,实际净荷为 1 Gbit/s。

② GPON

GPON 系统采用 WDM 技术,实现单纤双向传输,为了分离同一根光纤上多个用户的来去方向的信号,采用以下两种复用技术:下行数据流采用广播技术;上行数据流采用 TDMA 技术。显然,这和 EPON 是完全一样的。

• 上行信息传输

EPON 上行信息传输见图 7-13。其采用 TDMA(时分多址)方式,链路被分成不同的时隙,根据上行帧的 upstream bandwith map 字段来给每个 ONU 分配上行时隙。

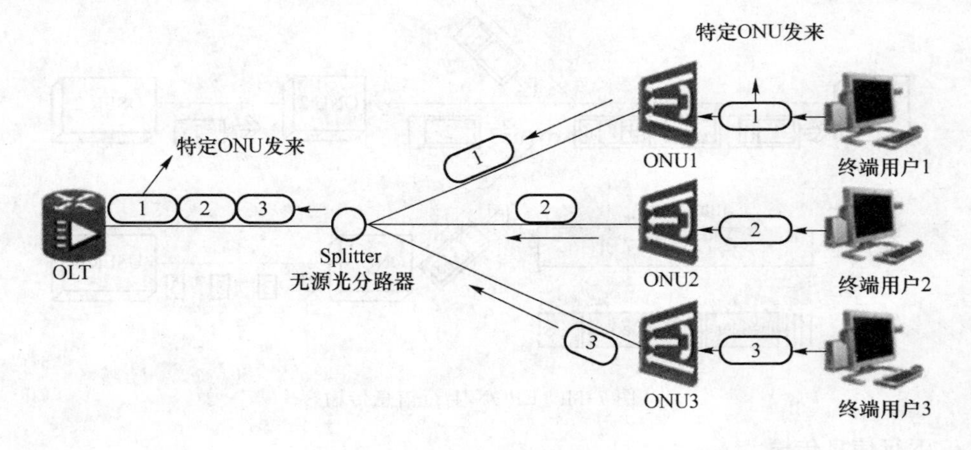

图 7-13 GPON 上行信息传输

• 下行信息传输

GPON 下行信息传输见图 7-14。其采用广播方式,下行帧长为 125 μs,所有 ONU 都能收到相同的数据,各 ONU 根据包头 ID 取出自己的数据(其余包丢弃)。

• GPON 基本性能参数

GPON 基本性能参数见图 7-15,由此可见,其常用速率比 EPON 大 1 倍,达2.5 Gbit/s。

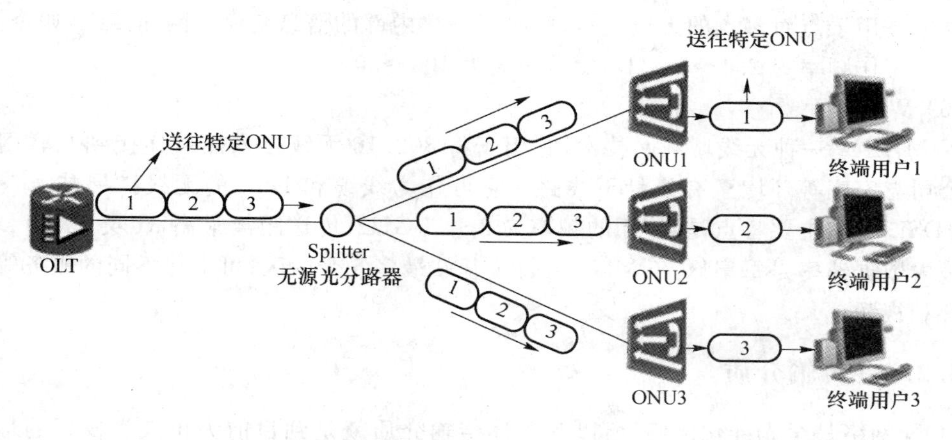

图 7-14　GPON 下行信息传输

上行速率/Gbit·s⁻¹)	下行速率/Gbit·s⁻¹)
0.155 52	1.244 16
0.622 08	1.244 16
1.244 16	1.244 16
0.155 52	2.488 32
0.622 08	2.488 32
1.244 16	2.488 32
2.488 32	2.488 32

上行1.244 16 Gbit/s，下行2.488 32 Gbit/s是目前可支持的主要速率

最大逻辑距离	60 km
最大物理传输距离	20 km
最大差分距离	20 km
分离器比	1：64可升级到1：128

图 7-15　GPON 基本性能参数

5. 无线接入

(1) 3G

第三代移动通信技术(3G,3rd-generation)，是指支持高速数据传输的蜂窝移动通信技术，3G 服务能够同时传送声音及数据信息，速率一般在几百千比特每秒以上，目前 3G 存在 3 种标准：WCDMA，TD-SCDMA 和 CDMA2000。其中，WCDMA：2 110～2 170 MHz，1 920～1 980 MHz，频分双工系统，该系统能从现有的 GSM 网络上较容易地过渡到 3G，具有市场优势；TD-SCDMA：1 880～1 920 MHz，2 010～2 025 MHz，2 300～2 400 MHz，时分双工系统，主要由大唐电信提出，是我国百年通信史上第一次制定的国际标准，拥有自主知识产权，该系统应用多项先进技术，众多国际厂商均表示支持 TD-SCDMA；CDMA 2000：2 110～2 170 MHz，1 920～1 980 MHz，频分双工系统由 CDMA(800MHz)延伸而来，可以从原有的 CDMA 网络直接升级到 3G，建设成本低廉。

(2) Wi-Fi

Wi-Fi 是基于 IEEE 802.11b 标准的无线局域网，目前在全球重点应用的宽带无线接入技术之一。用于点对多点的无线连接,解决用户群内部的信息交流和网际接入,如企业网和驻地网。工作频率为 2.4~5 GHz,覆盖距离为 100~300 m。

(3) WiMAX

WiMAX 是一种无线城域网技术,它用于将 802.16 无线接入热点连接到互联网,也可连接公司与家庭等环境至有线骨干线路。它可作为线缆和 DSL 的无线扩展技术,被称做"无线 DSL"。其主要特点是:使用的频率为 2~11 GHz;传送距离最高 31 英里(50 km);每区段最大数据速率是每扇区 70 Mbit/s,每个基站最多 6 个扇区;可支持不同的服务等级,支持话音和视频。

7.2.4 传输介质

PON 网络是全光纤化网络,所以其主体传输介质就是到目前为止人类发现的最好的、实用的传输媒介——光纤,但在 ONU 后则采用大家非常熟悉的数据线。下面为大家简单介绍光纤和数据线。

1. 光纤通信的特点

容量大,中继距离长,保密性好,不受电磁干扰,节省资源,价格低廉,但其弯曲性能比铜线差,接续技术要求较高。

2. 光纤的结构及导光原理

通信用的光纤多为单模光纤,它由包层和纤芯两部分构成,主要成分是以 SiO_2 为主的石英玻璃纤维。包层的直径一般用 2b 表示,其值为 125 μm;纤芯的直径用 $2a$ 表示,其值如下:单模光纤 8~10 μm,多模光纤 50 μm 或 62.5 μm。光在传输时是通过纤芯,而不是包层,进入包层的光会很快衰减掉而不能向前传播。如图 7-16 所示。

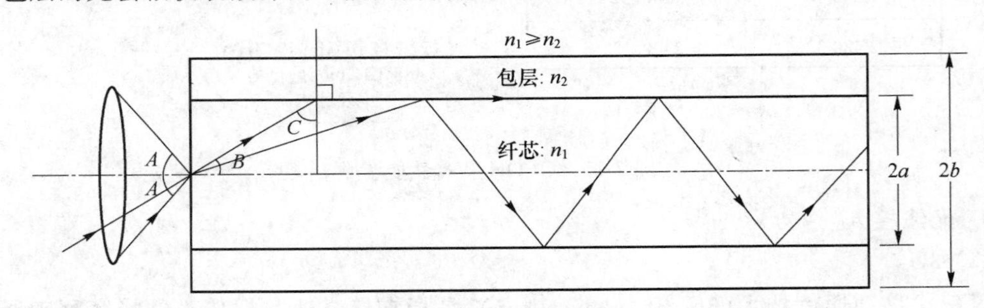

图 7-16 光纤的结构及导光原理

3. 数据线

数据线就是双绞线,用得最多的是常见的 5 类线,它由白/蓝、白/橙、白/绿和白/棕 4 对铜芯线组成,各线对的扭绞节距均不一样,因为每对线所传信号的速率是不同的,两端的端接头是 RJ45 水晶头,见图 7-17。

7.2.5 关于 IPTV

IPTV 是基于宽带 IP 传输网,利用宽带接入技术,以机顶盒或其他具有视频编解码能力的数字化设备作为终端,通过聚合 SP 的各种流媒体服务内容和增值应用,为用户提供多种互动多媒体服务的宽带应用业务。其业务类型多样,但主要为直播、点播及两者的变体,主要有视频点播、电视直播、信息浏览、新闻查阅、股票查询、电子交易等。

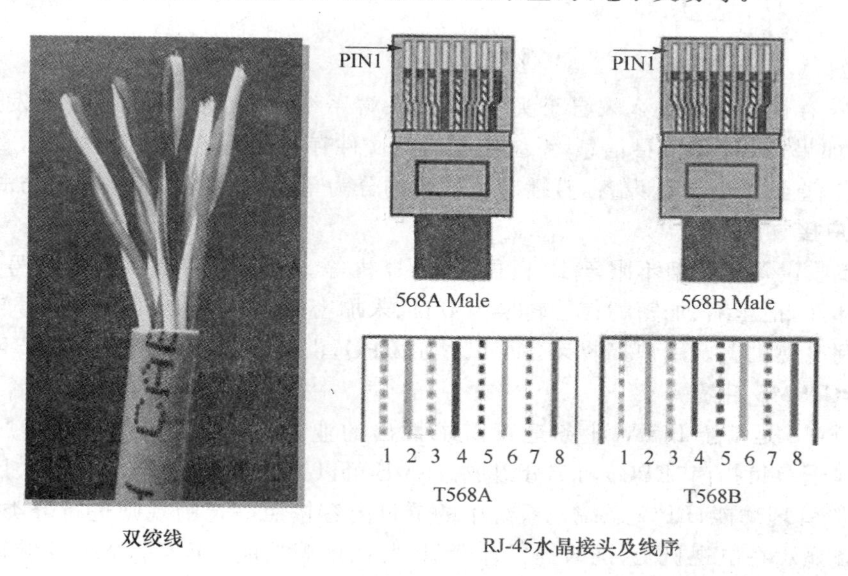

图 7-17　双绞线与 RJ45 水晶头

IPTV 的系统构成如图 7-18 所示。

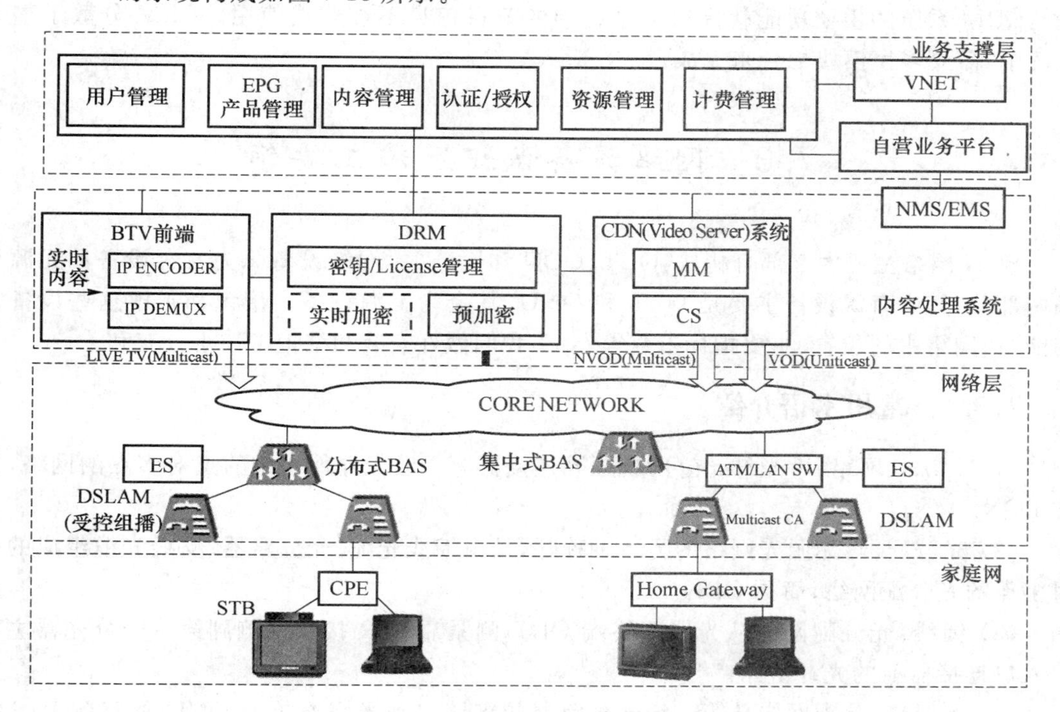

图 7-18　IPTV 系统构成

1. 头端

头端系统的主要功能就是把不符合 ITV 系统要求的影片、节目等内容转换成 ITV 系统支持的格式，并发送到 MDN 系统或组播设备；它一般包括视频接收模块、信号解复用模块、编码模块、加密模块、视频流发送等；其输入一般为视频文件、直播信号为电视、卫星信号等。

2. 分发 & 存储系统

分发 & 存储系统的输入来自于头端系统，头端系统把加工好的视频资料发送到传输/存储系统，如果是 VOD 节目信息，系统把相应的文件存在磁盘上，供用户点播，直播节目立即转发出去，直到用户终端设备，直播节目的传输分为单播和(受控)组播两种方式。

3. 用户接收设备

用户接收设备包括但不限于 IP 机顶盒、计算机等。机顶盒接收到视频信号后，通过相应的解码部件，把压缩、加密的信号转换为节目、未加密的信号，同时把数字信号转换成模拟信号发送到电视机上。用户接收设备可以显示 EPG，供用户选择、点播 VOD 节目等。

4. EPG/SMS 系统

EPG/SMS 是基于 IPTV 业务运营需求推出的业务支撑系统，主要由用户管理系统(SMS)和电子节目指南(EPG)两部分组成。SMS 可以为运营商提供产品管理、用户管理和 EPG 管理等管理功能；EPG 系统把系统中的节目内容按照一定的规则进行分类组织，并通过终端设备显示在电视机上，同时提供计费、计费代理等功能。EPG/SMS 系统继承了大容量、高可靠、电信级系统方面的开发经验，具有可运营、可管理的特点。

5. DRM 系统

DRM 系统的主要功能就是保护系统中的节目信息不被非法使用。DRM 分散于整个系统中，需要多个模块配合来完成。

7.3　网络设备认识及施工要领

PON 网络主要由三部分构成：OLT、ODN 和 ONU。网络设备分为有源设备和无源设备两部分，其中有源设备主要是 OLT 和 ONU，其余为无源设备。认识和了解这些设备的功能、在网络中的位置、主要指标参数等，对于我们做好安装和维护工作十分有利。

7.3.1　常用术语介绍

(1) 无源光网络：由光纤、光分路器、光连接器等无源光器件组成的点对多点的网络，简称 PON。

(2) 光分配网：无源光网络的另一种称呼，是由馈线光缆、光分路器、支线光缆组成的点对多点的光分配网络，简称 ODN。

(3) 馈线：光分配网中从光线路终端 OLT 侧紧靠 S/R 接口外侧到第一个分光器主光口入口连接器前的光纤链路。

(4) 配线：光分配网中从第一级光分路器的支路口到光网络单元 ONU 线路侧 R/S 接口间的光纤链路。采用多级分光时，也包含除一级光分路器以外的其他光分路器。

(5) 光分路器：一种可以将一路光信号分成多路光信号以及完成相反过程的无源器件，简称 OBD。

(6) 入户光缆：引入用户建筑物内的光缆。

(7) 皮线光缆:分为室内和室外两种,前者一种采用小弯曲半径光纤的入户光缆,适用于室内暗管、线槽、钉固等敷设方式,一般选用具有低烟无卤阻燃特性外护套的非金属加强构件光缆;后者在前者的基础上增加了自承式吊线,其他部分同前者。

(8) 光线路终端(OLT, Optical Line Terminal):光接入网提供的网络侧与本地交换机之间的接口,完成电/光、光/电转换、业务接口及协议处理,并经无源光网络与用户侧的光纤网络单元(ONU)通信,提供网络管理接口。

(9) 光网络单元(ONU, Optical Network Unit):为光接入网提供直接的或远端的用户侧的业务接口。

7.3.2　有源设备

1. OLT 设备

(1) OLT 设备在网络中的位置

OLT 在网络中处于网络接入层,支持 P2P 和 P2MP,支持 FTTH 和 FTTB/FTTC: OLT+ONT、OLT+MDU、OLT+Mini DLSAM 等。见图 7-19。

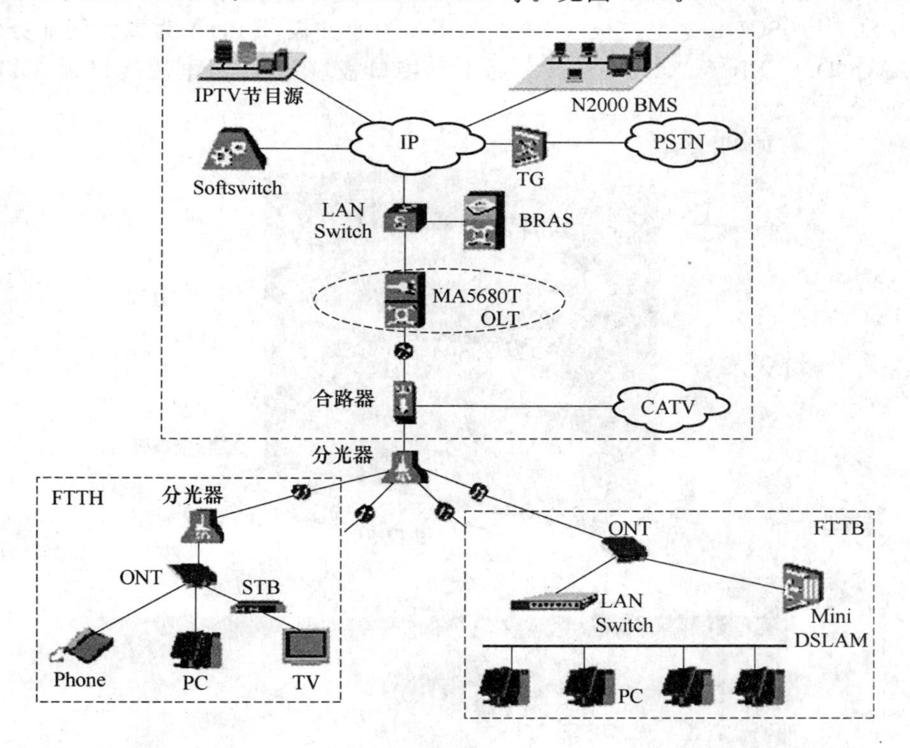

图 7-19　OLT 设备在网络中的位置

(2) 华为公司的 OLT 产品简介

华为公司的 OLT 产品很多,这里简要介绍几种,见图 7-20。这些产品能为用户提供 10 G 平台:T 比特光接入平台,槽位带宽 10 GE,上行 4×10 GE。适应全光接入网络:

EPON、GPON 共平台设计，可以从 EPON 无缝切换到 GPON。

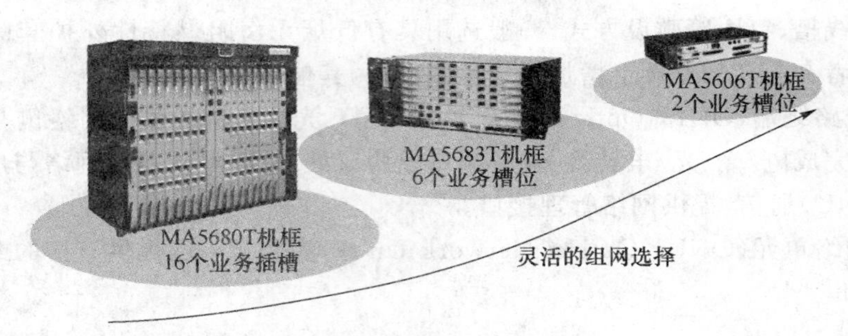

图 7-20　华为公司的几种 OLT 产品

这里重点介绍一下 SmartAX MA5680T。这是一款汇聚型 OLT。融合汇聚交换功能，提供高密度接入、高精度时钟，支持 TDM、ATM、以太网专线。能够实现流畅的三重播放业务、高可靠的企业接入服务。可级联 DSLAM、MSAN 及远端接入设备，直连 BRAS 组网。在节省网络建设投资的同时，增强网络的可靠性，节约运维成本。其基本组成如图 7-21 所示。图中 SCUL 、SCUB 是主控板，GPBC、OPFA 为业务板，ETHA 为以太网业务级联板，GICF/G、GICD/E、XICA、X2CA、TOPA 为上行接口板，PRTG 为电源接口板，CITA 为通用接口板。

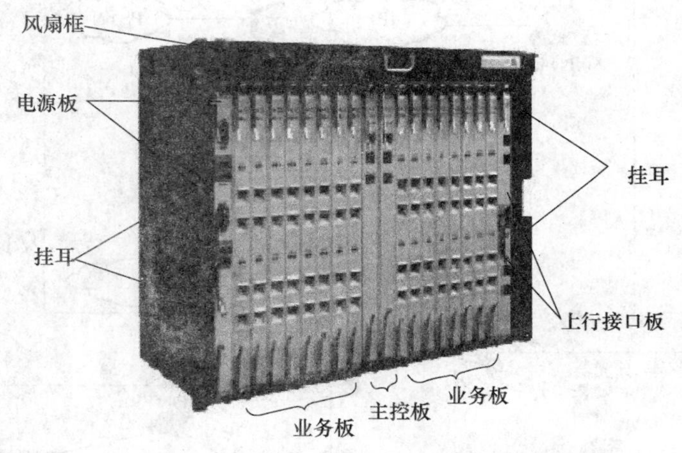

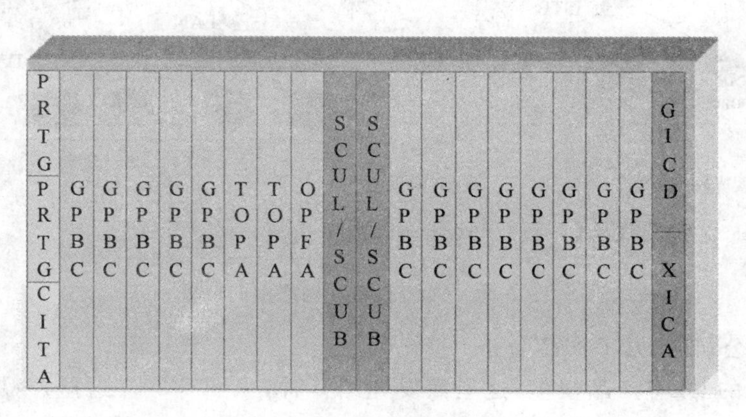

图 7-21　华为 SmartAX MA5680T

（3）烽火公司 OLT 设备——AN5116

这里简要介绍烽火公司的 AN5116-01 和 AN5116-06 OLT 设备，它们的外形如图 7-22 所示。

(a) AN5116-01

(b) AN5116-06

图 7-22　烽火公司的两种 OLT 产品

① AN5116-01 的性能参数（见表 7-1）

表 7-1　AN5116-01 的性能参数

业务类型	单子架最大接入能力(路)	交换能力	
※ GEPON ※ 2.5G EPON ※ 2.5G GPON ※ P2P	※ EPON 128 PON 口(下带 8 192 个 ONU) ※ GPON 64 PON 口 ※ GE 128 路	※ 交换容量 976 Gbit/s ※ 背板带宽 3.25 Tbit/s ※ 槽位带宽 20 Gbit/s	
上联接口	※ 4＊10GE/12＊GE ※ 128＊E1 ※ 8＊STM-1	软交换协议	※ MGCP ※ H.248 ※ SIP
工作电压	子架尺寸	满配功耗	
※ DC-48V	※ 620 mm(H)×480 mm(W)×260 mm(D)	※ 650 W	

② AN5116-06 技术规格

尺寸：标准 19 英寸宽，4.5U 高。480 mm×195 mm×365 mm（宽×高×深）；电源：－48 V(－40 V～－57 V)；功耗：满配 EPON 时 240 W；工作温度：0～50 ℃；存放环境温度：－30～60 ℃；环境湿度：10%～90%；重量：满配 10 kg；端口配置：单框最大 256/512 路 EPON 用户接口；工作模式：全双工。

2. ONU 设备

（1）ONU 设备在网络中的位置

ONU 处于网络接入层的尾端，主要用于 FTTH/FTTB/FTTC 应用，即 OLT＋SFU (Single Family Unit)、OLT＋MDU/SBU (Multi Dwelling Unit/Single Business Unit) 及 OLT＋Mini DLSAM 等。见图 7-23。图中的 ONT 就相当于我们所讲的 ONU。

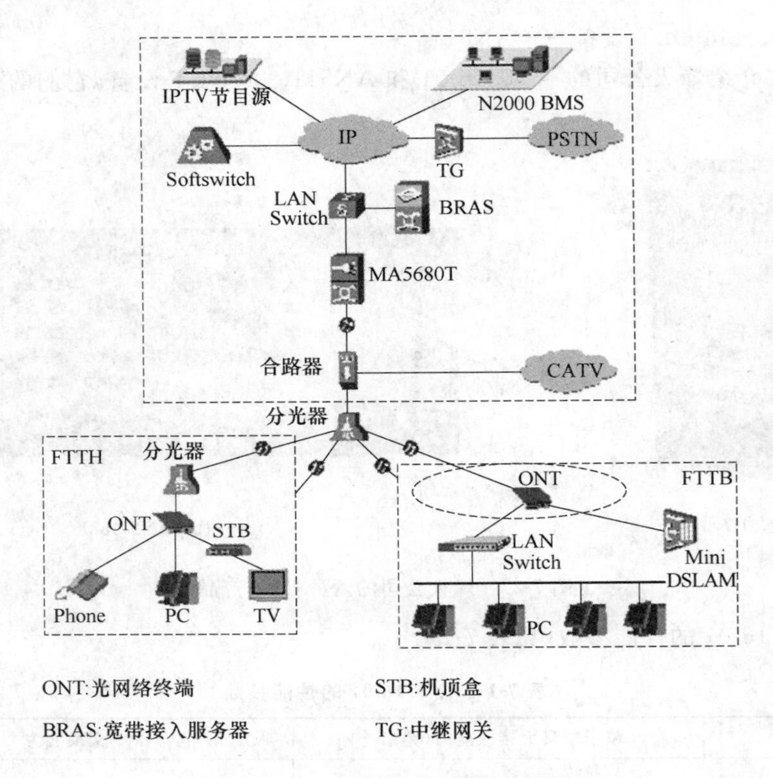

图 7-23 ONU 设备在网络中的位置

(2) 烽火 AN5006-04 产品介绍

AN5006-04 EPON 远端机是烽火通信自主研发的三网合一、光纤到户型宽带接入设备。它具有高可靠性、良好的服务质量(QoS)保证、可管理、可扩容和组网灵活等特点。设备的各项功能和性能指标都满足 ITU-T 、IEEE 相关建议和有关国标和行标的技术规范。AN5006-04 设备是单用户型远端 EPON 用户设备,它与烽火通信自主研发的 EPON 局端设备一起,可组成千兆 EPON 系统,为用户提供三网合一的宽带接入,满足家庭或小型办公企业上网、电话及视频娱乐等多种需求。其外形如图 7-24 所示。

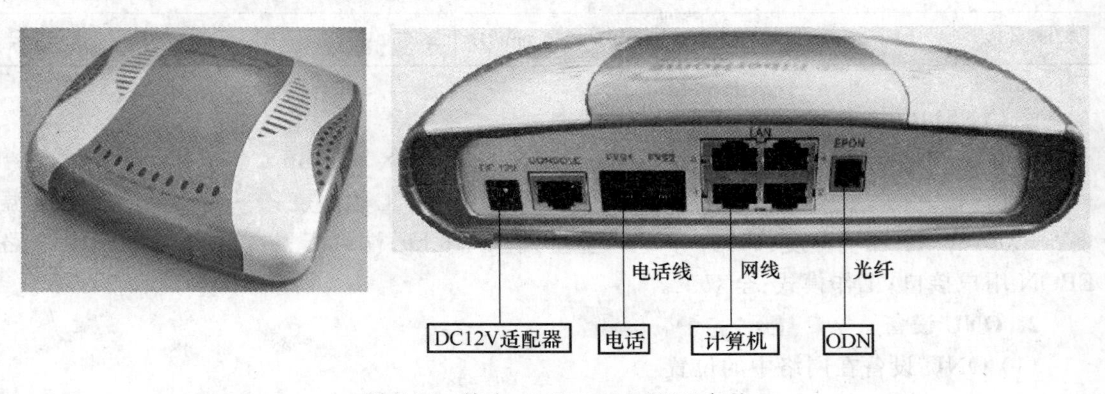

图 7-24 烽火 AN5006-04 ONU 产品

功能特点如下。

① 强大的业务接入能力

AN5006-04 设备采用单纤波分复用方式，下行信号波长为 1 490 nm，上行信号波长为 1 310 nm，CATV 信号波长为 1 550 nm 。仅需一根光纤就可以同时传输 IP 数据业务、语音业务和 CATV 业务，最大传输距离可达 20 km。AN5006-04 设备功率小、能耗低，最大功耗仅为 15 W。采用 12 V 直流电源供电，安全可靠。设备既可通过 220 V 交流转成 12 V 直流的电源适配器连接到 220 V 市电，也可直接采用 12 V 直流电池供电。AN5006-04 设备外形小巧，十分便于用户的安装和使用。尺寸为 45 mm×200 mm×170 mm(高×宽×深)；重量约为 650 g。

② 丰富的业务接口

AN5006-04 设备可提供以下接口：1 个 SC/PC 型或 SC/APC 型光接口(Ⅰ型和 A 型产品的 PON 口使用 SC/PC 型光纤连接器，Ⅱ型和 B 型产品的 PON 口使用 SC/APC 型光纤连接器)；4 个 10/100BASE-TX 端口；2 个 FXS 端口；1 个 CATV 同轴电缆接口(限于 II 1、II 2 和 B 型设备)；1 个用于管理调试的 CONSOLE 接口。

③ 指示灯含义

AN5006-04 指示灯含义见表 7-2。

表 7-2 AN5006-04 指示灯含义

LED	含 义	颜 色	状 态	说 明
PWR	电源状态指示灯	绿色	长亮	设备已加电
			不亮	设备未加电
REG	注册状态指示灯	绿色	长亮	设备已注册到 EPON 系统中
			不亮	设备未注册到 EPON 系统中
			闪烁	设备注册有误
LOS	光信号丢失状态指示灯	红色	闪烁	设备未收到光信号
			不亮	设备已收到光信号
LAN1	LAN1 接口状态指示灯	绿色	长亮	此端口已与用户 PC 正常连接
			不亮	此端口空闲或与用户 PC 连接异常
			闪烁	此端口正在收发数据
LAN2	LAN2 接口状态指示灯	绿色	长亮	此端口已与用户 PC 正常连接
			不亮	此端口空闲或与用户 PC 连接异常
			闪烁	此端口正在收发数据
LAN3	LAN3 接口状态指示灯	绿色	长亮	此端口已与用户 PC 正常连接
			不亮	此端口空闲或与用户 PC 连接异常
			闪烁	此端口正在收发数据
LAN4	LAN4 接口状态指示灯	绿色	长亮	此端口已与用户 PC 正常连接
			不亮	此端口空闲或与用户 PC 连接异常
			闪烁	此端口正在收发数据
IAD	IAD 状态指示灯	绿色	闪烁	IAD 工作正常
			长亮	IAD 工作不正常
ACT	语音状态指示灯	绿色	闪烁	电话摘机
			不亮	电话空闲

④ 齐全的产品类型

按照传输距离的不同和是否安装了 CATV 模块，AN5006EPON 远端机有 6 种类型，如表 7-3 所示。用户可根据需要选择最合适的产品。

表 7-3 烽火 AN5006EPON 产品类型

产品型号	EPON 光口	用户以太网接口	语音接口	CATV 接口	传输距离
EPON 远端机Ⅰ1	1 个 (SC/PC)	4 个 (RJ45)	2 个	—	10 km
EPON 远端机Ⅰ2	1 个 (SC/PC)	4 个 (RJ45)	2 个	—	20 km
EPON 远端机Ⅱ1	1 个 (SC/APC)	4 个 (RJ45)	2 个	1 个	10 km
EPON 远端机Ⅱ2	1 个 (SC/APC)	4 个 (RJ45)	2 个	1 个	20 km
EPON 远端机 A	1 个 (SC/PC)	4 个 (RJ45)	2 个	—	20 km
EPON 远端机 B	1 个 (SC/APC)	4 个 (RJ45)	2 个	1 个	20 km

⑤ 组网应用示例

AN5006-04 设备支持的业务有普通电话业务、IP 数据业务和 CATV 业务。它与 ODN(或无源光分路器)、OLT（如 AN5116-02 EPON 局端机）共同组成 EPON 系统网络，实现所有业务的接入。本设备提供标准的 10/100BASE-TX 端口与用户计算机连接，提供 FXS 端口与用户电话连接，还提供 CATV 同轴电缆接口与用户电视连接，从而实现“三网合一”的多业务接入。组网示意图如图 7-25 所示。ODN 的分路比为 1 ∶ 32。语音业务在 AN5006-04 设备侧经过处理后变成 IP 包，再以 IP 包的形式在 PON 内传输，然后通过 OLT 设备的 V5 接口上联至 PSTN，或通过 GE 接口上联到软交换网络。软交换支持 H. 248 和 MGCP 协议。数据业务则一直以以太网包的形式在各 PON 内传输，通过 OLT 上的 GE 接口上联到城域网。本设备采用单纤波分复用技术，1 490 nm 波传送下行数据和语音信号，1 310 nm波传送上行数据和语音信号。CATV 业务采用 WDM 技术，在 1 550 nm 波长上与数据和语音业务共网传输。

7.3.3 无源设备

FTH 中的无源设备就是 ODN(光分配网)，其基本组成如图 7-26 所示，它包括 5 个子系统：通信机房子系统（主要是 ODF)、主干（馈线）光缆子系统、配线光缆子系统、引入光缆子系统和光纤终端子系统。

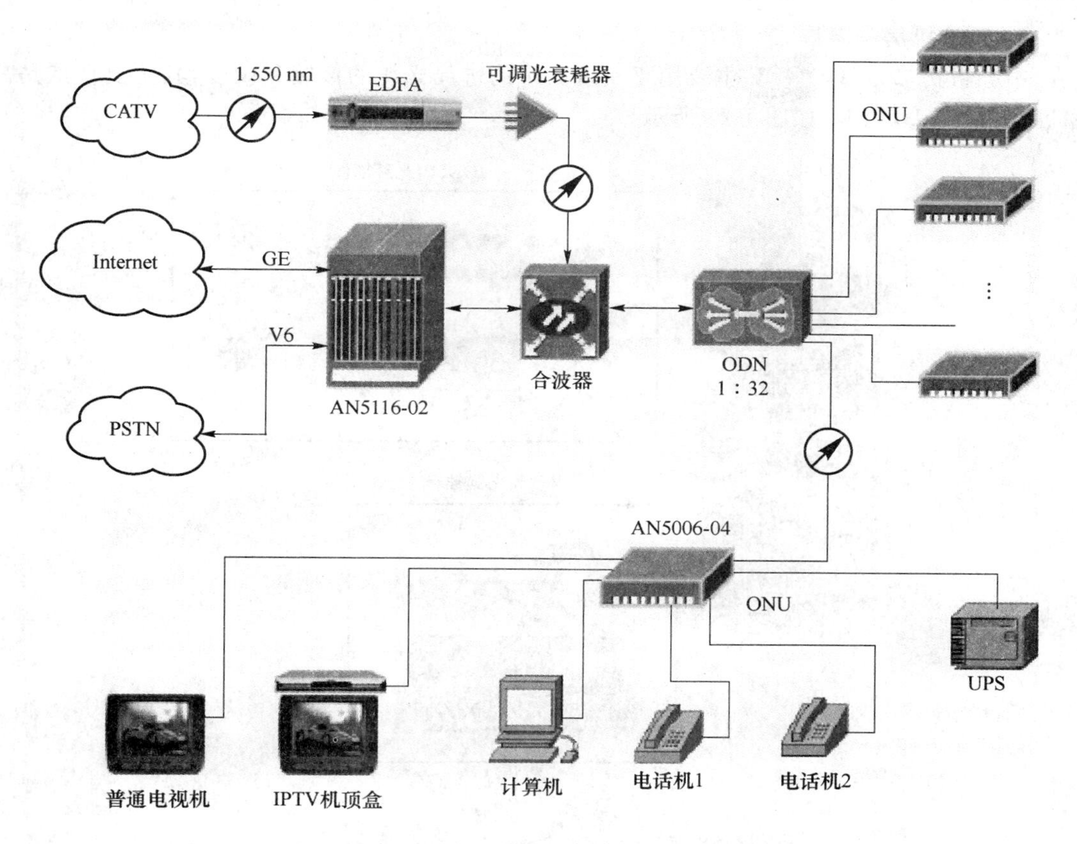

图 7-25　烽火 AN5006-04ONU 产品组网应用示例

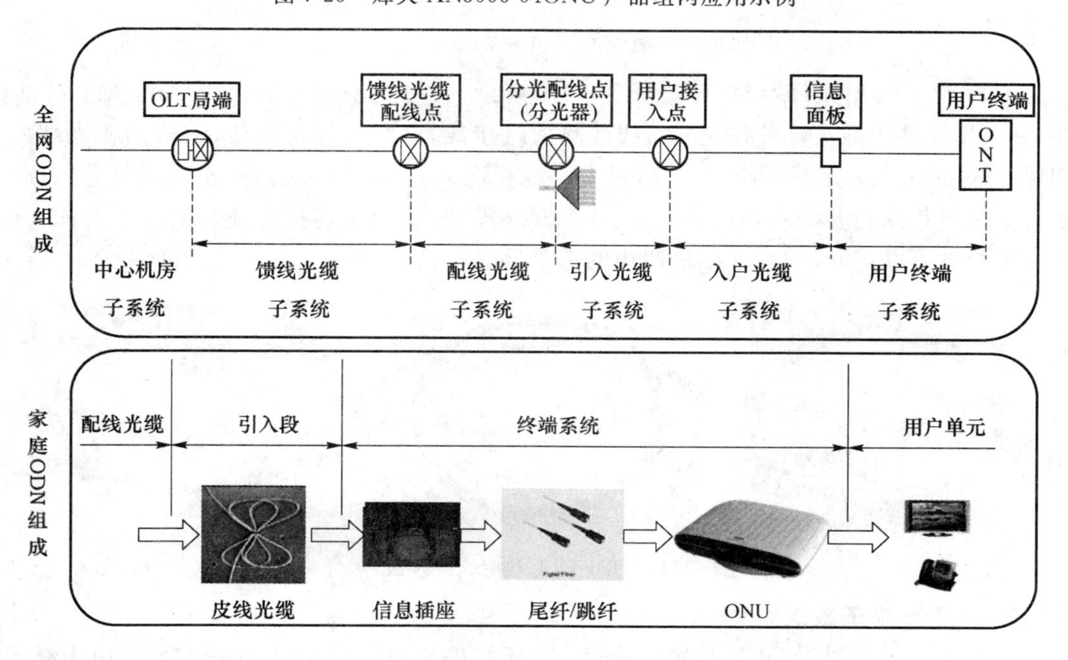

图 7-26　ODN 中的设备组成

1. 通信机房子系统

中心机房(即局端)ODF 主要用于实现大量的进局光缆的接续和调度,其主要特点是高密度、易操作、多功能,如图 7-27 所示。

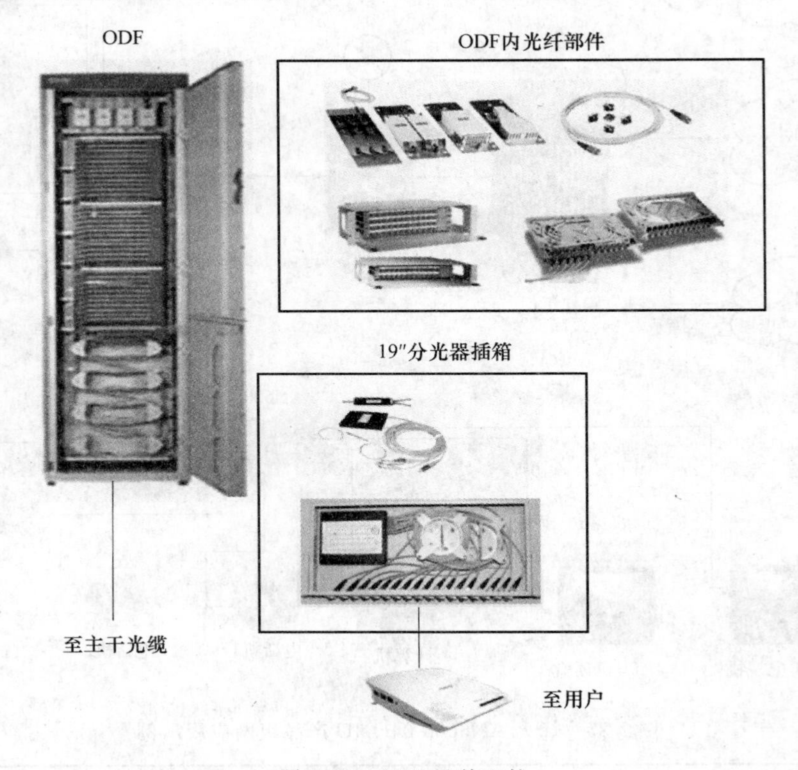

图 7-27　ODF 及其配件

ODF 架上常用光纤跳线、尾纤如图 7-28 所示,其接头型号有 ST、SC、FC、MTRJ、LC、D4 等。光纤跳线是从设备到光纤布线链路的跳接线,有较厚的保护层,一般用在光端机和 ODF 之间的连接。尾纤又叫猪尾线,只有一端有连接头,而另一端是一根光缆纤芯的断头,通过熔接与其他光缆纤芯相连,常出现在光纤终端盒内,用于连接光缆与光纤收发器,光纤跳线的长度可以定制,一般在机房使用的都是 5 m 以内。

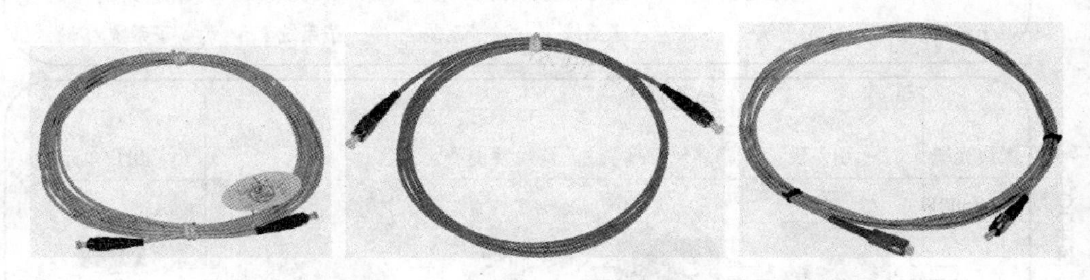

图 7-28　ODF 架上常用光纤跳线、尾纤

2. 主干光缆子系统

主干光缆连接局端 ODF 与光交接箱。主干传输光缆所用光缆芯数较少,每根光纤承载的业务量大,跳线调度不多,其间常用设备主要有光缆交接箱、光缆接头盒等,如图 7-29 所

示。光缆交接箱可分为有跳纤和无跳纤两种，其中后者多用。无跳纤光缆交接箱分为室外和室内两种，具体容量配置如表 7-4 所示，箱内结构及布纤见图 7-30。主干光缆交接箱一般安装在主干道边上或十字路口，靠近大的集团用户和商业用户，采用落地式安装为主，附近管孔资源要丰富；小区光缆交接箱理论位置在小区中央，实际位置一般要略偏向靠局方侧，安装方式可以为落地式或壁挂式或架空式，如果采用壁挂式安装，一般安装在楼房单元口外平台上墙壁侧，箱底距平台 1.2 m。

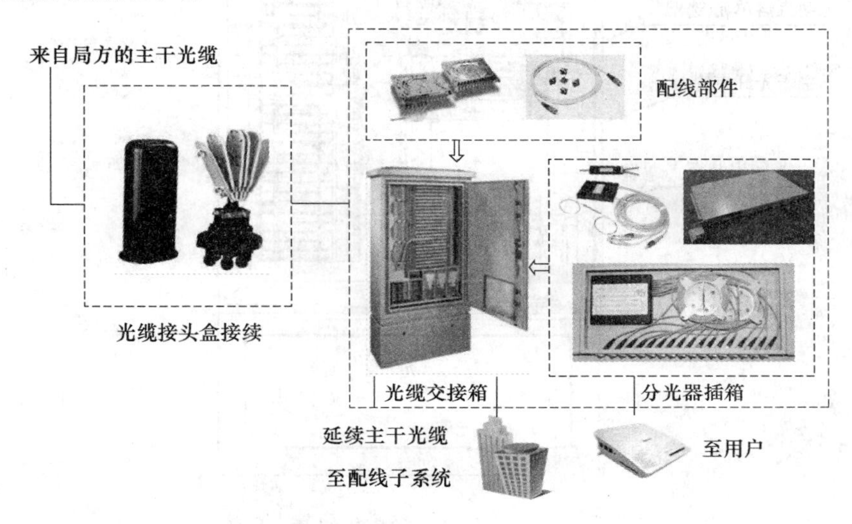

图 7-29　主干光缆子系统

表 7-4　无跳纤光缆交接箱的基本参数

型号	规格				熔配一体托盘数量（主干光缆成端）	过路直熔盘数量/芯（选配）	备注
	主干容量/芯	配线容量/芯	箱体尺寸（参考）高×宽×深	材质			
CT GXF09D	96	288	2 000 mm×600 mm×300 mm	冷轧钢板	8(12 芯/盘)	168	室内
	144	252	1 450 mm×750 mm×320 mm	SMC	6(24 芯/盘)	168	室外

关于跳纤安装：装维经理接到建设工单后（见图 7-31），首先要看清楚工单上的信息，然后打印标签，再到现场进行跳纤工作，见图 7-32。

跳纤长度控制原则：分光器至用户光缆的跳纤，长度余长控制在 50 cm 以内，一般选用 1 m、2 m、2.5 m、3 m 的尾纤；用户终端盒内 ONU 与光纤端子跳纤一般选用 50 cm 的短尾纤；常备纤选用 50 cm、1 m、1.5 m、2 m、2.5 m、3 m 等。

跳纤走纤规范：跳纤操作必须满足架内整齐、布线美观、便于操作、少占空间的原则；跳纤长度必须掌握在 500 mm 余长范围内；长度不足的跳纤不得使用，不允许使用法兰盘连接两段跳纤（跳线中间不能有接头）；架内跳纤应确保各处曲率半径大于 400 mm。对于上走线的光纤，应在 ODF 架外侧下线，选择余纤量最合适的盘纤柱，并在 ODF 架内侧向上走纤，

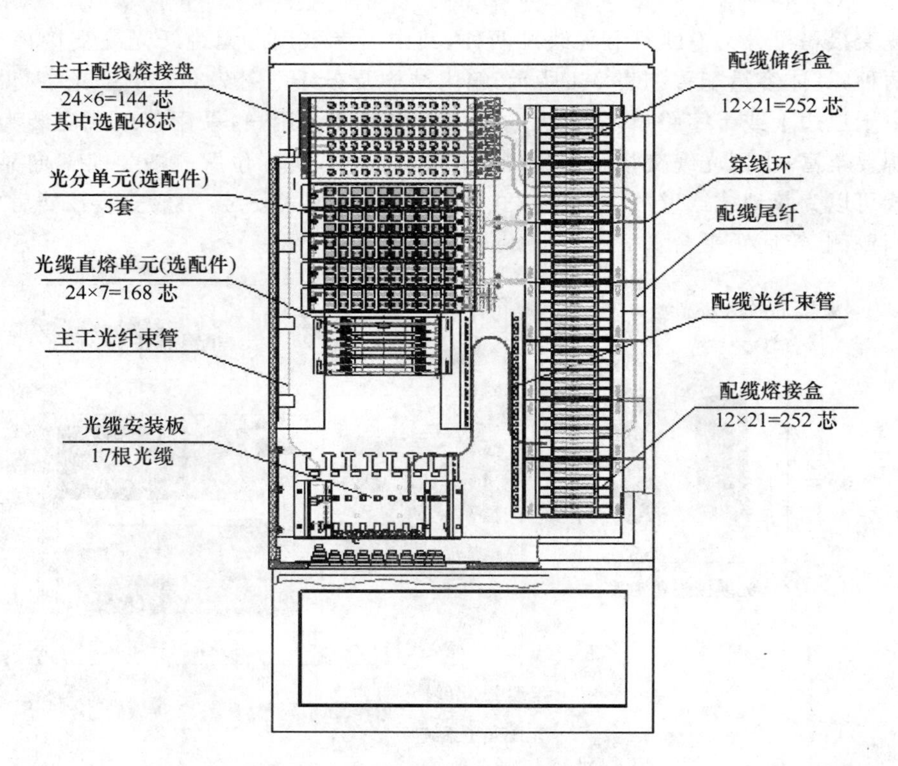

图 7-30　无跳纤光缆交接箱的基本结构

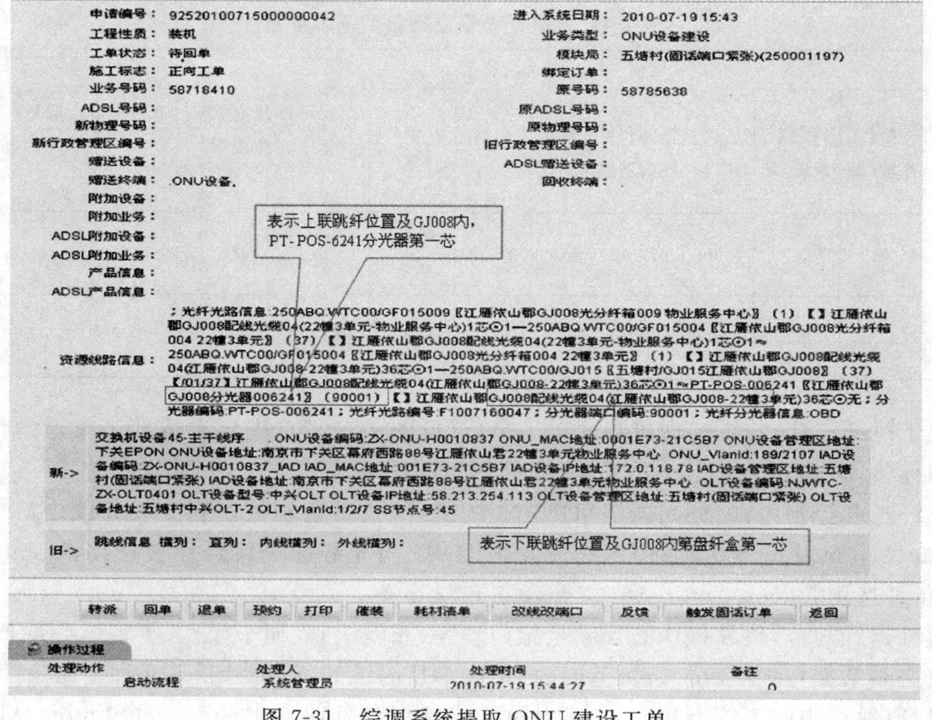

图 7-31　综调系统提取 ONU 建设工单

水平走于 ODF 下沿，垂直上至对应的端子；一根跳纤，只允许在 ODF 架内一次下走（沿 ODF 架外侧）、一次上走（沿 ODF 架内侧），走一个盘纤柱，严禁在多个盘纤柱间缠绕、交叉、悬挂，即每个盘纤柱上沿不得有纤缠绕；根据现场具体情况，应在适当处对跳纤进行整理后绑扎固定；所有跳纤必须在 ODF 架内布放，严禁架外布放、飞线等现象的发生；对应急使用的超长跳纤应当按照规则挂在理纤盘上，不得对以后跳纤造成影响。

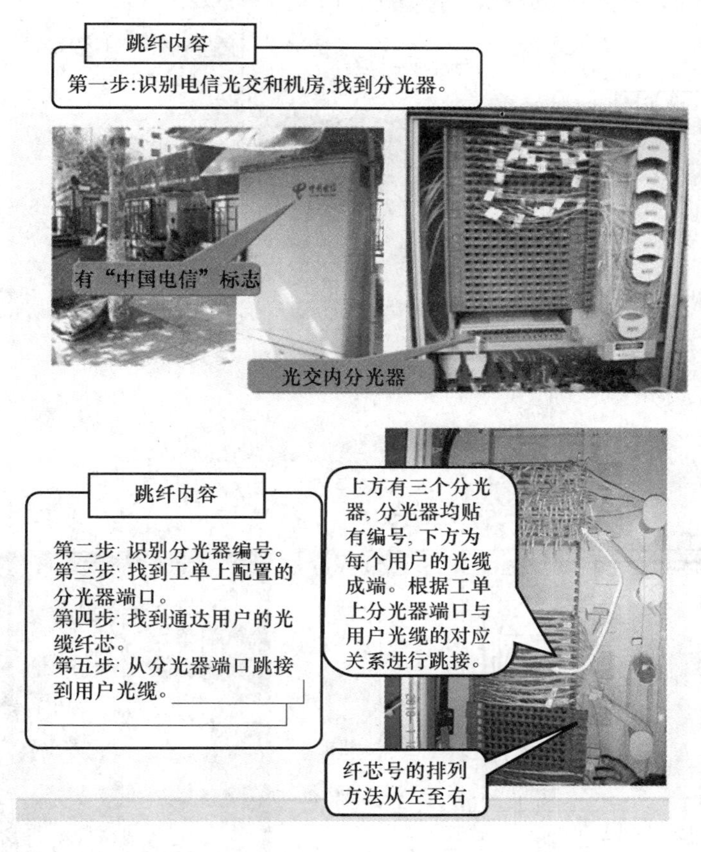

图 7-32　光交接箱内布放跳纤的 5 个步骤

3. 配线光缆子系统

在 FTTH 系统中，配线光缆子系统中的无源器件主要是由光缆交接箱至光缆分纤箱的光缆、光缆分纤箱、光缆分纤盒、分光器及光缆连接配件组成的，如图 7-33 所示。

配线光缆子系统是 EPON 的 ODN 应用中最关键的一个环节，也是配置最为灵活的一个环节，其连接从光缆交接箱过来的配线光缆，通过光纤分光器，完成对多用户的光纤线路分配功能，其功能与传统的 ODF 产品有较大不同。一般安装在住宅大楼的楼道或弱电井中。对此类产品的要求主要有配置灵活、体积小、成本低、性能稳定可靠等。

(1) 光缆分纤箱

光缆分纤箱的作用是连接配线光缆和皮线光缆，其基本结构及实物如图 7-34 所示。图中所涉及产品具有以下特点：适用于插片式光分路器；与主干光缆熔接的尾纤不用时可插于机箱下部的法兰盘，使用时再拔出插到指定的光分路器入口处，节省法兰盘、尾纤成本；光分路器安装板采用翻转结构，下面安装直熔盘，可盘绕光纤，最大限度地利用内空间。

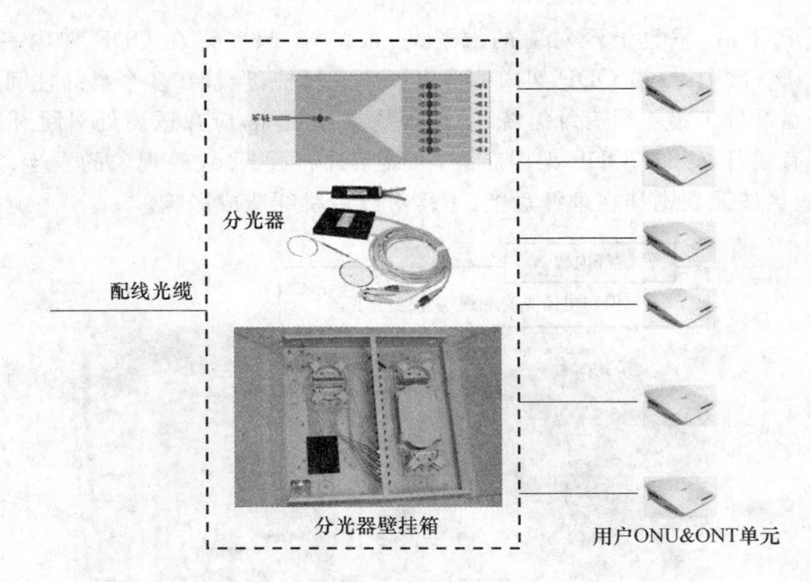

图 7-33　配线光缆子系统

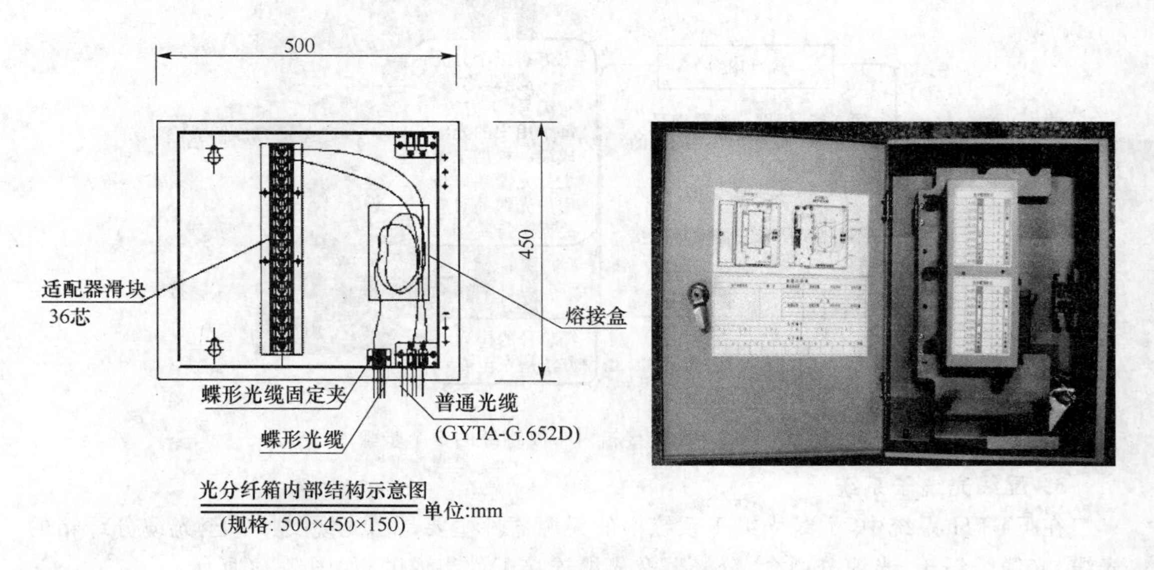

图 7-34　分纤箱的结构及实物图

(2) 分光器

分光器是 EPON 系统中不可缺少的无源光纤分支器件。作为连接 OLT 设备和 ONU 用户终端的无源设备，它把由馈线光纤输入的光信号按功率分配到若干输出用户线光纤上，一般有 1 分 2、1 分 4、1 分 8、1 分 16、1 分 32 五种分支比。对于 1 分 2 的分支比，功率会有平均分配(50 ∶ 50)和非平均分配(5 ∶ 95、40 ∶ 60、25 ∶ 75)多种类型。各式分光器实物及基本配置分别见图 7-39 和表 7-5。

(a) 插片式

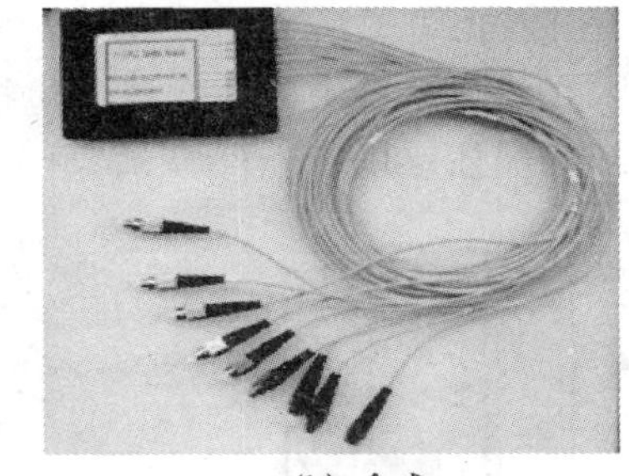

(b) 盒式

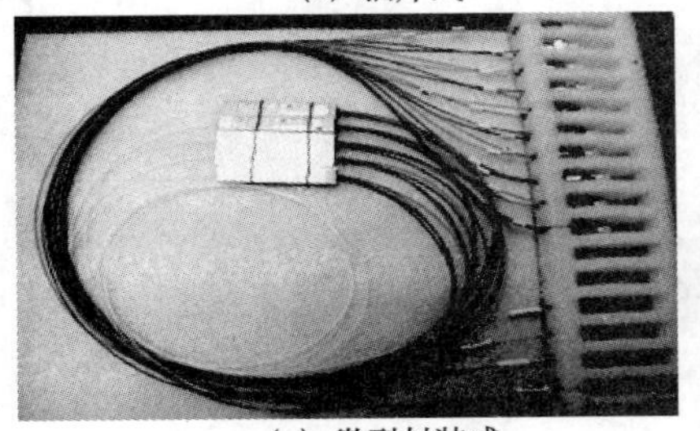

(c) 微型封装式

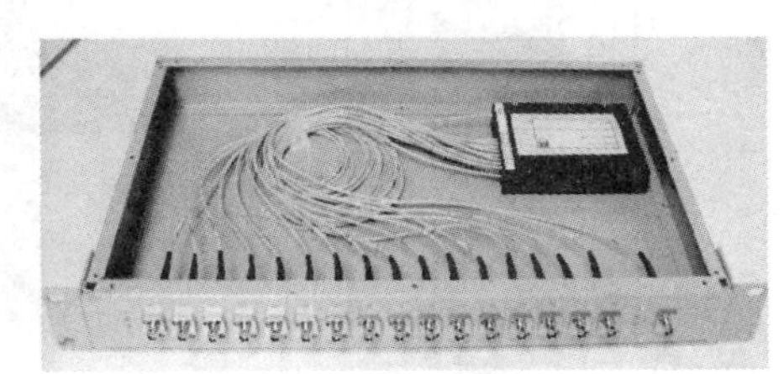

(d) 机架式

图 7-35　各式分光器实物

表 7-5　各式分光器基本配置

产品类别	分光比	光纤类型	光纤长度	连接器类型
盒式封装	1×2	ϕ2.0、3.0 mm	1.0～1.8 m	SC、FC、LC
	…	ϕ2.0、3.0 mm	1.0～1.8 m	SC、FC、LC
	1×32	ϕ2.0、3.0 mm	1.0～1.8 m	SC、FC、LC
	1×64	ϕ2.0、3.0 mm	1.0～1.8 m	SC、FC、LC
	1×128	ϕ2.0、3.0 mm	1.0～1.8 m	SC、FC、LC
微型封装	1×2	ϕ0.9 mm	1.0～1.8 m	SC、FC、LC
	…	ϕ0.9 mm	1.0～1.8 m	SC、FC、LC
	1×32	ϕ0.9 mm	1.0～1.8 m	SC、FC、LC
	1×64	ϕ0.9 mm	1.0～1.8 m	SC、FC、LC
	1×128	ϕ0.9 mm	1.0～1.8 m	SC、FC、LC
机架式	1×2	ϕ2.0、3.0 mm	1.0～1.8 m	SC、FC、LC
	…	ϕ2.0、3.0 mm	1.0～1.8 m	SC、FC、LC
	1×32	ϕ2.0、3.0 mm	1.0～1.8 m	SC、FC、LC
	1×64	ϕ2.0、3.0 mm	1.0～1.8 m	SC、FC、LC
	1×128	ϕ2.0、3.0 mm	1.0～1.8 m	SC、FC、LC
托盘式	1×2	ϕ0.9、2.0、3.0 mm	1.0～1.8 m	SC、FC、LC
	…	ϕ0.9、2.0、3.0 mm	1.0～1.8 m	SC、FC、LC
	1×32	ϕ0.9、2.0、3.0 mm	1.0～1.8 m	SC、FC、LC
	1×64	ϕ0.9、2.0、3.0 mm	1.0～1.8 m	SC、FC、LC
	1×128	ϕ0.9、2.0、3.0 mm	1.0～1.8 m	SC、FC、LC

(3) 引入光缆子系统

引入光缆子系统中的无源器件包括皮线光缆及各种敷设皮线光缆的施工材料、终端盒、用户光纤终端插座以及配件等,如图 7-36 所示,这里主要为大家介绍皮线光缆。

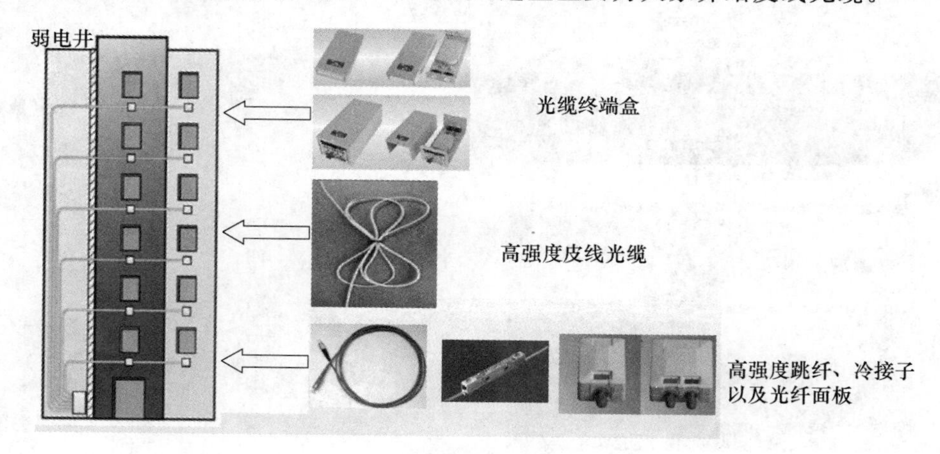

图 7-36 引入光缆子系统实物组成

皮线光缆也叫"蝶形引入光缆"、"8 字型光缆",因外形酷似普通的电话皮线,在工程中常被称为皮线光缆。皮线光缆主要应用于 FTTH 的光缆线路的用户引入段。最常用的皮线光缆分为 GJX(蝶形引入光缆)和 GJYX(自承式蝶形引入光缆)两种,此外,还有一种管道皮线光缆。它们的结构及型号分别如图 7-37、表 7-6 所示。

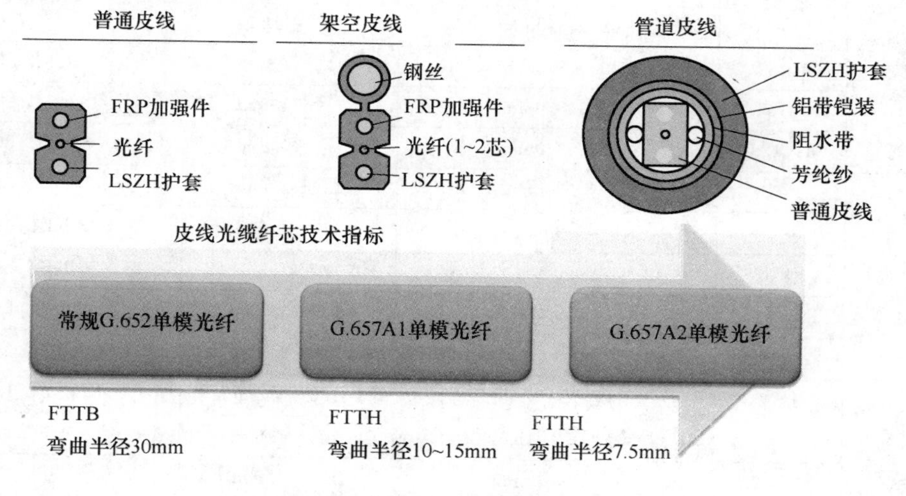

图 7-37 皮线光缆的结构

皮线光缆中光纤的芯数可以是 1 芯,也可以是 2 芯或 4 芯,还可以根据用户的要求自己设置芯数;皮线光缆中常用的光纤类别有 B1.1—非色散位移单模光纤、B1.3—波长段扩展的非色散位移单模光纤、B6—弯曲损耗不敏感单模光纤三种;皮线光缆标准盘长有 500 m、1 000 m、2 000 m 等。皮线光缆的衰减标准值为:1 310 nm:0.4 dB/km;1 550 nm:0.3 dB/km。

表7-6　皮线光缆的型号

入户皮线光缆 2*3.1(单芯)	GJXFV-181	采用G652D光纤,用于室内	非金属(FRP)
	GJXV-181	采用G652D光纤,用于室内	金属丝(0.4钢丝)
	GJXFV-186	采用G657A光纤,用于室内	非金属(FRP)
	GJXV-186	采用G657A光纤,用于室内	金属丝(0.4钢丝)
入户皮线光缆 2*3.1(双芯)	GJXFV-281	采用G652D光纤,用于室内	非金属(FRP)
	GJXV-281	采用G652D光纤,用于室内	金属丝(0.4钢丝)
	GJXFV-286	采用G657A光纤,用于室内	非金属(FRP)
	GJXV-286	采用G657A光纤,用于室内	金属丝(0.4钢丝)
自承式皮线光缆 2*5.3(单芯)	GJYXFCH-181	采用G652D光纤,用于室外	非金属(FRP)
	GJYXCH-181	采用G652D光纤,用于室外	金属丝(0.4钢丝)
	GJYXFCH-186	采用G657A光纤,用于室外	非金属(FRP)
	GJYXCH-186	采用G657A光纤,用于室外	金属丝(0.4钢丝)
自承式皮线光缆 2*5.3(双芯)	GJYXFCH-281	采用G652D光纤,用于室外	非金属(FRP)
	GJYXCH-281	采用G652D光纤,用于室外	金属丝(0.4钢丝)
	GJYXFCH-286	采用G657A光纤,用于室外	非金属(FRP)
	GJYXCH-286	采用G657A光纤,用于室外	金属丝(0.4钢丝)
ϕ6.8管道皮线光缆(单芯)	GYPFHA-181	采用G652D光纤,用于管道	非金属(FRP)
	GYPHA-181	采用G652D光纤,用于管道	金属丝(0.4钢丝)
	GYPFHA-186	采用G657A光纤,用于管道	非金属(FRP)
	GYPHA-186	采用G657A光纤,用于管道	金属丝(0.4钢丝)
ϕ6.8管道皮线光缆(双芯)	GYPFHA-281	采用G652D光纤,用于管道	非金属(FRP)
	GYPHA-281	采用G652D光纤,用于管道	金属丝(0.4钢丝)
	GYPFHA-286	采用G657A光纤,用于管道	非金属(FRP)
	GYPHA-286	采用G657A光纤,用于管道	金属丝(0.4钢丝)

(4) 光缆终端子系统

在FTTH系统中,光缆终端子系统中的无源器件主要包括光纤入户信息箱、光纤面板、光纤快速连接器、冷接子等,如图7-38所示。ODN的光纤终端子系统完成了FTTH的最后一环,实现了光纤信号与用户ONU设备的连接,一般要求入户ODN设备外形美观,结构简洁,并且由于具体的应用环境不同,具有综合接入箱和光纤盒等不同的形式。综合接入箱(光纤入户信息箱)方案将整套应用设备全部安装在一个箱体内,在室内可嵌墙式安装,内部可提供ONU、UPS电源、配线等多种功用,是家庭应用的理想选择。光纤盒接续是一种简单解决方案,ONU等外置于桌面上,成本更低一些。

① 光纤入户信息箱

光纤入户信息箱的实物见图7-39。箱内有电源插座、86盒/ONU固定位置、5类线/跳纤盘放位置等。

② 光纤面板(86盒)

光纤面板是FTTH入户的终端产品,用于家庭或工作区,为用户提供皮线光缆盘绕和成端,为ONU提供光接口,见图7-40。

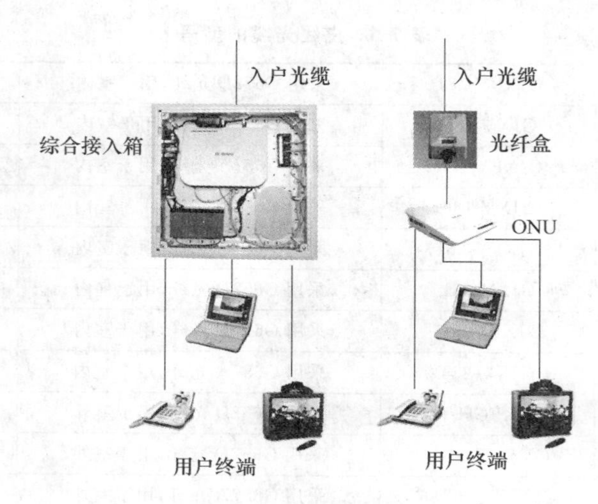

图 7-38　光缆终端子系统

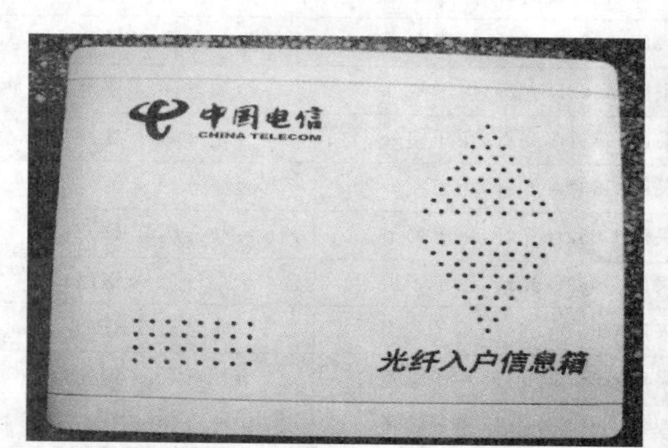

图 7-39　光纤入户信息箱

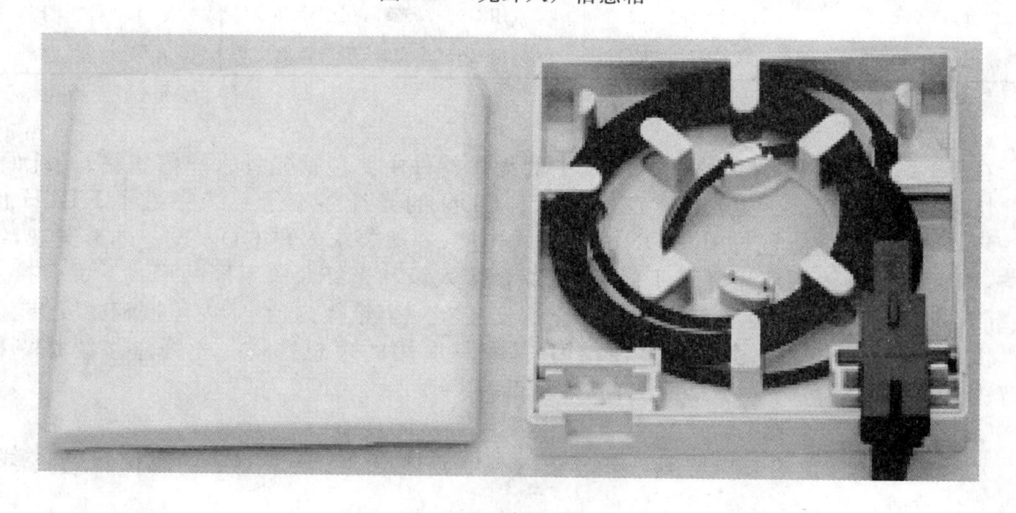

图 7-40　光纤面板盒

③ 光纤快速连接器

光纤快速连接器是现场制作光纤接头的一种光纤冷接产品，制作时无须研磨、注胶、耗材，设备操作也无须电源，采用全手工操作，具有安装质量高、成功率高、可靠性高和安装快速等特点。按照功能分为端接和接续两大类，如图 7-41 所示。

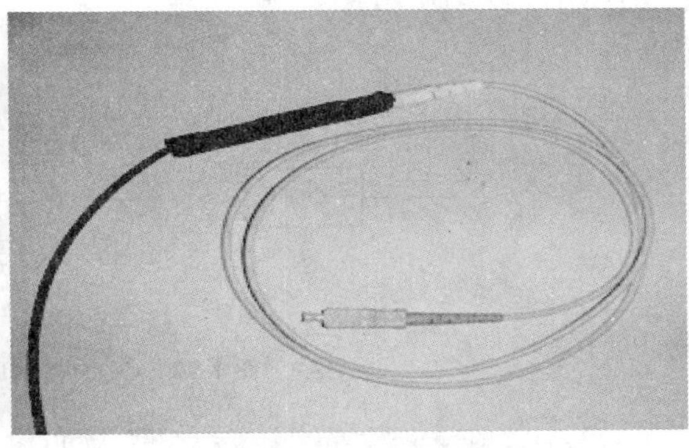

(a) 接续类：完成光纤之间的冷接续

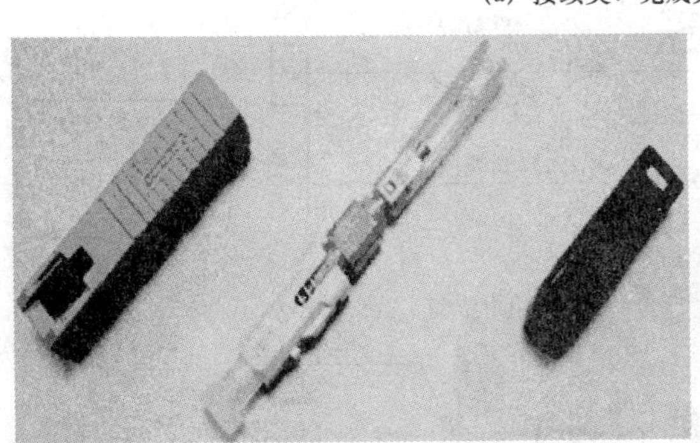
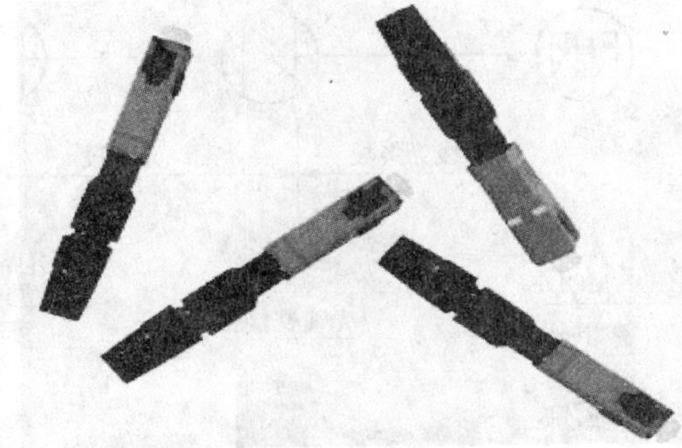

(b) 端接类：完成光纤成端

图 7-41　光纤快速连接器

7.4　FTTH 入户线路施工

7.4.1　ODN 网络结构和组网原则

ODN(Optical distribution network，光分配网)是光线路终端(OLT)至光网络单元(ONU)之间光缆物理网络，如图 7-42、图 7-43 所示。光分配网(ODN)将一个 OLT 和多个 ONU 连接起来，提供光信号的双向传输，它是信息的物理承载网络。ODN 网络由分光器之前的上联光缆(馈线光纤)、分光器和分光器之后的分支配线光缆组成，在接入网层面 ODN 贯穿到整个主干层、配线层、引入层网络当中。

ODN 网络可采用三种组网方式：一级集中分光、一级分散分光、二级分光。根据用户分布情况合理设置分光区，分光区是一个以集中分光点为中心覆盖的区域，分光点设置在小区内光交箱或客户端接入机房。ODN 网络要最大限度地减少活动连接器的使用，以减少链路衰减。

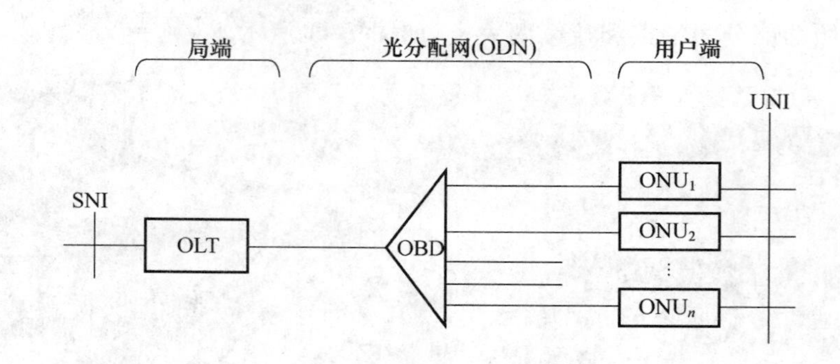

图 7-42　ODN 在 FTTH 中的位置

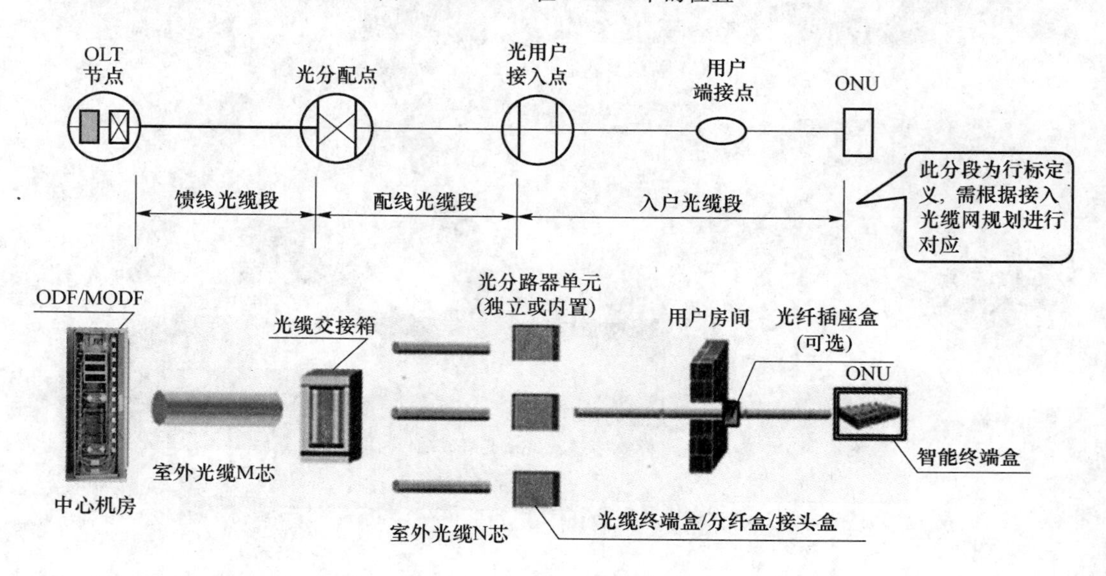

图 7-43　ODN 及实物对应

一级分光综合性能更优，故障点少，且更有利于故障定位。对于一个固定区域，采用一级分光有两种设置方式：光分路器集中设置（如小区集中设置），有利于集中维护管理、提高 PON 口和光分路器端口使用效率，但对设置点空间要求稍高、所需的光缆纤芯多；光分路器分散设置（如小区分片设置），可灵活选点、所需的纤芯较少，不利于集中维护管理，建议主要采用集中设置方式。

二级分光适宜于低用户密度区域，有利于提高 PON 口和光分路器端口使用效率，特别是对于采用大光分路比组网的应用。对于旧区域改造，可充分利用现有光缆资源，适当采用二级分光。下面介绍几种典型建设方案，供大家参考。

1. 多层楼宇住宅小区的分光方式及适应场景

多层楼宇住宅小区的分光方式及适应场景建设方案如图 7-44 所示。

2. 高层楼宇住宅小区的分光方式及适应场景

高层楼宇住宅小区的分光方式及适应场景建设方案如图 7-45 所示。

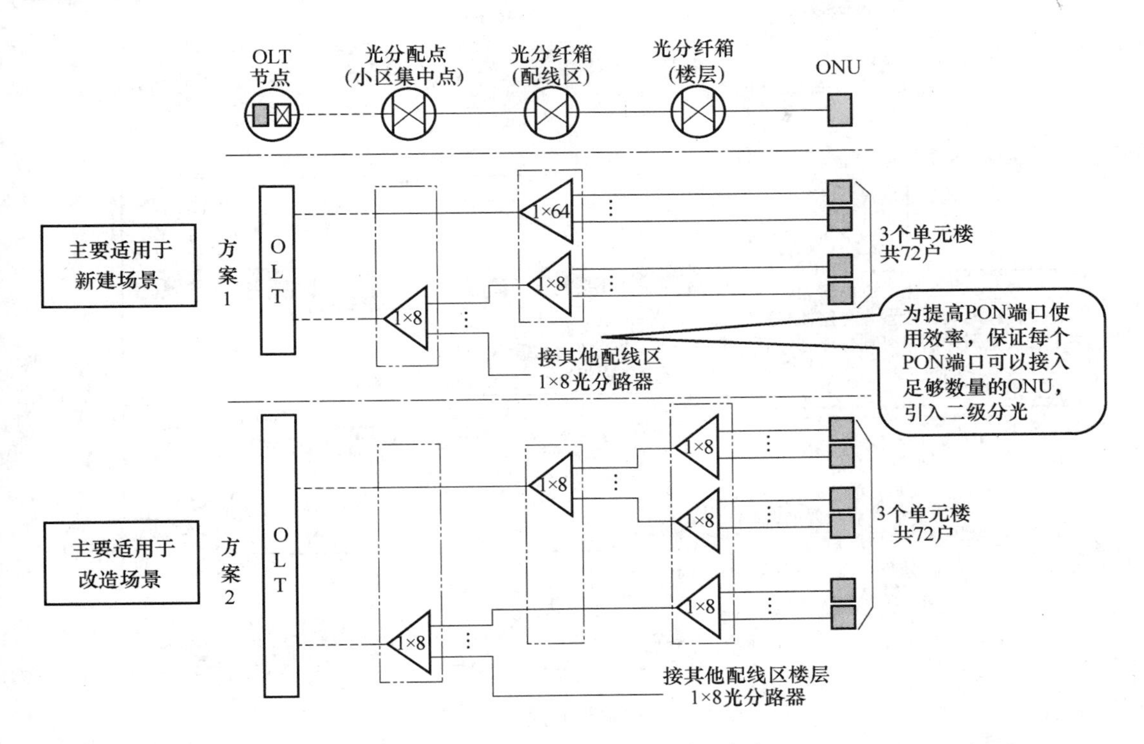

图7-44　多层楼宇住宅小区建设方案

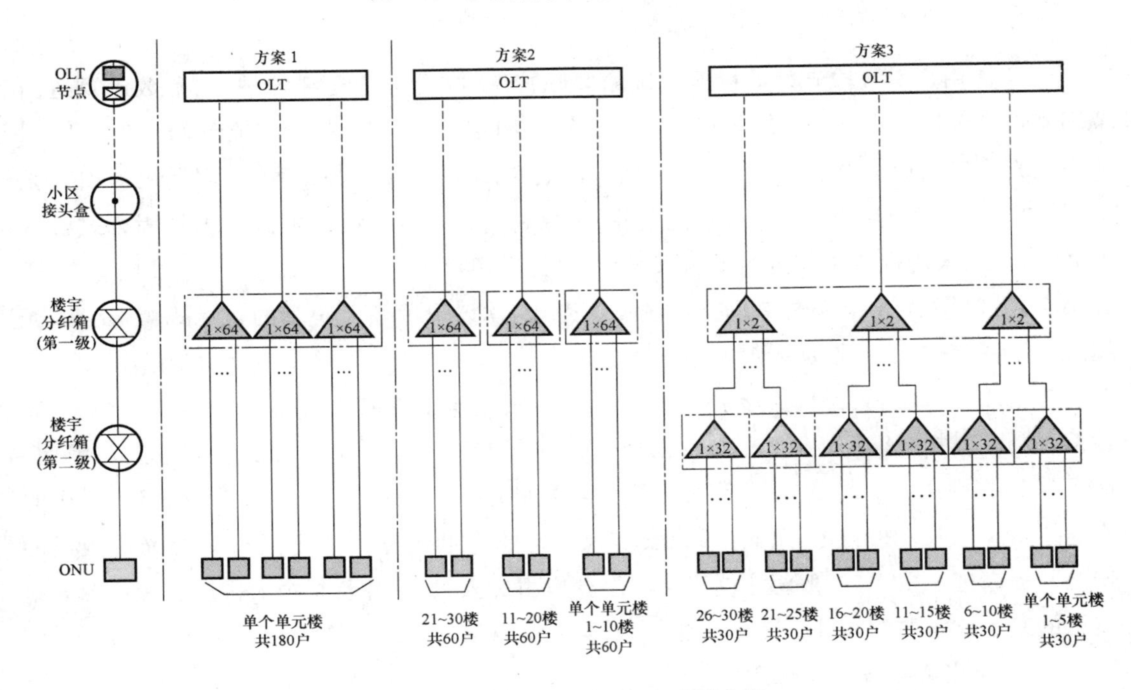

图7-45　高层楼宇住宅小区建设方案

3. 别墅区ODN建设方案

别墅区ODN建设方案如图7-46所示。

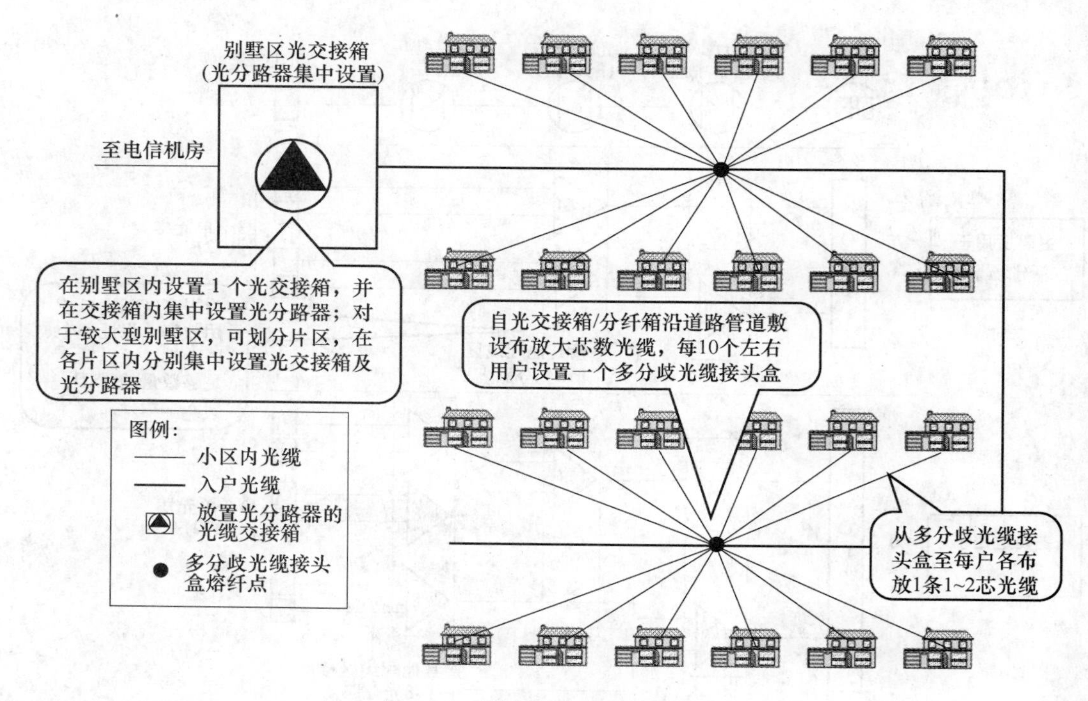

图 7-46　别墅区 ODN 建设方案

7.4.2　入户光缆线路施工

FTTH 用户引入段光缆需根据系统的实际情况，综合考虑光纤的种类、参数以及适用范围来选择合适的光纤和光缆结构。除通过管道和直埋方式敷设入户的光缆，一般 FTTH 入户段光缆应采用蝶形引入光缆，其性能应满足 YD/T 1997—2009《接入网用蝶形引入光缆》的要求。在室内环境下，通过垂直竖井、楼内暗管、室内明管、线槽或室内钉固方式敷设的光缆，建议采用白色护套的蝶形引入光缆，以提高用户对施工的满意度；在室外环境下，通过架空、沿建筑物外墙、室外钉固方式敷设的光缆，建议采用黑色护套的自承式蝶形引入光缆，以满足抗紫外线和增加光缆机械强度的要求。

与铜质引入线相比较，蝶形引入光缆质量轻，能给施工带来便利，但由于光纤直径小、韧性差，因此又对施工工具、仪表和施工技术提出了更高的要求，增加了施工难度。因此，FTTH 用户引入段光缆的施工及管理人员需要树立新的线路施工与管理理念，掌握先进的光缆线路施工及维护技术，重新组织、安排施工作业小组。为确保 FTTH 入户光缆敷设的安全并提高施工效率，一般每个施工小组至少应由 2 人组成，并且每个人都应掌握入户光缆装维的基本技术要领和施工操作方法。

1. 入户光缆敷设一般规定

(1) 入户光缆敷设前应考虑用户住宅建筑物的类型、环境条件和已有线缆的敷设路由，同时需要对施工的经济性、安全性以及将来维护的便捷性和用户满意度进行综合判断。

(2) 应尽量利用已有的入户暗管敷设入户光缆，对无暗管入户或入户暗管不可利用的住宅楼宜通过在楼内布放波纹管方式敷设蝶形引入光缆。

(3) 对于建有垂直布线桥架的住宅楼，宜在桥架内安装波纹管和楼层过路盒，用于穿放蝶形引入光缆。如桥架内无空间安装波纹管，则应采用缠绕管对敷设在内的蝶形引入光缆进行包扎，以起到对光缆的保护作用。

(4) 由于蝶形引入光缆不能长期浸泡在水中，因此一般不适宜直接在地下管道中敷设。

(5) 敷设蝶形引入光缆的最小弯曲半径应符合：敷设过程中不应小于 30 mm；固定后不应小于 15 mm。

(6) 一般情况下，蝶形引入光缆敷设时的牵引力不宜超过光缆允许张力的 80%；瞬间最大牵引力不得超过光缆允许张力的 100%，且主要牵引力应加在光缆的加强构件上。

(7) 应使用光缆盘携带蝶形引入光缆，并在敷设光缆时使用放缆托架，使光缆盘能自动转动，以防止光缆被缠绕。

(8) 在光缆敷设过程中，应严格注意光纤的拉伸强度、弯曲半径，避免光纤被缠绕、扭转、损伤和踩踏，如图 7-47 所示。

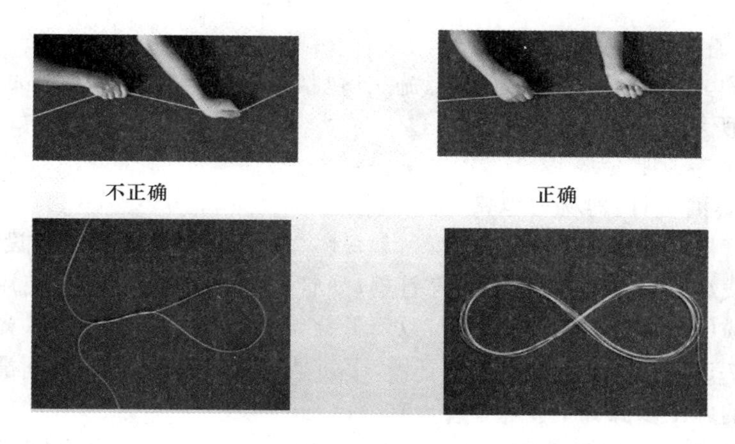

图 7-47　正确缠绕和拽拉蝶形引入光缆

(9) 在入户光缆敷设过程中，如发现可疑情况，应及时对光缆进行检测，确认光纤是否良好。

(10) 蝶形引入光缆敷设入户后，为制作光纤机械接续连接插头预留的长度宜为：光缆分纤箱或光分路箱一侧预留 1.0 m，住户家庭信息配线箱或光纤面板插座一侧预留 0.5 m。应尽量在干净的环境中制作光纤机械接续连接插头，并保持手指的清洁。

(11) 入户光缆敷设完毕后应使用光源、光功率计对其进行测试，入户光缆段在 1 310 nm、1 490 nm 波长的光衰减值均应小于 1.5 dB，如入户光缆段光衰减值大于 1.5 dB，应对其进行修补，修补后还未得到改善的，需重新制作光纤机械接续连接插头或者重新敷设光缆。

(12) 入户光缆施工结束后，需用户签署完工确认单，并在确认单上记录入户光缆段的光衰减测定值，供日后维护参考。

2. 引入光缆具体场景的施工方法

(1) 建设与装维的分工界面

建设与装维的分工界面如图 7-48 所示。

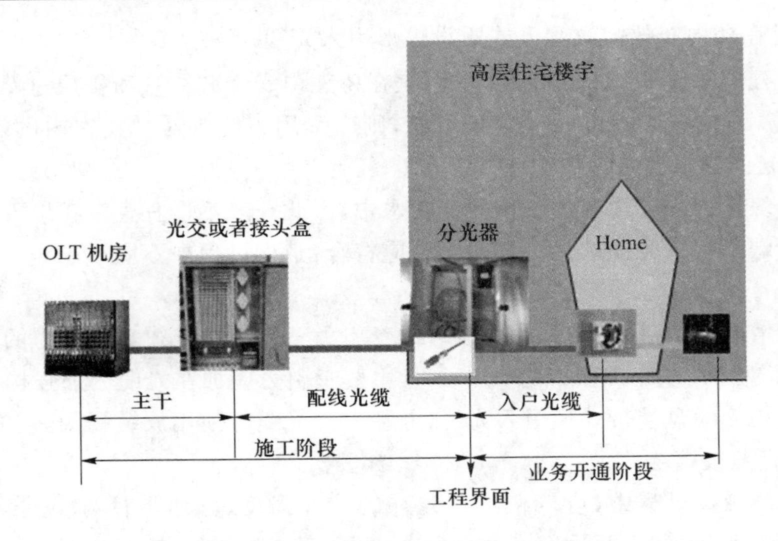

图 7-48　建设与装维的分工界面

(2) 施工工序流程

FTTH 入户光缆施工一般分为准备、施工(包括敷设、接续)和完工测试 3 个阶段,工序流程如图 7-49 所示。

(3) 重点工序说明

• 穿管布缆的工具、器材与步骤

常用的穿管器有两种类型:钢制穿管器和塑料穿管器。如在管孔中敷设有其他线缆,为防止损伤其他线缆,应使用塑料制成的穿管器;如管孔中无其他线缆,可使用钢线制成的穿管器。穿管布缆的常用器材是润滑剂,可以降低穿管器牵引线或蝶形引入光缆在穿放时的摩擦力。如图 7-50 所示,左边是钢质穿管器,中间是塑料穿管器,右边是润滑剂。

穿管布缆的施工步骤如下。

① 根据设备(光分路器、ONU)的安装位置,以及入户暗管和户内管路的实际布放情况,查找、确定入户管孔的具体位置。

② 先尝试把蝶形引入光缆直接穿放入暗管,如能穿通,即穿缆工作结束,至步骤⑧。

③ 无法直接穿缆时,应使用穿管器。如穿管器在穿放过程中阻力较大,可在管孔内倒入适量的润滑剂或者在穿管器上直接涂上润滑剂,再次尝试把穿管器穿入管孔内,如能穿通,至步骤⑥。

④ 如在某一端使用穿管器不能穿通的情况下,可从另一端再次进行穿放,如还不能成功,应在穿管器上作好标记,将牵引线抽出,确认堵塞位置,向用户报告情况,重新确定布缆方式。

⑤ 当穿管器顺利穿通管孔后,把穿管器的一端与蝶形引入光缆连接起来,制作合格的光缆牵引端头(穿管器牵引线的端部和光缆端部相互缠绕 20 cm,并用绝缘胶带包扎,但不要包得太厚),如在同一管孔中敷设有其他线缆,宜使用润滑剂,以防止损伤其他线缆。

⑥ 将蝶形引入光缆牵引入管时的配合是很重要的,应由两人进行作业,双方必须相互间喊话,如牵引开始的信号、牵引时的互相间口令、牵引的速度以及光缆的状态等。由于牵引端的作业人员看不到放缆端的作业人员,所以不能勉强硬拉光缆。

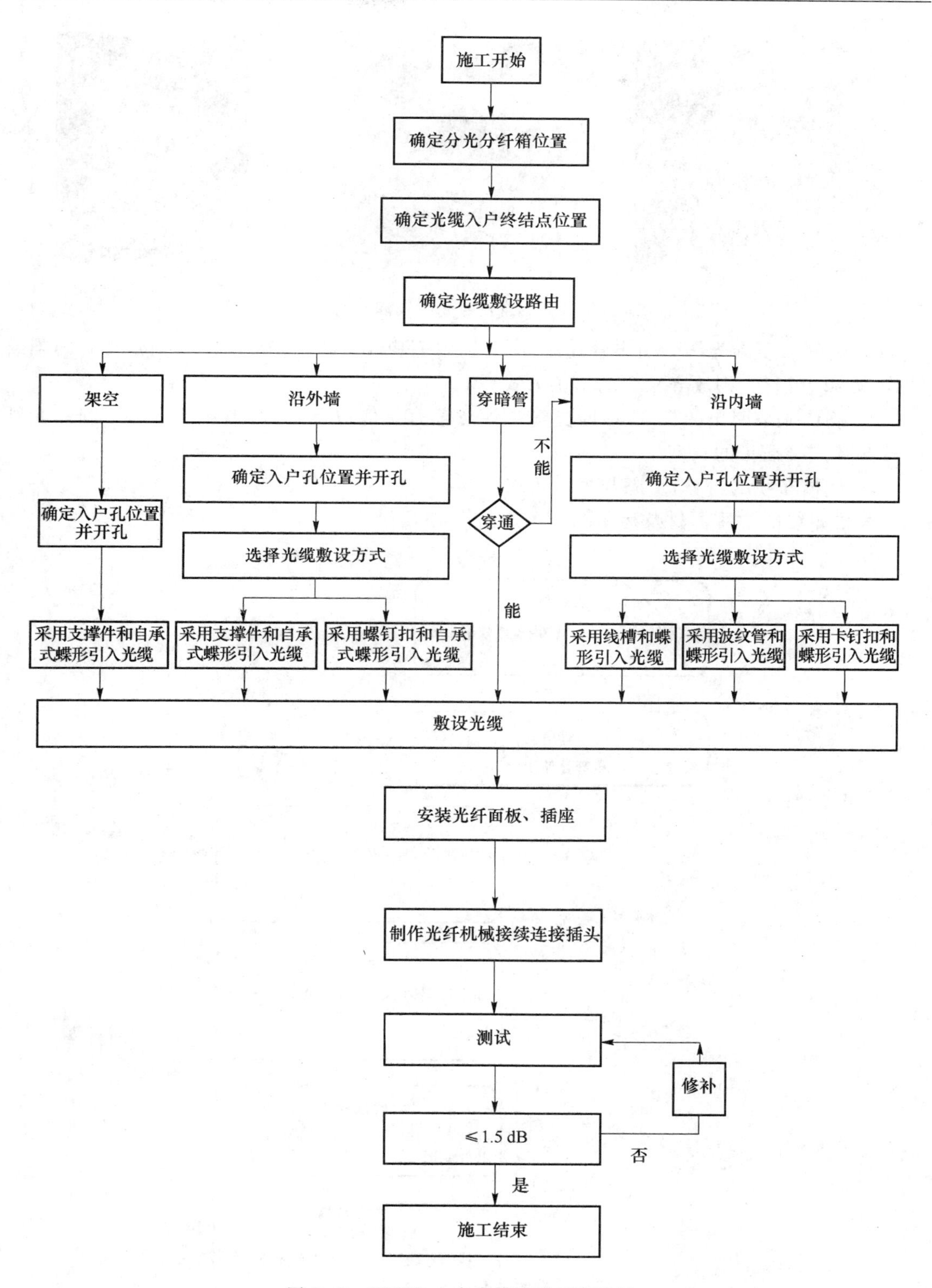

图 7-49　FTTH 入户光缆施工工序流程

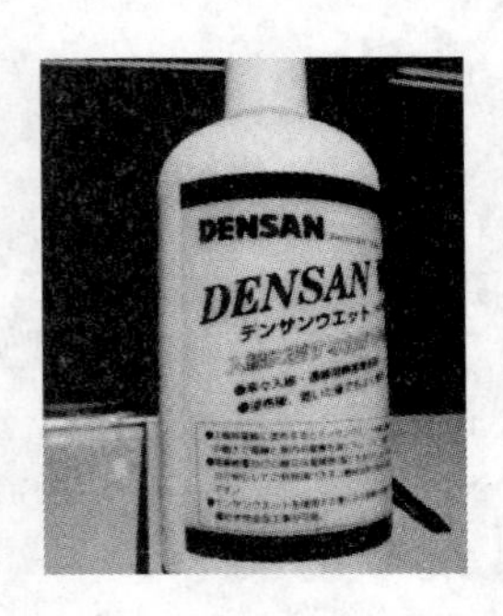

图 7-50　常用穿管器及润滑剂

⑦ 将蝶形引入光缆牵引出管孔后，应分别用手和眼睛确认光缆引出段上是否有凹陷或损伤，如果有损伤，则放弃穿管的施工方式。

⑧ 确认光缆引出的长度，剪断光缆。注意千万不能剪得过短，必须预留用于制作光纤机械接续连接插头的长度。

• 线槽布缆的器材、步骤与技术要求

线槽布缆的常用器材及运用场合等如图 7-51 所示。

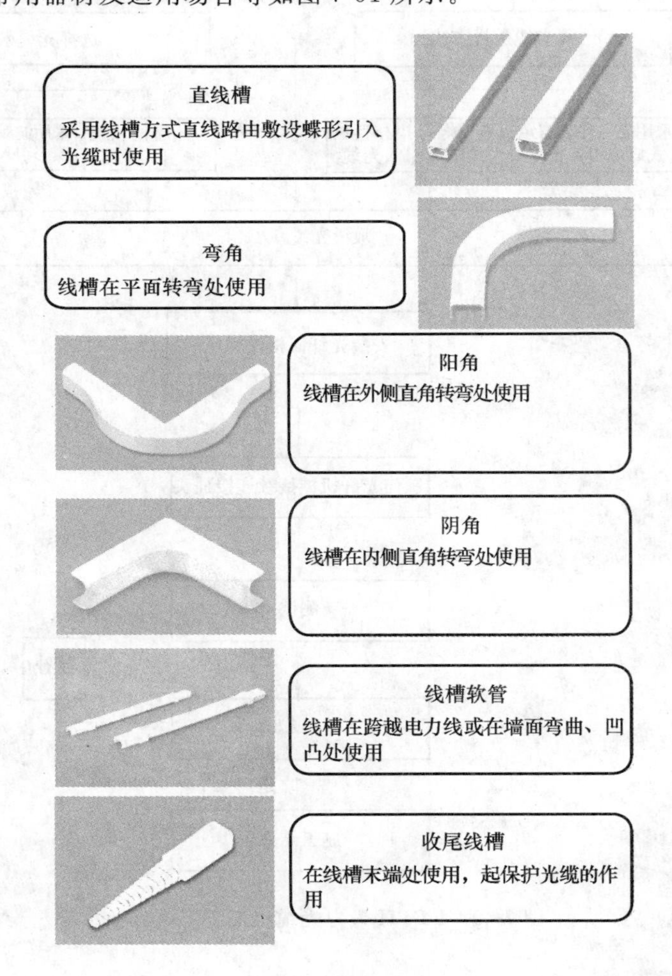

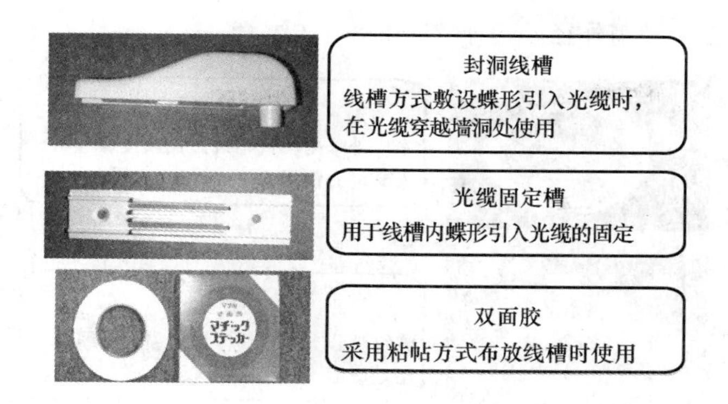

图 7-51　线槽布缆的常用器材

线槽布缆的施工步骤如下。

① 选择线槽布放路由。为了不影响美观，应尽量沿踢脚线、门框等布放线槽，并选择弯角较少，墙面平整、光滑的路由(能够使用双面胶固定线槽)。

② 选择线槽安装方式：双面胶粘贴方式或螺钉固定方式，两种方式的技术要求见图 7-52 所示。

③ 在采用双面胶粘贴方式时，应用布擦拭线槽布放路由上的墙面，使墙面上没有灰尘和垃圾，然后将双面胶贴在线槽及其配件上，并粘贴固定在墙面上。

④ 在采用螺钉固定方式时，应根据线槽及其配件上标注的螺钉固定位置，将线槽及其配件固定在墙面上，一般 1 m 直线槽需用 3 个螺钉进行固定。

⑤ 根据现场的实际情况对线槽及其配件进行组合，在切割直线槽时，由于线槽盖和底槽是配对的，一般不宜分别处理线槽盖和底槽。

⑥ 把蝶形引入光缆布放入线槽，关闭线槽盖时应注意不要把光缆夹在底槽上。

⑦ 确认线槽盖严实后，用布擦去作业时留下的污垢。

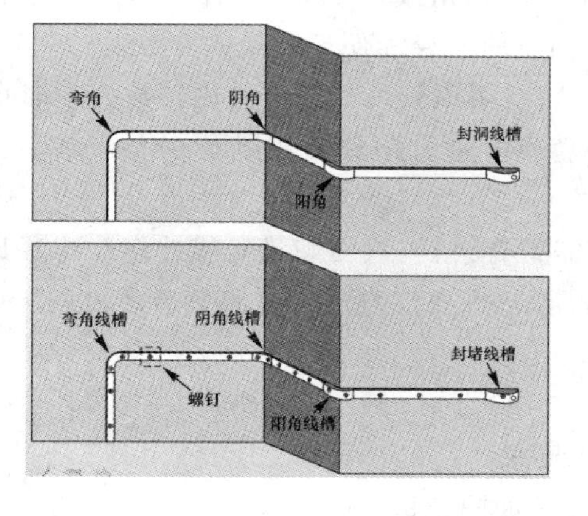

图 7-52　线槽固定技术要求

• 波纹管布缆的器材、步骤与技术要求

波纹管布缆的常用器材及运用场合等如图 7-53 所示。

波纹管布缆的施工步骤如下。

① 选择波纹管布放路由，波纹管应尽量安装在人手无法触及的地方，且不要设置在有

损美观的位置，一般宜采用外径不小于 25 mm 的波纹管。

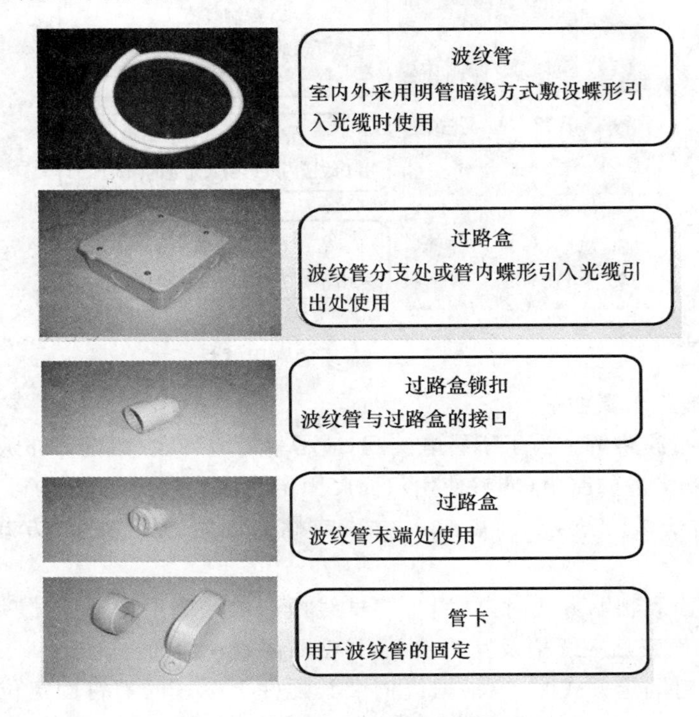

图 7-53 波纹管布缆的常用器材

② 确定过路盒的安装位置，在住宅单元的入户口处以及水平、垂直管的交叉处设置过路盒；当水平波纹管直线段长超过 30 m 或段长超过 15 m 并且有 2 个以上的 90°弯角时，应设置过路盒。

③ 安装管卡并固定波纹管，在路由的拐角或建筑物的凹凸处，波纹管需保持一定的弧度后安装固定，以确保蝶形引入光缆的弯曲半径和便于光缆的穿放。

④ 在波纹管内穿放蝶形引入光缆(在距离较长的波纹管内穿放光缆时可使用穿管器)。

⑤ 连续穿越两个直线路由过路盒或通过过路盒转弯以及在入户点牵引蝶形引入光缆时，应把光缆抽出过路盒后再行穿放。

⑥ 过路盒内的蝶形引入光缆不需留有余长，只要满足光缆的弯曲半径即可。光缆穿通后，应确认过路盒内的光缆没有被挤压，特别要注意通过过路盒转弯处的光缆。

⑦ 盖好各个过路盒的盖子。

波纹管布缆装置技术规格如图 7-54 所示。

• 钉固布缆的器材、步骤与技术要求

钉固布缆的常用器材及运用场合等如图 7-55 所示。

钉固布缆的施工步骤如下。

① 选好光缆钉固路由，一般光缆宜钉固在隐蔽且人手较难触及的墙面上。

② 在室内钉固蝶形引入光缆应采用卡钉扣；在室外钉固自承式蝶形引入光缆应采用螺钉扣。

③ 在安装钉固件的同时可将光缆固定在钉固件内，由于卡钉扣和螺钉扣都是通过夹住

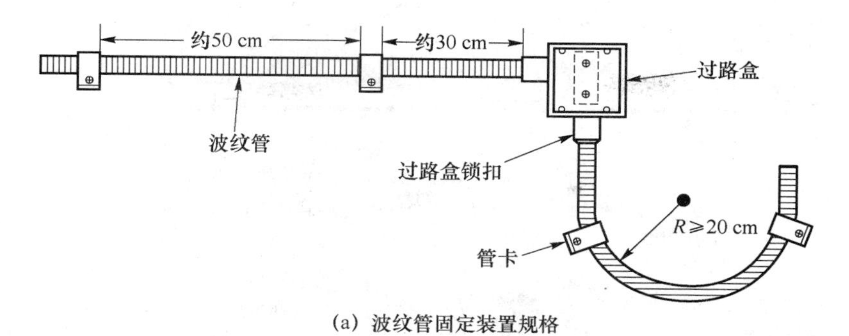

(a) 波纹管固定装置规格

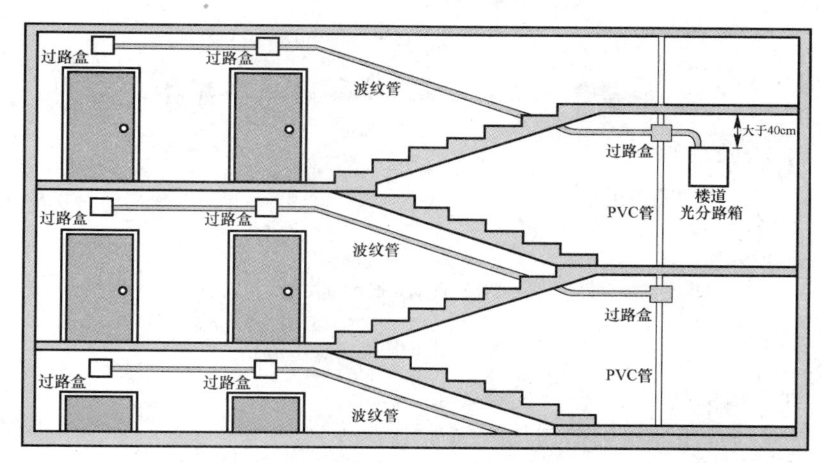

(b) 公寓式住宅楼内波纹管安装要求

图 7-54　波纹管安装技术规格

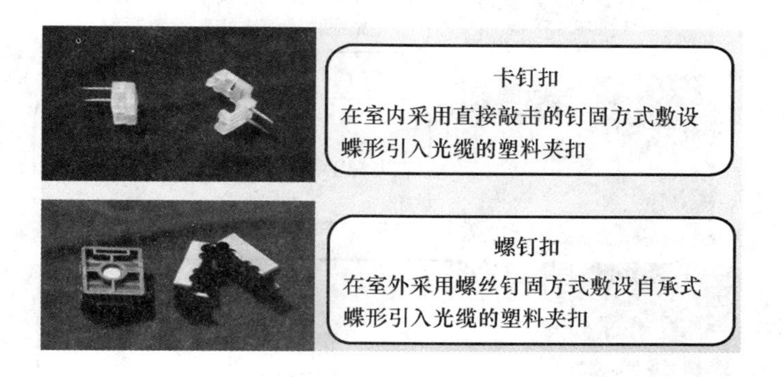

卡钉扣
在室内采用直接敲击的钉固方式敷设
蝶形引入光缆的塑料夹扣
螺钉扣
在室外采用螺丝钉固方式敷设自承式
蝶形引入光缆的塑料夹扣

图 7-55　钉固布缆的常用器材

光缆外护套进行固定的，因此在施工中应注意一边目视检查，一边进行光缆的固定，必须确保光缆无扭曲，且钉固件无挤压在光缆上的现象发生。

④ 在墙角的弯角处，光缆需留有一定的弧度，从而保证光缆的弯曲半径，并用套管进行保护。严禁将光缆贴住墙面沿直角弯转弯。

⑤ 采用钉固布缆方法布放光缆时需特别防止光缆的弯曲、绞结、扭曲、损伤等现象发生。

⑥ 光缆布放完毕后，需全程目视检查光缆，确保光缆没有受外力挤压。

钉固布缆装置技术规格如图 7-56 所示。

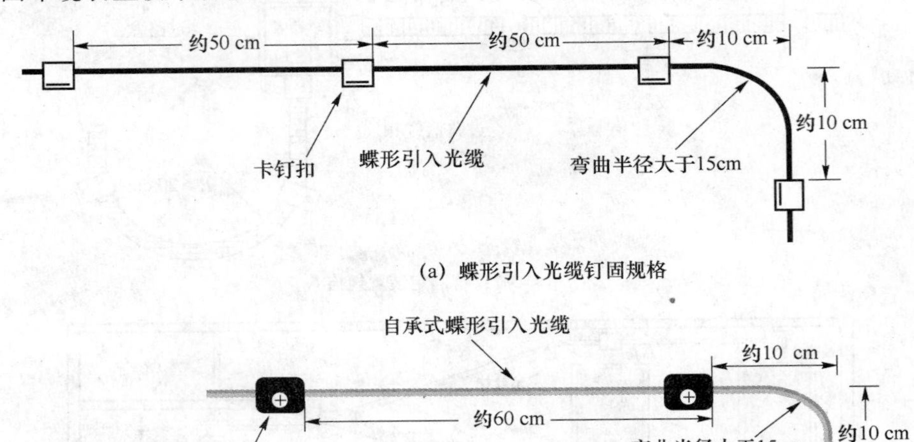

(a) 蝶形引入光缆钉固规格

(b) 自承式蝶形引入光缆钉固规格

图 7-56 钉固布缆装置技术规格

- 支撑件布缆的器材、步骤与技术要求

支撑件布缆的常用器材及运用场合等如图 7-57 所示。

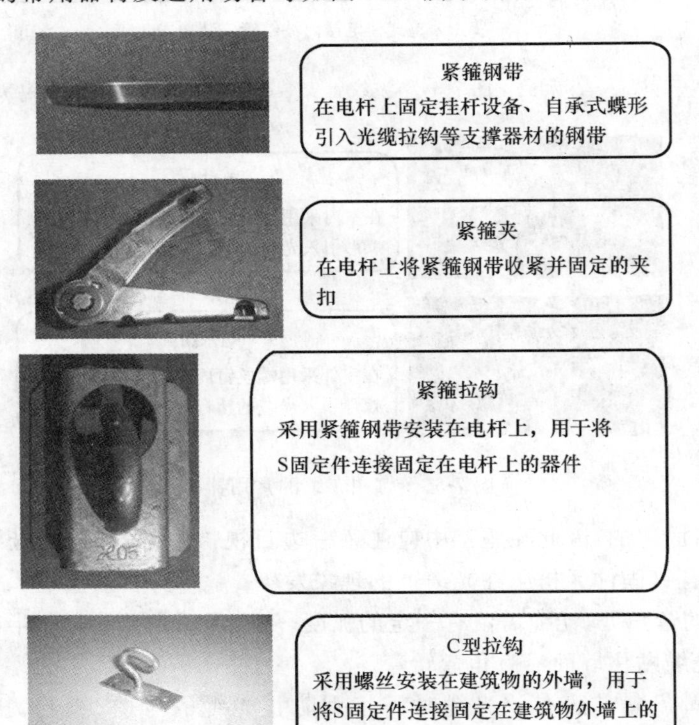

紧箍钢带
在电杆上固定挂杆设备、自承式蝶形引入光缆拉钩等支撑器材的钢带
紧箍夹
在电杆上将紧箍钢带收紧并固定的夹扣
紧箍拉钩
采用紧箍钢带安装在电杆上，用于将S固定件连接固定在电杆上的器件
C型拉钩
采用螺丝安装在建筑物的外墙，用于将S固定件连接固定在建筑物外墙上的器件

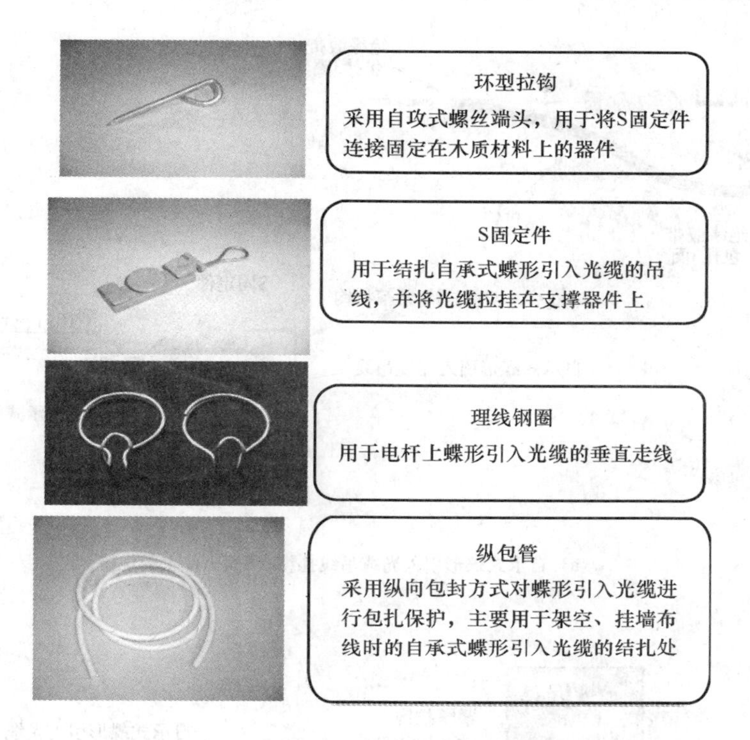

图 7-57　支撑件布缆的常用器材

支撑件布缆的施工步骤如下。

① 确定光缆的敷设路由，并勘察路由上是否存在可利用的用于已敷设自承式蝶形引入光缆的支撑件，一般每个支撑件可固定 8 根自承式蝶形引入光缆。

② 根据装置牢固、间隔均匀、有利于维修的原则选择支撑件及其安装位置。

③ 采用紧箍钢带与紧箍夹将紧箍拉钩固定在电杆上；采用膨胀螺丝与螺钉将 C 型拉钩固定在外墙面上，对于木质外墙可直接将环型拉钩固定在上面。

④ 分离自承式蝶形引入光缆的吊线，并将吊线扎缚在 S 固定件上，然后拉挂在支撑件上，当需敷设的光缆长度较长时，宜选择从中间点位置开始布放。

⑤ 用纵包管包扎自承式蝶形引入光缆吊线与 S 固定件扎缚处的余长光缆。

⑥ 自承式蝶形引入光缆与其他线缆交叉处应使用缠绕管进行包扎保护。

⑦ 在整个布缆过程中应严禁踩踏或卡住光缆，如发现自承式蝶形引入光缆有损伤，需考虑重新敷设。

支撑件布缆装置技术规格如图 7-58 所示。

• 墙壁开孔与光缆穿孔保护的器材、步骤与技术要求

墙壁开孔与光缆穿孔保护的常用器材及运用场合等如图 7-59 所示。

墙壁开孔与光缆穿孔保护的施工步骤如下。

① 根据入户光缆的敷设路由，确定其穿越墙体的位置。一般宜选用已有的弱电墙孔穿放光缆，对于没有现成墙孔的建筑物应尽量选择在隐蔽且无障碍物的位置开启过墙孔。

② 判断需穿放蝶形引入光缆的数量（根据住户数），选择墙体开孔的尺寸，一般直径为 10 mm 的孔可穿放 2 条蝶形引入光缆。

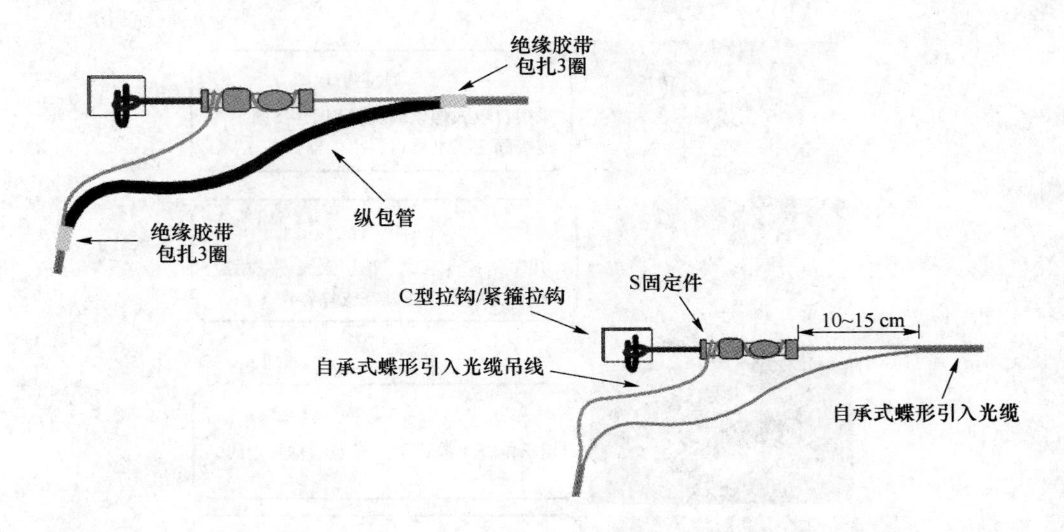

(a) 自承式蝶形引入光缆吊线扎缚在S固定件上的规格

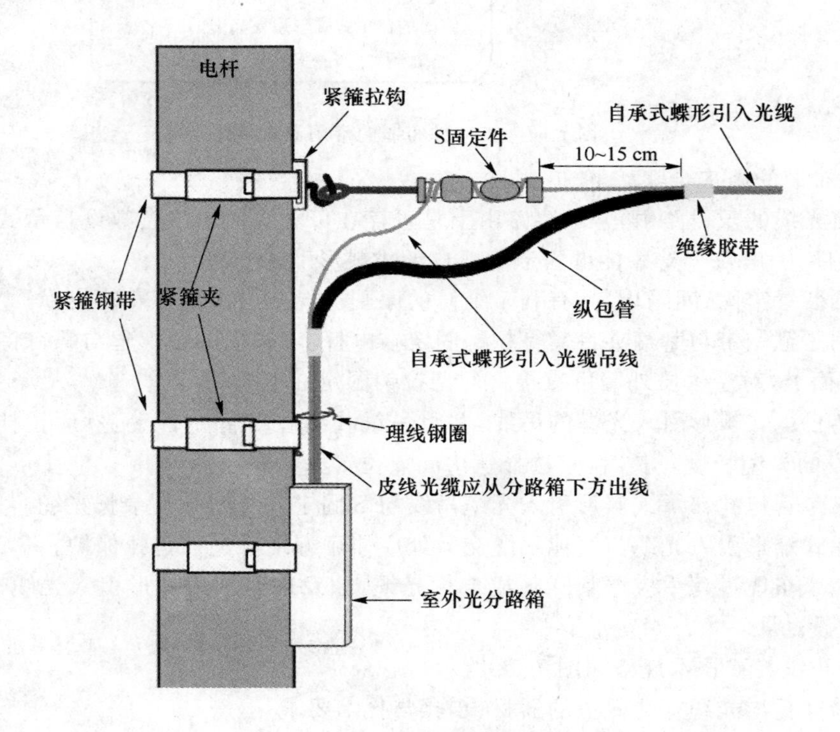

(b) 杆路终结处装置规格

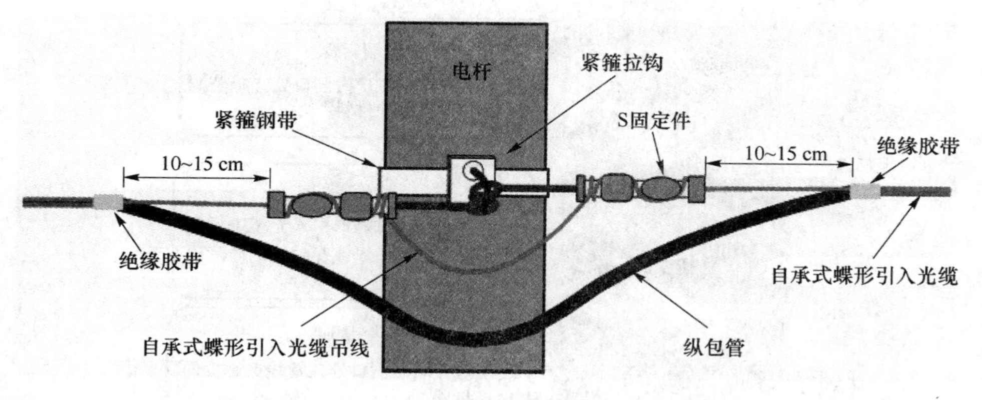

(c) 杆路中间处装置规格

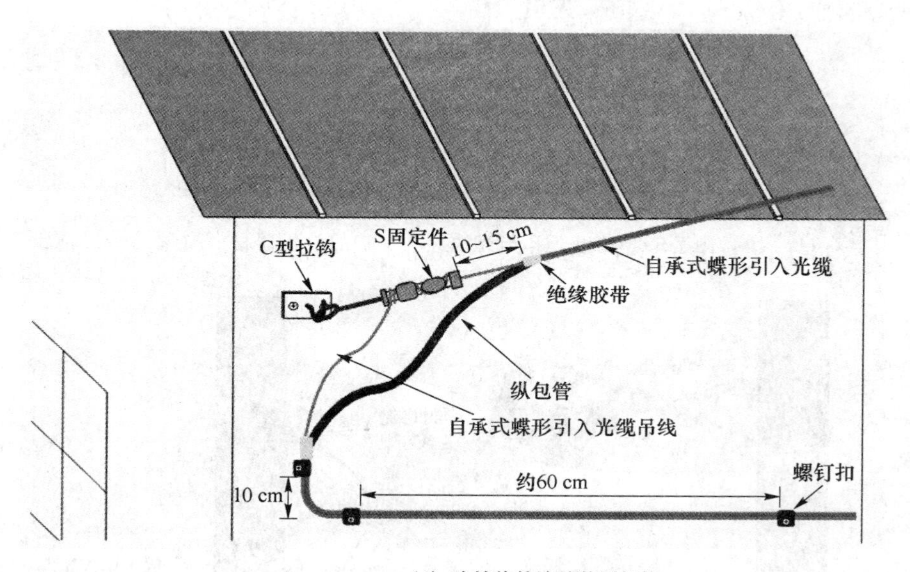

(d) 建筑物外墙处装置规格

图 7-58　支撑件布缆装置技术规格

③ 根据墙体开孔处的材质与开孔尺寸选取开孔工具(电钻或冲击钻)以及钻头的规格。

④ 为防止雨水的灌入,应从内墙面向外墙面并倾斜 10°进行钻孔。

⑤ 墙体开孔后,为了确保钻孔处的美观,内墙面应在墙孔内套入过墙套管或在墙孔口处安装墙面装饰盖板。

⑥ 如所开的墙孔比预计的要大,可用水泥进行修复,应尽量做到洞口处的美观。

⑦ 将蝶形引入光缆穿放过孔,并用缠绕管包扎穿越墙孔处的光缆,以防止光缆裂化。

⑧ 光缆穿越墙孔后,应采用封堵泥 、硅胶等填充物封堵外墙面,以防雨水渗入或虫类爬入。

⑨ 蝶形引入光缆穿越墙体的两端应留有一定的弧度,以保证光缆的弯曲半径。

墙壁开孔与光缆穿孔保护的技术规格如图 7-60 所示。

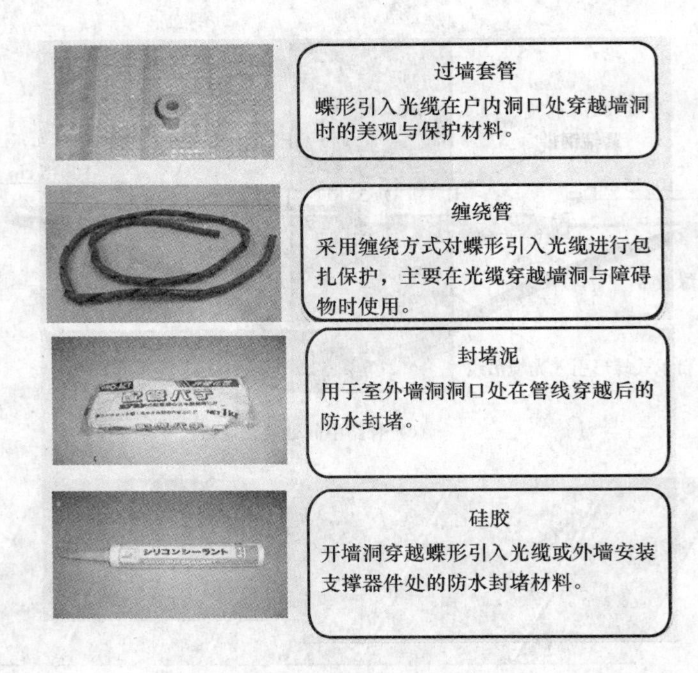

图 7-59　墙壁开孔与光缆穿孔保护的常用器材

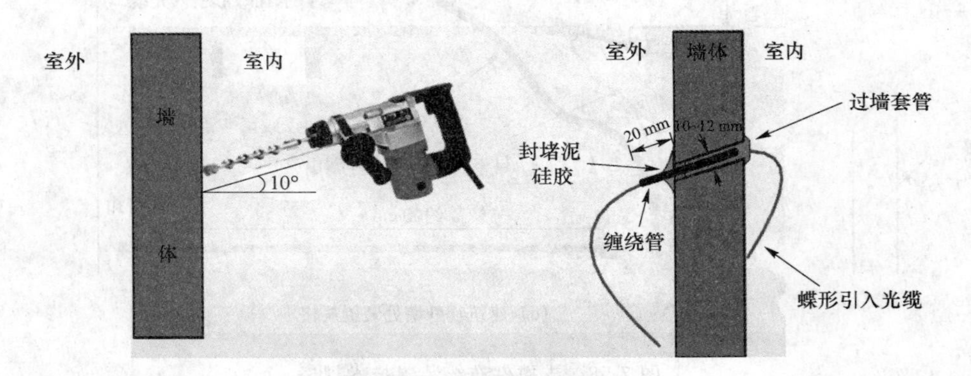

图 7-60　墙壁开孔与光缆穿孔保护的技术规格

7.5　安装与业务开通

7.5.1　光纤连接技术

光纤连接技术分两类:活动连接和固定连接。活动连接是光纤与光纤之间进行可拆卸(活动)连接,通过把光纤的两个端面精密对接起来,以使发射光纤输出的光能量能最大限度地耦合到接收光纤中去,并使由于其介入光链路而对系统造成的影响减到最小。光纤的固定连接包括机械式光纤接续和热熔接。机械式光纤接续俗称为光纤冷接,是指不需要热熔接机，通过简单的接续工具、利用机械连接技术实现单芯或多芯光纤永久连接的接续方式。热熔接也是一种永久性光纤连接，这种连接是用放电的方法将光纤在连接点熔化并连接在一起。其主要特点是连接衰减在所有的连接方法中最低，典型值为每点0.01～0.03 dB。

1. 热熔接

热熔接是指利用光纤熔接机的电弧放电，使光纤瞬间融化、对中的过程。

(1) 熔接工具

熔接工具包括光纤熔接机、剥管钳、光纤端面制备器(切割刀)、光纤、剥纤钳、无水酒精、脱脂棉(或面巾纸)、光纤补强热缩套管等，如图7-61所示。

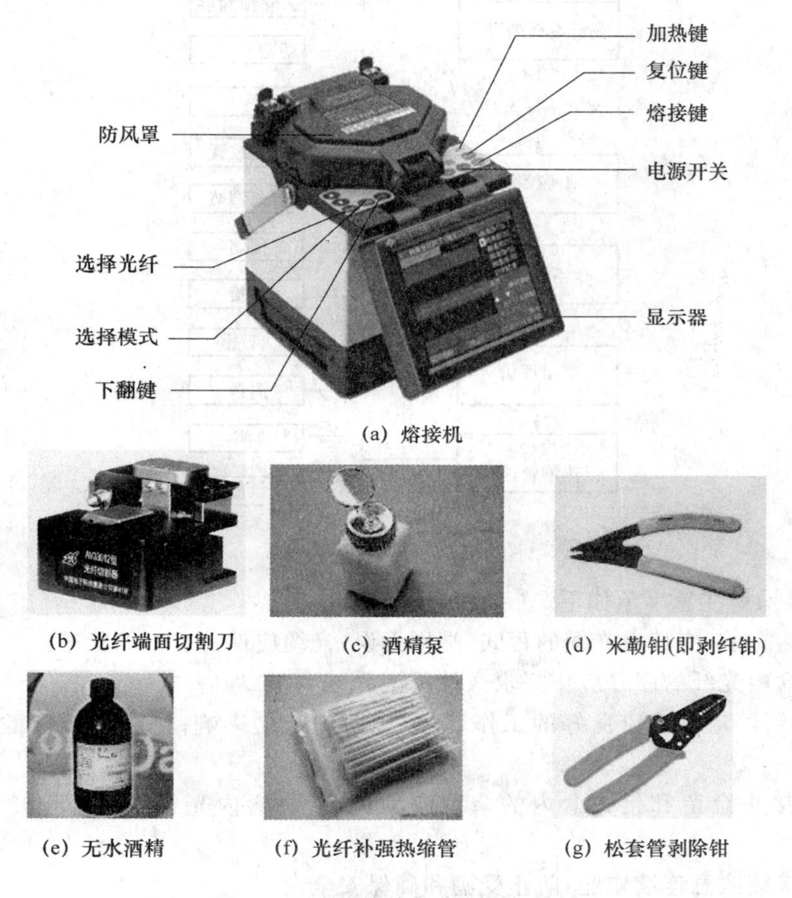

(a) 熔接机

(b) 光纤端面切割刀　(c) 酒精泵　(d) 米勒钳(即剥纤钳)

(e) 无水酒精　(f) 光纤补强热缩管　(g) 松套管剥除钳

图7-61　光纤熔接部分工具与器材

(2) 熔接流程与技术要求

光纤熔接的流程如图7-62所示。

光纤的端面处理，习惯上又称端面制备。这是光纤连接技术中的一项关键工序，尤其对于熔接法连接光纤来说尤为重要，对整个熔接质量的好坏有直接的影响。光纤端面处理包括去除套塑层、除涂覆层、清洗、切割。注意：这是光纤熔接最关键的一步，端面制备的好坏，直接影响光纤熔接的质量。

去除松套光纤套塑层，是将调整好(进刀深度)的松套切割钳旋转切割(一周)，然后用手轻轻一折，松套管便断裂，再轻轻从光纤上退下。一次去除长度，一般不超过60 cm，当需要去除的长度较长时，可分段去除。去除时应操作得当，避免损伤光纤。去除预涂覆层时，要一次性去除并且应干净，不留残余物，否则放置于微调整架的V形槽后，影响光纤的准直性。这一步骤主要是针对松套光纤而言的。用脱脂棉沾无水酒精，纵向清洗两次，听到“吱——”的声响。在连接技术中，制备端面是一项共同的关键工序，尤其是熔接法，要求光纤端面边缘整齐，无缺损、毛刺。光纤切割方法叫“刻痕”法切割，以获得平滑的端面。切割留长(16±1)mm。

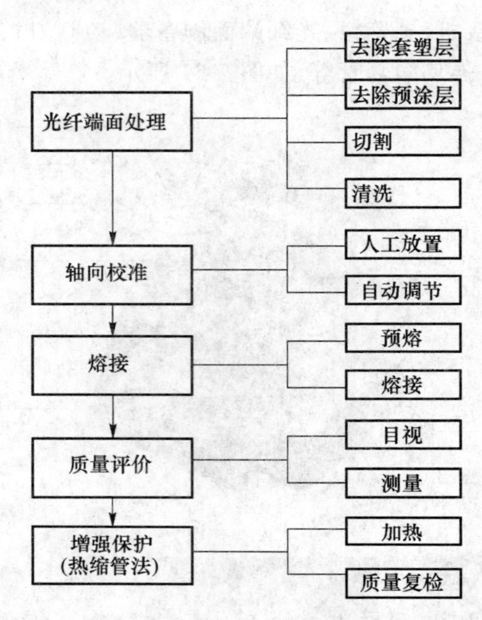

图 7-62　光纤熔接流程

光纤熔接操作注意事项如下。

① 光纤熔接前，应核对光缆的程式、端别无误；光缆应保持良好的状态。

② 接头盒内光纤的序号应作好永久性标记。

③ 光缆接续，应创造较良好的工作环境，以防止灰尘影响；在雪雨天施工应避免露天作业。

④ 光缆接头余留和接头盒内的余留应满足，接头盒内光纤最终余留长度应不少于60 cm。

⑤ 光缆接续注意连续作业，防止受潮和确保安全。

⑥ 光缆接头的连接损耗，应低于内控指标；每条光纤通道的平均连接损耗，应达到设计文件的规定值。

⑦ 做好光纤熔接后的收尾工作：仪表工具的清理、清洗熔接机及切割刀及施工现场的恢复。

2. 活动连接

(1) 活动连接接头类型

国际电信联盟将活动连接定义为：用以稳定地，但并不是永久地连接两根或多根光纤的无源组件。活动连接是用于光纤与光纤之间进行可拆卸(活动)连接的器件：它是把光纤的两个端面精密对接起来，以使发射光纤输出的光能量能最大限度地耦合到接收光纤中，并使由于其介入光链路而造成的衰减减到最小。光纤连接器按连接头结构类型可分为FC、SC、ST、LC、D4、DIN、MU、MT-RJ等型，这8种接头中，我们在平时的局域网工程中最常见到和业界用得最多的是FC、SC、ST、LC、MT-RJ(见图7-63)，我们只有认识了这些接口，才能在工程中正确选购光纤跳线、尾纤、GBIC光纤模块、SFP(mini GBIC)光纤模块、光纤接口交换机、光纤收发器、耦合器(或称适配器)。光纤连接器的插针研磨形式有FLAT PC、PC、APC等。

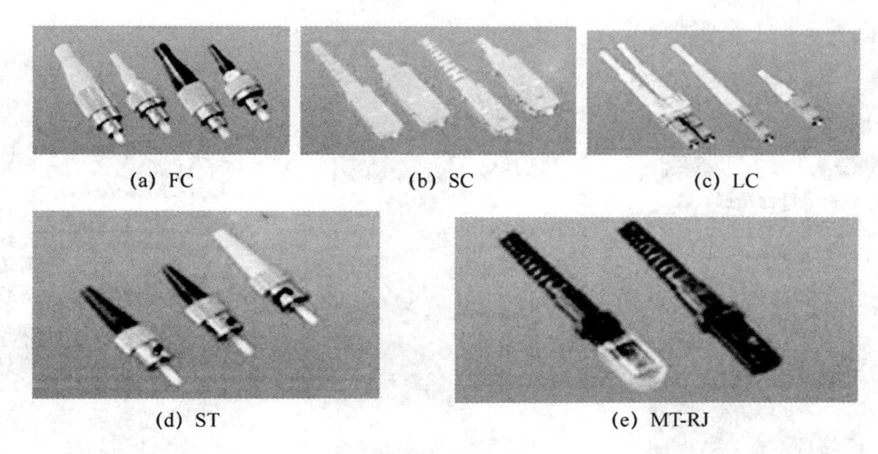
(a) FC　(b) SC　(c) LC　(d) ST　(e) MT-RJ

图7-63　各式光纤活动连接器接头

(2) 光纤活动连接端头制作工具如图7-64所示。

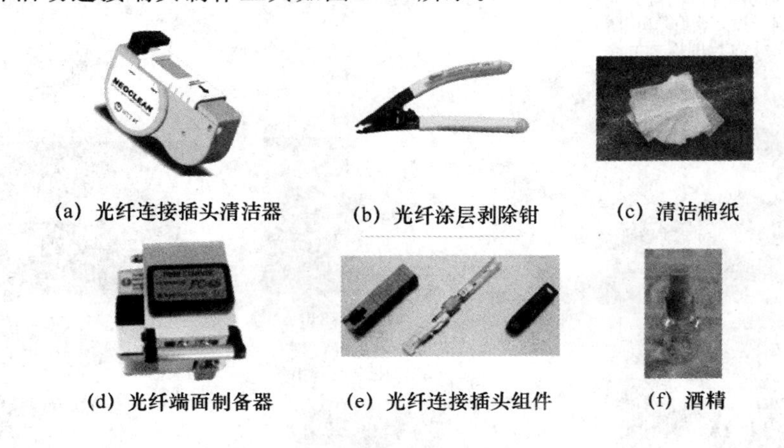
(a) 光纤连接插头清洁器　(b) 光纤涂层剥除钳　(c) 清洁棉纸　(d) 光纤端面制备器　(e) 光纤连接插头组件　(f) 酒精

图7-64　光纤活动连接端头制作工具

(3) 机械接线子接续过程举例(见图7-65)。

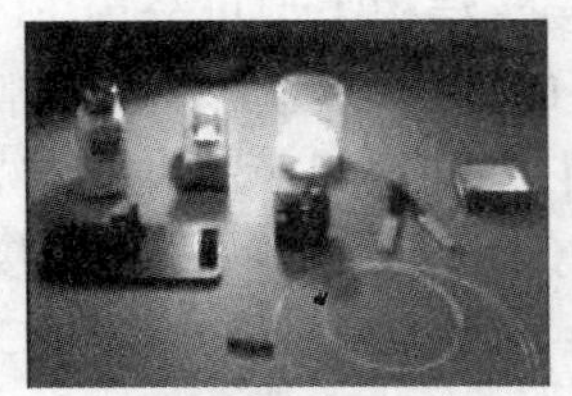
(a) 接续前的准备工作。

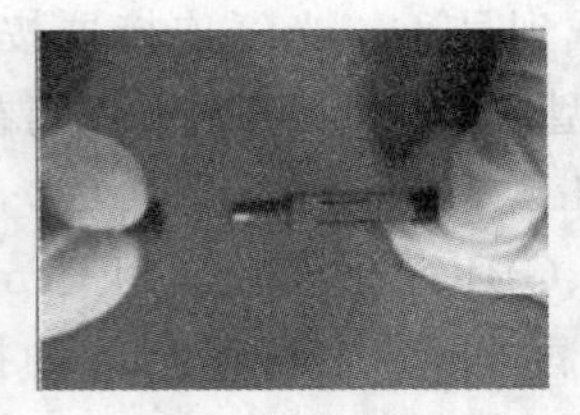
(b) 拧开螺母待用。

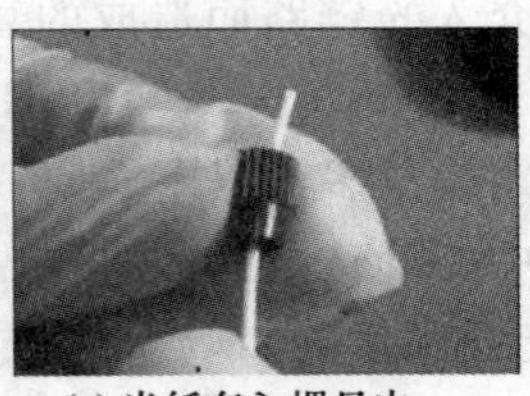
(c) 光纤套入螺母内。

(d) 剥掉光纤涂覆层，裸纤长约30 mm。

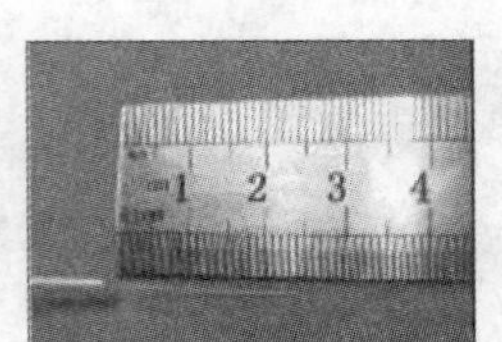

(e) 测量已剥好的裸光纤长度。

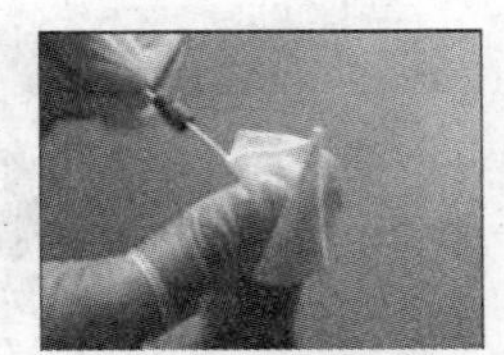
(f) 用无尘纸或无尘布蘸少量酒精紧贴裸光纤擦拭干净，必要时请重复清洁。

(g) 把光纤放入相应的切割位置进行切割。切割长度：ϕ900 μm的光纤为长度12 mm；ϕ250 μm的光纤长度为11 mm。

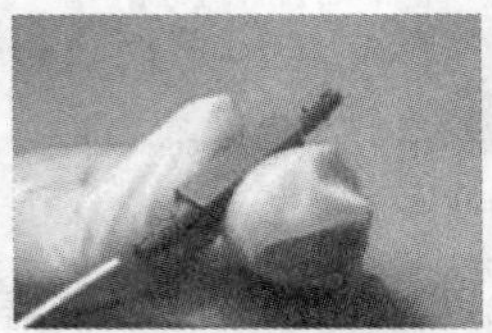
(h) 把已切割好的光纤小心地插入接续导向口内。

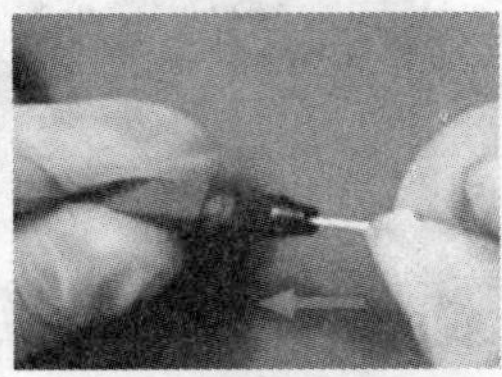
(i) 用手轻推光纤，确定光纤在对准位置。

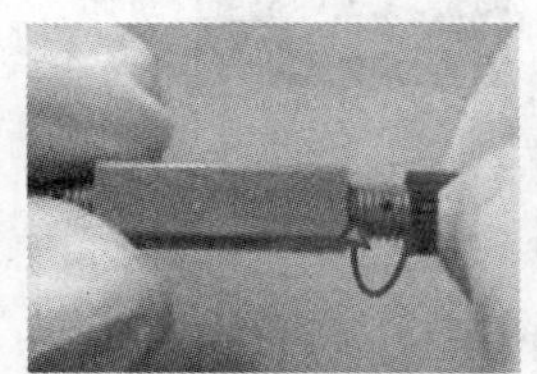
(j) 先拧紧一侧螺母。

(k) 重复操作以上2~8步，接入第二根光纤，把产品放入接续夹具内。

(l) 把光纤放入海绵内夹好，微弯成拱形。

(m) 推动光纤以保证两光纤对准。

(n) 拧紧另一侧螺母。

(o) 从夹具上取出产品，接续完成。

图 7-65　机械接线子接续过程举例

（4）入户皮线光缆的端接方式（见图 7-66）。

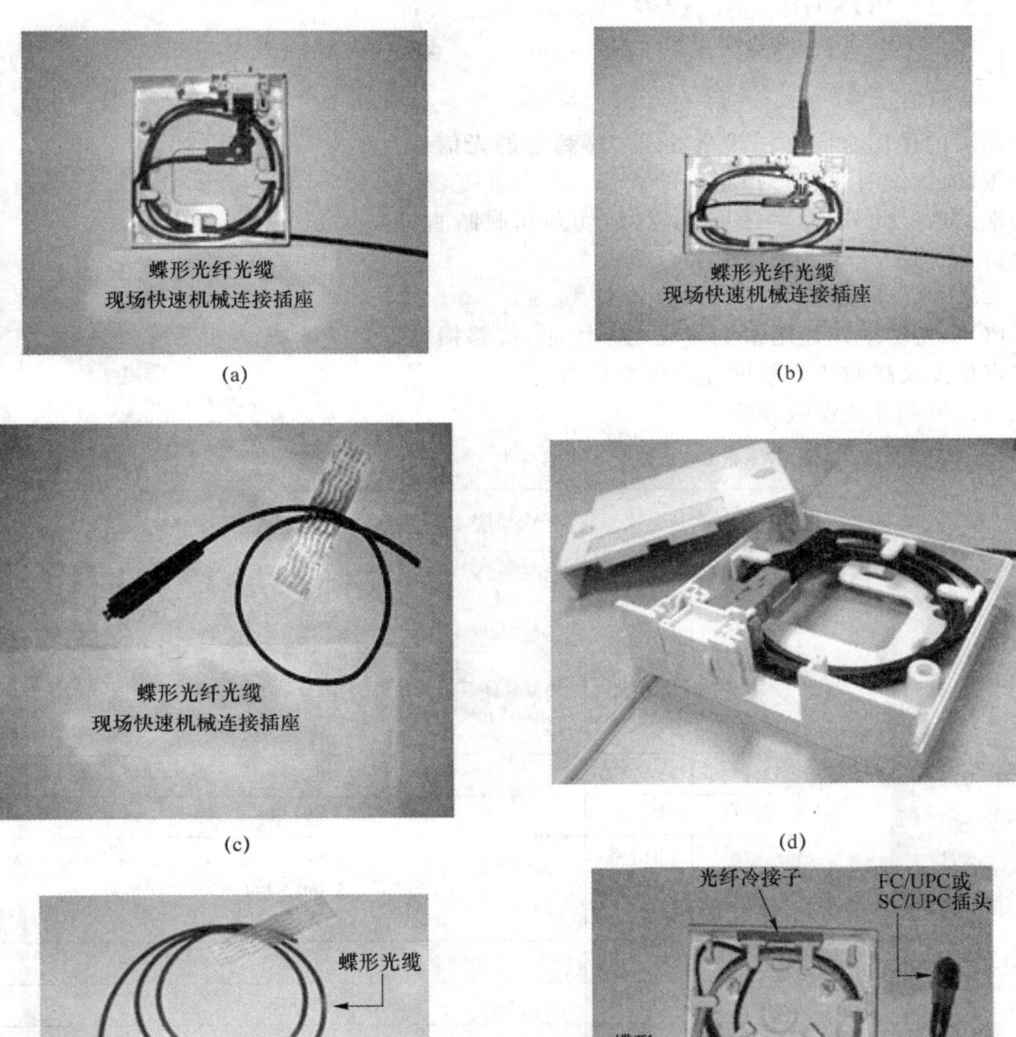

(a)　(b)　(c)　(d)　(e)

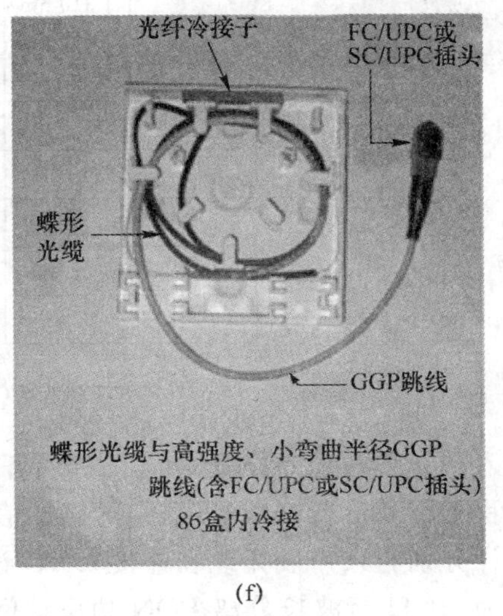

(f)

图 7-66　入户皮线光缆的各种端接方式

7.5.2 PON 中的测试仪表与测试方法

1. 测试仪表

(1) 光源

光源的作用是向光缆线路发送功率稳定的光信号，以供测试，测试时注意选择正确的波长。但红光光源只能用来试通。此外，若为激光光源，请切勿用眼睛直视光出口，因为激光伤眼。如图 7-67 所示。

图 7-67 测试光源

(2) PON 光功率计

PON 光功率计是用来测量光功率大小、线路损耗、系统富裕度及接收机灵敏度等的仪表。

其外形和性能参数指标见图 7-68。

技术指标及选型

PON 光功率计		PPM-351B	PPM-352B	PPM-352B-EG	PPM-352B-EG-ER (BPOM)(EPOM)
功率测量范围/dBm	1 310 nm	5.5～－15	5.5～－15	5.5～－24	10～－40
	1 490 nm	1～－33	1～－33	1～－33	12～－40
	1 550 nm	15～－36	15～－36	15～－36	25～－40
突发模式测量功能		分路器至 ONT	分路器至 ONT	分路器至 ONT	中心局至 ONT
突发模式测量范围/dBm		5.5～－15	5.5～－15	5.5～－24	10～－33 10～－29
光回损/dB	1 550 nm	55			
通道插入损耗/dB		1.5			
光谱频带/nm	1 310 nm	1 260～1 360			
	1 490 nm	1 480～1 500			
	1 550 nm	1 539～1 565			
端口数		1		2	
功率不确定性/dB		0.5			
校准波长/nm		1 310,1 490,1 550			
电池工作时间/h		>30			
保修期/年		1			

图 7-68 PON 光功率计实物与参数

入户光缆敷设完毕及 ONU 安装、开通后，可以使用波长分离 PON 功率计进行 ODN 链路全程下行和上行衰减测试，它可以在信号穿通方式下工作，操作步骤为：将波长分离 PON 功率计分别与入户段光缆和连接 ONU 设备的光跳纤相连，此时测得的 1 310 nm 波长下的数值为 ONU 至波长分离 PON 功率计间的光纤链路损耗；1 490 nm 波长下的数值为 OLT 至波长分离 PON 功率计间的光纤链路损耗。使用波长隔离的 PON 光功率计测量，具有以下好处。

① 可以直接连接到网络中进行测量，不影响上行和下行光信号的传输。

② 可以同时测量所有波长的功率。

③ 可以检测光信号的突发功率。

④ 可以插入到网络中的任何一点进行故障诊断。

(3) 可调数显光衰减器

光衰减器是用于对光功率进行衰减的器件，它主要用于光纤系统的指标测量、短距离通信系统的信号衰减以及系统试验等场合。光衰减器要求重量轻、体积小、精度高、稳定性好、使用方便等。光衰减器是对光信号进行衰减的器件，当被测光纤输出光功率太强而影响到测试结果时，应在光纤测试链路中加入光衰减器，以得到准确的测试结果。光衰减器在光通信系统中主要用于调整中继段的线路衰减、评价光系统的灵敏度及校正光功率计等。光衰减器有两种类型：可变光衰减器和固定光衰减器。在这里，以可变数显光衰减器为主说明其原理结构和性能特征。图 7-69 是一款可调数显光衰减器的实物图。

图 7-69　可调数显光衰减器的实物图

(4) OTDR

光时域反射仪(OTDR)又称后向散射仪或光脉冲测试器，可用来测量光纤的插入损耗、反射损耗、光纤链路损耗、光纤长度、光纤故障点的位置及光功率沿路由长度的分布情况(即 P-L 曲线)等，同时它具有功能多、体积小、操作简便、可重复测量且无须其他仪表配合等特点，并具有自动存储测试结果、自带打印机等优点，是光纤光缆的生产、施工及维护工作中不可缺少的重要仪表。

① OTDR 的工作原理

图 7-70 所示为 OTDR 的原理框图。图中光源(E/O 变换器)在脉冲发生器的驱动下产生窄光脉冲，此光脉冲经定向耦合器入射到被测光纤；在光纤中传播的光脉冲会因瑞利散射

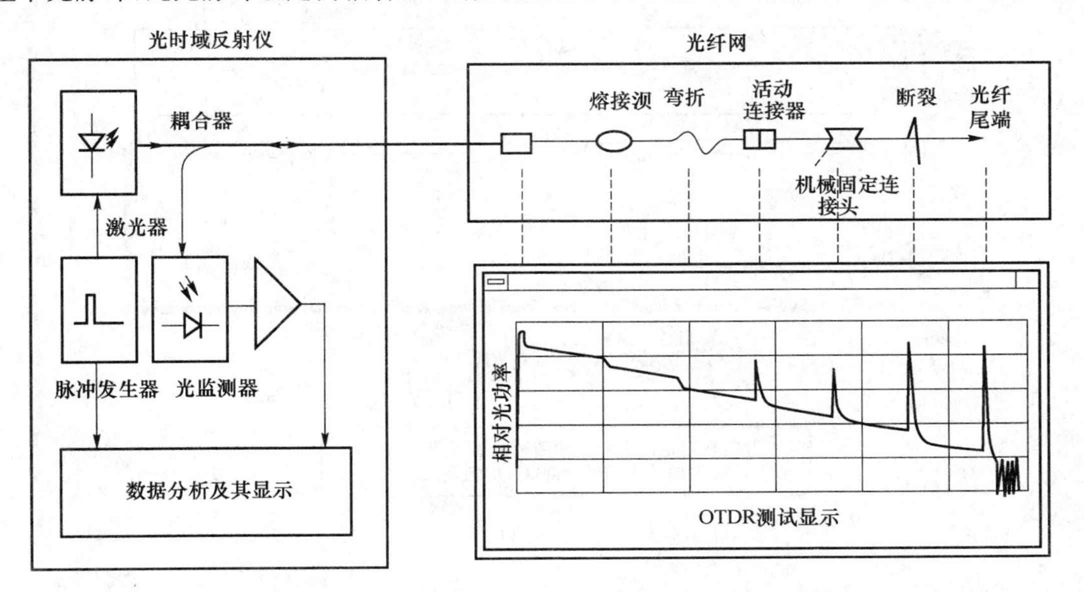

图 7-70　OTDR 原理框图

和菲涅尔反射产生反射光，该反射光再经定向耦合器后由检测器(O/E 变换器)收集，并转换成电信号；最后，对该微弱的电信号进行放大，并通过对多次反射信号进行平均化处理以改善信噪比后，由显示器显示出来。

显示器上所显示的波形即为通常所称的“OTDR 后向散射曲线(即 P-L 曲线)”，由该曲线图便可确定出被测光纤的长度、衰减、接头损耗以及判断光纤的故障点(若有故障)、分析出光功率沿长度分布情况等。

② 实际测试流程(见图 7-71)

③ 参数设置

- 量程：待测光纤长度的 1.2～1.5 倍。
- 波长：1 310 nm，1 550 nm，1 490 nm，1 625 nm。
- 折射率：1.46～1.48(以厂家给定的值为准)。
- 脉宽：长距离选择大脉宽，短距离选择小脉宽(根据曲线的分辨率来设定)。
- 平均处理：时间/次数(越长越精确)。

④ 测试曲线分析

各类“事件点”在曲线上的显示样式如图 7-72 所示。

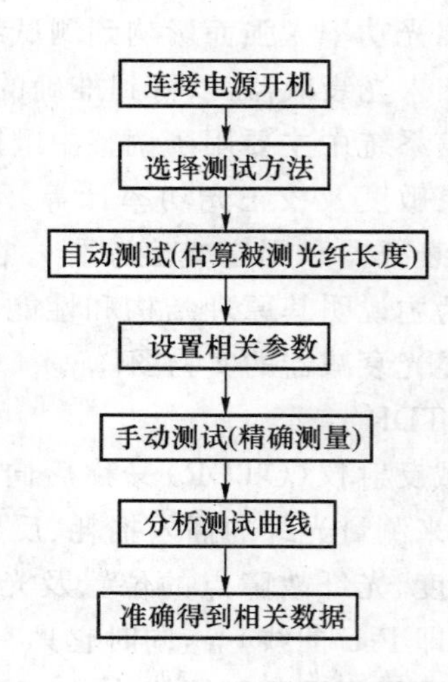

图 7-71　使用 OTDR 进行实际测试流程

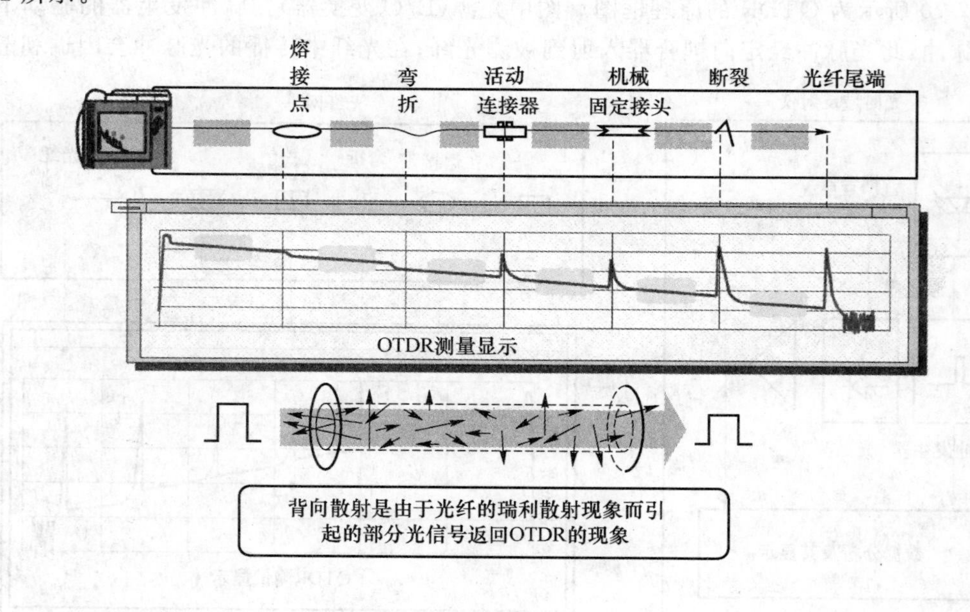

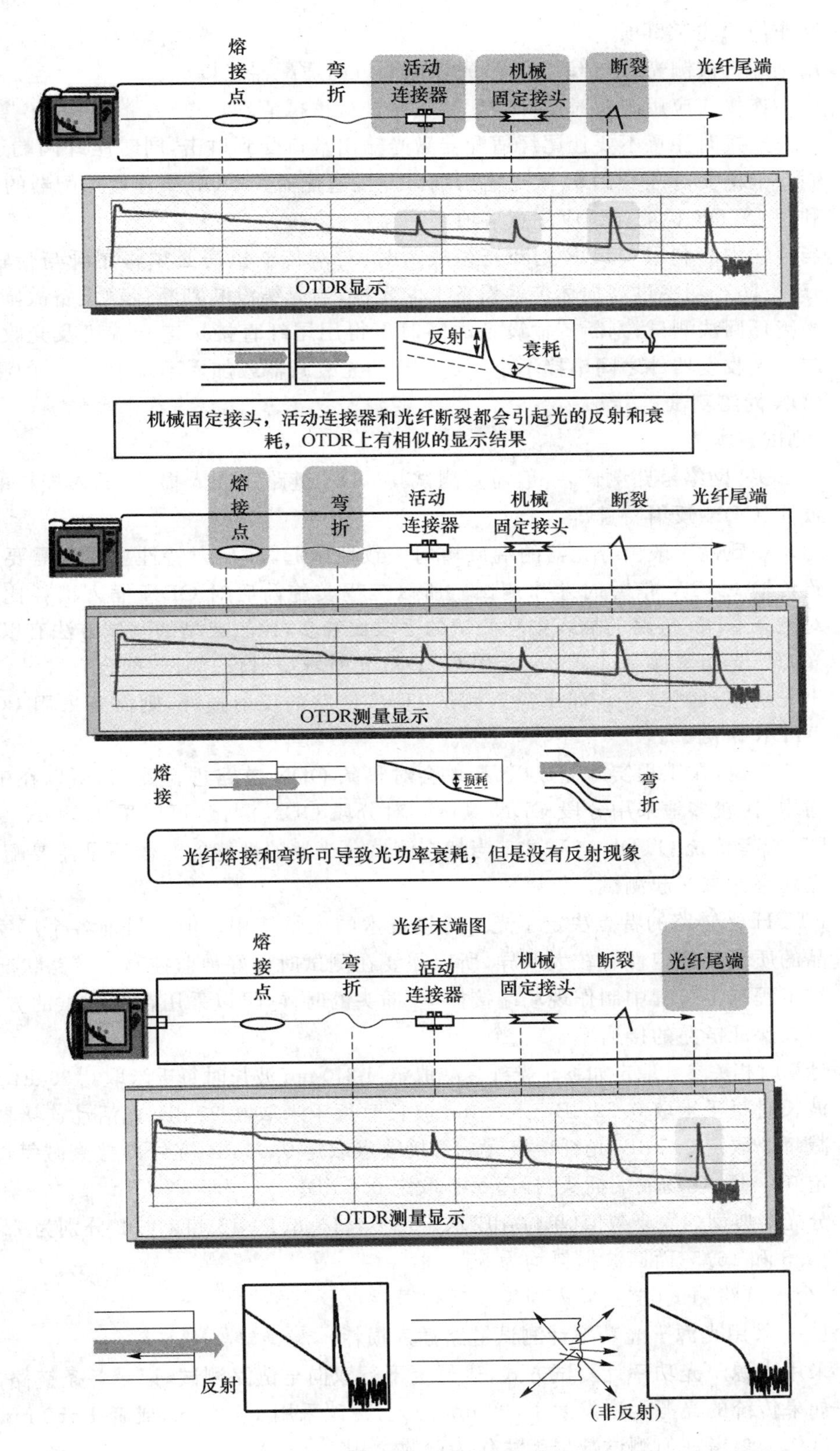

图 7-72　OTDR 各种“事件”的曲线分析

⑤ 操作使用注意事项

- 用尾纤将被测光纤与 OTDR 激光输出端口的适配器连接。

——连接前应用酒精对尾纤适配器端面进行擦拭清理；

——连接时注意不要让尾纤适配器激光输出端口受到碰击，同时尾纤两端适配器的卡槽要对准 OTDR 激光输出端口连接适配器和 ODF 架连接适配器的卡槽。

- 利用 OTDR 检测光纤应注意事项

当传输中断利用 OTDR 判断光缆故障时，对端传输机房必须将尾纤与传输设备断开，以防光功率过高损坏传输设备上的光板；当光缆没断判断传输设备故障时，采用光路环回法测试；判断传输设备故障时不得用尾纤直接短连光端机及光收发器件，应在光收发器件之间串接不小于 10 dB 的光衰减器或加入不短于 1 km 的测试纤。

2. PON 网络测试

(1) 测试基本要求

- 对 PON 网络链路测试，一般需要测试其 ODN 链路的插入损耗、插入损耗的均匀一致性、ODN 反射特性等。
- 均匀一致性一般由分光器的端口均匀一致性引起，而反射特性主要在需要 PON 链路传输 CATV 信号时才作测试。所以工程实施前后对 ODN 插入损耗比较关注。对整条 ODN 链路的插入损耗测试的手段比较多，比较典型的测试方法有以下几种：光源＋光功率计测试、PON 专用 OTDR(光时域反射仪)测试、配合有源设备(PON)＋光功率计测试等。如果需要测试 ODN 链路的反射损耗，则需要采用 PON 专用 OTDR 来测试。
- 一般来说，在工程实施完成以后，才会对整条 ODN 链路进行测试，所以在工程实施当中，比较多地采用分段 ODN 测试。对分段 ODN 测试，可以采用 PON 专用 OTDR 或者传统 OTDR 来测试。当然在测试分光器的性能的时候还是需要配合光源、光功率计来一起测试。
- FTTH 光链路的特点决定了光纤冷接技术的大量使用。但是目前各个厂家冷接产品的质量和稳定性有较大差异，所以需要在测试时更好地监控整条链路状况。
- 在工程施工过程中制作现场端接插座/插头的时候，可以采用在线测试的方法，这样可以保证链路的接通率。
- 计算时相关参数取定如下。光纤衰减取定：1 310 nm 波长时每千米取 0.36 dB，1 490 nm 波长时每千米取 0.22 dB，1 550 nm 波长时每千米取 0.22 dB；光活动连接器插入衰减每个取定 0.5 dB；光纤熔接衰减每接续点取定 0.05 dB；光纤冷接衰减每接续点取定 0.1 dB；现场成端插头/插座每个取定 0.5 dB。
- 分光器典型插入衰减值(单位：dB)取定：1∶4、1∶8、1∶16 和 1∶32 分别为 7.2、10.5、13.5 和 16.5；而回波损耗均为 55。

(2) 全程链路测试(链路插入损耗及反射损耗)

方法一：采用光源＋光功率计测试链路插入损耗

- 采用光源＋光功率计测试方式，进行上下行双向全链路测试，记录各条链路的损耗。如果传统的光源无法发射 1 490 nm 的光，建议采用 1 310 nm 或者 1 550 nm 的光测试作为参考。但测试数据无法作为验收之用。

- 需要两人分别在机房和用户端配合进行测试。测试之前打开光源发相应波长的光，将光功率计归零。为了保证测试数据的可靠性以及测试设备的长期使用性能，建议为光源、光功率计配置专门的跳纤，同时将跳纤一并计入归零链路。
- 开始测试之前包括测试过程中，注意保持光纤接头的清洁，避免影响测试准确度。如有必要，用光纤擦拭纸和酒精清洁接头。
- 在得出 ONU 设备 PON 口上行平均发送光功率的同时，可测出 OLT 的 1 490 nm 的下行光功率值，减去 OLT 设备 PON 口下行平均发送光功率，便是此条链路的全程光衰耗。
- 全程链路光衰减是否正常应考虑 OLT 端口发光功率、光缆长度、转接处衰耗值、分光器的分光比等因素。表 7-7 是部分链路的最大允许插损值。

表 7-7　部分链路最大允许插损值

PON 技术	标称波长	光模块类型/ODN 等级	最大允许插损/dB(上行/下行)
EPON	上行：1 310 nm 下行：1 490 nm	1000BASE-PX20	24/23.5
		1000BASE-PX20＋	28/28
		OLT 侧 1000BASE-PX20 ONU 侧 1000BASE-PX20＋	25/27
		OLT 侧 1000BASE-PX20＋ ONU 侧 1000BASE-PX20	27/24.5
GPON	上行：1 310 nm 下行：1 490 nm	Class B＋	28/28
		Class C＋	32/32

- 下行测试：光源放置在局端（靠近 OLT），将接 PON 接口的跳纤接至光源，发 1 490 nm 波长的光。光功率计放置在客户端（靠近 ONU），将接 ONU 的跳纤接至光功率计，调节光功率计接收波长为 1 490 nm。如果需要传输 CATV 信号下行，则要对1 550 nm 波长光进行测试。如图 7-73 所示。

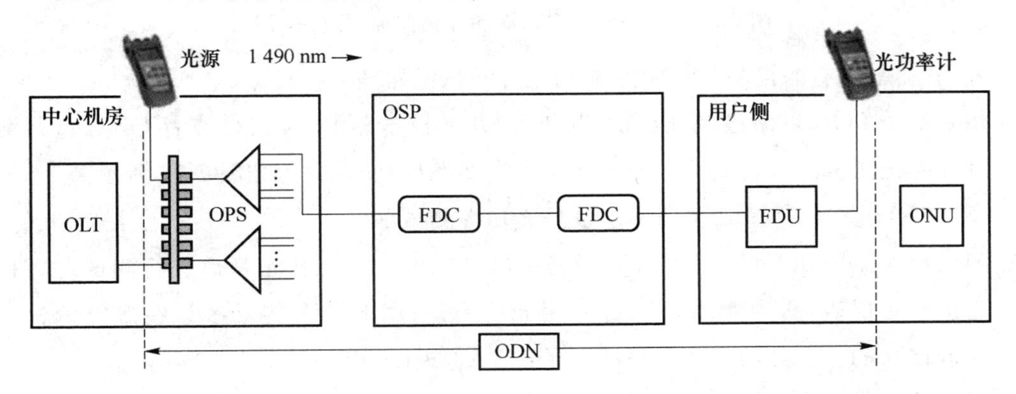

图 7-73　光源＋光功率计测试链路插入损耗(下行)

- 上行测试：光源放置在客户端（靠近 ONU），将接 ONU 的跳纤接至光源，发 1 310 nm 波长的光。光功率计放置在局端（靠近 OLT），将接 PON 接口的跳纤接至光功率计，调节光功率计接收模式为 1 310 nm。如图 7-74 所示。

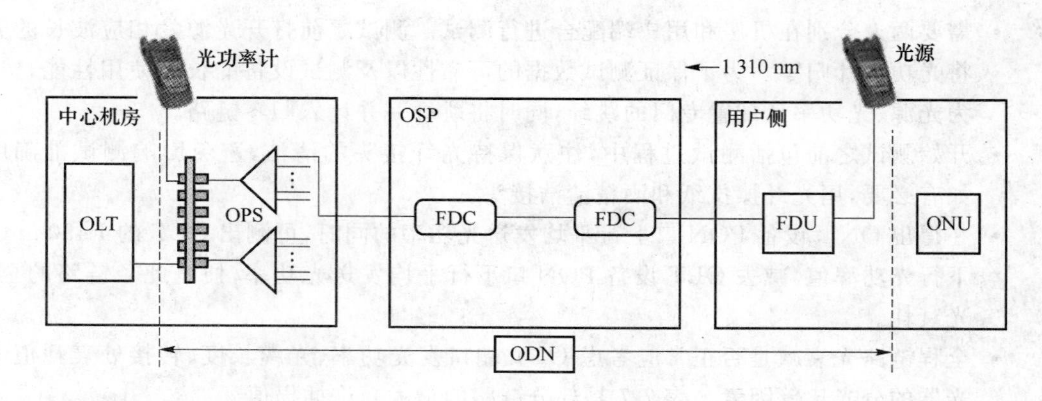

图 7-74　光源＋光功率计测试链路插入损耗(上行)

方法二:采用 PON 专用 OTDR 测试链路插入损耗及反射损耗

采用 PON 专用 OTDR 进行全链路插入损耗测试相对光源＋光功率计来说过程比较简单,同时得到的数据也比较精确,另外还可以同步测试链路反射损耗。将连接 OLT 的跳纤接至 OTDR,确保所有 ONU 与跳纤断开。这里以下行测试为例进行说明,如图 7-75 所示。

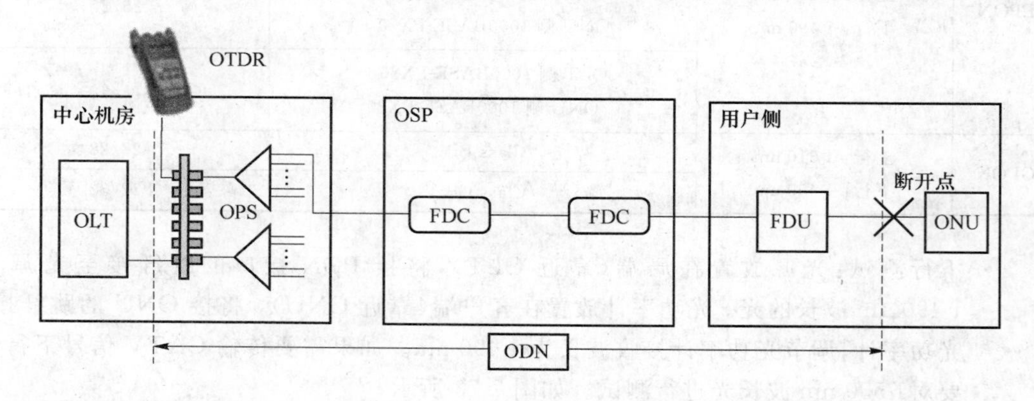

图 7-75　PON 专用 OTDR 测试链路插入损耗(下行)

方法三:配合有源设备(PON)＋光功率计测试链路插入损耗

如果整个 PON 网络已经开通,可以利用 OLT 设备的 PON 接口或者 ONU 进行测试,这样可以简化测试流程。测试原理与光源＋光功率计基本一样,如图 7-76 所示。

(3) ONU 设备 PON 口上行平均发送光功率测试

测试步骤:对 OLT 设备和 ONU 设备上电,待 PON 口工作正常后进行测试;如图 7-77 所示连接设备仪表,必须使用 FTTX 专用光功率计;用 FTTX 光功率计在 S 点测试,测出 1 310 nm 波长的上行光功率值。预期结果: －1.0～4.0 dBm。

(4) 光分路器插入损耗测试

测试步骤:如图 7-78 所示连接好设备、仪表;在“0”点测试 OLT 的下行光功率;在“1”点测试经过光分路器第一条分路后的光功率;“1”点光功率与“0”点光功率的差值就是第一条分路的插入损耗。同理,分别计算出第“2、3、…、32”条分路的插入损耗。

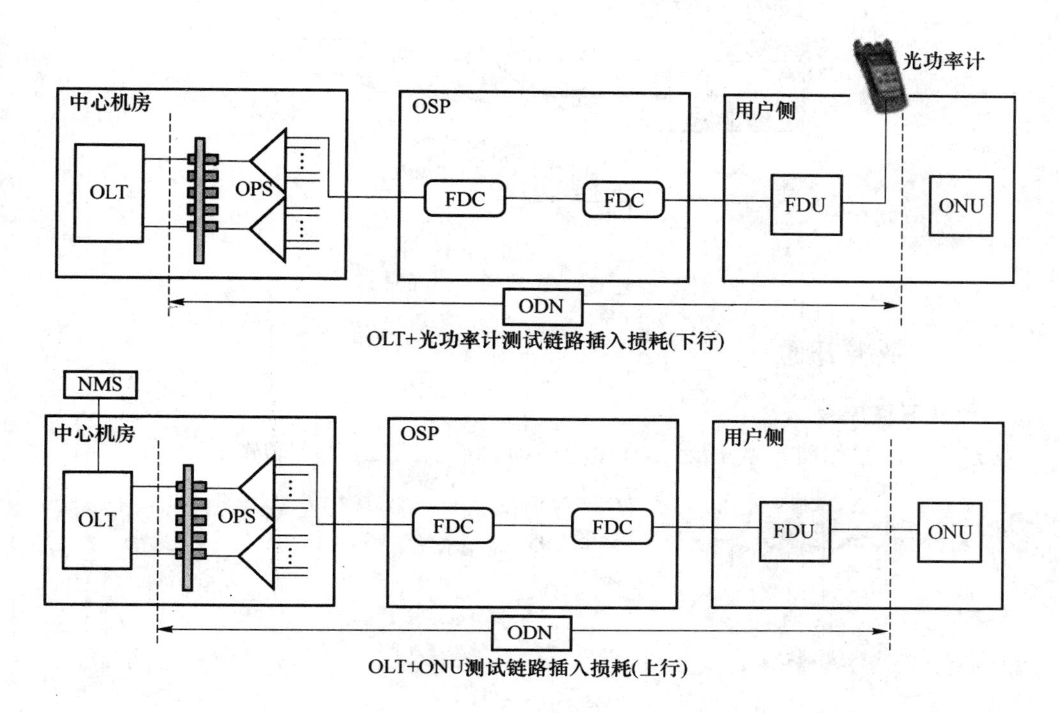

图 7-76　配合有源设备(PON)＋光功率计测试链路插入损耗

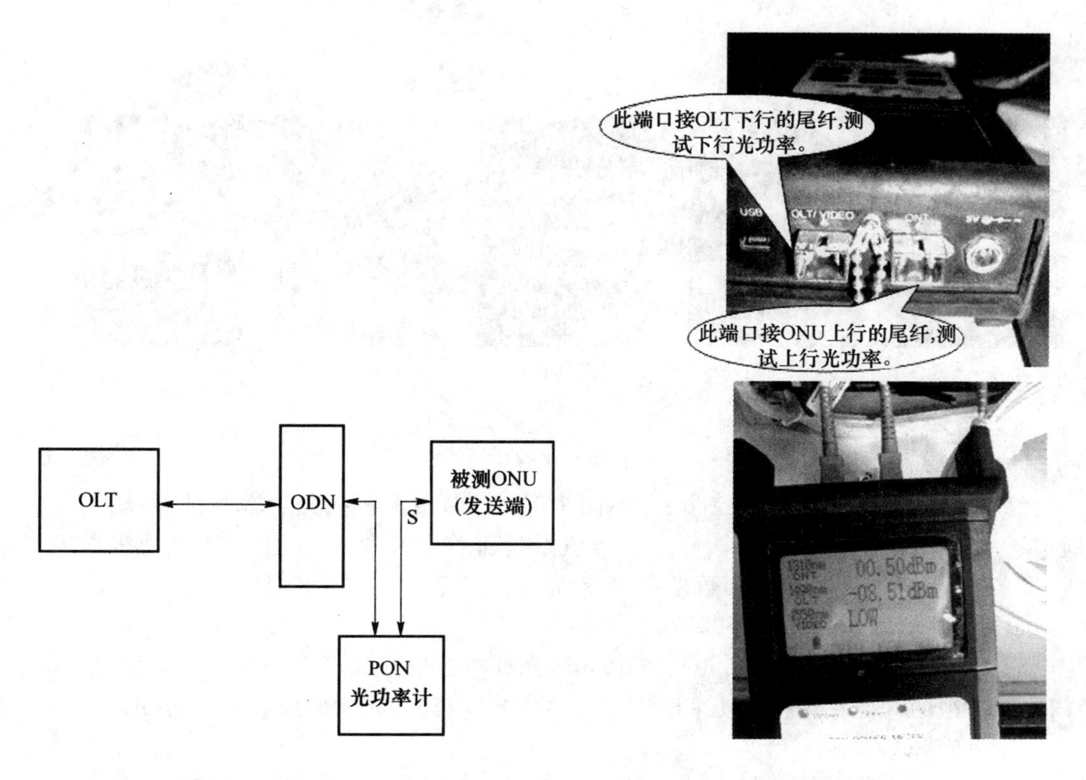

图 7-77　ONU 设备 PON 口上行平均发送光功率测试

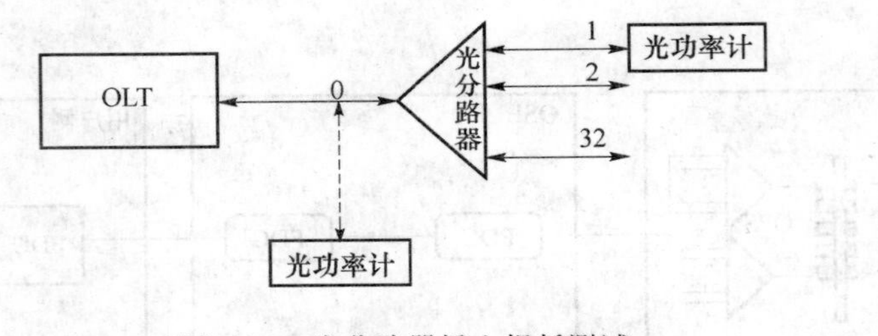

图 7-78 光分路器插入损耗测试

7.5.3 业务开通

1. 业务开通流程

业务开通流程如图 7-79 所示。在这里只对最后一道工序“终端施工”进行说明。

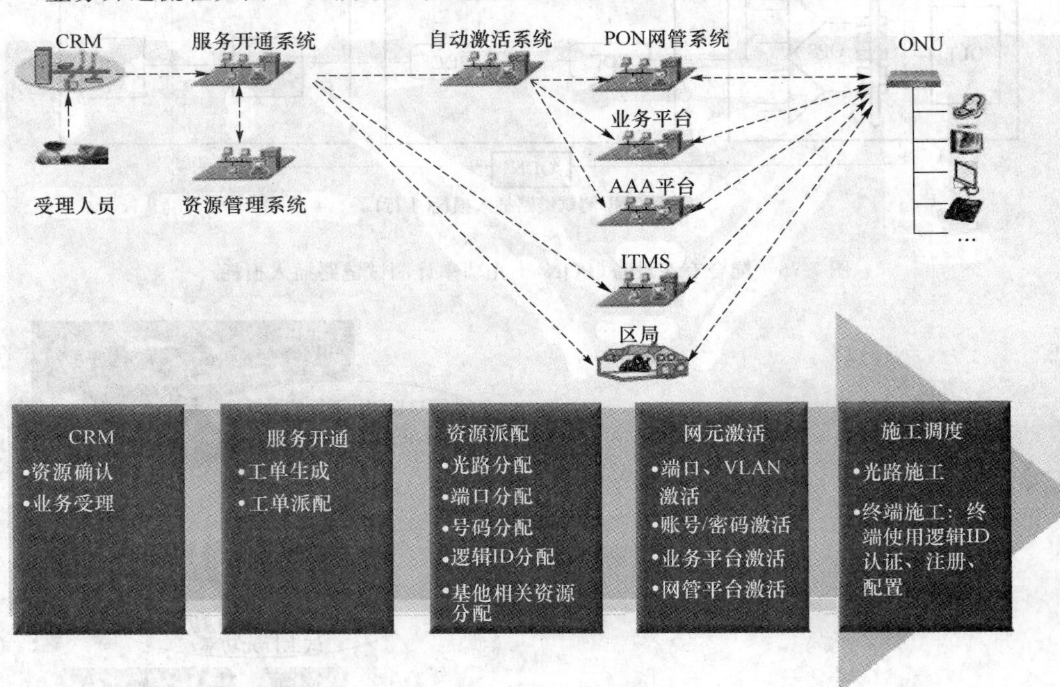

图 7-79 业务开通流程

终端施工即用户端开通“三步曲”如图 7-80 所示，主要包括光功率测试、终端安装和开通确认三步。其中，第一步是检测光信号质量是否符合开通条件，第二步是为客户进行布线、设备安装连接、相关业务参数设置，最后是开通演示并由客户确认。

(1) 开通测试

测试波长：1 310 nm、1 490 nm、1 550 nm，光纤接头类型：LC(小方)、SC(大方)、FC(圆)，在图 7-81 中的⑥位置进行光功率测试，用户终端侧收局端光功率应大于－24 dBm。

(2) 终端安装

① 应用方式

如图 7-82 所示，终端应用方式分为 3 种：PON 上行 e8-c、简化型 e8-c 及 LAN 上行 e8-c。

安装人员同时携带设备 PON 上行 e8-C、简化型 PON 上行 e8-C＋无线 AP、单口 SFU＋LAN 上行 e8-C 到用户家；优先采用 PON 上行 e8-C 进行安装；由于用户家布线、无线覆盖等，采用 PON 上行 e8-C 不能满足需求时，可根据用户需求采用简化型 PON 上行 e8-C＋AP 或者单口 SFU＋LAN 上行 e8-C 的方式进行安装；通过 OLT 和 ITMS 自动对终端形态进行自适应，远程自动完成配置。

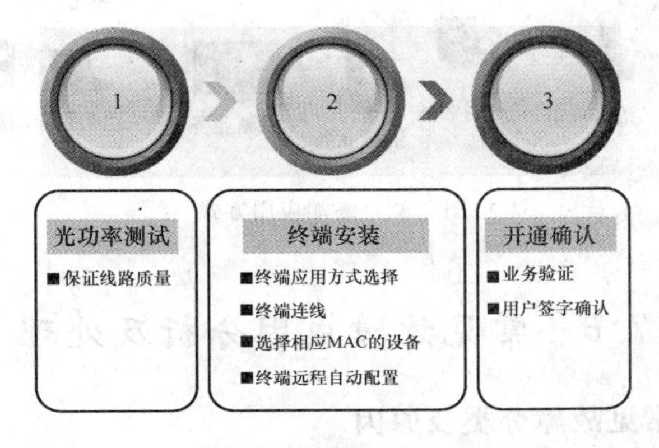

图 7-80　用户端开通"三步曲"

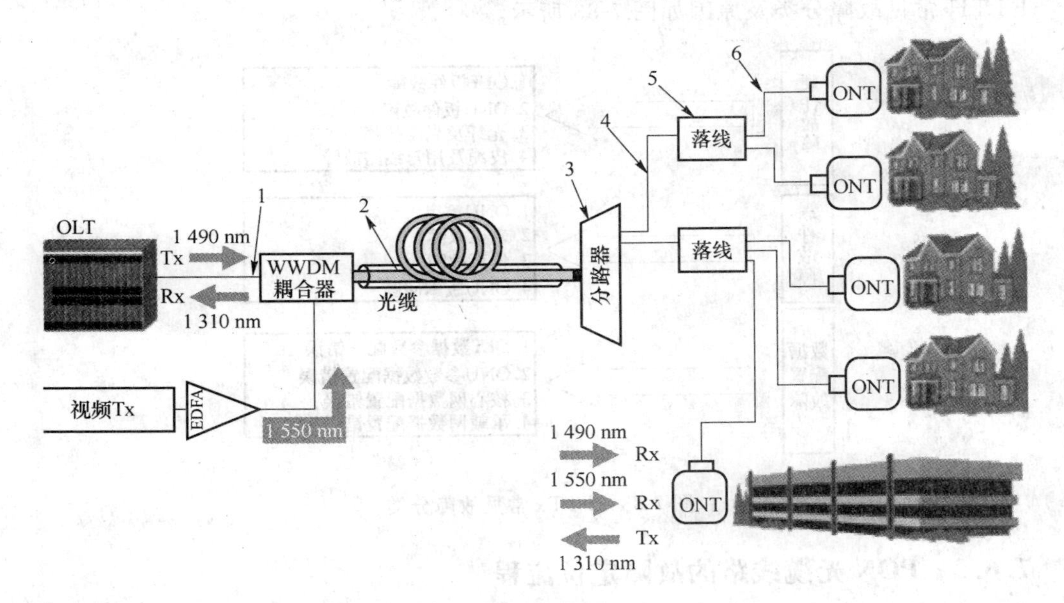

图 7-81　开通时的光功率测试

② 安装过程

◆ 将 PON 上行 e8-C 终端连接到上行光纤，上电。

◆ 将 PC 通过以太网线连接到 PON 上行 e8-C 终端的 LAN3 口或 LAN4 口。

◆ 将 PC 网卡设置为自动获取 IP 地址方式。

◆ 对选定 MAC 地址的设备上电安装。

◆ 远程自动配置，查看指示灯状态是否正常。

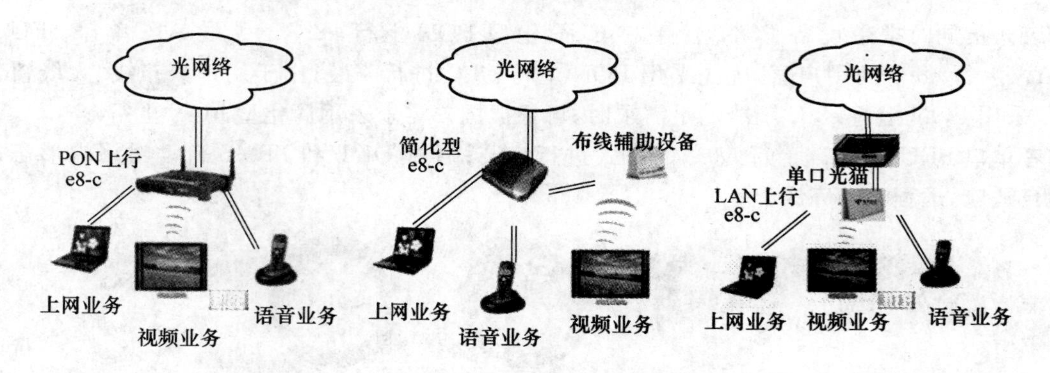

图 7-82　终端应用方式

7.6　常见故障成因分析及处理

7.6.1　PON 常见故障分类及原因

FTTH 常见故障分类及原因如图 7-83 所示。

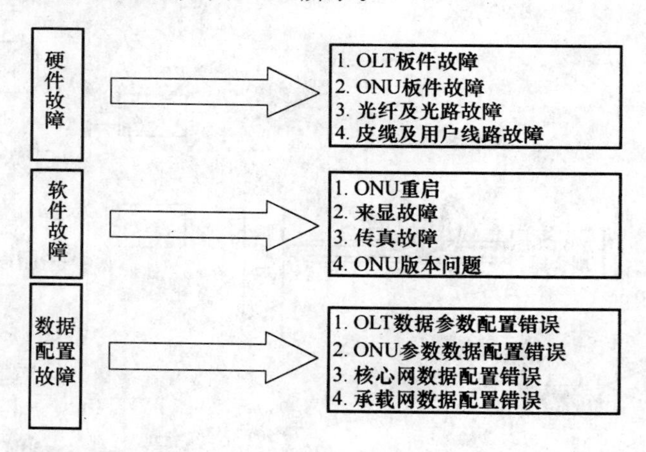

图 7-83　FTTx 常见故障分类

7.6.2　PON 光缆线路的故障定位流程

EPON 光缆线路的故障定位流程如图 7-84 所示。光缆线路可能产生故障的位置是：OLT—ODF—机房尾纤；ODF—光交接箱—馈线光缆段；光交接箱—分光器—配线光缆段；分光器—用户信息盒—引入光缆段；信息插座—信息盒—皮线光缆段；信息插座—ONU—家庭尾纤光缆段；ONU—终端—五类连接线。

7.6.3　造成 PON 光缆线路障碍的原因分析

1. 室内光缆线路故障的原因分析

① 由于操作及布线不合规范导致

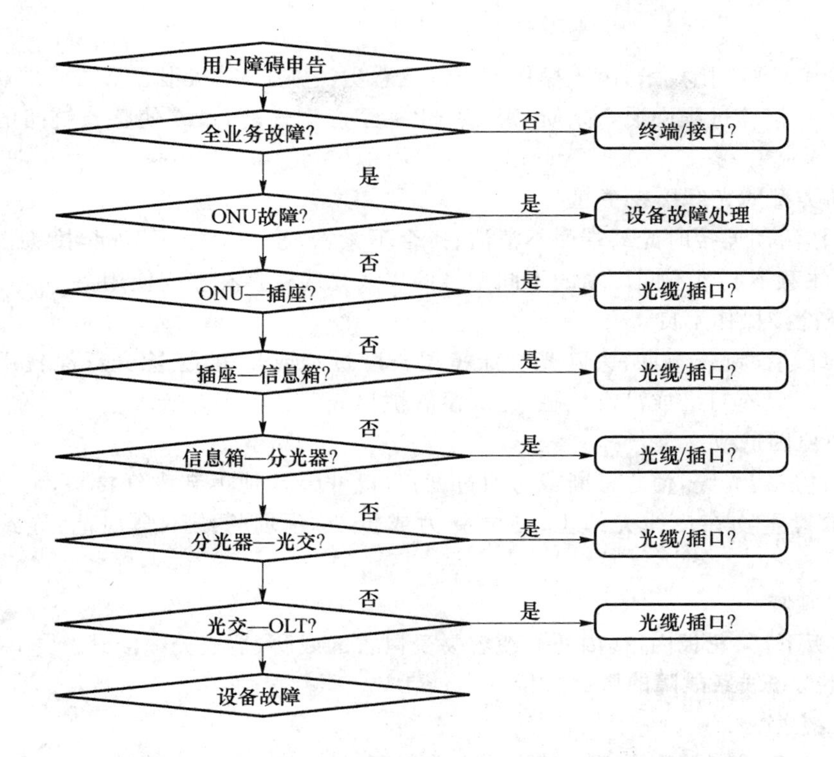

图 7-84　EPON 光缆线路的故障定位流程

技术操作错误是由技术人员在维修、安装和其他活动中引起的人为障碍。其中在对光缆的施工布放过程中，由于技术人员不按规范布线引起的障碍占多数。

② 线路衰减过大

国内运营商普遍采用 PX20 光模块，所以光功率预算分别为 24 dB(上行)、23.5 dB(下行)。但在实际过程中，如果由于光缆传输距离过大、光缆本身质量问题(衰减系数过大)、活动接口过多、接插不规范等，都可能引起线路衰减过大的故障。

③ 插头问题(接触、污染)

光纤接头污染、尾纤受潮是造成光缆通信故障的最主要原因之一。调研发现，80%的用户和 98%供应商经历过光纤端接面不洁造成的故障。在 EPON 系统中，光纤的插拔、更换、转接非常频繁。在这样的操作过程中，灰尘的掉落，手指的触碰，插拔的损耗、接触不良等都很容易造成光纤插头故障。

④ 弯曲过度

光纤具有一定的易弯曲性，尽管可以弯曲，但当光纤弯曲到一定程度时，将引起光的传播途径改变，使一部分光能渗透到包层中或穿过包层成为辐射模向外泄漏损失掉，产生弯曲损耗。

⑤ 光纤受压或断裂

光纤受到压力或者套塑光纤受到温度变化时，光纤轴产生微小不规则弯曲甚至断裂，而导致光能损耗。在光纤断裂处由于折射率发生突变，甚至会形成反射损耗，使光纤的信号质量大打折扣。可以通过 OTDR 测试仪检测发现光纤内部弯曲处或断裂点。

⑥ 光纤接续不良

不论是热熔或冷接技术，由于操作不当以及恶劣的施工环境，很容易造成玻璃纤维的污染，从而导致在接续过程中混入杂质、密度变化甚至产生气泡，最终使整条链路的通信质量下降。

⑦ 不同类型的光纤接在一起

如果制作活动连接时光纤端面不清洁、接合不紧密、核心直径不匹配，接头损耗就会大大增加。请注意不要将不同厂家的不同型号的皮线光缆连接在一起使用。

⑧ 光纤冷接操作不良

包括光纤端面制作不良，去除光纤涂覆层长度过长或过短，去除光纤涂覆层时伤及光纤，接续时光纤没有对准或没有接触，光纤没有被接线子夹紧固定。

⑨ 客户原因造成

随意移动皮线光缆，使之扯断或弯曲过度；自己非专业地拆装光纤接口，使之受污染或接触不良；放置重物在皮线光缆上，使之受力或折断；预埋管线不合规范，导致布线不合要求。

⑩ 老鼠啃咬

无论地板下、天花板内，楼内的光缆容易受鼠害的威胁，造成光缆断纤。

2. 室外光缆线路故障的原因分析

① 施工挖掘

在建筑施工、维修地下设备、修路、挖沟等工程时，均可产生对光缆的直接威胁。

② 车辆损伤

架空光缆受害主要有两种情况：一种是车辆撞倒电杆使光缆拉断；另一种是在光缆下面通过的车辆拉（挂）断了吊线和光缆。其中大多是由于吊线、挂钩或电杆的损坏引起光缆下垂，也有的是因为穿过马路的架空光缆高度不够或车辆超高引起的。如图 7-85 所示。

图 7-85　架空光缆因车辆受损

③ 火灾

架空光缆和楼内光缆受火灾损坏也很多。其中以光缆路由下方堆积的柴草、杂物等起火导致的线路损坏和架空光缆附近农民焚烧秸秆引发光缆障碍最为常见。

④ 射击

此类故障架空光缆被高压气枪击中居多，这类障碍一般不会使所有光纤中断，而是部分光缆部位或光纤损坏，但这类障碍查找起来比较困难。

⑤ 洪水

由于洪水冲断光缆或光缆长期浸泡水中使光纤进水引起光纤衰减增大。

⑥ 温度的影响

包括温度过低或过高。低温事故中可能是由于接头盒内进水结冰，架空光缆由于护套冬天纵向收缩，对光纤施加压力产生微弯使衰耗增大。当光缆距暖气管道很近时，管道暖气使光缆护套损坏。

⑦ 电力线的破坏

当高压输电线与光缆或光缆吊线相碰或接近时，强大的高压电流会把光缆护层烧坏。

⑧ 雷击

当光缆线路上或其附近遭受雷击时，在光缆上容易产生高电压，从而损坏光缆。

7.6.4　PON 系统分段落的障碍处理方法

如果用户申告故障，先在用户家进行光功率测试，确定故障性质。如果测不到光功率或光功率值过小，则可能是线路故障或上联设备故障。ONU 至用户终端的一般连接如图 7-86 所示，其中机顶盒可以内置在 ONU 内，则直接用同轴电缆连接电视。

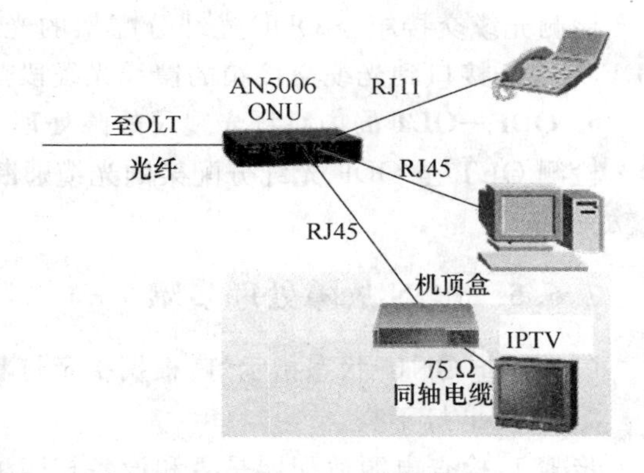

图 7-86　ONU 至用户终端的一般连接方式

1. ONU—用户终端线路故障处理

如果用户申报单个业务故障，则考虑对应用户终端故障或对应连接线故障，如测试电话线、网线、同轴线的好坏；同时注意接口好坏、接口位置是否连接良好。如果用户申报全部业务故障，则考虑 ONU 故障及 ONU 上联的线路或设备故障。如果 ONU 是良好的，则故障位置可能是上联的光缆线路故障或设备故障。

2. 信息插座—ONU 家庭尾纤或皮线光缆段故障处理

如果 ONU 没有设备故障，则考虑 ONU 至信息插座的这一段是否有故障。检查光纤接口是否插好、皮线光缆外护层是否受损、皮线光缆是否弯曲严重、光纤是否有断纤。检查信息盒内皮线光缆与跳纤的连接是否良好，检查冷接的光纤接线子是否异常或有光纤松动情况。必要时重新进行冷接接续。

3. 分光器—用户信息盒引入光缆段故障处理

检测用户信息盒至分光器的光缆通断情况、接口连接情况。用 PON 专用 OTDR 测试分光器下联接口到用户信息盒的引入光缆（用户光缆）段落，查找定位故障点，测试图如图 7-87 所示。

4. 光交接箱—分光器配线光缆段线路故障处理

检测光缆交接箱至分光器的光缆通断情况、接口连接情况，用 PON 专用 OTDR 测试分光器上联接口到光缆交接箱的配线光缆段落，查找定位故障点。

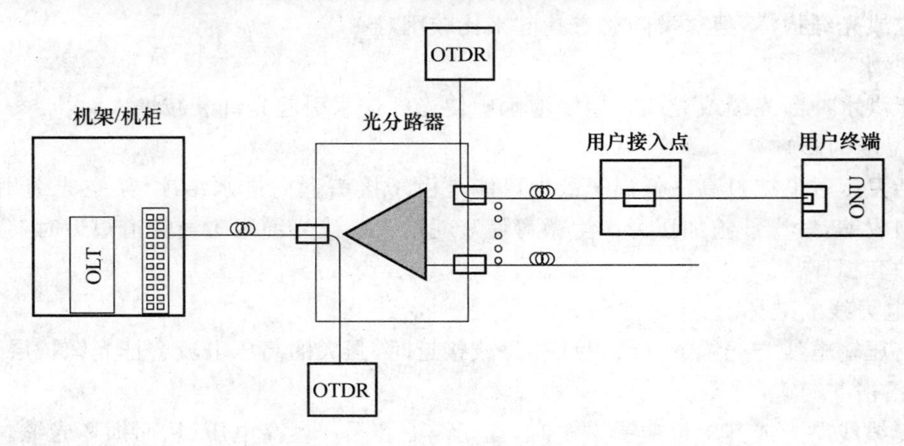

图 7-87 用 PON 专用 OTDR 分段测试

5. ODF—光缆交接箱馈线光缆段故障处理

检测光缆交接箱至 ODF 光纤分配架的光缆通断情况、接口连接情况。用 OTDR 测试 ODF 架光纤接口到光缆交接箱的馈线光缆段落，查找定位故障点。

6. ODF—OLT 局内跳纤光缆段故障处理

检测 OLT 至 ODF 光纤分配架的光缆通断情况、接口连接情况。用光功率计测试输出光功率。

7.6.5 PON 故障处理步骤

(1) 检查 ONU 状态指示灯，根据指示灯状态初步定位故障位置。

① Power 灯不亮。

步骤 1：检查电源适配器是否和设备相匹配。

步骤 2：检查电源线连接是否可靠。

步骤 3：检查是否已经按下开关按钮。

步骤 4：检查市电是否正常。

步骤 5：检查单板上输入进去的电压是否正常(正常为直流 11～14 V)。

② LINK 灯不亮。

步骤 1：检查光纤是否连接正常。

步骤 2：用光功率计测量下行 1 490 nm 波长光功率，是否满足输入要求。

步骤 3：如果不满足要求，请检查连接到 ONT 的光纤端面是否有污物(可以用专用擦光纤的纸或擦相机镜头的纸对端面进行单方向擦拭)。

步骤 4：再次进行下行 1 490 nm 波长光功率测试，还不满足，则光纤链路存在问题；否则进行下步检查。

步骤 5：检查 ONT 光连接器是否有污物(可以用专用擦光纤的纸或擦相机镜头的纸对端面进行单方向擦拭)。

步骤 6：如果现象依旧，有条件可检测单板上电阻 R378(华为产品)与光模块相连端电压(请保证光纤链路连接正常)。如果为低电平，则模块损坏；否则 CPU 部分出现问题。如果模块坏了,须更换模块,其他建议返修。

③ LINK 灯亮,AUTH 灯不亮。

ONT 无法注册到 OLT,原因一般为下行输入的数据恢复不正确,检查输入光功率是否正常。

④ LINK 灯和 AUTH 灯不断闪烁。

LINK 灯和 AUTH 灯不断闪烁,表示 ONT 注册不上。

步骤 1:检查 SN 是否设置正确。

步骤 2:检查输入光功率是否太小。

步骤 3:检查是否被设置为常发光。

注意:这个问题非常严重,影响其他 ONT 上线。使用连续光功率计测量,如果发现有读数,表明是常发光。如果 LINK 灯和 AUTH 灯被设置为常发光,则撤销此设置。

⑤ LAN 灯不亮。

步骤 1:检查是否使用了与设备配套的网线。

步骤 2:检查网线连接是否可靠。

步骤 3:检查计算机网卡指示灯是否亮着。

步骤 4:检查网卡是否正常工作。

步骤 5:以上都正常时,请用 PC 连接 ONT 维护 IP 192.168.100.1(请注意 PCIP 须设置在 192.168.100.X 网段),看是否能连通。如能连通,则检查在本端口是否设置了端口环回、gemport 环回或端口自协商是否有问题。如果不能连通 ONT 维护 IP,换个网口重复步骤 4。

步骤 6:现象依旧,则单板 LSW 电路有问题,联系厂家技术服务中心。

⑥ Tel 灯不亮。

步骤 1:检查是否使用了与设备配套的电话线。

步骤 2:检查电话线连接是否可靠和电话是否能使用。

步骤 3:检查电话是否处于挂机状态。

步骤 4:有条件可以检查单板 SLIC 芯片是否烧坏(是否有黑色)。如是,则更换单板;否则联系厂家技术服务中心。

(2) 检查光纤状况

由光纤引起的故障定位方法如下:光纤是否插好,光纤是否弯曲严重,光纤是否有断纤,平均发送光功率是否正常,接收光灵敏度是否正常。

7.6.6 排障案例分析

1. 案例一

现象:OLT 的 PON 口下的所有用户终端脱管,或全部 ONU 性能指标越限(BIP 误码超标、收无光,但无临终告警)。

判断:可以初步判断以上现象是由于馈线光缆中断或者分光器损坏(群路口或所有分路端口故障)所引起的。

故障原因:馈线光缆故障或分光器失效。

处理方法:属于外线光缆故障或设备故障,上报对应部门处理。

定位、测量及处理:在已经对故障原因进行初步判别后,可通过光时域反射仪(传统OTDR与PON专用OTDR均可)进行断点位置检测。判断故障点是否处于分光器所在位置(需结合工程资料)。如不是,则对光缆进行熔接;若是分光器故障,则通过光功率计测试群路侧和支路侧光功率,判断故障位置,进行处理或直接更换。需要说明的是,快速准确的定位需要借助工程资料的原因在于,当断纤点靠近局端、远离分光器时比较容易判断,但当极端情况下断纤点异常接近分光器,并且处于OTDR的事件盲区时,是无法进行精确定位的,需要借助工程资料中记录的分光器位置来辅助判断故障是由光缆引起还是分光器引起。

2. 案例二

现象:网管上出现部分用户终端脱管,或部分ONU上报收无光告警。

判断:以上现象是由配线光缆中断或分光器部分端口失效所引起的。

故障原因:由于配线光缆故障及分光器部分端口失效,将影响其下联的用户。

处理方法:属于外线光缆故障或设备故障,上报对应部门处理。

定位、测量及处理:对分路器进行损耗测试,通常在均匀分光的情况下,分路比为1∶n时,分路器损耗约为3·n dB,按照条形波导原理,若分路器失效端口超过3·n dB,则损耗变化率超过5%,由此根据仪器上的分路器损耗变化可初步判断是否为分路器端口失效。若不是,则故障是由于配线段光缆中断引起的,根据网管上影响的用户范围及光纤同缆关系,找到配线光缆,并使用OTDR进行故障点定位,并进行熔接处理。

3. 案例三

现象:在网管系统中发生单个终端脱管或单个设备上报收无光告警,性能指标越限。

判断:这是个别ONU终端故障,不太可能是因为馈线或配线光缆或分光器的故障引起。

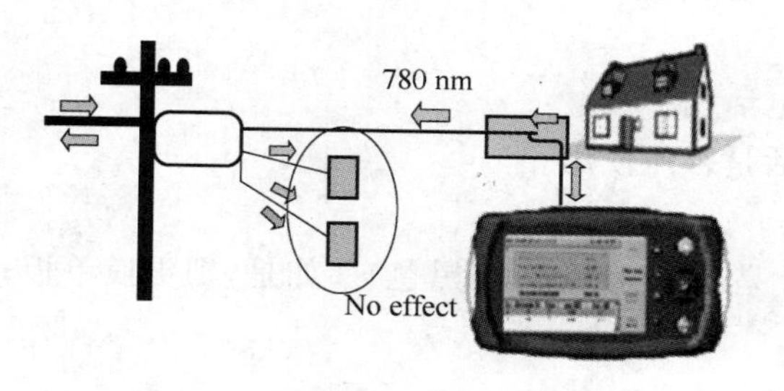

图7-88　对引入光缆进行检查或测试

故障原因:通常是由于用户接入段光纤的宏弯、断裂或接口接触不良所引起

处理方法:对引入光缆进行检查或测试,如图7-88所示,判断故障点的位置并排除。

4. 案例四

现象:某小区烽火AN5006-07B型ONU设备,采用1∶32的分光器,开通时出现同一PON口下部分ONU能正常上线,其余ONU在OLT上看不到的故障。

判断:由于PON口工作情况正常,且有较多的ONU不能注册上线,故初步判断问题出现在光路传输上。

故障原因:测试皮缆活接头处衰耗为−27 dBm,测试OBD出口处下行光功率为−24 dBm,OLT的PON口光功率为+5 dBm,传输机房ODF处下行光功率为+3 dBm,光交处下行光功率为−5 dBm。比对烽火系列设备光路测试指标,发现皮缆活接头处光衰耗超接收灵敏度2.5 dBm,判断为从传输机房ODF至光交处光衰耗过大,导致ONU不能正常开通。仔细检查光交内成端情况,发现光环在光交一体化模块上的成端接口为SC/APC(方口斜面),而实际使用的跳纤接口为SC/PC(方口平面),接口类型不匹配,将光交内的跳纤更换为成端接口的同一类型后,再次测试OBD出口处下行光功率为−20 dBm,ONU可正常上线。

经验总结：设备开通的跳纤，必须使用与ODF、光交一体化模块上的成端接口类型一致的跳纤，否则会因活接头的类型不一致导致全程光衰耗过大，造成设备开通困难和设备运行不稳定。

5. 案例五

现象：现场开通时，ONU的REG灯一直闪烁，注册不上。

判断：光纤连接好之后，在网管上一直无法获取MAC地址，初步判断为光路故障。

原因：现场ODN处分光出来测试光功率为−19 dBm；到用户处测ONU的收光为−26 dBm，此收光光功率太小；检查发现用户侧光纤头太脏，用擦纤纸擦拭后收光达到−21 dBm，再次接上光纤后，ONU的REG灯常亮，注册正常。

小　结

本章介绍了目前全国正在大力推进的三网融合末端网络安装与维护的相关知识，包括网络基础知识、设备安装与施工要领、末端网络组网原则及入户线路施工、具体安装与业务开通步骤、常见故障成因分析与处理方法等，主要目的是：

1. 让大家了解和熟悉三网融合的网络构成形式——PON方式，信息传输过程，为从事施工、安装与维护打下基础；

2. 认识和熟悉常用的网络设备结构、性能指标，掌握安装施工的技术要求；

3. 掌握FTTH中入户线的施工步骤与主要方法，学会选择布线方式、端接方式和测试技巧；

4. 熟悉业务开通流程并掌握常见故障的处理方法。

习题与思考题

一、单选题

1. EPON上下行数据分别采用不同的波长进行传输，其中CATV信号采用的波长为(　)。

A. 1 300 nm　　B. 1 310 nm　　C. 1 490 nm　　D. 1 550 nm

2. (　　)是目前宽带最宽的传输介质。

A. 铜轴电缆　　B. 双绞线　　C. 电话线　　D. 光纤

3. (　　)是以光纤为传输介质，并利用光波作为光载波传送信号的接入网，泛指本地交换机或远端交换模块与用户之间采用光纤通信或部分采用光纤通信的系统。

A. 铜线接入　　B. 网线接入　　C. 光纤接入网　　D. 同轴接入

4. (　　)在OLT和ONU间提供光通道。

A. OLT　　B. ODN　　C. ONU　　D. ODB

5. EPON是基于以太网方式的(　　)。

A. 无源光网络　　B. 有源光网络　　C. 光分配网络　　D. 局域网

6. EPON提供的各种业务中，优先级最高的是(　　)。

A. 语音　　B. 视频

C. 宽带 D. 以上优先级相等

7. FTTH ODN 网络拓扑结构一般属于下列( )类型。

A. 树型 B. 星型 C. 总线型 D. 环型

8. FTTH PON 上行 E8-C 终端现场配置时原则上只需配置( )即可。

A. 语音通道 B. 软交换数据 C. SN D. VLAN

9. FTTH 接入方式可以支持第二 iTV 的业务需求,连接方法:iTV 接 FTTH ONU 第( )端口。

A. 2、3 B. 1、2 C. 3、4 D. 2、4

10. FTTH 接入光缆网一般由三部组成,其中从小区光交到用户家的光缆称为( )。

A. 馈线光缆 B. 引入光缆 C. 主干光缆 D. 配线光缆

11. IP 地址是由( )组成的。

A. 三个点分隔着主机名、单位名、地区名和国家名

B. 三个点分隔着 4 个 0~255 的数字

C. 三个点分隔着 4 个部分,前两部分国家名和地区名,后两部分是数字

D. 三个点分隔着 4 个部分,前两部分是主机名和单位名,后两部分是数字

12. ODN 馈线光缆:光分配网中从光线路终端 OLT 侧紧靠 S/R 接口外侧到( )的光纤链路。

A. 第二级分光器的入口

B. 到光网络单元 ONU 线路侧 R/S 接口间

C. 第一级光分路器的支路口

D. 第一个分光器主光口入口连接器前

13. OLT PON 口发送光功率为( )。

A. 2.5~7 dBm B. 1~4 dBm C. 2~9 dBm D. 3~8 dBm

14. OLT PON 口接收光灵敏度为( )dBm。

A. 22 B. 24 C. 25 D. 30

15. ONU 发射光功率为( )。

A. -1~-4 dBm B. 0~4 dBm C. 1~4 dBm D. 0~4 dBm

16. 光纤按照光纤模式分类,可分为( )。

A. 单模 B. 双模 C. 裸光纤 D. 塑料光纤

17. 单模光纤 1 310 nm 衰减为( )。

A. 1~1.2 dB/km B. 0.6~0.8 dB/km

C. 0.8~1 dB/km D. 0.4~0.6 dB/km

18. 跳纤操作必须满足架内整齐、布线美观、便于操作、少占空间的原则。跳纤余长应不大于( )。

A. 20 cm B. 30 cm C. 40 cm D. 50 cm

19. 以下常见的宽带接入方式中不使用电话线接入的是( )。

A. ADSL B. ADSL2+

C. ISDN D. FTTX+LAN

20. 由于光纤中传输的光波要比无线电通信使用的（　　）高得多，因此其通信容量就比无线电通信大得多。

A. 频率　　B. 幅度　　C. 角度　　D. 位移

二、多选题

1. PON的定义是（　　）。

A. 无源光网络

B. 一种基于P2MP拓扑的技术

C. 一种应用于接入网，局端设备（OLT）与多个用户端设备（ONU/ONT）之间通过无源的光缆、光分/合路器等组成的光分配网（ODN）连接的网络

D. 一个为传送电信业务提供所需传送承载能力的实施系统

2. 光纤接入的应用模式是（　　）。

A. FTTH　　B. FTTO　　C. FTTB　　D. FTTC

3. EPON的技术特点有（　　）。

A. 高带宽　　B. 低成本　　C. 高成本　　D. 易兼容

4. 光纤通信的主要缺点是（　　）。

A. 容易折断　　B. 光纤连接困难

C. 光纤通信过程中怕水、怕冰　　D. 光纤怕弯曲

5. 光纤通信的主要优点是（　　）。

A. 传输损耗低、中继距离长　　B. 抗电磁干扰能力强

C. 保密性能好　　D. 重量轻，体积小

E. 节省有色金属和原材料　　F. 较强的耐高低温能力

6. iTV产品功能是（　　）。

A. 点播　　B. 直播　　C. 回看　　D. 时移

7.（　　）是入户光缆的敷设方式。

A. 在暗管中敷设　　B. 钉固式敷设　　C. 室内线槽敷设　　D. 架空敷设

8. EPON装维中经常遇到缩写POS，它是（　　）。

A. 无源光分路器的简写

B. 它是一台连接OLT和ONU的无源设备

C. 它的功能是分发下行数据并集中上行数据

D. 如果断电，则POS无法正常工作

9. ONU安装基本要求有（　　）。

A. 容易取电　　B. 环境较好、安全、方便、便于进出线

C. 光交接箱　　D. 光分路箱

10. 对于iTV业务新装，以下说法正确的有（　　）。

A. 用户已有宽带，在此基础上加装iTV；此情况无须进行局端跳线

B. 用户没有宽带，有固话，加装iTV；此情况与ADSL新装跳线一致

C. 用户没有宽带、固话等业务，直接新装iTV业务；此情况与ADSL新装跳线一致，参见ADSL手册ADSL新装跳线

D. 无论用户原来有没有使用中国电信的固话或宽带，都需要重新进行局端的跳线

工作

11. 蝶形引入光缆成端制作分为(   )。

A. L型快速接续
B. 直接接入快速连接插头接续
C. 冷接方式接续
D. 高强度GGP跳线冷接子接续

12. 根据确定的施工方案,进行施工前材料准备,其中包括(   )等。

A. 光缆路由
B. 管材配置
C. 蝶形光缆配盘
D. 架空铁件配置

13. 光纤连接方法主要有(   )。

A. 永久性连接　B. 应急连接　C. 活动连接　D. 特殊连接

14. 光终端盒接口的朝向根据现场可(   )。

A. 朝上　B. 朝下　C. 朝左　D. 朝右

15. 局外障碍一般包括(   )。

A. 交接箱障碍　B. 分线盒障碍　C. 用户引入线障碍　D. 测量室障碍

16. 目前ONU设备安装方式有(   )。

A. 桌面安装方式
B. 壁挂安装方式
C. 室外多媒体箱安装方式
D. 室内多媒体箱安装方式

17. 目前在EPON的跳纤过程中,跳纤的插头主要有(   )种。

A. SC　B. ST　C. FC
D. LC　E. MRJ

18. 网线制作一般包括(   )。

A. 交换机数据制作
B. 水晶头制作
C. 网线模块制作
D. 路由器数据制作

19. 下列描述正确的是(   )。

A. 当发现用户使用通信设备不当时,装维人员应热情指导用户正确使用

B. 发现用户使用通信设备时违反了有关规定,应耐心地向用户讲道理并请用户遵守有关规定

C. 装维人员在工作中发生差错应及时纠正,并诚恳接受用户批评,当面主动向用户道歉

D. 装维人员工作结束后,应留下自己电话号码,以便用户在使用过程中遇到问题询问

20. 线槽安装方式有(   )。

A. 双面胶粘贴方式
B. 螺钉固定方式
C. 墙钉方式
D. 架空方式

三、判断题

1. EPON(Ethernet Passive Optical Network),即以太网无源光网络,是一种新型的光纤接入网技术,它采用点到多点结构、无源光纤传输,但缺点是必须租用机房。　(   )

2. EPON传输距离最远为10 km 。　(   )

3. EPON的光功率下行波长为1 490 nm,必须用专门的EPON光功率测试仪进行测量,一般的光功率计不能测量。　(   )

4. EPON的接入方式采用 N 根光纤，$2N$ 个光收发器。（　　）

5. EPON和ADSL一样，数据上下行传输不对称，上行带宽大于下行带宽。（　　）

6. EPON技术中下行采用的是广播的方式，每个ONU都会接收OLT发送的所有数据。（　　）

7. EPON目前可以提供上下行对称的1.25 Gbit/s的带宽。（　　）

8. EPON使用TDM技术实现上下行数据在同一根光纤内传输，互不干扰。（　　）

9. EPON系统可提供的业务类型主要是语音业务。（　　）

10. EPON系统主要由OLT、ONU及ODN网络三部分组成。（　　）

11. G.652光纤称为常规单模光纤，其特点是在波长1.31 μm处色散为零，系统的传输距离一般只受损耗的限制。（　　）

12. MAC地址实际上就是设备的IP地址。（　　）

13. ODN馈线光缆就是用户接入层光缆的主干光缆。（　　）

14. OLT与ONU之间仅有光纤、光分路器等光无源器件，无须租用机房，无须配备电源，无须设备维护人员。（　　）

15. OLT与ONU间是明显的点到点连接，上行和下行信号传输发生在不同的波长窗口中。（　　）

16. ONU未经过分光器可以直连PON口。（　　）

17. ONU通过LLID来区分数据，只接受属于自己的数据。（　　）

18. 当ONU配置好SN并正确注册认证到OLT后，每次ONU开机后都不需要认证了。（　　）

19. 穿管器牵引线的端部和光缆端部用绝缘胶带捆扎牢固，但不要包得太厚。为防止脱落，可采用多点缠绕的方式。（　　）

20. 当穿管器顺利穿通管孔后，把穿线器的一端与蝶形引入光缆连接起来（穿管器引线的端部和光缆端部相互缠绕10 cm，并用绝缘胶带包扎，但不要包得太厚），如在同一管孔中敷设有其他线缆，宜使用润滑剂，以防止损伤其他线缆。（　　）

21. 当光缆无条件直接到达用户家庭时，在安装环境许可的情况下，ONU可以安装在楼层的弱电竖井或其他合适的位置。（　　）

22. 光纤由纤芯和包层组成，为保证光的传导，纤芯的折射率应小于包层的折射率。（　　）

23. 无线接入网是以无线电技术（包括移动通信、无绳电话、微波及卫星通信等）为传输手段，连接起端局至用户间的通信网。（　　）

24. 由于采用波分复用技术，ONU随时可以向OLT发送数据。（　　）

25. 由于光纤上传输的光信号为不可见光，所以可以用肉眼直接观看光口。（　　）

26. 在SFU+(E8-C)的FTTH接入方式中，语音业务是在SFU上引出的。（　　）

27. E8-B MODEM的序列号（用于无线双SSID、建档捆绑）就是背面贴纸的设备标识，一般取后10位。（　　）

28. E8-B终端一般为定制终端，多数情况下，出厂时根据集团和省公司要求，已经全部完成相关配置，最多只涉及装维人员对无线功能的开启。（　　）

29. EPON(LAN)的宽带是由一根网线接入到用户家里，而固话是由另外一根电话皮

线接入到用户家里。 ( )

30. Wi-Fi是触点式开关，一般可以通过这个开关实现无线功能的打开和关闭。

( )

实训内容

请在FTTH实训平台上，根据实际操作条件，按照下序“FTTH入户线缆及业务开通操作规程”完成部分或全部安装操作内容，并形成以下分项实训报告：

(1) 室外皮线光缆布放实训报告；

(2) 室内皮线光缆及数据线缆布放实训报告；

(3) 终端设备安装及业务开通实训报告。

FTTH入户线缆及业务开通操作规程

一、施工前准备工作

(1) 光缆路由查勘：施工人员到达施工场地，必须在施工前对入户光缆的路由走向、入户方式、布放光缆长度、选用材料等内容进行事前路由查勘，才能实施光缆入户施工。

(2) 管线试通：用户端已有暗管或明管，施工前，施工人员需要对原先的管道情况进行评估和试通。如果用户端暗管或明管可利用，则入户光缆优先使用用户原有的管线，如果用户端暗管或明管不可利用，则选择采用其他入户光缆的敷设方式。

(3) 施工方案确定：根据光缆路由、用户室内查勘情况和用户端管线的试通情况，确定最终的施工方案。

(4) 材料准备：根据上述确定的施工方案，进行施工前工具、材料准备，其中包括：快速连接头、FTTH工具箱、测试仪表、装维服务工具等。

二、入户光缆施工安装要求

(1) 在敷设蝶形引入光缆时，牵引力不宜超过光缆允许张力的80%；瞬间最大牵引力不得超过光缆允许张力的100%，且主要牵引力应加在光缆的加强构件上。

(2) 蝶形引入光缆敷设的最小弯曲半径应符合下列要求：

① 敷设过程中蝶形引入光缆弯曲半径不应小于30 mm；

② 固定后蝶形引入光缆弯曲半径不应小于15 mm。

(3) 蝶形引入光缆在户外采用沿墙或架空敷设时，应采用自承式蝶形引入光缆，应将自承式蝶形引入光缆的吊线适当收紧，并要求固定牢固。

(4) 在蝶形引入光缆敷设过程中，应严格注意光缆的拉伸强度、弯曲半径，避免光纤被缠绕、扭转、损伤和踩踏。

(5) 蝶形引入光缆布放时须将自光分纤/分路箱到用户终端处的全程光缆从光缆盘上一次性以盘8字法倒盘圈后再布放，光缆中间禁止有接头。

(6) 蝶形引入光缆敷设入户后，为制作光纤机械接续连接插头预留的长度宜为：光缆分纤/光分路箱一侧预留1.0 m，住户家庭信息配线箱或光纤面板插座一侧预留0.5 m。

(7) 应尽量在干净的环境中制作光纤机械接续连接插头，并保持双手的清洁。

(8) 墙面钉固方式敷设如下。

① 选择光缆钉固路由，一般光缆宜钉固在隐蔽且人手较难触及的墙面上。

② 在室内钉固蝶形引入光缆应采用卡钉扣；在室外钉固自承式蝶形引入光缆应采用螺钉扣。

③ 在安装钉固件的同时可将光缆固定在钉固件内，由于卡钉扣和螺钉扣都是通过夹住光缆外护套进行固定的，因此在施工中应注意一边目视检查，一边进行光缆的固定，必须确保光缆无扭曲、无挤压。

④ 在墙角的弯角处，光缆需留有一定的弧度，从而保证光缆的弯曲半径，并用套管进行保护。严禁将光缆贴住墙面沿直角弯转弯。

⑤ 采用钉固布缆方法布放光缆时需特别注意避免光缆的弯曲、绞结、扭曲、损伤等现象发生。

⑥ 光缆布放完毕后，需全程目视检查光缆，确保光缆上没有外力的产生。

⑦ 入户光缆从墙孔进入户内，入户处使用过墙套管保护。将沿门框边沿和踢脚线安装卡钉扣，卡钉扣间距 50 cm，待卡钉扣全部安装完成，将蝶形光缆逐个扣入卡钉扣内，切不可先将蝶形光缆扣入卡钉扣，然后再安装、敲击卡钉扣。

⑧ 在确定了光缆的路由走向后，沿光缆路由，在墙面上安装螺钉扣。螺钉扣用 ϕ6 mm 膨胀管及螺丝钉固定。两个螺钉扣之间的间距为 50 cm。自承式蝶形光缆在墙面拐弯时，弯曲半径不应小于 15 cm。

(9) 暗管方式敷设如下。

① 根据设备(光分路器、ONU)的安装位置，以及入户暗管和户内管的实际布放情况，查找、确定入户管孔的具体位置。

② 先尝试把蝶形引入光缆直接穿放入暗管，如能穿通，即穿缆工作结束。无法直接穿缆时，应使用穿管器。如穿管器在穿放过程中阻力较大，可在管孔内倒入适量的润滑剂或者在穿管器上直接涂上润滑剂，再次尝试把穿管器穿入管孔内。

③ 如在某一端使用穿管器不能穿通的情况下，可从另一端再次进行穿放，如还不能成功，应在穿管器上作好标记，将牵引线抽出，确认堵塞位置，向用户报告情况，重新确定布缆方式。

④ 当穿管器顺利穿通管孔后，把穿管器的一端与蝶形引入光缆连接起来，制作合格的光缆牵引端头(穿管器牵引线的端部和光缆端部用绝缘胶带捆扎牢固，但不要包得太厚。为防止脱落，可采用多点缠绕的方式)，如在同一管孔中敷设有其他线缆，宜使用润滑剂，以防止损伤其他线缆。

⑤ 将蝶形引入光缆牵引入管时的配合是很重要的，应由两人进行作业，双方必须相互间喊话，如牵引开始的信号、牵引时的互相间口令、牵引的速度以及光缆的状态等。由于牵引端的作业人员看不到放缆端的作业人员，所以不能勉强硬拉光缆。

⑥ 将蝶形引入光缆牵引出管孔后，应分别用手和眼睛确认光缆引出段上是否有凹陷或损伤，如果有损伤，应重新布放。

⑦ 确认光缆引出的长度，剪断光缆。注意千万不能剪得过短，必须预留用于制作光纤机械接续连接插头的长度。

(10) 室内线槽布缆方式如下。

① 选择线槽布放路由。为了不影响美观，应尽量沿踢脚线、门框等布放线槽，并选择弯角较少，且墙壁平整、光滑的路由（以保证能够使用双面胶固定线槽）。

② 选择线槽安装方式（双面胶粘贴方式或螺钉固定方式）。

③ 在采用双面胶粘贴方式时，应用布擦拭线槽布放路由上的墙面，使墙面上没有灰尘和垃圾，然后将双面胶贴在线槽及其配件上，并粘贴固定在墙面上。

④ 在采用螺钉固定方式时，应根据线槽及其配件上标注的螺钉固定位置，将线槽及其配件固定在墙面上，一般 1 m 直线槽需用 3 个螺钉进行固定。

⑤ 根据现场的实际情况对线槽及其配件进行组合，在切割直线槽时，由于线槽盖和底槽是配对的，一般不宜分别处理线槽盖和底槽。

⑥ 把蝶形引入光缆布放入线槽，关闭线槽盖时应注意不要把光缆夹在底槽上。

⑦ 确认线槽盖严实后，用布擦去作业时留下的污垢。

三、FTTHONU 安装

FTTH ONU 主要包括中兴、华为、烽火三种 A 类 ONU 以及 E8-C 终端。FTTH ONU 可以提供语音、宽带上网和 iTV 业务。

FTTH ONU 业务放装的主要步骤如下。

第一步：施工准备

(1) 上门服务规范；

(2) 领取考评工单，按工单信息进入现场；

(3) 准备相应材料、工具，包括冷接插头、尾纤、蝶形引入光缆等材料；

(4) 准备标签，包括上联端口信息和下联用户信息等。

第二步：光路开通

(1) 按需进行光路连接，在光分箱内将分光器和蝶形引入光缆连通：

① 进行光分箱上联端口和 ONU 下联用户端口测试，采用光功率计 1 490 nm 波长测试，上联端口收光功率应大于 −22 dBm，小于 −3 dBm，下联端口收光功率应不高于 −24 dBm；

② 将用户的引入光缆同上联端口进行连接。

(2) 按需制作快速活动连接器，为制作光纤机械接续连接插头预留的长度宜为：光缆分纤/光分路箱一侧预留 1.0 m。根据光缆分纤/光分路箱实际场景盘放（胶带绑扎）引入光缆，整齐规范。

(3) 粘贴标签，针对存在跳纤的情况，对光分箱下联口的光路及 ONU 下联用户端口粘贴标签。粘贴在尾纤根部 5 cm 处。

第三步：室内布线

(1) 查勘现场——确定室内布线方案；

(2) 制作插头——根据规范制作光缆冷接插头；

(3) 住户家庭信息配线箱或 ONU 设备一侧预留 0.5 m，根据实际场景盘放（胶带绑扎）引入光缆，整齐规范；

(4) 光路测试——用光功率计 1 490 nm 波长进行测试，收光功率应不高于 −24 dBm；

(5) 布放网线或蝶形引入光缆（场景规范要求：ONU 至用户终端间网线及电话线路事先预留，并制作水晶头连接）。

第四步:开通演示

(1) 连接终端——使用标准网线连接终端和用户计算机;

(2) 物理连接——正确连接用户电话、宽带、电视;

(3) 电话调试——进行拨打测试号码 10000;

(4) 宽带调试——设置登录界面,并登录演示;

(5) iTV 演示——进入点播或直播界面即可。

第五步:速率测试

通过官方测速网站进行测速。

第六步:工毕清场

全部操作完成后,执行清场工作,打扫施工遗留物品,清理现场垃圾。

ADSL 常见错误代码及含义 附录

序号	错误号	问题	原因	解决
1	602	拨号网络由于设备安装错误或正在使用,不能进行连接	RasPPPoE 没有完全和正确地安装	卸载干净任何 PPPoE 软件,重新安装
2	605	拨号网络由于设备安装错误不能设定使用端口	RasPPPoE 没有完全和正确地安装	同 1
3	606	拨号网络不能连接所需的设备端口	RasPPPoE 没有完全和正确地安装,连接线故障,ADSL Modem 故障	卸载干净任何 PPPoE 软件,重新安装,检查网线和 ADSL Modem
4	608	拨号网络连接的设备不存在	RasPPPoE 没有完全和正确地安装	同 1
5	609	拨号网络连接的设备其种类不能确定	RasPPPoE 没有完全和正确地安装	同 1
6	611	拨号网络连接路由不正确	RasPPPoE 没有完全和正确地安装,ISP 服务器故障	同 1
7	617	拨号网络连接的设备已经断开	RasPPPoE 没有完全和正确地安装,ISP 服务器故障,连接线、ADSL Modem 故障	卸载干净任何 PPPoE 软件,重新安装,检查网线和 ADSL Modem
8	619	与 ISP 服务器不能建立连接	ADSL ISP 服务器故障,ADSL 电话线故障	检查 ADSL 信号灯是否能正确同步
9	621-625	Cannot open the phone book file	Windows NT 或者 Windows 2000 Server 网络 RAS 网络组件故障	卸载所有 PPPoE 软件,重新安装 RAS 网络组件和 RasPPPoE

续表

序号	错误号	问 题	原 因	解 决
10	629	已经与对方计算机断开连接。请双击此连接,再试一次	有多种情况可以导致"错误629",多数情况是同时拨入的人数过多造成的	拨号连接设置中应该全部采取默认设置,如"启用软件压缩"、"登录网络"都需要选上。此种情况也有可能是由于所用的Modem或电话线的性能和质量原因,以致于在选定的通信速率上不能很好地建立连接。还有一种情况是,如果电话开启了防盗打功能,在拨号时将有调制解调器的握手音,但握手音响后将出现错误629,如果有分机拨打电话,电话就会报警,只要把防盗打功能关掉就可以了
11	630	ADSL Modem没有响应	ADSL电话线故障,ADSL Modem故障(电源没打开等)	检查ADSL设备
12	633	拨号网络由于设备安装错误或正在使用,不能进行连接。	RasPPPoE没有完全和正确地安装	同1
13	638	过了很长时间,无法连接到ISP的ADSL接入服务器	ISP服务器故障;在RasPPPoE所创建的不好连接中错误地输入了一个电话号码	运行其创建拨号的Raspppoe.exe检查是否能列出ISP服务,以确定ISP正常;把所使用的拨号连接中的电话号码清除或者只保留一个0
14	645	网卡没有正确响应	网卡故障,或者网卡驱动程序故障	检查网卡,重新安装网卡驱动程序
15	650	远程计算机没有响应,断开连接	ADSL ISP服务器故障,网卡故障,非正常关机造成网络协议出错	检查ADSL信号灯是否能正确同步;检查网卡,删除所有网络组件重新安装网络
16	651	ADSL Modem报告发生错误	Windows处于安全模式下,或其他错误	出现该错误时,进行重拨,就可以报告出新的具体错误代码。
17	678	拨入方计算机没有应答	这种情况和占线有些类似,多为偶然现象,有时是因为调制解调器刚刚开启就拨号导致的,请先确认将电话线(连接电话局的那一根)插入调制解调器的"LINE"接口上	检查电话线是否有问题,请将电话线拔下,直接接在电话上,用电话拨要拨打的ISP电话号码(如163、169),听一听听筒里有没有类似传真音的尖叫声,如果有此声,说明用户的电话可以拨号上网,请确认"我的电脑"→"拨号网络"→"XXX连接(您的拨号连接)"中的电话号码在ISP电话号码之前没有其他数字,如是通过总机拨号,需在电话号码之前加外线号和逗号,如"0,163"。如果是占线音,请联系ISP客户服务部。如果没有任何声音或有提示音说不能拨打此电话号码,则说明电话线有问题

续表

序号	错误号	问 题	原 因	解 决
18	680	没有拨号音	请检测调制解调器是否正确连到电话线	先检查电话线是否连接，如果没发现问题，请将电话线拔下，直接接在电话上，用电话拨要拨的ISP电话号码试一试(如163、169)，听一听听筒里有没有类似传真音的尖叫声，如果有此声，说明电话可以拨号上网，可能是刚才拨号时有电话打进来，或是调制解调器有故障。如果是占线音，请联系ISP客户服务部。如果没有任何声音或有提示音说不能拨打此电话号码，则说明电话线有问题
19	691	输入的用户名和密码不对，无法建立连接	用户名和密码错误，ISP服务器故障	使用正确的用户名和密码，并且使用正确的ISP账号格式(name@service)
20	718	验证用户名时远程计算机超时没有响应，断开连接	ADSL ISP服务器故障	致电局方
21	720	拨号网络无法协调网络中服务器的协议设置	ADSL ISP服务器故障，非正常关机造成网络协议出错	删除所有网络组件，重新安装网络
22	734	PPP连接控制协议中止	ADSL ISP服务器故障，非正常关机造成网络协议出错	删除所有网络组件，重新安装网络
23	738	服务器不能分配IP地址	ADSL ISP服务器故障，ADSL用户太多超过ISP所能提供的IP地址	致电局方
24	797	ADSL Modem连接设备没有找到	ADSL Modem电源没有打开，网卡和ADSL Modem的连接线出现问题，软件安装以后相应的协议没有正确绑定，在创立拨号连接时，建立了错误的空连接	检查电源，连接线；检查网络属性，RasPPPoE相关的协议是否正确地安装并正确绑定(相关协议)，检查网卡是否出现"?"号或"!"号，把它设置为"Enable"；检查拨号连接的属性，是否连接的设备使用了一个"ISDN channel-Adapter Name(xx)"的设备，该设备为一个空设备，如果使用了，取消它，并选择正确的PPPoE设备代替它，或者重新创立拨号连接

参考文献

[1] 湖南省职业教育与成人教育教材编审委员会．计算机应用基础．长沙：中南大学出版社，2004.

[2] 原邮电部设计院．市内传输线路(上、下册)．北京：人民邮电出版社，1993.

[3] 谢希仁．计算机网络．北京：电子工业出版社，2003.

[4] 骆耀祖．计算机网络技术与应用．北京：清华大学出版社，2003.

[5] 李立高．通信电缆工程．北京：人民邮电出版社，2005.

[6] 李立高．通信光缆工程．北京：人民邮电出版社，2009.

[7] 王文鼐，局域网与城域网技术．北京：清华大学出版社，2006.

[8] 梁广民，等．思科网络实验室路由、交换实验指南．北京：电子工业出版社，2007.

[9] 胡庆，等．光纤通信系统与网络．北京：电子工业出版社，2006.

[10] 全国网络技术水平考试教材编委会．全国网络技术水平考试一级实践指导书．北京：电子工业出版社，2006.

[11] 张蒲生，等．局域网组网技术与实训．北京：清华大学出版社，2006.

[12] 陈昌宁．电信终端设备维护手册．北京：人民邮电出版社，2006.

[13] 陈昌海．通信电缆线路．北京：人民邮电出版社，2005.

[14] 原邮电部基本建设局．市内电话线路工程施工及验收技术规范．北京：人民邮电出版社，1986.

[15] 通信行业职业技能鉴定指导中心．线务员(上、下册)．2002.

[16] 陈昌宁．电信终端设备维护手册．北京：人民邮电出版社，2006.

[17] 上海市职业培训指导中心．无线局域网维护与测试．上海：上海交通大学出版社，2006.

[18] 刘世春．通信线路维护实用手册．北京：人民邮电出版社，2007.

[19] 叶柏林，马列．通信线路实训教程．北京：人民邮电出版社，2006.

[20] 湖南电信有限公司．通信末端维护人员技术指南．2006.

[21] 汪伟．网络操作系统．北京：机械工业出版社，2006.

[22] 叶忠杰．局域网络应用技术教程．北京：清华大学出版社，2006.

[23] 长沙通信职业技术学院编写组．现代通信网络技术．北京：人民邮电出版社，2004.

[24] 李立高．通信工程概预算．北京：北京邮电大学出版社，2010.

[25] 李巍．光纤到户安装调试．北京：中国劳动社会保障出版社，2009.

[26] 郎为民，郭东生．EPON/GPON 从原理到实践．北京：人民邮电出版社，2010.

[27] 穆维新．现代通信工程设计．北京：人民邮电出版社，2007.